# Verfärbung und Lumineszenz

## Beiträge zur Mineralphysik

Von

### Dr. Karl Przibram

emer. o. Professor für Physik an der Universität Wien

Mit 69 Textabbildungen

Springer-Verlag Wien GmbH
1953

Copyright 1953 by Springer-Verlag Wien
Ursprünglich erschienen bei Springer-Verlag in Vienna 1953
Softcover reprint of the hardcover 1st edition 1953

ISBN 978-3-662-22833-3     ISBN 978-3-662-24766-2 (eBook)
DOI 10.1007/978-3-662-24766-2

# Vorwort

Nach langjähriger Beschäftigung mit den Verfärbungserscheinungen an Mineralien und der damit zusammenhängenden Lumineszenz hat es mich gedrängt, dieses Gebiet in umfassenderer Weise zu behandeln, als dies bisher geschehen ist. In der durch die Zeitereignisse erzwungenen Untätigkeit des Jahres 1938 entstand der erste Entwurf. Seither ist das Gebiet von verschiedener Seite intensiv bearbeitet worden, so daß jener erste Entwurf weitgehend umgearbeitet und ergänzt werden mußte, wozu mir der Übertritt in den dauernden Ruhestand die nötige Muße verschaffte. Der so entstandene Bericht ist einerseits für die Mineralogen bestimmt, die daraus ersehen mögen, wie weit die physikalische Forschung heute einige bisher rätselhafte Erscheinungen an manchen Mineralien zu deuten vermag. Anderseits hoffe ich aber auch, daß den Physikern die Zusammenstellung der bisherigen Erfahrungen über Farbzentren und was damit zusammenhängt, willkommen sein wird, ein Gebiet, das sich in den letzten Dezennien sehr entwickelt und viel zur Kenntnis des Baues der Realkristalle und somit der Festkörper überhaupt beigetragen hat. Vollständigkeit kann bei dem weitverzweigten, in vielen Zeitschriften verstreuten Stoff nicht beansprucht werden, doch hoffe ich, daß keine wichtigere Arbeit übersehen worden ist und daß der Leser jedenfalls alles zum weiteren Studium Nötige finden wird. Die im Laufe des Jahres 1952 erschienenen Arbeiten konnten nicht im gleichen Maße wie die älteren und zum Teil nur ganz knapp bei der Korrektur berücksichtigt werden. Bezüglich der neueren russischen Literatur war ich größtenteils auf die Referatenblätter angewiesen. Wenn die Wiener Arbeiten hier eingehender berücksichtigt sind als andere, so möge dies nicht einem übertriebenen Lokalpatriotismus zugeschrieben werden, sondern einfach der Tatsache, daß sie mir vertrauter sind.

Im ersten Teil dieser Schrift werden die experimentellen Erfahrungen und theoretischen Betrachtungen über Verfärbung und Lumineszenz gegeben, wobei ich mich bemüht habe, Tatsachen und Hypothesen soweit als möglich getrennt zu halten; im zweiten Teil erfolgt die Anwendung auf die natürlichen Mineralien.

Mein Dank gilt meinen zahlreichen Mitarbeitern sowie den noch zahlreicheren Freunden und Kollegen, die uns durch Rat und Beistellung von Material geholfen haben; sie sind in den einzelnen Originalarbeiten genannt und ihre neuerliche Aufzählung würde hier zuviel Platz beanspruchen. Für stete Hilfe bei der Literaturbeschaffung danke ich dem Bibliothekar der Zentralbibliothek der physikalischen Institute in Wien, Herrn R. Chorherr. Zu größtem Danke verpflichtet bin ich auch dem Springer-Verlag, Wien, insbesondere Herrn Otto Lange, für die Übernahme und sorgfältige Durchführung der Publikation in schwieriger Zeit.

*Wien*, Weihnachten 1952.

*Der Verfasser*

# Inhaltsverzeichnis

Inhaltsverzeichnis VII

Inhaltsverzeichnis

Inhaltsverzeichnis IX

# Abbildungsverzeichnis

Seite

# I. Einleitung

## 1. Historische Übersicht

Die Entdeckung der Radioaktivität hat, wie im Weltbild der Physik überhaupt, so auch in unseren Anschauungen über den Energiehaushalt der Erde eine Revolution bewirkt. Statt auf einen von der Sonne mitgegebenen Wärmevorrat angewiesen zu sein, der sich notwendigerweise durch Ausstrahlung verringern müßte, verfügt die Erde über eine fortwirkende Energiequelle in ihrem Inneren, die dem Kernzerfall der radioaktiven Bestandteile der Erdrinde entstammt. Damit wurden nicht nur die alten, auf der unkompensierten Ausstrahlung beruhenden Berechnungen des Alters der Erde über den Haufen geworfen, sondern wir wissen nun auch, daß die Erdrinde mit allen ihren Mineralien ständig einer radioaktiven Strahlung ausgesetzt ist, deren Wirkung in verschiedener Hinsicht nicht zu vernachlässigen ist. Wir kennen aus Laboratoriumsversuchen außer der Wärmewirkung der radioaktiven Strahlungen, die für den Wärmehaushalt der Erde maßgebend ist, auch noch ihre Eingriffe in die innere Struktur der Körper, die sich in Ionisation, manchmal auch in Färbung und Lumineszenz äußert, ja bis zur Zerstörung des Kristallgefüges fester Körper führen kann. Welche dieser Wirkungen wir in der Natur vorfinden werden, wird einerseits von dem untersuchten Mineral abhängen, andererseits von der Intensität der radioaktiven Strahlung in demselben.

Besonders die Färbungen gewisser Mineralien können als Anzeichen einer radioaktiven Einwirkung angesehen werden, so die sogenannten „pleochroitischen Höfe", die ihre radioaktive Herkunft schon durch die Übereinstimmung ihrer Radien mit den Reichweiten der $\alpha$-Strahlen verraten, aber auch andere dilute Färbungen, wie etwa jene des blauen Steinsalzes. Es ist ein Verdienst des Wiener Mineralogen C. DOELTER (160—170), die Bedeutung der radioaktiven Strahlen für die Färbung der Mineralien in ihrer Allgemeinheit erkannt und in seinem Buche „Das Radium und die Farben" erstmalig zusammenfassend behandelt zu haben. Es spricht dies für seinen auch sonst bewährten Spürsinn für die Bedeutung neuer Forschungswege, doch mußte bei dem damaligen Stande der Untersuchungen das Resultat ein unbefriedigendes sein. Heute ist dieses Kapitel weit über jene tastenden Versuche hinaus gediehen und einer wenn auch nicht abschließenden, so doch abrundenden Dar-

stellung zugänglich, die im folgenden versucht werden soll. Von älteren
Arbeiten auf diesem Gebiet seien hier noch genannt: BRAUNS (76, 77),
KUNZ und BASKERVILLE (461), LIND (487).

Die Zurückführung der Färbung gewisser Mineralien auf bestimmte
physikalische Agentien setzt die Kenntnis der Einwirkung dieser Agentien
auf das ungefärbte Mineral voraus, und so müssen wir mit der Einwirkung
von Strahlungen und anderer physikalischer Prozesse auf ungefärbte
Mineralien beginnen.

Der erste, soweit aus der zugänglichen Literatur zu ersehen ist, der
durch eine physikalische Einwirkung, nämlich den elektrischen Funken,
an einem farblosen Kristall (Fluorit) eine in der Natur vorkommende
Farbe desselben Minerals reproduziert und so die Möglichkeit zur Erklärung gewisser diluter Mineralfärbungen eröffnet hat, war TH. J. PEAR-
SALL (593)[1].

Er hat durch Hitze entfärbte Fluoritkristalle durch Überspringen-
lassen der Funken einer Leydener Flasche blau bis rosa gefärbt. Er bemerkt,
daß jene Teile eines Fluoritkristalls, die im Naturzustande am dunkelsten
gefärbt waren, meist an den Kanten und Ecken, auch nach der Entfärbung durch Erhitzen unter dem Einflusse der elektrischen Funken sich
am stärksten färben, und fügt hinzu: „Könnte es nicht sein, daß die
natürlichen Fluorite ihre Farbe einer besonderen Struktur verdanken?
Könnte man nicht vermuten, daß die Natur dieselben Mittel anwendet
und daß es die Elektrizität ist, welche die Farbe jener Körper im Naturzustande verursacht? Die natürlichen und künstlichen Farben werden,
die einen wie die anderen, durch Hitze zerstört, und die Farbe sowie

---

[1] PEARSALLS zwei diesbezügliche Arbeiten sind im Journal of the Royal Institution in London erschienen. Daß sie damals ziemliche Beachtung fanden, geht
daraus hervor, daß eine deutsche Übersetzung in Poggendorffs Annalen und eine
französische in den Annales de chimie et de physique aufgenommen worden sind.
Dennoch scheint über den Verfasser wenig bekannt zu sein. In den bisher erschienenen
Auflagen von Poggendorffs biographisch-literarischem Handwörterbuch findet er
sich nicht genannt. Der Verfasser verdankt Prof. E. N. DA C. ANDRADE, Direktor des
Davy-Faraday-Research-Laboratory, und Mr. K. D. C. VERNON, Bibliothekar an
der Royal Institution, die folgenden Mitteilungen: THOMAS J. PEARSALL war „Che-
mical Assistant" im Laboratorium der Royal Institution unter FARADAY, der zweimal
in seinen berühmten Tagebüchern seiner Hilfe beim Experimentieren gedenkt.
Außer den beiden genannten Arbeiten hat PEARSALL noch zwei veröffentlicht, eine
„On the red solutions of manganese" und eine über ein Verfahren zur Herstellung
schwarzer Marmorreliefs („embossed black marble"). Proben von so hergestellten
Reliefs zeigte PEARSALL am 8. Februar 1832 in der Royal Institution vor. Andere
Veröffentlichungen über seine Arbeiten konnten nicht gefunden werden, er war
jedoch ein eifriges Mitglied der Society of Arts und nahm daselbst an vielen Dis-
kussionen teil. Die erstgenannten beiden Arbeiten sind in KAYSERS Handbuch
der Spektroskopie (424) eingehend referiert. DOELTER erwähnt PEARSALL in
seinem Buche „Das Radium und die Farben" nur bei der Besprechung der Verfärbung
des Fluorits, ohne auf die allgemeinere Bedeutung der Versuche hinzuweisen; ebenso
sagt er im Handbuch der Mineralchemie (169) nur: „Bläuliche Färbung hatte schon
PEARSALL durch Durchleiten eines elektrischen Stromes erhalten."

die Phosphoreszenz können zu wiederholten Malen durch die Elektrizität wiederhergestellt werden."

Es kann wohl kein Zweifel bestehen, daß es bei den Versuchen von PEARSALL das von den Funken ausgesandte kurzwellige Ultraviolett war, das die Färbung und die Phosphoreszenz (es handelte sich da um Thermolumineszenz) bewirkte. Setzen wir also im obigen Passus Strahlung statt Elektrizität, so sehen wir, daß PEARSALL der heutigen Deutung dieser Färbungen und der Thermolumineszenz so nahe war, als es vor der Entdeckung der Radioaktivität überhaupt möglich war.

Daß Korpuskularstrahlen färbend wirken können, hat E. BECQUEREL (43) festgestellt. Er erhielt in Kathodenstrahlröhren Gelbfärbung von Steinsalz, an anderen Salzen andere Farben[1].

E. GOLDSTEIN (247—251) hat, anscheinend ohne die Versuche von PEARSALL und E. BECQUEREL zu kennen, gezeigt, daß dieselbe Wirkung wie mit Kathodenstrahlen auch durch hinreichend kurzwelliges ultraviolettes Licht (Funkenentladung) erhalten werden kann. Die Entdeckung der Röntgen- und Becquerelstrahlen hat neue Mittel zur Färbung von Salzen und Mineralien gebracht. Die Verfärbung des Steinsalzes durch Röntgenstrahlen hat als erster der große Märtyrer unter den Wiener Röntgenologen, G. HOLZKNECHT (372), beobachtet. Ähnliche Färbungen an Glas und Porzellan hatten schon früher die CURIES (135) mit Radiumstrahlen erhalten, GIESEL (234) an Salzen. Die erste Anregung, die Wirkung der Radiumstrahlen zur Erklärung der Farben natürlicher Mineralien (blaues Steinsalz) heranzuziehen, stammt von H. SIEDENTOPF (768).

Die Färbung durch Strahlung ist, nicht ganz glücklich, als „subtraktive" bezeichnet worden. Ihr steht die „additive" gegenüber, die Färbung durch Erhitzen von Kristallen in Metalldämpfen, z. B. Steinsalz in Natriumdampf, wie zuerst von KREUTZ (451—453) beobachtet und dann von GIESEL, SIEDENTOPF u. a. weiter untersucht worden ist. Hierher gehört auch die Färbung durch Zusammenschmelzen von NaCl mit Natrium nach ROSE (700) und durch Elektrolyse von Salzschmelzen nach BUNSEN und KIRCHHOFF (88). Ein vorzügliches Mittel ist dann im Zuge der Göttinger Untersuchungen von STASIW (798, 799) gefunden worden: Aufsetzen einer spitzen Kathode auf den erhitzten Kristall bei höheren Spannungen.

---

[1] Aus seiner Arbeit sei des historischen Interesses halber hier eine Bemerkung angeführt, die eigentlich nicht in den Rahmen dieser Schrift fällt. BECQUEREL untersuchte das Leuchten von Zinksulfid unter dem Einflusse von Kathodenstrahlen und beobachtete es zu seiner Verwunderung noch hinter Schirmen, welche die Kathodenstrahlen vollständig absorbieren mußten. Er vermutete eine Wirkung des Lichtes der durch Kathodenstrahlen zur Fluoreszenz angeregten Schirmsubstanz und stellte weitere Versuche in Aussicht, über die aber in der Literatur nichts gefunden werden konnte. Es erscheint heute sehr wahrscheinlich, daß E. BECQUEREL hier bereits eine Wirkung der Röntgenstrahlen beobachtet hat, womit natürlich RÖNTGENS Entdeckertat nicht verkleinert wird; im Gegenteil, je mehr Forscher Wirkungen dieser Strahlung gesehen haben, ohne die Ursache zu erkennen, um so höher muß RÖNTGENS Scharfblick eingeschätzt werden.

SIEDENTOPF hat am Beispiel des farbigen Steinsalzes gezeigt, daß man zwischen einer amikroskopischen Färbung und einer ultramikroskopischen, durch kolloidale Metallteilchen bedingte unterscheiden müsse.

Die ersten Beobachtungen über Verfärbung waren naturgemäß bloß qualitativer Natur; man begnügte sich damit, die Farbe auf Grund des visuellen Eindruckes anzugeben. Erst später wurde zu einer Ausmessung des Absorptionsspektrums der verfärbten Substanzen übergegangen: RÖNTGEN (698), BELAR (46), BAYLEY (36), K. PRZIBRAM (639), die dann insbesondere in Göttingen von POHL und seinen Mitarbeitern mit meisterhafter Technik durchgeführt wurde, siehe etwa den zusammenfassenden Bericht (620).

Daß die radioaktiven Einwirkungen in der Natur auch die Lumineszenzeigenschaften der Mineralien beeinflussen, wurde zuerst bei der Thermolumineszenz, dem Aufleuchten beim Erwärmen, bemerkt, bei der die Energie durch eine Vorerregung durch Becquerelstrahlen geliefert wird. Die Thermolumineszenz ist zuerst am Fluorit beobachtet worden. Eine Bemerkung hierüber findet sich schon bei OLDENBURG (584). Die oben gegebene Deutung stammt nach TRENKLE (850) von E. WIEDEMANN. Daß auch Phosphoreszenz- und Fluoreszenzerregung durch Licht vielfach von einer derartigen radioaktiven Vorbestrahlung abhängen, wurde durch die Entdeckung der Radio-Photo-Lumineszenz [K. PRZIBRAM (636)] erwiesen, unter welchen Begriff schließlich auch die altbekannte blaue Fluoreszenz des Fluorits, die der ganzen Erscheinung den Namen gegeben hat, eingeordnet werden konnte (289).

Die Abhängigkeit der Verfärbung von chemischen Verunreinigungen ist schon von GOLDSTEIN erkannt worden, die von mechanischer Verformung gleichzeitig von A. SMEKAL (780, 781) und K. PRZIBRAM (642); die Verfärbung liefert so als „strukturempfindliche" Eigenschaft, SMEKAL (782, 786), ein Mittel zur Erforschung des Realkristallbaues, was auch von der Lumineszenz gilt.

Die theoretische Deutung der Strahlungsverfärbung von Salzen ist von der Anschauung ausgegangen, daß der Primärprozeß in der Absorption eines Strahlungsquants durch ein Anion besteht, mit nachfolgendem Übergang des abgespaltenen Elektrons zum Kation [DAUVILLIER (143), FAJANS (194), K. PRZIBRAM (667)], wobei Störungen des Gitters als zur Verfärbung prädestiniert erscheinen. Diese Anschauungen wurden nach Aufstellung des Thermschemas für Ionenkristalle nach der Wellenmechanik [A. H. WILSON (913, 914)] und der Postulierung von Ionenfehlstellen durch SCHOTTKY (738) modifiziert, indem angenommen wurde, daß das befreite Elektron nicht ein Kation neutralisiert, sondern in einer Anionenfehlstelle gefangen wird, DE BOER (61), MOTT und GURNEY (553), SEITZ (756). Diese Anschauungen haben auch auf die Lumineszenzerscheinungen Anwendung gefunden.

Mit dieser kleinen historischen Übersicht sind auch jene Tatsachen und Erkenntnisse umrissen, die im ersten, allgemeinen Teil behandelt werden sollen. Im zweiten, speziellen Teil werden diese Erfahrungen auf verschiedene Mineralien angewendet.

# 2. Bedeutung der Verfärbung und Lumineszenz für Mineralogie und Geologie

Das Studium der Verfärbungserscheinungen und der Lumineszenz hat unsere Kenntnisse vom Bau der Festkörper und vom Wesen der Lichtemission überhaupt bedeutend erweitert und sie sind heute wichtige Kapitel der Physik.

Die in der Natur durch Bestrahlung bewirkte Färbung der Mineralien sowie die Verfärbbarkeit dieser unter künstlichen Bedingungen können aber auch für den Mineralogen und Geologen in mehrfacher Hinsicht von Bedeutung sein. Erstere ist der Ausdruck physikalischer Vorgänge, die durch geologische Zeiträume gewirkt haben, und daher in der Lage, bei richtiger Entzifferung über jene Vorgänge Aufschluß zu geben, letztere kann Verschiedenheiten aufzeigen, die sonst nicht so ohne weiteres zu erkennen sind. Auf die Bedeutung des blauen Steinsalzes als eines möglichen Hilfsmittels zur Erforschung der Geschichte der Salzlager wird später noch gesprochen werden. Die künstliche Färbung durch Bestrahlung kann zu einer chemischen Topologie an einzelnen Handstücken führen, ohne diese zu zerstören; es läßt sich z. B. nach Radiumbestrahlung auf den ersten Blick am Farbunterschied erkennen, welche Teile eines gemischten Kristallaggregates von Steinsalz und Sylvin dem einen und dem anderen Mineral angehören. Vielfach gibt die Verfärbung Aufschluß über die Art des Kristallwachstums usw.

Noch nützlicher, weil weiter verbreitet, können die Lumineszenzerscheinungen werden, die allerdings nicht immer eine radioaktive Einwirkung voraussetzen und daher nur zum Teil in den Rahmen dieses Berichtes fallen. Gerade zum Nachweis von Fremdstoffspuren, die die Tracht beeinflussen und unter Umständen vom Alter des Minerals und seiner Minerogenese abhängen können, ist die Lumineszenzanalyse dank ihrer Empfindlichkeit und apparativen Einfachheit sehr geeignet. Die Fluoreszenzanalyse wird behandelt in den Büchern von DANCKWORTH (139), RADLEY und GRANT (670), zur Bestimmung von Mineralien und Edelsteinen: DE MENT (148), DÉRIBÉRÉ (153), MICHEL und RIEDL (530), auf speziellere Fragen angewandt: Sedimentpetrographie, WALZEL (875), Scheelit, SERVIGNE (762), Willemit, SERVIGNE (763), Spinell, SCHIKORE und REDLICH (719), Skapolith, HABERLANDT (280 III), IWASE (396); über die Verwendung von Fluoreszenz zur Feststellung der Verteilung von Mineralien an Schliffen, siehe YAGODA (922), über Fluoreszenzmikroskopie M. HAITINGER (303).

Es kann hier auf die später behandelten Untersuchungen der Lumineszenz der Fluorite hingewiesen werden, die einerseits über die Verteilung der Seltenen Erden in diesem Mineral, andererseits über den Zusammenhang mit der Minerogenese Aufschluß gegeben haben.

Einfach liegen die Verhältnisse auf diesem Gebiete freilich nicht, handelt es sich doch nicht nur um die Anwesenheit der luminophoren Elemente im betreffenden Mineral, sondern auch um die Art ihres Einbaues, die thermische Vorgeschichte, radioaktive Einwirkungen und Beeinflussung durch andere Beimischungen. Um so reizvoller erscheint aber das Studium dieses Gebietes.

# II. Hilfsmittel zur Erzeugung und Untersuchung der Verfärbung

## 1. Strahlenquellen

### a) Elektromagnetische Strahlungen

Wie schon in der Einleitung erwähnt, lassen sich Kristalle sowohl durch elektromagnetische Strahlen wie durch Korpuskularstrahlen färben. Außerdem können Strahlungen die Farbe wieder zerstören. Im allgemeinen wirken kürzerwellige Strahlen färbend, längerwellige entfärbend, doch können die Bereiche einander überlappen, so daß ein- und dieselbe Strahlung färbend und entfärbend wirkt; es kommt bei hinreichend langer Einwirkung zu einem Gleichgewicht, zu einem Sattwert der Farbe, der auch bei längerer Einwirkung der Strahlung nicht mehr überschritten wird. Zum Studium der Ver- und Entfärbung benötigen wir Quellen für Strahlen verschiedener Wellenlänge bzw. für verschiedene Korpuskularstrahlen. Dasselbe gilt für die Erregung der Lumineszenz.

### $\alpha$) Sichtbares Licht (400–770 m$\mu$) und Infrarot (über 770 m$\mu$)

Hier kommt zunächst die Sonne in Betracht. Bei älteren Untersuchungen sind häufig die Proben einfach ins Sonnenlicht gelegt und die Farbänderungen im Laufe der Zeit beobachtet worden. Indessen ist hier darauf zu achten, daß sich die Proben dabei manchmal recht stark erwärmen und Wärme selbst vielfach entfärbend wirkt, wie denn überhaupt sich erst allmählich „reine" Versuche im Sinne LENARDS entwickelt haben. Diese erfordern ja auch eine spektrale Zerlegung des Lichtes, da Licht verschiedener Wellenlänge verschieden wirken *kann* und im allgemeinen auch verschieden *wirkt*. Auch dies ist nicht immer berücksichtigt worden. Die Zerlegung ist allerdings stets mit einer Einbuße an Intensität verknüpft, ob man sie nun spektral durch Monochromatoren oder durch Farbfilter vornimmt. Als Farbfilter kommen heute neben den Gelatine- und Farbglasfiltern auch die Interferenzfilter in Betracht, die sich vor ersteren dadurch auszeichnen, daß sie nur sehr schmale Wellenlängenbereiche durchlassen; ihre Wirksamkeit beruht auf der mehrfachen Reflexion und Interferenz an dünnen Oberflächenschichten, s. z. B. (256 a).

An Stelle der uns nicht immer zur Verfügung stehenden Sonne können hochkerzige Glühlampen, Kohle- oder Wolframbogenlampen treten. Dieselben Quellen können auch für Infrarot dienen; passende Filtergläser, die weit bequemer sind als die früher gebrauchten Jodlösungen in Schwefelkohlenstoff, sind jetzt im Handel erhältlich. Auch stark verfärbte Alkalihalogenkristalle sind als Infrarotfilter vorgeschlagen worden, Friedmann und Glover (216).

Für quantitative Versuche muß die Intensität des einfallenden Lichtes gemessen werden, was mittels Thermosäulen oder eines Bolometers geschieht. Erste Anhaltspunkte über die Energieverteilung im Spektrum typischer Lichtquellen liefert die Literatur, siehe etwa Handbuch der Physik (612) oder der Lichttechnik (765). Selbst bei qualitativen Versuchen kann ein Unterlassen einer Abschätzung der eingestrahlten Energie zu Trugschlüssen führen, wegen der sehr ungleichen Empfindlichkeit des Auges für Licht verschiedener Farben; so wird z. B. die Durchlässigkeit grüner und gelber Gläser stets überschätzt wegen der hohen Empfindlichkeit des Auges in diesem Bereiche.

## $\beta$) Ultraviolett

Während sichtbares Licht, außer bei besonders empfindlichen und sensibilisierten Stoffen, nur entfärbend wirkt, können mit Ultraviolett schon Färbung und Entfärbung erhalten werden. Mit entsprechend durchlässiger Optik (Quarz) können hochbelastete Glühlampen längerwelliges UV bis $\lambda = 350$ m$\mu$ liefern, die genannten Bogenlampen bis etwa 250 m$\mu$. Es sei hier bemerkt, daß für UV oberhalb 350 m$\mu$ gewöhnliches Glas in millimeterdicken Schichten nicht wesentlich stört, entgegen einer weitverbreiteten Meinung. Die genannten Strahlenquellen haben den Vorteil eines ganz oder fast kontinuierlichen Spektrums, was besonders für Absorptionsmessungen von Vorteil ist.

Eine vorzügliche und am häufigsten gebrauchte UV-Quelle ist die Quarz-Quecksilber-Lampe, die Wellenlängen bis herab zu 185 m$\mu$ emittiert. Durch die üblichen UV-Filter (Woodsches Filter, Schwarzglas) wird hauptsächlich die starke Hg-Liniengruppe bei 365 $\mu$ durchgelassen; diese ist es, die bei der bekannten „Analysenlampe" wirksam ist. Die neue „Metallight-Lampe" hat ein Filter, das besonders die Resonanzlinie des Quecksilbers 253,7 m$\mu$ durchläßt. Das von UV-Filtern stets durchgelassene Rot wird durch eine wässerige Kupfersulfatlösung absorbiert, die man am zweckmäßigsten in einen dünnwandigen gläsernen Kugelkolben füllt, der zugleich als Kondensorlinse zur Konzentration des UV dient. Das Spektrum der gewöhnlichen Hg-Lampe ist ein Linienspektrum. Durch Steigerung des Hg-Druckes in der Lampe läßt sich aber ein fast kontinuierliches Spektrum erzielen. Derartige Hoch- und Höchstdrucklampen werden von Osram und von Philips in den Handel gebracht. Nähere Angaben siehe bei Riehl (693) und Elenbaas (180, 181).

Ein kontinuierliches Spektrum liefert die Wasserstofflampe, insbesondere bei Anregung mit Hochfrequenz. Ein Linienspektrum, das aber infolge der großen Linienzahl fast wie ein kontinuierliches wirkt, liefert der Eisenbogen. Die Eisenbogenlampe ist in neuerer Zeit zum Zwecke der Fluoreszenzmikroskopie besonders von M. Haitinger entwickelt worden, ausgeführt von den Optischen Werken Reichert in Wien.

Für kurzwelliges UV werden vielfach Funken zwischen passend gewählten Metallelektroden benützt, Al, Mg, Cd usw. Zur Anregung dienen Transformatoren mit angeschlossenen Kapazitäten. Beim Unterwasserfunken verfließen die Linien zu einem Kontinuum. Bei Al-Elektroden kommt man bis etwa 215 m$\mu$. S. a (500a) u. (627a). Will man Licht von Wellenlängen unter 180 m$\mu$ zur Wirkung bringen, so müssen Lichtquelle (Funken) und zu belichtende Probe wegen der starken Absorption dieser Strahlen in Luft gemeinsam in ein Vakuum gebracht werden, Schumann-Gebiet.

### $\gamma$) Röntgenstrahlen

Zur Verfärbung mittels Röntgenstrahlen kann jede einigermaßen leistungsfähige Röntgenapparatur dienen. Wo eine solche im Laboratorium nicht zur Verfügung steht, wird man sich, wie dies oft geschehen ist, an ein medizinisches Röntgeninstitut wenden können, wo die Verfärbung während des Betriebes, gleichsam als Nebenprodukt, vorgenommen werden kann. Gegen die Einwirkung von sichtbarem Licht werden die Proben durch schwarzes Papier geschützt. Für weiche Röntgenstrahlen werden jetzt oft Röhren mit Berylliumfenster verwendet.

### $\delta$) $\gamma$=Strahlen

Als Quelle für $\gamma$-Strahlen verwendet man Radiumpräparate, deren primäre $\beta$-Strahlen durch passende Schirme, etwa durch 3 mm Blei, abgehalten werden. Eine völlige Trennung von $\gamma$- und $\beta$-Strahlen ist prinzipiell nicht möglich, da die $\gamma$-Strahlen in jeder Substanz sekundäre $\beta$-Strahlen auslösen, denen sogar, wie bei der Ionisation in Luft, die Hauptwirkung zuzuschreiben ist. Im Wiener Institut für Radiumforschung stand ein Präparat von 610 mg Radiumelement in Form von reinem $RaCl_2$ (Standard V) zur Verfügung, eingeschlossen in ein doppelwandiges Glasrohr, etwa 0,5 mm Gesamtwandstärke, das durch einen galgenförmigen Träger in vertikaler Stellung auf einer Grundplatte gehalten wurde. Durch Anbringung der zu verfärbenden Proben in verschiedenen Abständen von der Präparatachse läßt sich die Intensität der auffallenden Strahlen variieren. Zu beachten ist, daß der Abfall der Intensität nicht nach dem Quadrat des Abstandes erfolgt, sondern für jede Präparatform berechnet oder ausgemessen werden muß, wie dies für medizinische Zwecke schon vielfach geschehen ist. Das quadratische Abstandsgesetz gilt ja nur für punktförmige Strahlungsquellen bzw. für im Vergleich zu den Präparatdimensionen große Entfernungen. Selbstverständlich können heute statt des Radiums auch künstliche radioaktive Isotope benützt werden.

Die moderne Hochspannungstechnik vermag bereits Röntgenstrahlen von der Härte der natürlichen $\gamma$-Strahlen und noch größerer zu erzeugen, und es ist vorgeschlagen worden, die Verfärbung von Kristallen zur Anzeige der Dosis solcher harter Röntgen- und Korpuskularstrahlen zu verwenden, insbesondere zur Prüfung auf Schädigung durch die radioaktiven Produkte der Atombombe (8a, 216a).

## b) Korpuskularstrahlen

### α) Negative Korpuskularstrahlen

Kathodenstrahlen. Das Kathodenstrahlrohr einer der üblichen Formen ist mittels eines Schliffes zu öffnen, so daß die zu bestrahlenden Proben ausgewechselt werden können. Das Auswechseln bedingt neuerliches Evakuieren. Zur Erzeugung langsamer Kathodenstrahlen müssen Glühkathoden benützt werden. Die Glühkathoden gestatten auch bei höheren Spannungen größere Intensitäten und definiertere Verhältnisse als die kalten Kathoden. Die Konzentrierung der Strahlen erfolgt nach den Prinzipien der Elektronenoptik. Die Proben schützt man vor dem Licht der Glühkathode durch dünne Metallfolien, die gleichzeitig auch das zerstäubte Kathodenmaterial abhalten, das störend wirken könnte, oder durch magnetische Ablenkung und Abschirmung. Werden nicht besondere Vorkehrungen gegen Fettdämpfe im Entladungsraum getroffen, so bilden sich aus ihnen unter dem Einfluß der Kathodenstrahlen Kohlenniederschläge, die ebenfalls stören und da sie auch an der Auftreffstelle der Strahlen an der bestrahlten Probe gebildet werden, auch durch magnetische Ablenkung nicht beseitigt werden können: FRISCH (219), HENRIOT (328, 329), SCHLEICHER-WERTICH (727), KÖNIG und HELWIG (445). Wo Spannungen von mehr als 200 Kilovolt zur Verfügung stehen, kann man die technischen Lenard-Röhren benützen, bei denen die Kathodenstrahlen durch ein Metallfenster ins Freie treten. In diesem Falle entfallen die obgenannten Schwierigkeiten. COOLIDGE (120) hat als erster mit diesem Hilfsmittel Verfärbung verschiedener Materialien beobachtet, ein genaueres Studium der so erzielten weitgehenden Zerstörungen steht wohl noch aus. Die verschiedene Färbung verschiedener Alkalihalogenide durch Kathodenstrahlen bietet eine Möglichkeit des Fernsehens in Farben: ROSENTHAL (701), E. G. SCHNEIDER (730).

β-Strahlen. Diese liefern wieder die Radiumpräparate. Will man sie frei von den primären γ-Strahlen zur Wirkung bringen, so müssen sie magnetisch abgelenkt und der durch starke Bleischirme vor der primären γ-Strahlung geschützten Probe im Bogen zugeführt werden. Für die künstliche Erzeugung von β-Strahlen gilt auch das über die γ-Strahlung Gesagte. GUND und PAUL (265) haben mit Hilfe eines Betatrons KCl mit Elektronen von 6 MeV Energie verfärbt. WESTERVELT (884) hat Steinsalz mit hochenergetischen Elektronen verfärbt.

### β) Positive Korpuskularstrahlen

Positive Elektronen, wie sie von künstlich radioaktiven Stoffen emittiert werden, kommen hier wegen der geringen Ergiebigkeit nicht in Betracht.

Kanalstrahlen, positive Ionenstrahlen. Diese Strahlen, die in Gasentladungsröhren bei passendem Druck durch Bohrungen in der Kathode in den feldfreien Raum hinter derselben austreten oder als Anodenstrahlen von entsprechend präparierten Anoden ausgesandt werden, können auch färbend wirken, es liegen hierüber aber noch wenige Angaben vor. EMBIRI-

KOS (186) hat mit Wasserstoff- und mit Sauerstoffkanalstrahlen LiCl schwarz und NaCl dunkelblau gefärbt. Wahrscheinlich hat hiebei Erwärmung mitgespielt. Auch hier hat die moderne Experimentiertechnik sehr leistungsfähige Quellen geschaffen, wie z. B. das Zyklotron, die aber bisher fast ausschließlich zu kernphysikalischen Zwecken benutzt worden sind. S. a. (121).

$\alpha$-Strahlen, natürliche Heliumionenstrahlen. Als Quelle eignen sich besonders Poloniumpräparate, Metallbleche, auf denen elektrolytisch oder durch Sublimation Polonium, ein reiner $\alpha$-Strahler, niedergeschlagen ist. Bei Benützung dieser Präparate über längere Zeiten ist der Zerfall des Poloniums mit 139 Tagen Halbwertszeit zu berücksichtigen. Auch Radon (Radiumemanation) ist zu $\alpha$-Strahlenverfärbung benützt worden, durch Einbringung der Proben in ein radonhaltiges Röhrchen; dies ist zulässig, obwohl infolge der sich bildenden Folgeprodukte (RaB, RaC) stets auch $\beta$- und $\gamma$-Strahlen auftreten; die Wirkung der $\alpha$-Strahlen ist so vielmal stärker, daß jene der anderen Strahlen meist zu vernachlässigen ist. Bei Bestrahlung der Alkalihalogenide mittels eines Poloniumpräparates ist dieses durch eine dünne Glimmerfolie vor dem Angriff der freiwerdenden Halogendämpfe zu schützen. Die Bestrahlung erfolgt am besten im Vakuum, da sich in Luft in manchen Fällen an der bestrahlten Kristalloberfläche Mikrokristalle bilden, die bei der Beobachtung der Verfärbung stören können. Sie geben der bestrahlten Oberfläche eine trübes, rauhes Aussehen. Durch mikroskopische Beobachtungen konnten sie im Falle der Alkalihalogenide als Kristalle der entsprechenden Nitrate indentifiziert werden, gebildet durch die unter der Einwirkung der $\alpha$-Strahlen auf die Luft entstehenden Stickoxyde [WIENINGER und N. ADLER (902)].

### $\gamma$) Neutrale Korpuskularstrahlen

Über die Wirkung von Neutronen ist auf dem Gebiete der Verfärbung noch wenig bekannt; mit den mit dem Zyklotron und in den Uranbatterien erzeugten Neutronen müssen sich aber tiefgreifende Wirkungen erzielen lassen, wie z. B. die Untersuchungen von LARK-HOROWITZ und seinen Mitarbeitern an Halbleitern ergaben, siehe etwa (400). Nach PRINGSHEIM sind die Wirkungen im wesentlichen dieselben wie mit anderen Strahlen, siehe SLATER (772). Miß WICK (893) hat die Erregung von Thermolumineszenz durch Neutronenbeschießung beobachtet. Bei der Neutronenbeschießung verschiedener Kristalle müssen in diesen, je nach den enthaltenen Elementen, auch Kernverwandlungen vor sich gehen, vgl. ATEN (20), CROATO und MADDOCK (127), SUE und CAILLET (830), bei der geringen Ausbeute dürfte dies aber für die hier betrachteten Erscheinungen ohne Bedeutung sein.

## 2. Färbung durch Dämpfe

Zum Zwecke der Färbung der Alkalihalogenide durch Dämpfe der Alkalimetalle werden Kristalle mit Stückchen dieser Metalle in ein evakuiertes Hartglas- oder Eisenrohr eingeschmolzen und erhitzt. SIEDEN-

TOPF empfiehlt für NaCl und Na Erhitzen auf 680° C. Steinsalz kann auch in einem einseitig offenen längeren Rohr mit Na erhitzt werden, besonders wenn die Luft durch Bombenstickstoff verdrängt wird. Eine besondere Methode zur additiven Färbung ist in SMEKALS Laboratorium von REXER (681, 683) angegeben worden: das Na-Metall kommt in eine Aushöhlung eines Steinsalzkristalls, die mit einer Steinsalzplatte bedeckt wird; das Ganze wird, von einer Klammer zusammengehalten, erhitzt. Auch Erhitzen in Halogendämpfen gibt bisweilen eine Färbung; Kaliumjodid wird durch Joddampf gelb gefärbt.

## 3. Färbung durch Stromdurchgang

Diese Färbungsmethoden sind mit den unter 2. angeführten durch Erhitzen in Dämpfen nahe verwandt, da es sich nach den neueren Anschauungen in beiden Fällen um ein Einwandern von Elektronen handelt.

BUNSEN und KIRCHHOFF (88) haben gefunden, daß die Elektrolyse von NaCl-Schmelzen zu einer Blaufärbung führt, Bildung eines „Pyrosols" nach R. LORENZ (492). Sehr hübsch sieht man dies, wenn man beim Ziehen von NaCl-Kristallen aus der Schmelze nach dem Verfahren von KYROPOULOS den Platinstift, der den wachsenden Kristall trägt, zur Kathode eines Stromkreises durch die Schmelze macht: der erstarrte Kristall erscheint dann von der Ansatzstelle ausgehend blau gefärbt, ST. PELZ (598).

Bei Temperaturen weit unter dem Schmelzpunkt erhält man Färbungen, wenn man nach STASIW (798, 799) eine Spitze als Kathode auf den Kristall aufsetzt und eine höhere Spannung anlegt; statt der Spitze kann auch ein anodisch polarisiertes Blech verwendet werden (siehe Abb. 20, S. 54). Eine ausführliche Behandlung der STASIWschen Methode und ihrer Theorie gibt HEILAND (318).

VON HIPPEL (355) hat Verfärbung von Steinsalzkristallen durch eine elektrische Entladung auch bei Zimmertemperatur erhalten, selbst wenn die Verhältnisse so gewählt waren, daß es nicht zu einer Funkenentladung kam. Über Blaufärbung von Steinsalz bei Funkendurchschlag mit einer eigenartig schuppenförmigen Verteilung der Farbe siehe STEINMETZ (808, 809).

. Es steht heute wohl fest, daß bei der STASIWschen Methode wie bei der Erhitzung in Metalldämpfen die Färbung auf der Einwanderung von Elektronen beruht. Vielleicht ist dies auch die Ursache, daß manchmal beim Schmelzen von Salzen in der Platinschlinge Verfärbungen auftreten. So nehmen, auf Platin geschmolzen, die Karbonate von Li, Na, K und Rb die Farben Braun, Violett, Blaugrün und Gelbgrün an, ähnlich jenen, die man bei Radiumbestrahlung dieser aus der Schmelze erstarrten Salze erhält, während beim Schmelzen auf Magnesiastäbchen die Färbung nicht auftritt, ST. MEYER und K. PRZIBRAM (525).

## 4. Färbung bei chemischen Reaktionen

Es ist mindestens ein Fall bekannt, daß eine an sich farblose anorganische Substanz bei ihrer Entstehung aus reinen Reagenzien charakteristisch gefärbt auftritt: es ist dies das Natriumhalogenid, das bei der Reaktion von FITTIG und WURTZ entsteht; wird mittels metallischen Natriums die Synthese von Äthylbenzol aus Brombenzol und Äthylbromid vorgenommen, so ist das nach der Reaktion $C_6H_5Br + C_2H_5Br + 2\,Na = \; = C_6H_5 . C_2H_5 + 2\,NaBr$ gebildete NaBr blau.

## 5. Messung der Verfärbung

### a) Definition der Farbe

Zur Charakterisierung der Farbe ist die bloße Angabe einer Farbbezeichnung nur ein sehr grobes Hilfsmittel. Auch Menschen mit ganz normalen Augen werden nicht immer darin übereinstimmen, was z. B. als blau zu bezeichnen ist, und zwar gilt dies sowohl an der Grenze gegen Violett, wie an jener gegen Grün. Auch nähere Bezeichnungen, wie etwa „Bernsteingelb", helfen nicht viel, da das Gelb zweier Bernsteinstücke recht verschieden sein kann. Ein Hilfsmittel zur Festlegung der Farbe liefert da der Vergleich mit vorgegebenen Farbproben, wie sie in der RADDEschen Farbskala [DOELTER (161)] und dem OSTWALDschen Farbenatlas [LUDEWIG und REUTHER (495)] vorliegen. Nach der HELMHOLZschen Dreifarbentheorie kann eine Farbe durch ihren Anteil an den drei Grundempfindungen definiert werden. Einen relativ einfachen Apparat zur Farbbestimmung auf dieser Grundlage haben HASCHEK und HAITINGER (305) als Mikroskopokular entwickelt.

Diese Verfahren können zur Identifizierung einer Farbe von Nutzen sein, vom physikalischen Standpunkte aus ist aber die Ausmessung des Absorptionsspektrums des farbigen Objektes der einzige rationelle Vorgang; sie allein liefert Daten, die physikalisch weiter verwertbar sind.

### b) Visuelle Spektrophotometrie

Bei der visuellen Ausmessung der Absorptionsspektren mittels der Spektrophotometer von GLAN, KÖNIG u. a. wird das durch die absorbierende Probe hindurchgehende Licht spektral zerlegt, und das so erhaltene Spektrum mit dem eines neben der Probe vorbeigehenden, also dem einfallenden Lichte angehörenden Strahlenbündels verglichen. Es wird für einen engen Wellenlängenbereich nach dem anderen durch Schwächung des Vergleichslichtes — meist durch Verdrehen zweier Nikols gegeneinander — auf gleiche Helligkeit eingestellt. Die Methode läßt sich auch auf das vom absorbierenden Körper reflektierte Licht anwenden, was von Vorteil ist, wenn dieser nicht als klare planparallele Platte erhalten werden kann. Die Einstellung auf gleiche Helligkeit ist stets mit subjektiven Fehlern behaftet, die meist nur durch große Übung unter einige

Prozent herabgedrückt werden können. Sicherer sind die objektiven Meßmethoden, die außerdem auch jenseits des sichtbaren Gebietes benützt werden können und deshalb heute die subjektiven Methoden so gut wie ganz verdrängt haben.

## c) Photoelektrische Spektrophotometrie

Diese ist den subjektiven Methoden stets vorzuziehen, wenn die komplizierte Apparatur beschafft werden kann, vgl. hiezu SEWIG (764). Erforderlich ist ein Monochromator, am besten mit doppelter Zerlegung zur Gewährleistung hinreichender Reinheit des Spektrums. Streulicht, das besonders störend wirken kann, wenn es Wellenlängen enthält, für die die benützte Photozelle besonders empfindlich ist, kann durch passend gewählte Farbfilter von diesen befreit werden. Das aus dem Mono-chromator austretende Licht fällt durch die absorbierende Probe hindurch auf die Photozelle (Abb. 1). Geeignet sind für das nahe UV und das

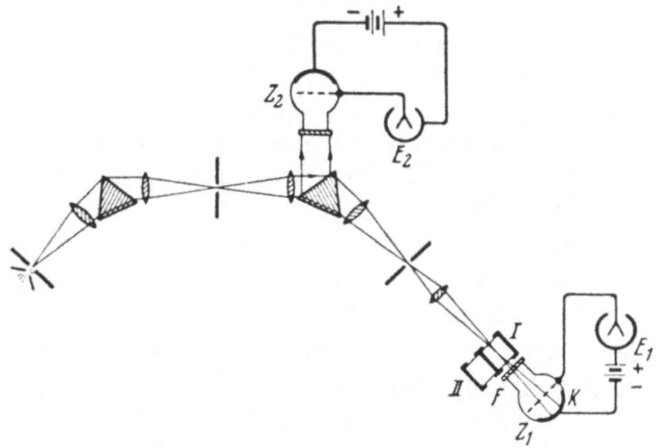

Abb. 1. Monochromator mit doppelter spektraler Zerlegung und lichtelektrischer Photometrie im Schema. (Nach R. W. POHL.) I, II = Kristalle; $Z_1$, $E_1$ = Photometer zum Messen der durchtretenden Lichtmenge; $Z_2$, $E_2$ = Photometer zum Ausschalten der Schwankungen der Lichtquelle. Die an der Prismenfläche reflektierte Lichtmenge wird als Maß für die auf die Kristalle auffallende benutzt; $Z_1$, $Z_2$ = Alkaliphotozellen; F = Fluß-spatfenster; K = lichtempfindliche Alkalischicht; $E_1$, $E_2$ = empfindliche Elektrometer.

sichtbare Gebiet edelgasgefüllte Kalium- und Rubidiumzellen. Cäsium-zellen können bis ins Infrarot verwendet werden. Besonders empfindlich sind die heute vielfach benützten zusammengesetzten Photokathoden, wie Ag-Sb-Cs. Über Photozellen siehe SOMMER (791). Der Photostrom ist der Intensität des einfallenden Lichtes proportional. Er wird am besten durch den Ausschlag eines Einfadenelektrometers gemessen. Ist die Lichtintensität hinreichend groß, so kann man zur Zelle einen Neben-schluß hohen Widerstandes, etwa einen BRONSON-Widerstand, legen, und erhält so einen konstanten Ausschlag des Elektrometerfadens als Maß der Lichtintensität. Sind diese Bedingungen nicht erfüllt, so läßt man den Nebenschluß weg und belichtet mittels eines photographischen Verschlusses eine passende kurze Zeit hindurch, z. B. eine Sekunde, und beobachtet den Teilstrich, bis zu dem der Faden wandert. An Stelle des Verschlusses kann man auch eine durchlochte Scheibe benützen, die durch einen Synchronmotor in gleichförmiger Rotation gehalten wird [SOJKA (788), KELLERMANN (425)]. Die Löcher geben dann immer gleichlange Zeiten hindurch den Lichtdurchgang frei. Noch geringere Lichtintensitäten kann man durch Messung der Laufgeschwindigkeit des Fadens mit der Stoppuhr bestimmen. Ist die natürliche Zerstreung groß bzw. die Isolation mangelhaft oder ein merklicher Dunkelstrom vorhanden, so sind entsprechende Korrekturen anzubringen.

Ist die Lichtquelle konstant, was mit einer zweiten Photozelle kontrolliert werden kann, so genügt die einmalige Bestimmung der Intensität des ungeschwächten, nicht durch die absorbierende Probe gehenden Lichtes $I_0$ für jede benützte Wellenlänge $\lambda$, um den Absorptionskoeffizienten $\mu_\lambda$ der Substanz für diese Wellenlänge nach der Formel

$$I_\lambda = I_0\, e^{-\mu_\lambda d}$$

zu bestimmen, wo $I_\lambda$ die Intensität des durch die Probe gegangenen Lichtes der Wellenlänge $\lambda$ und d die Dicke der Probe ist. Steht keine zweite Photozelle zur Verfügung, so schließt man zur möglichsten Eliminierung etwaiger Schwankungen der Lichtquelle jede Messung mit der absorbierenden Probe zwischen zwei Messungen des ungeschwächten Lichtes ein und nimmt als $I_0$ den Mittelwert zwischen diesen beiden Messungen. Bei allzu großem Unterschied zwischen ungeschwächtem (auffallendem) und geschwächtem (durchgelassenem) Lichte wird man die Intensität des ersteren zur Messung durch ein Graufilter bekannter Durchlässigkeit herabsetzen.

Im POHLschen Institut in Göttingen ist die Methode der konstanten Ablenkung für automatische Registrierung ausgebaut worden. Die Drehung des Monochromatorprismas, die Licht verschiedener Wellenlängen aus dem Monochromatorspalt austreten läßt, ist zwangsläufig gekoppelt mit der Verschiebung einer photographischen Platte oder eines Registrierstreifens, worauf ein Bild des Elektrometerfadens entworfen wird. Vor der Platte befindet sich eine Schlitzblende mit dem Schlitz senkrecht zum Fadenbild. Die Bewegung der Platte erfolgt in der Richtung des Fadenbildes. So erhält man eine Kurve, welche die Abhängigkeit der Elektrometerausschläge von der Wellenlänge angibt. Ein Absorptionsspektrum, dessen Durchmessen sonst Stunden erfordert, kann so binnen wenigen Minuten aufgenommen werden. Während zu Beginn der Verfärbungsforschung jeder seine Apparatur selbst zusammenstellen mußte, sind heute komplette Meßanordnungen für Absorptionsmessungen von UV bis ins Infrarot im Handel erhältlich. Über eine Modifikation des namentlich in den angelsächsischen Ländern viel benützten BECKMAN-Spektrophotometers für automatische Registrierung im Gebiet von 210 bis 2700 $m\mu$ siehe KAYE, CANON und DEVANEY (423).

Wo keine zu hohe Empfindlichkeit nötig ist, wird man Sperrschichtzellen wegen ihrer bequemeren Handhabung den Photozellen vorziehen.

Bequemer ist auch bei Verwendung der Photozellen die Ersetzung des Elektrometers durch ein Galvanometer unter Zwischenschaltung eines Gleichstromverstärkers, was heute im Zeitalter der „Electronics" keine wesentlichen Schwierigkeiten hat (721). Es sind jetzt auch schon Anordnungen angegeben worden, mittels welcher ein Absorptionsspektrum sofort auf dem Leuchtschirm eines Kathodenstrahloszillographen sichtbar und natürlich auch photographierbar wird, was für die Untersuchung sehr flüchtiger Verfärbungen von größtem Nutzen sein wird (85a, 5a).

## d) Die photographische Absorptionsmessung

Die photographische Absorptionsmessung mittels eines Spektographen bietet mannigfache Vorteile, vor allem den, daß die Probe meist nur kurze Zeit belichtet werden muß, was bei labilen Färbungen von Nutzen ist. Sie ist auch vorzüglich geeignet zur Bestimmung der Lage relativ starker und schmaler Banden. Weniger geeignet ist sie dagegen zur Ausmessung verwaschener Absorptionsmaxima. Die quantitative Bestimmung der Absorption durch Photometrierung der Spektralaufnahme erfordert nämlich die Berücksichtigung der Wellenlängenabhängigkeit der Plattenempfindlichkeit und der Intensitätsabhängigkeit der Schwärzung (Schwärzungskurve) für jede Wellenlänge; die Reduktion wird dadurch kompliziert und nicht immer mit der erwünschten Genauigkeit durchführbar.

## e) Fassung der Proben, Untersuchungen bei verschiedenen Temperaturen

Für die Absorptionsmessungen, insbesondere nach dem photoelektrischen Verfahren, ist es erforderlich, die Probe bald zwecks Messung des durchgelassenen Lichtes in den Gang der aus dem Monochromator austretenden Strahlen zu bringen, bald sie wieder daraus zu entfernen, um das ungeschwächte Licht zu messen. Dies bewerkstelligt man durch Einbringen der Probe in einen Rahmen, der in exakt reproduzierbarer Weise hin- und hergeschoben werden kann, in einer Führung, die fix vor dem Monochromatorspalt angebracht ist. Es ist zu beachten, daß beim senkrechten Durchgang von Licht durch eine planparallele Platte Verluste nicht allein durch Absorption, sondern auch durch Reflexion an den Grenzflächen eintreten. Bei der Reflexion an einer Trennungsfläche zwischen Luft und einem Medium vom Brechungsindex $n$ scheidet nach den FRESNELschen Formeln der Bruchteil $(n-1/n+2)^2$ als reflektiert aus dem durchgelassenen Lichte aus. Die Berechnung umgeht man, wenn man das durch den verfärbten Kristall hindurchgegangene Licht nicht mit dem ungeschwächten Lichte vergleicht, sondern mit Licht, das durch einen ganz gleichen, aber nicht verfärbten Kristall hindurchgegangen ist. Die Reflexionsverluste sind dann in beiden Fällen gleich und fallen bei der Berechnung des Absorptionskoeffizienten heraus.

Häufig ist es nötig, die Absorptionsmessungen bei verschiedenen Temperaturen vorzunehmen. Für höhere Temperaturen wird die Probe mit einer die Durchstrahlung nicht hindernden Heizspirale umgeben. Eine Anordnung für niedrige Temperaturen mit Kühlung mittels flüssiger Luft zeigt Abb. 2. nach FLECHSIG (201). Bei tiefen Temperaturen ist besonders das Beschlagen der Probe und der Fenster mit Feuchtigkeit zu vermeiden, was im Inneren durch Erzeugung eines Vakuums oder Durchleiten gut getrockneter Luft geschieht, außen durch leichtes Anheizen der Fenster mittels Heizspiralen. Die Temperaturmessung geschieht am besten mittels eines geeichten Thermoelementes, das an die Probe angelegt oder in sie eingebettet wird.

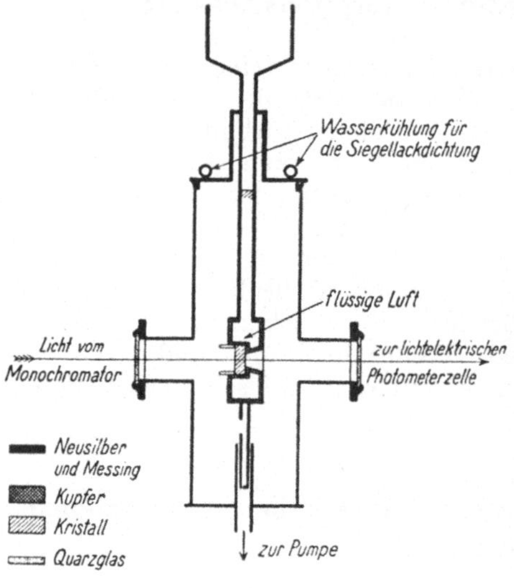

Handelt es sich nicht um Absorptionsmessungen bei verschiedenen Temperaturen, sondern will man nur die Proben für nachträgliche Messungen bei Zimmertemperatur einer bestimmten thermischen Vorbehandlung unterwerfen, so genügt ein beliebiger elektrischer Ofen mit Regulierwiderstand bzw. irgendeine Kühlvorrichtung. Zu beachten ist, daß auch hier die Temperaturmessung an der Stelle der Probe selbst vorzunehmen ist, da insbesondere in nicht ganz geschlossenen Öfen sehr große Temperaturgefälle auftreten.


Abb. 2. Kühlkammer (nach FLECHSIG).

Ferner ist stets der Zeitfaktor zu berücksichtigen. Handelt es sich etwa um das Studium der Entfärbung durch Temperaturerhöhung, so darf man nicht so vorgehen, daß man die Temperatur des Ofens langsam oder gar rasch steigert, bis Entfärbung bemerkbar wird, und die festgestellte Temperatur als Entfärbungstemperatur betrachtet: was man so beobachtet, ist ja die summierte Wirkung aller durchlaufenen niedrigeren Temperaturen, und das Ergebnis hängt ganz von der Geschwindigkeit des Temperaturanstieges ab. Eine einwandfreie Untersuchung erfordert Konstanthaltung der Ofentemperatur über längere Zeiten und wiederholte Messung der Farbe von Zeit zu Zeit. Übergang zu einer anderen Temperatur erfordert neuerliche Einregulierung des Ofens und Benützung einer neuen, im übrigen gleichen Probe. Zu berücksichtigen ist auch, daß bei kurzdauernder Erwärmung die Zeit zum Anheizen der Probe und zur Wiederherstellung des Temperaturgleichgewichtes im Ofen nach Einbringung der Probe nicht zu vernachlässigen ist.

## f) Verteilung der Färbung, Ultramikroskopie

Die Farbe natürlicher Mineralien, aber auch die künstlich gefärbter Kristalle, zeigt oft eine eigentümliche, in mannigfacher Beziehung aufschlußreiche Verteilung, die des Studiums wert ist. Sie ist zum Teil makroskopisch, mit freiem Auge als Streifung oder dergleichen zu erkennen, zum Teil mikroskopisch. In letzterem Falle eignet sich besonders ein Binokularmikroskop mit zwei Objektiven, das auch die Tiefenverteilung erkennen läßt und durch die stereoskopische Wirkung übersichtlichere Bilder gibt. Wo die Oberfläche mangelhaft ist und Risse und Spalten die Beobachtung erschweren, hilft das Einbetten des Objektes in eine Flüssigkeit von ähnlichem Brechungsindex; für Steinsalz eignet sich z. B. Brombenzol, das die Oberfläche nicht angreift.

Besonders wichtig ist die Unterscheidung der ultramikroskopischen und der amikroskopischen Farbverteilung, die SIEDENTOPF (768) zuerst am klassischen Beispiel des Steinsalzes vorgenommen hat. Er stellte fest, daß die gelbe Farbe des verfärbten Steinsalzes amikroskopisch ist, so daß das Gesichtsfeld des Ultramikroskopes leer bleibt, daß aber im blauen Steinsalz die Farbe von ultramikroskopischen Teilchen herrührt. Zur Untersuchung wird meist das Spaltultramikroskop verwendet, gelegentlich sind aber auch Dunkelfeldkondensoren benützt worden. Für ersteres muß die zu untersuchende Probe mindestens zwei rechtwinklig zueinander angeschliffene, auf Hochglanz polierte Flächen aufweisen, eine für das eintretende, beleuchtende Licht, die andere zur Beobachtung des abgebeugten Lichtes. Von Vorteil ist auch eine der ersteren parallel gegenüberliegende polierte Austrittsfläche zur Vermeidung störenden Streulichtes. Für die Beobachtung mit Dunkelfeldkondensor sind Dünnschliffe erforderlich.

## g) Herstellung der Proben

Zur Untersuchung bestimmte Proben natürlicher Mineralien wird man durch Abspalten oder Abschneiden von den Handstücken herstellen. Die Flächen werden nach Bedarf geschliffen und poliert.

Von besonderer Wichtigkeit ist die Herstellung von Einkristallen reiner Salze, wie der Alkalihalogenide, geworden. KYROPOULOS (466) hat, auf die Forschungen von G. TAMMANN gestützt, ein Verfahren angegeben, das Alkalihalogenidkristalle von mehreren Kilogramm Gewicht aus der Schmelze zu ziehen gestattet. Ein durch Luft oder Wasser gekühltes, unten geschlossenes Platinrohr wird in die Schmelze eingetaucht, bis sich eine kleine halbkugelige Kristallmasse an seinem Ende gebildet hat (erstes Stadium). Dann wird das Rohr vorsichtig gehoben, bis die Kristallmasse die Oberfläche der Schmelze gerade berührt. Von dieser Berührungsstelle aus erstarrt dann (zweites Stadium) die Schmelze bei richtiger Versuchsführung allmählich zu einem abgerundeten Einkristall von guter Spaltbarkeit, der schließlich, ehe er die Tiegelwand erreicht, aus der

Schmelze gehoben wird. Man läßt ihn zur Vermeidung allzu großer innerer Spannungen nur langsam abkühlen. Das Verfahren ist später dahin abgeändert worden, daß der wachsende Kristall im zweiten Stadium mittels einer Triebschraube mit der Hand oder mit einem Motor ganz langsam aus der Schmelze gezogen wird.

H. Lorenz (491) gibt folgende Schilderung des von Korth (446) modifizierten Verfahrens: „Man stellt nach Kyropoulos einen Einkristall her — man erlangt dabei Kristalle von der Größe der kleinen runden Pillenschachteln — und dreht aus ihm ein kleines Stück, das man an den Kühler befestigt. Das Stück besitzt 2 bis 3 cm Durchmesser, seine Grundfläche ist eine Würfelspaltfläche. Diesen Kristall taucht man wenige Millimeter tief in die Schmelze und kühlt ihn mittels strömenden Wassers. Dadurch entsteht im Laufe von 3 bis 4 Stunden unten am Kristall eine flache, kalottenförmige Kristallscheibe von etwa 8 cm Durchmesser und 2 cm Dicke. Nach Abschluß dieses Vorganges wird bis eben über die Kristallscheibe ein flacher, aus einer Rohrschnecke gebildeter Kühler heruntergelassen. Er wird ebenfalls von Wasser durchströmt. Daraufhin wird die Kristallplatte mitsamt den beiden Kühlern im Laufe von etwa 10 Stunden in kleinen Schritten oder stetig nach oben gezogen. Wenn das geschehen ist, verfährt man nach folgender Anweisung: der noch heiße Kristall wird vom Ansatzstück abgebrochen. Man legt auf den Tiegeldeckel eine Asbestscheibe und darauf den Kristall. Dann läßt man den

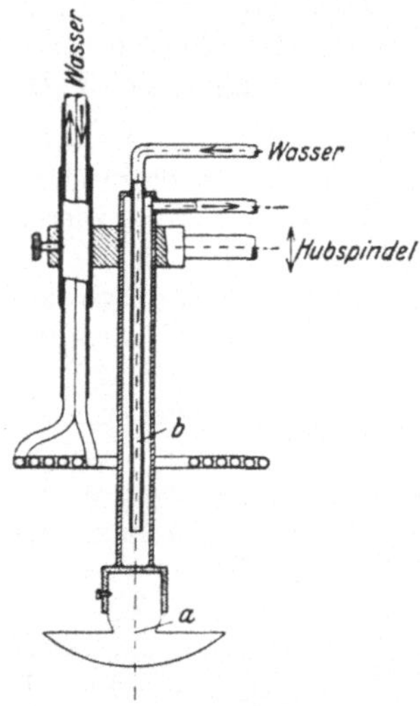


Abb. 3. Kühlanordnung zur Herstellung von Schmelzflußkristallen [nach K. Korth (2, Fig. 1)]. a = gedrehter Einkristall; b = Kühlrohr.

Ofen in etwa 24 Stunden abkühlen. Der Durchmesser des auf diese Art gezüchteten Einkristalls ist allein bedingt durch die Ausmaße des Tiegels und des Ofens, seine Länge nur durch die Abnahme der Kühlwirkung in vertikaler Richtung. Es gelingt, Kristalle von Faustgröße (Durchmesser 12 bis 14 cm, Länge 12 cm) herzustellen und daraus Prismen und Linsen der üblichen Größe anzufertigen. Allerdings ist es sehr schwer, solche Kristalle mechanisch spannungsfrei zu bekommen, wenn auch ein vielstündiges Tempern derartige Störungen ziemlich beseitigt." (Abb. 3.)

Ein vereinfachtes Kyropoulos-Verfahren für kleinere Einkristalle haben Blank und Urbach (55) angegeben.

Weit zeitraubender als das Ziehen aus der Schmelze ist im allgemeinen die Züchtung guter Kristalle aus Lösungen. Über die verschiedenen Methoden der Kristallzüchtung aus Schmelze und Lösung siehe Buckley (82). Heute werden außer den Kristallen der Alkalihalogenide auch solche des Fluorits [STOCKBARGER (817, 818)] und des Quarzes [WALKER und BUCHLER (871)] industriell hergestellt.

Gerade die Verfärbungseigenschaften zeigen, daß die Herstellungsweise der Kristalle durchaus nicht gleichgültig ist. Je langsamer das Kristallwachstum, um so weniger gestört ist der Kristall. So ist die Vollkommenheit mancher in langen Zeiträumen ungestört gewachsener natürlicher Kristalle, z. B. von Steinsalz, im Laboratorium bisher überhaupt nicht zu erzielen.

Die Verfärbung ist ein so empfindliches Kriterium für den Störgrad eines Kristalls, daß es vielfach vorzuziehen ist, Spaltstücke ohne weitere Behandlung der Oberfläche zu benützen, statt sie zu schleifen und zu polieren; man wird bisweilen Unregelmäßigkeiten der Oberfläche lieber bestehen lassen, als durch mechanische Bearbeitung das Verhalten des ganzen Kristalls zu verändern.

# III. Die Färbung der Alkalihalogenide und anderer Substanzen, Experimentelles

## 1. Das Absorptionsspektrum der reinen, unverfärbten Alkalihalogenide

Das weitaus am besten durchgearbeitete Beispiel der Verfärbung liefern die Alkalihalogenide. Zum Verständnis ihrer Verfärbung ist die Kenntnis ihres Absorptionsspektrums im unverfärbten Zustande nötig. Die reinen Alkalihalogenide sind bekanntlich farblos durchsichtig, d. h. sie absorbieren im Sichtbaren nicht merklich. Diese Durchlässigkeit erstreckt sich aber auch weit über die Grenzen des Sichtbaren hinaus, einerseits ins Infrarot bis in das Gebiet der Reststrahlen ($\sim 50\,\mu$), wo beträchtliche Absorption einsetzt, andererseits bis weit ins UV.

Daß unterhalb 200 m$\mu$ bei durchsichtigen Kristallen metallische Reflexion, also auch wieder starke Absorption einsetzt, hat PFUND zuerst an Quarz (603) und später auch an Alkalihalogeniden (604) nachgewiesen; die volle Erschließung dieses Gebietes verdankt man POHL und seinen Mitarbeitern (339, 345). Die Schwierigkeit der Messung der Absorption in diesem Gebiet liegt darin, daß die Absorptionskoeffizienten hier außerordentlich groß werden — vergleichbar mit jenen der Metalle —, so daß sehr dünne Schichten benützt werden müssen, um überhaupt noch meßbare Strahlungsintensitäten hindurchzubekommen. Diese dünnen Schichten werden durch Aufdampfen der Salze im Vakuum auf Quarz- oder Fluoritträger hergestellt.

Die Durchlässigkeitsgrenze in m$\mu$ verschiedener Alkalihalogenide in 1 mm dicker Schicht gibt folgende Tabelle nach HILSCH (339).

Tabelle 1

|            | F   | Cl  | Br  | J   |
|------------|-----|-----|-----|-----|
| Li ........ | 108 | —   | —   | —   |
| Na ........ | 132 | 170 | 206 | 248 |
| K ......... | —   | 175 | 202 | 235 |
| Rb ........ | —   | 184 | 215 | 240 |

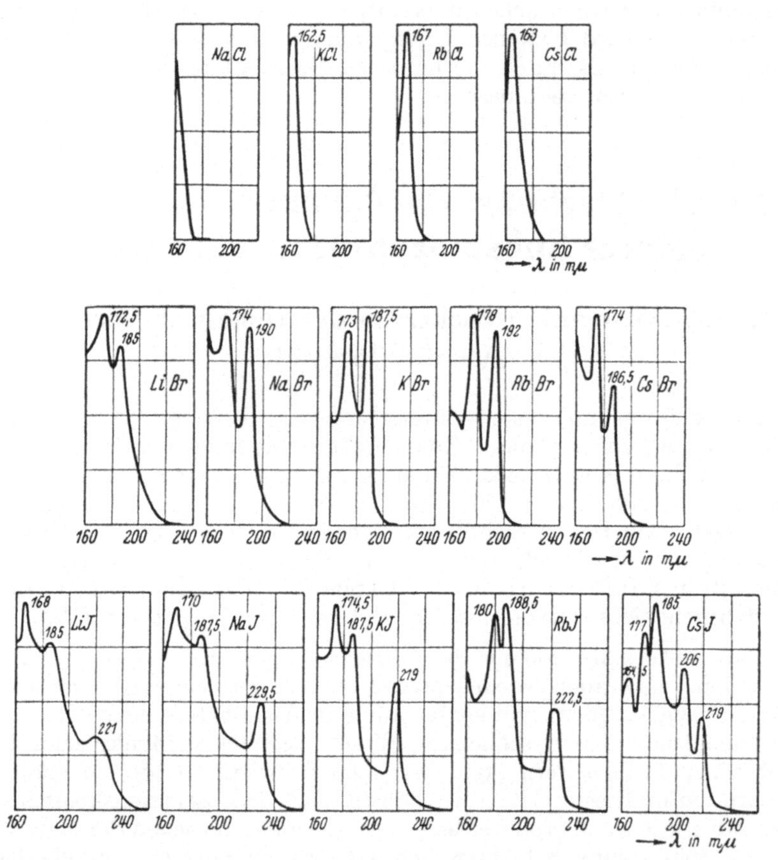



Abb. 4. Ultraviolette Eigenabsorptionsbanden der Alkalihalogenide. Ordinaten sind Absorptionskonstanten in willkürlichen Einheiten. (Nach R. Hilsch und R. W. Pohl.) In der obersten Reihe die Fluoride, nicht die Chloride.

Die Lage der Absorptionsmaxima gibt Tab. 2. Abb. 4 zeigt die Absorptionsspektren.

Tabelle 2

| | F | Cl | Br | J | | | | |
|---|---|---|---|---|---|---|---|---|
| Li ...... | — | 172,5 | 185 | 168 | 185 | 221 | — | — |
| Na ...... | $< 160$ | 174 | 190 | 170 | 187,5 | 229,5 | — | — |
| K ....... | 162,5 | 173 | 187,5 | 174,5 | 187,5 | 219 | — | — |
| Rb ..... | 167 | 178 | 192 | 180 | 188,5 | 22⌀,5 | — | — |
| Cs....... | 163 | 174 | 186,5 | 164,5 | 177 | 185 | 206 | 219 |

Über die Temperaturabhängigkeit siehe MOLLWO (543), der beim Überschreiten des Schmelzpunktes einen Sprung um 0,7 eV in Richtung längerer Wellen feststellte.

Siehe ferner BAUER (33), E. G. SCHNEIDER (731—732a); über den Nachweis optischer Energiestufen durch die Reflexion langsamer Elektronen; HILSCH (340).

Die Eigenabsorption zeigt einen langwelligen Ausläufer, der stark von der Beschaffenheit des Kristalls abhängt; siehe u. a. REXER (690). Bei gewöhnlichem Steinsalz reicht er bis etwa 200 m$\mu$, entsprechend 6 eV Energie.

# 2. Die Verfärbung der Alkalihalogenide

## a) Das Absorptionsspektrum, F-Banden

Die Absorption von Licht im langwelligen Ausläufer der Kristalleigenabsorption führt nun zur Verfärbung, d. h. zur Bildung neuer Absorptionsbanden, meist im Sichtbaren. Dabei wäre zu erwarten, daß die Absorption im Ausläufer abnehmen sollte, dies ist aber nach REXER (689) nicht der Fall, sie steigt vielmehr an, was wohl heute durch die Bildung von V-Zentren erklärt werden kann, siehe S. 69.

Für die Alkalihalogenide genügt nach dem oben gesagten UV von weniger als 200 m$\mu$ Wellenlänge, und so konnte Verfärbung mit Funken-UV erhalten werden: GOLDSTEIN (250), FARNAU (195). Mit langsamen Kathodenstrahlen konnte FRISCH (219) zwar keine Verfärbung des Steinsalzes nachweisen, wohl aber Thermolumineszenz bis herab zu einer Kathodenstrahlenergie von 10 Volt, ein Zeichen, daß so kleine Quanten schon eine Veränderung im Kristall hervorbringen.

Die Farbe ist im großen ganzen von dem benützten Verfärbungsmittel unabhängig und für die betreffende Verbindung charakteristisch. Wo bei Benützung verschiedener Verfärbungsmittel bei ein und derselben Verbindung verschiedene Färbungen auftreten, handelt es sich nur um eine Intensitätsabhängigkeit, um Abhängigkeit der Farbe von der Konzentration der zugeführten Energie, um eine Wirkung verschieden starker Erwärmung durch die Strahlung und dergleichen, worüber noch zu sprechen sein wird. Hier sei zunächst davon abgesehen und die Farbe lediglich als charakteristische Eigenschaft der Kristallart aufgefaßt. Es war besonders auffallend, daß ein Alkalihalogenidkristall bei Färbung mittels Alkalimetalldampf die selbe Farbe annahm, welches Metall auch immer als Dampf verwendet wurde: Steinsalz wird mit Na- und mit K-Dampf gelb gefärbt, Kaliumchlorid mit beiden Dämpfen violett.

Das Absorptionsspektrum der verfärbten Alkalihalogenide schien anfangs sehr einfacher Natur zu sein. Es tritt zu den unter 1. angeführten Banden eine neue, im nahen UV oder im Sichtbaren gelegene Bande auf,

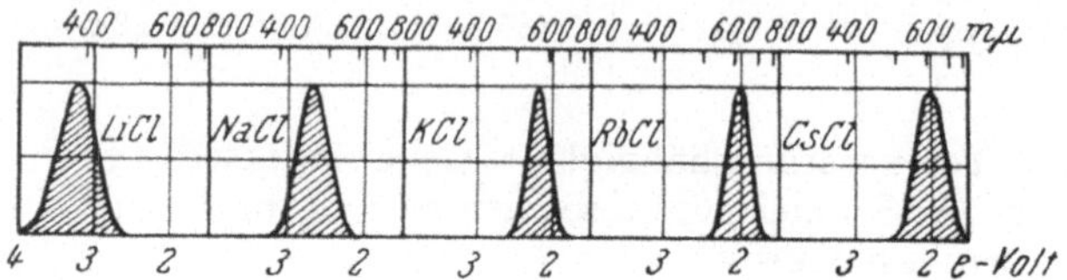


Abb. 5. Die Absorptionsspektra der Farbzentren in den Kristallen der Alkalichloride (nach POHL).

welche die typische Glockenform einer Resonanzkurve aufweist. [RÖNTGEN (698), K. PRZIBRAM (639), BAYLEY (36), GYULAI (267)]. Diese Bande wird jetzt allgemein als F-Bande bezeichnet (Abb. 5).

Als eine genügende Zahl von Alkalihalogeniden auf Verfärbung untersucht waren, insbesondere durch OTTMER (586), zeigte sich eine gewisse Gesetzmäßigkeit in der Färbung, die zunächst in der Form ausgesprochen wurde: Ordnet man die Alkalihalogenide derart nach steigenden Ordnungszahlen der Elemente in einer Tabelle, daß jedem Kation eine Zeile, jedem Anion eine Spalte zukommt, so haben die auf einer von rechts oben nach links unten gehenden Diagonale liegenden Salze ähnliche Farben, wie folgende Tab. 3 zeigt [K. PRZIBRAM (640)]:

Tabelle 3

| | F | Cl | Br | J | H |
|---|---|---|---|---|---|
| Li ... | 250<br>farblos | 385<br>schwach gelb | — | — | — |
| Na ... | 340<br>schwach gelb | 465<br>bernsteingelb | 540<br>violett | 588<br>blau | bräunlichgelb |
| K ... | 455<br>gelb | 563<br>blauviolett | 630<br>tiefblau | 685<br>grün | blauviolett |
| Rb .. | violett[1] | 610<br>blau[2] | 720<br>grünblau | 775<br>— | blässer blauviolett |
| Cs.... | —<br>grünlichblau | 600<br>blau | — | — | schwach grünlich |

[1] Nach BAYLEY (36).
[2] Nach den Göttinger Messungen; JAHODA (399) fand 560.

Die Tabelle gibt die Wellenlängen der Absorptionsmaxima in m$\mu$. Sie enthält auch die von ELSTER und GEITEL beobachteten Farben der mit Kathodenstrahlen verfärbten Alkalihydride; siehe über diese auch BACH und BONHOEFFER (22, 23).

Den Grund für jene Diagonalregel hat MOLLWO (537) gefunden. Er erkannte, daß die Farbe, d. h. die Wellenlänge des Absorptionsmaximums lediglich eine Funktion der Gitterkonstante, des Abstandes der Mittelpunkte benachbarter Ionen im Kristallgitter voneinander ist. Er hat gezeigt, daß für die Alkalihalogenide vom Steinsalzgittertypus eine einfache Beziehung zwischen Frequenz $\nu$ (in sec$^{-1}$) des Bandenmaximums und der Gitterkonstanten $d$ (in Å) besteht:

$$\nu\, d^2 = 0{,}502 \text{ cm}^2/\text{sec}.$$

Die obenerwähnte Diagonalregel rührt daher, daß längs der genannten Diagonalreihen eben auch die Gitterkonstanten ähnliche Werte haben.

Für CsCl, das ein anderes Gitter besitzt (raumzentriert kubisch), gilt die MOLLWOsche Regel nicht mehr, was schon daran zu erkennen ist, daß die gesetzmäßige Verschiebung der Farbe von Gelb über Purpur, Violett und Blau nach Grün beim Übergang zu größeren Ordnungszahlen des Kations in der Reihe der Chloride beim Übergang von RbCl zu CsCl keine Fortsetzung findet [BAYLEY (36)]. Nach JAHODA, der als erster Messungen an CsCl ausgeführt hat, läge beim CsCl das Maximum sogar bei wesentlich kürzeren Wellenlängen als beim RbCl, nach den Göttinger Messungen wäre der Unterschied nicht so groß, aber das Maximum des CsCl keinesfalls längerwellig als das des RbCl.

Alle bisher angegebenen Zahlen gelten für Zimmertemperatur. Temperaturerhöhung bewirkt eine Verschiebung der Maxima nach längeren Wellen. Diese Verschiebung ist schon an der Farbänderung beim Erwärmen kenntlich. So wird gelbgefärbtes Steinsalz beim Erhitzen rot. Diese Farbänderung ist im Gegensatz zu dem später zu besprechenden Blauumschlag reversibel, beim Abkühlen wird das Steinsalz wieder gelb. Abkühlung unter Zimmertemperatur hat eine Verschiebung zu kürzeren Wellen zur Folge. Das Gelb des Steinsalzes wird schwächer, weil das Absorptionsmaximum bei hinreichender Abkühlung ins UV rückt; das Gelb tritt aber bei Erwärmung auf Zimmertemperatur in unveränderter Stärke wieder auf, im Gegensatz zur irreversiblen Entfärbung durch längeres Erhitzen. Temperaturerhöhung hat ferner eine Verbreiterung der Bande zur Folge. Über die Temperaturabhängigkeit der Bandenlage siehe insbesondere FESEFELDT (198).

## b) Der Anstieg der Verfärbung

Läßt man eine verfärbende Strahlung auf einen unverfärbten Kristall dauernd einwirken, so nimmt die Verfärbung zu, der Kristall färbt sich dunkler, der Absorptionskoeffizient im charakteristischen Absorptionsmaximum wächst. Dies geht aber nicht unbegrenzt weiter, sondern, je nach der Intensität der einwirkenden Strahlung, früher oder später tritt ein Stillstand ein, die Farbe vertieft sich nicht weiter; ein Sattwert ist erreicht, der auch bei längerer Einwirkung der Strahlung gegebener Intensität nicht mehr wesentlich überschritten wird.

GOLDSTEIN hat schon auf Grund der bloßen Betrachtung des bestrahlten Salzes erkannt, daß dieser Sattwert von der Intensität der Strahlung abhängt, derart, daß eine Steigerung der Intensität nach Erreichung des Sattwertes einen neuerlichen Anstieg der Verfärbung und Erreichung

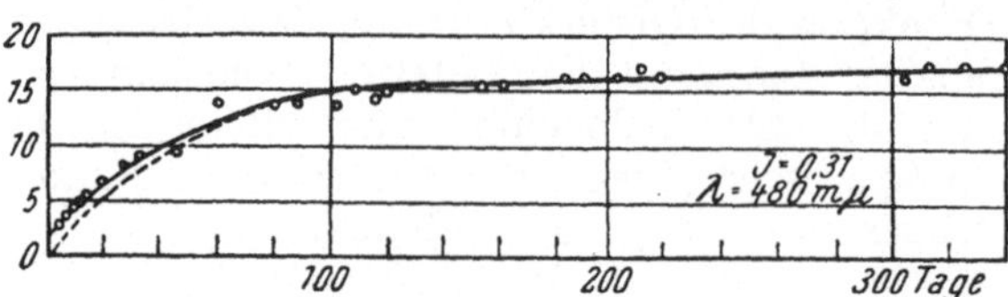


Abb. 6. Anstieg der Verfärbung des Steinsalzes mit der Bestrahlungsdauer (nach M. BELAR).

eines neuen höheren Sattwertes zur Folge hat. Messend ist dies zuerst von M. BELAR (46, 47) am Beispiel des radiumbestrahlten Steinsalzes mit dem GLANschen Spektrophotometer nachgewiesen worden. Abb. 6 zeigt eine der von ihr für verschiedene Intensitäten der $\beta$-$\gamma$-Strahlung und für verschiedene Wellenlängen des Meßlichtes erhaltenen Anstiegskurven.

Es liegt nahe, zu versuchen, diese Kurven durch die Formel

$$\mu = \mu_\infty \left(1 - e^{-\alpha t}\right)$$

darzustellen, wo $\mu$ der Absorptionskoeffizient zur Zeit $t$ und $\mu_\infty$ sein Sattwert zur Zeit $t = \infty$ ist. Dies gelingt aber nicht mit einem einzigen konstanten Wert von $\alpha$. Insbesondere ist der anfängliche Anstieg viel rascher, als dem weiteren Verlauf nach dieser Formel entspricht. Im Abschnitt über die Theorie des Verfärbungsanstieges wird dies näher erörtert.

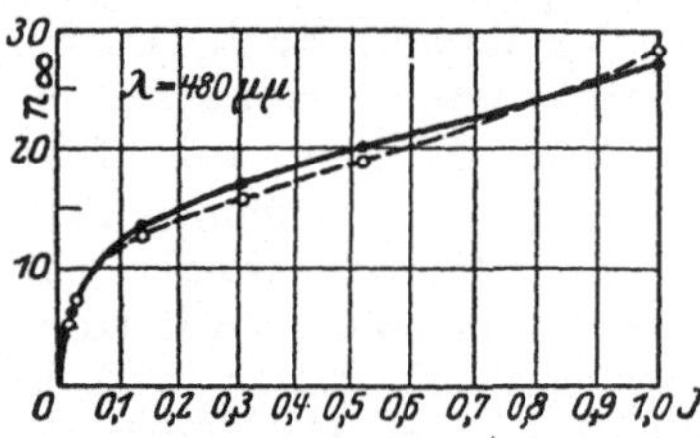


Abb. 7. Sattwert $n_\infty$ der Verfärbung des Steinsalzes als Funktion der Bestrahlungsintensität $J$ (nach BELAR).

Die Abhängigkeit des Sattwertes von der Intensität gibt Abb. 7. Die Intensität ist in willkürlichem Maße gemessen; die Einheit entspricht rund 10 mg Ra/mm². Den Anstieg der Verfärbung mit ultraviolettem Licht hat SCHRÖDER (740) für Steinsalz messend verfolgt. Diese Messungen sind aber nicht einfach auszuwerten, weil unzerlegtes Funkenlicht zur Verfärbung benützt wurde und daher auch sichtbares Licht zur Wirkung kam, das nur *ent*färbend wirkt und nicht färbt.

Bei gleichbleibender Strahlungsintensität hängt die Geschwindigkeit des Verfärbungsanstieges und der Sattwert noch von der Temperatur ab. SINELNIKOW, WALTHER, KURTSCHATOW und LITWINENKO (771) haben gezeigt, daß sich Steinsalz bei der Temperatur der flüssigen Luft unter Radiumbestrahlung nicht merklich verfärbt unter Bedingungen, bei denen bei Zimmertemperatur starke Verfärbung eintritt. Dieses Verhalten ist dann in Göttingen bestätigt und näher untersucht worden, siehe HILSCH und POHL (350). Bei der Verfärbung spielt also nicht nur die Bestrahlung, sondern auch die Wärmebewegung mit. Bei höheren Temperaturen *sinkt* andererseits wieder der Sattwert der Verfärbung. Neuere Versuche (101) zeigen, daß sich die F-Bande auch noch bei tiefen Temperaturen [auch bei 5⁰ K (173b)] bildet, aber bei Erwärmung rasch verschwindet.

Der bei Zimmertemperatur mit Röntgenstrahlen erreichte Sattwert stellt nur ein Stadium sehr langsamen weiteren Anstieges dar, denn bei sehr langer Bestrahlung von KCl ergeben sich nach HARTEN (304) doch noch höhere Werte der Verfärbung; wahrscheinlich handelt es sich hier um eine fortschreitende Störung des Gitters durch die Röntgenstrahlen.

## c) Entfärbung

### α) Entfärbung durch Wärme

Die Erreichung eines intensitätsabhängigen Sattwertes, oder besser gesagt, eines Quasi-Sattwertes der Verfärbung und das Sinken des Sattwertes mit steigender Temperatur weist darauf hin, daß der Verfärbung ein entfärbender Prozeß entgegenwirkt. In der Tat zeigen manche durch Strahlung verfärbte Substanzen nach Unterbrechung der Bestrahlung schon bei Zimmertemperatur einen spontanen Rückgang der Farbe, eine Entfärbung durch eine Dunkelreaktion. Ein gewisses Analogon bieten die sogenannten phototropen organischen Substanzen MARCK-WALDS (511), die ihre Farbe im Licht ändern, im Dunkeln aber von selbst die ursprüngliche Farbe wieder annehmen.

Bei anderen Substanzen wird die Entfärbung erst bei höheren Temperaturen bemerkbar. Bei genügend hohen Temperaturen läßt sich jede Strahlungsverfärbung rückgängig machen. Die Entfärbung bei mäßigen Temperaturen, etwa 200 bis 300⁰ C, kann geradezu als ein Kriterium der Strahlungsverfärbung angesehen werden.

Additiv, etwa durch Erhitzen im Metalldampf gefärbte Salze zeigen bei mäßigem Erhitzen keine Entfärbung; sie setzt erst bei Temperaturen ein, bei denen schon ein Verdampfen des Alkalimetalls anzunehmen ist. Bei Anwesenheit von Feuchtigkeit tritt insbesondere bei feinem Pulver schon früher Entfärbung ein [KURZKE und ROTTGARDT (463)].

Die Stabilität der Verfärbung hängt also wesentlich von der Art des Verfärbungsmittels ab. Wie später gezeigt werden wird, hängt sie auch wesentlich von der Beschaffenheit der Probe, ihrer mechanischen und thermischen Vorgeschichte ab, und nicht nur von der chemischen Zusammensetzung des Alkalihalogenids.

Der Verfärbungsrückgang bei Zimmertemperatur ist messend zuerst von M. BELAR (46) an einem Fluorit verfolgt worden, dann bei verschiedenen Temperaturen bei Steinsalz (47). Eine eingehendere Analyse des Vorganges bei Steinsalz hat B. ZEKERT (926) vorgenommen. Abb. 8 zeigt, daß für den Anfangsabfall, der angenähert nach einer $e$-Potenz erfolgt, der Exponent $\delta$ der Gleichung genügt: $\ln \delta = A - \dfrac{B}{T}$, wo $T$ die absolute Temperatur bedeutet.

Zur Wiedergabe der Entfärbungskurven genügt der naheliegende einfache Ansatz $\mu = \mu_0 e^{-\delta t}$ jedoch nicht. Die Entfärbungskurve ist, auf logarithmischem Papier aufgetragen, keine Gerade; sie läßt sich nur durch eine Summe mehrerer Glieder dieser Form darstellen. Für einen speziellen Fall, KBr mit KH-Einbau (siehe S. 36) erhielt HILSCH (342) für die Entfärbung bei hohen Temperaturen (über 500° C) Abnahme der Färbung nach einer einfachen $e$-Potenz, bei niedrigeren Temperaturen auch hier Abweichungen.

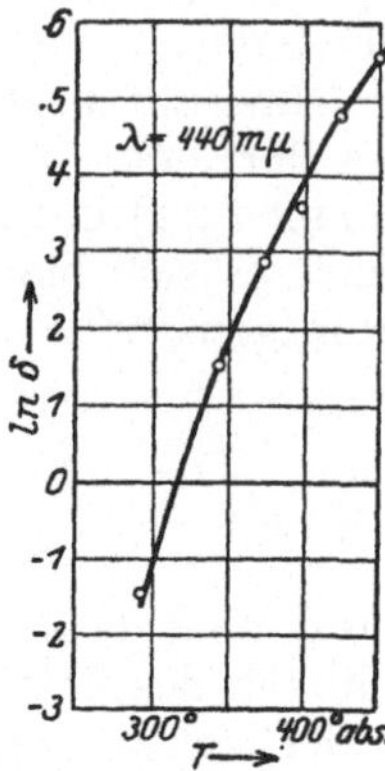

Abb. 8. Geschwindigkeit der Dunkelreaktion und absolute Temperatur (nach ZEKERT). Punkte beobachtet, Kurve berechnet.

## $\beta$) Entfärbung durch Strahlung

Die durch Bestrahlung erzielte Farbe kann auch durch Belichten vernichtet werden. Wirksam ist das in der charakteristischen Absorptionsbande des verfärbten Kristalls absorbierte Licht. Die meisten strahlungsverfärbten Alkalihalogenide verlieren ihre Farbe schon beim Liegen im Tageslicht, manche, wie Sylvin oder CsCl, sehr rasch, in Minuten und selbst Sekunden, andere, wie manches natürliche, durch Radium gelbgefärbtes Steinsalz, viel langsamer, in Stunden und Tagen. Bisweilen bleibt auch bei längerer Belichtung eine veränderte, sehr stabile Farbe bestehen, so bei Steinsalz ein schmutziges Grau.

Daß gerade die bevorzugt absorbierten Wellenlängen besonders wirksam sind, hat BAYLEY (36) durch Ausbleichversuche im Spektrum gezeigt.

NIKITIN (574) findet, daß bei der Belichtung von radiumverfärbtem NaCl und KCl mit linear polarisiertem Licht Photodichronismus auftritt.

Daß auch die verfärbende Strahlung entfärbend wirkt, ergibt sich nicht nur aus der Darstellbarkeit des Verfärbungsanstieges unter dieser Annahme (siehe die Theorie S. 83), sondern auch direkt aus Versuchen von HARTEN (304): Röntgenbestrahlung bei erniedrigter Temperatur gibt einen höheren Sattwert der Verfärbung als eine solche bei höherer Temperatur; ein bei Tieftemperatur stark verfärbter KCl-Kristall wird auf Zimmertemperatur erwärmt, wobei der hohe Sattwert zunächst erhalten bleibt; wird aber der Kristall jetzt wieder mit Röntgenstrahlen bestrahlt, so geht die Verfärbung auf den der Zimmertemperatur entsprechenden niedrigeren Wert zurück.

## d) Erregung

Die F-Bande war die erste an strahlungsgefärbten und additiv gefärbten Alkalihalogeniden gefundene Absorptionsbande. Sie ist jedoch nicht die einzige. Immer wieder sind neue Banden gefunden worden, so daß heute das Absorptionsspektrum lange nicht mehr so einfach ist, als es anfangs schien. Zunächst zeigte es sich, daß Einstrahlung von Licht in die F-Bande ihr Maximum erniedrigt und sie gleichzeitig nach längeren Wellen hin verbreitert. Dieser Prozeß ist reversibel: Einstrahlung von

Licht in den verbreiterten Ausläufer der Bande, etwa mit rotem Licht, führt wieder zur Erhöhung und Verschmälerung der Bande. Der Rückgang in den Anfangszustand ist mit Lichtemission verbunden, weshalb der Zustand mit erniedrigter und verbreiterter F-Bande unter Heranziehung der Terminologie der Lumineszenzerscheinungen als der „erregte" bezeichnet wurde. Diese Erregung ist zuerst von GUDDEN und POHL bei ihren klassischen Untersuchungen über die lichtelektrische Leitung in Kristallen von hohem Brechungsindex (Zinkblende, Diamant) gefunden worden, beim verfärbten Steinsalz von GYULAI (267, 272) (Abb. 9).

Wird bei einer verfärbten Substanz eine Erniedrigung der F-Bande durch Belichtung beobachtet, so ist jedesmal zu untersuchen, ob es sich um reversible Erregung oder um irreversible Entfärbung handelt.

Nach neueren Untersuchungen besteht die Erregung in der Bildung eines neuen Absorptionsmaximums bei längeren Wellen auf Kosten der F-Bande. Insbesondere bei tiefen Temperaturen lassen sich die beiden Banden trennen; bei höheren geht die Bande des erregten Zustandes, jetzt als F'-Bande bezeichnet, in der stärkeren F-Bande unter und macht sich nur durch die Verbreiterung nach längeren Wellen bemerkbar. Daß es sich trotzdem um Bildung einer neuen Bande handelt, hat wohl zuerst F. URBACH (853) erkannt.

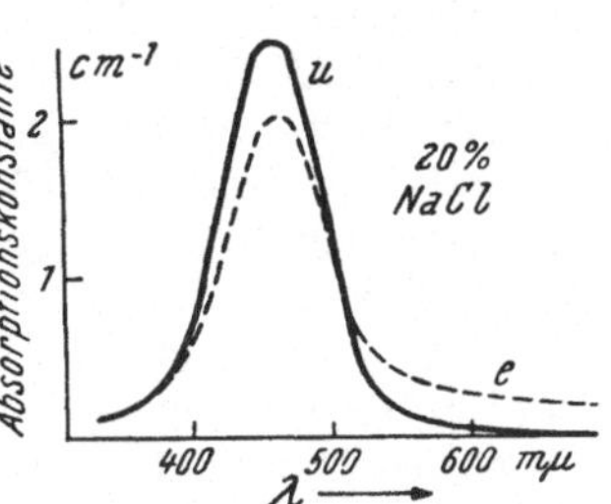

Abb. 9. Erregung des verfärbten Steinsalzes nach POHL.

Bei der Verfärbung mit unzerlegtem Funkenlicht sind die Kristalle nach der Verfärbung voll erregt, d. h. weiteres Einstrahlen in die F-Bande bewirkt keine weitere reversible Erniedrigung und Verbreiterung derselben [SCHRÖDER (740)], was indessen auf das sichtbare Licht des Funkens zurückgeführt werden könnte. Aber auch nach Röntgen- und Radiumbestrahlung ist das verfärbte Steinsalz voll erregt [GYULAI, HABERFELD (276)]. Mit der Zeit kann ein spontaner Rückgang der Erregung im Dunkeln eintreten; das F-Maximum steigt von selbst an. Mißt man die Durchlässigkeit nur im F-Maximum, so kann sich so das paradoxe Resultat ergeben, daß der Kristall nach Abschluß der Bestrahlung von selbst dunkler zu werden scheint.

Temperaturerhöhung beschleunigt den Rückgang der Erregung, d. h. die Verwandlung der F'- in die F-Bande [GYULAI (272)].

## e) Der Farbumschlag

### α) Der Blauumschlag des Steinsalzes

Es ist schon frühzeitig beobachtet worden, daß die primäre gelbe Farbe des Steinsalzes bei Erwärmung manchmal in Blau umschlägt. So erhielt GOLDSTEIN (249, 250) einen Übergang der gelben Farbe in Blau bei Bestrahlung mit sehr konzentrierten Kathodenstrahlen, was auf die dabei auftretende Erwärmung zurückzuführen ist. SIEDENTOPF (768) beschreibt den Blauumschlag bei additiv gefärbtem Steinsalz und auch bei solchem, das durch Radium gelb gefärbt war. Er gibt an, daß in beiden Fällen die primäre gelbe Farbe amikroskopisch ist, die blaue aber durch ultramikroskopische kolloidale Natriumteilchen bewirkt sei, sowie auch im natürlichen Blausalz die Farbe kolloidaler Natur ist. Auf diese Angaben SIEDENTOPFS ist es wohl zurückzuführen, daß jede blaue oder violette Farbe im Steinsalz auf Kolloide geschoben wurde. In einer späteren Arbeit sagt SIEDENTOPF (769): „Auf optisch leere Zerteilungen, welche im durchfallenden Licht gelb sind, wirkt blaues Licht so, daß Submikronen von Natrium ausgeschieden werden, bei gleichzeitiger Blaufärbung."

Der Verfasser hat gemeinsam mit Frl. BELAR (667) verschiedene blaugefärbte Steinsalzstücke ultramikroskopisch untersucht. Während das natürliche blaue Steinsalz von Staßfurt und additiv blau gefärbtes den kolloidalen Charakter der Farbe schon durch das Auftreten eines intensiven ziegelroten TYNDALL-Kegels verrät, wurde bei einem durch Radiumbestrahlung und Erwärmung auf etwa 200⁰ C violett gefärbten — ein reines Blau konnten wir auf diesem Wege nie erhalten — der folgende Befund festgestellt: „Sehr schwacher TYNDALL-Kegel, zahlreiche helle verschiedenfarbige Einzelteilchen." Schon damals schien es dem Verfasser zweifelhaft, ob dieser Befund die tiefviolette Farbe des Salzes erklären könne, und ob nicht auch eine amikroskopische Violettfärbung zugrunde liege. Deshalb wurde damals die Anmerkung beigefügt: „Es ist vielleicht nicht überflüssig, zu bemerken, daß natürlich kein eindeutiger Zusammenhang zwischen der mit freiem Auge wahrgenommenen Farbe und dem ultramikroskopischen Befund besteht. Es läßt sich auch nicht ohne weiteres feststellen, wieviel von der wahrgenommenen Farbe auf Rechnung der Ultramikronen zu setzen ist." Später wurde dann bei gepreßtem, durch Radiumbestrahlung und darauffolgender Belichtung blau gefärbtem Steinsalz stets vergebens nach einem TYNDALL-Kegel gesucht, und darum vermutete der Verfasser das Vorhandensein einer amikroskopischen Blaufärbung. Neuerdings hat dann N. ADLER (5) gezeigt, daß die natürlichen violetten Steinsalze in der Regel nicht kolloidal gefärbt sind (S. 123).

REXER (684) wollte die Abnahme der Absorption bei 465 m$\mu$ des additiv gefärbten Steinsalzes bei wiederholter abwechselnder Blau- und Rotbelichtung der Bildung von Kolloiden zuschreiben, ohne indessen diese ultramikroskopisch nachzuweisen. Es wird sich wohl auch hier um die Bildung höherer, d. h. stärker gestörter Zentren handeln.

Zur Erzielung des Blauumschlages beim Erwärmen auf 200⁰ C des radiumbestrahlten Steinsalzes ist eine bestimmte Mindestdosis der Bestrahlung erforderlich. Das zeigt man am besten an einem länglichen Steinsalzprisma, das mit einer Basisfläche an das Radiumpräparat angelegt wird. Bei gegebener Bestrahlungsdauer nimmt die Dosis und mit ihr die Tiefe der Gelbfärbung mit wachsender Entfernung vom Präparat ab. Wird das Stück nun erhitzt, so tritt der Blauumschlag nur bis zu einer gewissen Entfernung von dem dem Präparat angelegenen Ende ein, in größerer Entfernung wird das Stück farblos.

Der Blauumschlag wird nach SAVOSTIANOVA (711) gefördert durch Belichtung, wobei wieder das in der F-Bande absorbierte blaue Licht am wirksamsten ist. Eine notwendige Bedingung ist die Belichtung aber nicht. Auch im Dunkeln tritt, wenn auch langsamer, bei Erwärmung unter passenden Bedingungen der Blauumschlag ein, besonders bei additiv gefärbtem Salz, aber auch, wenn auch schwieriger, bei strahlungsverfärbtem (638 III).

Messend wurde der Blauumschlag zuerst von M. BELAR (46) verfolgt. Er drückt sich im Absorptionsspektrum durch Zunahme der Absorption

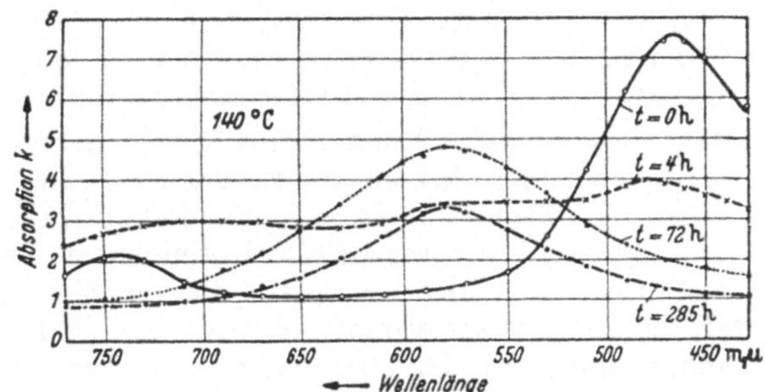


Abb. 10. Absorptionsspektrum des Steinsalzes von Wieliczka nach α-Bestrahlung und verschieden langer Erwärmungszeit auf 140° C, gemessen bei Zimmertemperatur. $t$ = Erwärmungszeit. Nach 4 Stunden Graustadium, nach 72 Stunden einheitliches Maximum bei 580 mμ, nach 285 Stunden Absinken dieses Maximums. $k$ bedeutet hier $10 \cdot {}_{10}\log (I_0/I)$ (nach L. WIENINGER und N. ADLER).

im Rot und Gelb und in einer Abnahme im Blau und Violett aus. Dieses Verhalten ist auch zu beobachten, wenn es zu keinem ausgesprochenen Blauumschlag kommt. Auch bei Temperaturen weit unter 200° C, selbst bei Zimmertemperatur, nimmt die Absorption für lange Wellen zu [B. ZEKERT (926)]. Das Salz wird in diesen Fällen graubraun bis grau (ähnliche Absorption für sichtbares Licht aller Wellenlängen), wie schon GOLDSTEIN beobachtet hatte. Die Farbänderung beim Erwärmen von α-strahlenverfärbtem Steinsalz zeigt Abb. 10 nach WIENINGER und ADLER.

## β) Der Farbumschlag bei anderen Alkalihalogeniden

Auch bei anderen Alkalihalogeniden tritt ein Farbumschlag beim Erwärmen auf, doch ist er bei den höheren Alkalihalogeniden nicht so auffallend wie bei Steinsalz, da bei ihnen die F-Bande schon bei längeren Wellen liegt und der Umschlag auch gegen Blau erfolgt. Bei niedrigeren Alkalihalogeniden ist der Umschlag sehr ausgesprochen. So gibt im LiCl die F-Bande eine schwache strohgelbe Färbung; der Umschlag erfolgt nach Rotbraun; NaF, das eine ähnliche primäre Färbung zeigt wie LiCl, wird durch den Farbumschlag rosa.

Bei additiv gefärbtem KCl und KBr ist Kolloidbildung nachgewiesen [REXER (685)], in den anderen Fällen wäre es wohl noch zu untersuchen. Jedenfalls ist auch hier wie bei Steinsalz nicht jeder Farbumschlag auf Kolloide zurückzuführen.

## f) Weitere, nicht durch Kolloide bewirkte Absorptionsbanden der verfärbten Alkalihalogenide

Bei einer Reihe von Alkalihalogeniden sind außer den in der Tab. 3 angegebenen F-Maxima auch noch kleinere Nebenmaxima gefunden worden. Von OTTMER (586) entdeckt, wurden sie später von MOLNAR (545, 546) wieder gefunden und von SEITZ (756) als M-Banden bezeichnet. Die M-Bande scheint immer nur zusammen mit der F-Bande aufzutreten. Sie scheint aus dieser zu entstehen, sei es unter Einwirkung der verfärbenden Strahlung [Röntgenstrahlen, BORCHERT (65)], sei es durch Lichtabsorption in der F-Bande. Sehr stark tritt die M-Bande bei Bestrahlung mit Po-$\alpha$-Strahlen [WIENINGER und ADLER (903)], Abb. 10, und mit Kathodenstrahlen [SCHLEICHER-WERTICH (727), PATER (589)] auf.

Nach MOLNAR bildet sich bei Einstrahlung von Licht in die M-Bande wieder die F-Bande, aber nicht bis zur ursprünglichen Höhe; statt dessen entstehen zwei neue Banden, von SEITZ (756) R-Banden genannt ($R_1$ und $R_2$), weil sie im bestuntersuchten KCl im Roten liegen. Diese Banden sind wohl in erster Linie für den amikroskopischen Blauumschlag des strahlungsverfärbten Steinsalzes verantwortlich. Sie sind gegen Licht weitgehend unempfindlich, werden aber, wie alle Zentren, durch Wärme leicht zerstört. Vgl. hiezu auch KLICK und MAURER (437).

Noch längerwellig als die M-Bande ist eine von BURSTEIN und OBERLY (92) gefundene im nahen Infrarot, von ihnen als N-Bande bezeichnet. Sie tritt nach Röntgenbestrahlung und darauffolgender Belichtung auf und liegt in KCl bei $1\,\mu$. Durch den inneren photoelektrischen Effekt konnte OBERLY (580) in röntgenisiertem KCl bei tiefen Temperaturen und Belichtung auch noch Maxima bei $1{,}55\,\mu$ (O) und bei $1{,}95\,\mu$ (P) nachweisen.


*Erklärung zur nebenstehenden Tabelle:*

   * bei $-180^0$ C.

  ** bei $-235^0$ C.

   a F. SEITZ, The Modern Theory of Solids, New York 1940. Gitterkonstante in Ångström.

    b HILSCH und POHL (349, 350).

    c MOLNAR J. P. (546).

    d OTTMER (586).

    e SCHNEIDER, E. G. (731)[1].

    f MOLLWO (540).

    g MOLLWO (540).

    h KALABUCHOW, N., J. Phys. USSR, 9, 41, 1945.

    i PICK (609).

    k BURSTEIN und OBERLY (92).

---

[1] Auch schon bei OTTMER. Ein von E. G. SCHNEIDER bei 520 m$\mu$ gefundenes, durch UV oder Glimmentladung gebildetes Maximum möchte er Kolloiden zuschreiben, ohne dafür einen zwingenden Beweis zu erbringen.

Tabelle 4

| Salz | $d^{a)}$ | U | F | F′ | $R_1$ | $R_2$ | M | N |
|---|---|---|---|---|---|---|---|---|
| LiFl... | 2,01 | (132) | (245)<br>257[e]<br>250[d-f] | — | (295) | (320)<br>310[e]<br>306[d] | (416)<br>444[e] | — |
| LiCl .. | 2,57 | (174) | (398)<br>385[d-f] | — | (462) | (500)<br>580[d] | (610)<br>650[d] | — |
| LiBr .. | 2,75 | (187) | (452) | — | (525) | (568) | (679) | — |
| LiJ ... | 3,00 | (206) | (531) | — | (616) | (667) | (777) | — |
| NaF .. | 2,31 | (155) | (328)<br>341[c]<br>335[d]<br>340[f] | — | (381) | (412)<br>415[d] | (516)<br>505[c] | — |
| NaCl .. | 2,81 | (192)<br>192[b] | (471)<br>458[c]<br>470[d]<br>465[f] | — | (547)<br>545[c*] | (592)<br>596[c*] | (701)<br>725[c]<br>720[d]<br>705[f] | — |
| NaBr.. | 2,98 | (204)<br>210[b] | (525)<br>540[d-f] | — | (610) | (660) | (77c) | — |
| NaJ... | 3,23 | (223) | (609)<br>588[f] | — | (707) | (765) | (871) | |
| KF.... | 2,67 | (181) | (428)<br>455[d-f] | — | (497) | (538) | (648) | — |
| KCl ... | 3,14 | (216)<br>214[b] | (576)<br>556[c]<br>563[d-f] | 700[g**] | (669)<br>658[c*] | (725)<br>727[c*] | (835)<br>825[c]<br>820[d] | 1000[k] |
| KBr .. | 3,29 | (228)<br>228[b] | (630)<br>625[c]<br>630[d-f] | — | (732)<br>735[c*] | (792)<br>790[c*] | (897)<br>892[c*]<br>920[b] | — |
| KJ ... | 3,53 | (246) | (718)<br>689[c]<br>720[d]<br>685[f] | — | (834) | (902) | (1000) | — |
| RbF... | 2,82 | (193) | (474) | — | (550) | (595) | (707) | — |
| RbCl .. | 3,27 | (225)<br>230[b] | (623)<br>609[d] | — | (724) | (783) | (889) | — |
| RbBr . | 3,43 | (238)<br>242[b] | (680)<br>694[c]<br>720[b] | — | (790)<br>805[c*] | (855)<br>859[c*] | (956)<br>957[c*] | — |
| RbJ .. | 3,66 | (256) | (763)<br>756[c]<br>775[f] | — | (885) | (959) | (1060) | — |
| CsF ... | 3,00 | (206) | (531) | — | (616) | (667) | (777) | — |
| CsCl... | 3,56 | CsCl-<br>Gitter | 620 | — | — | — | — | — |
| CsBr .. | 3,71 | ,, | — | — | — | — | — | — |
| CsJ ... | 3,95 | ,, | — | — | — | — | — | — |

Im UV liegen die schon in den Göttinger Messungen auftretenden und dann von ALEXANDER und E. E. SCHNEIDER (8) u. a. näher untersuchten V-Banden, siehe S. 69.

IVEY (390) hat die für verschiedene Farbbanden der Alkalihalogenide gefundenen Lagen inklusive der U-Banden in einer Tabelle zusammengestellt, die hier als Tab. 4 wiedergegeben wird, ergänzt durch die Wellenlängen der F'- und der N-Bande für KCl.

Die eingeklammerten Werte hat IVEY nach empirischen, von ihm aufgestellten Formeln berechnet. Die Formeln lauten:

$$\begin{aligned}
\text{U-Bande} \quad &\lambda_{max} = 615 \cdot d^{1,10} \\
\text{F-Bande} \quad &\lambda_{max} = 703 \cdot d^{1,84} \\
\text{R}_1\text{-Bande} \quad &\lambda_{max} = 816 \cdot d^{1,84} \\
\text{R}_2\text{-Bande} \quad &\lambda_{max} = 884 \cdot d^{1,84} \\
\text{M-Bande} \quad &\lambda_{max} = 1400 \cdot d^{1,56}
\end{aligned}$$

wo $\lambda_{max}$ die Wellenlänge des betreffenden Absorptionsmaximums in Ångström und $d$ die Gitterkonstante ist. Die Formeln sind jener von MOLLWO analog gebaut, entbehren aber bisher einer theoretischen Deutung. Die Abweichungen von den gemessenen Werten sind zum Teil, insbesondere bei den Lithiumsalzen, recht groß.

## g) Die Verfärbung von Erdalkaliverbindungen

An künstlich hergestellten reinen $CaF_2$- und $BaF_2$-Kristallen hat SMAKULA' (779) das Absorptionsspektrum nach Röntgenverfärbung ausgemessen. Er fand bei ersterem Maxima bei 335, 400 und 580 m$\mu$ und einen Anstieg der Absorption unterhalb 250 m$\mu$. In $BaF_2$ liegen die Maxima bei 380, 480 und 670 m$\mu$; der Anstieg bei kürzeren Wellen beginnt hier etwa bei 300 m$\mu$. SMAKULA bemerkt, daß sich diese Maxima zum Teil ähnlich verhalten wie jene der Alkalihalogenide: Annäherung an einen Sattwert, ähnliche Halbwertsbreite, Ausbleichen durch Wärme und Licht; andererseits ergeben sich Unterschiede: bei den Alkalihalogeniden erscheinen bei schwacher Röntgenverfärbung nur zwei Banden, die F- und die M-Bande, hier aber vier; in den Alkalihalogeniden kann die F-Bande durch Licht in die M-Bande verwandelt werden, bei den Erdalkalifluoriden scheint eine derartige Umwandlung nicht möglich, wenigstens nicht bei Zimmertemperatur; für keine der gefundenen Banden besteht eine der MOLLWOschen Regel analoge Beziehung $v \cdot d^2 =$ Const. Weitere Versuche werden für nötig erachtet.

Nach HIBBEN (335) verfärbt sich MgO unter der Einwirkung der Resonanzlinie des Hg (253,7 m$\mu$) tiefviolett („purple"). Im Dunkeln entfärbt es sich spontan unter Lichtemission. MOLNAR und HARTMAN (547) haben im Absorptionsspektrum des röntgenverfärbten MgO Maxima bei 220, 285 und 525 m$\mu$ gefunden, von denen letzteres die erwähnte violette Farbe geben wird. Additiv hat WEBER (878) MgO-Kristalle gefärbt. Zur Deutung der MgO-Verfärbung s. PICK (610a).

# 3. Die Verfärbung als „empfindliche" Kristalleigenschaft
## a) Unempfindliche und empfindliche Kristalleigenschaften

A. SMEKAL (782 bis 785) gebührt das Verdienst, eindringlichst darauf hingewiesen zu haben, daß sich die Eigenschaften der Kristalle in zwei große Gruppen teilen lassen: in solche, die wesentlich durch das ungestörte Kristallgitter bestimmt sind, wie Dichte, Elastizität, Brechungsindex, von SMEKAL als „strukturunempfindliche" Eigenschaften bezeichnet, und solche, die sehr stark von minimalen Störungen des normalen Gitters abhängen, „strukturempfindliche" Eigenschaften, wie Zerreißfestigkeit, Härte, Phosphoreszenz u. a. Zu den empfindlichen Eigenschaften gehören nun auch Verfärbung, Entfärbung, Erregung und Farbumschlag. Die Störungen können dabei durch einen geringen Zusatz einer chemisch andersartigen Substanz oder durch mechanische oder thermische Einwirkungen bedingt sein. In gewissem Grade kommen derartige Störungen auch einem ganz reinen, normal gewachsenen Kristall notwendigerweise zu.

## b) Die Wirkung von Verunreinigungen
### α) Verunreinigungen im unverfärbten Kristall

Die Anwesenheit von geringen Verunreinigungen in Alkalihalogenidkristallen macht sich in einer Verbreiterung des Ausläufers der charakteristischen Eigenabsorption des Kristalls nach längeren Wellen bemerkbar. Der Ausläufer ist ausgesprochen „empfindlich".

Über den Einbau von Erdalkalichloriden in KCl siehe KELTING und WITT (426). Besonders wichtig ist der Einbau von Substanzen, die mit den Alkalihalogeniden Mischkristalle bilden können, wie Thallium- und Bleihalogenide. Er führt zur Entstehung neuer, charakteristischer Absorptionsmaxima und macht überdies den Kristall zu einem Phosphor: Alkalihalogenidphosphore, die zuerst von POHL und RUPP (622) als Einkristalle hergestellt und untersucht wurden. Die folgende Tab. 5

Tabelle 5. *Absorptionsmaxima der Alkalihalogenidphosphore,* $\lambda_{max}$ *in* $m\mu$

| | Tl | | Pb | | Ag | Cu |
|---|---|---|---|---|---|---|
| NaCl ........ | 199 | 245 | 193 | 274 | 210 | 255 |
| KCl ......... | 195 | 247,5 | 196 | 273 | — | 265 |
| RbCl ........ | 195 | 245 | 198 | 272 | — | — |
| CsCl ......... | 196 | 248 | — | — | — | — |
| NaBr ........ | 216 | 267 | 220 | 304 | 249 | 259 |
| KBr ....... | 210 | 261 | 223 | 302 | — | 265 |
| RbBr ...... | 212 | 259 | | | | |
| CsBr ........ | 214 | 263 | | | | |
| NaJ ......... | 234 | 293 | | | | |
| KJ ......... | 236 | 287 | | | | |
| RbJ ........ | 240 | 286 | | | | |
| CsJ ......... | 241 | 299 | | | | |

gibt die gefundenen Maxima bei Tl- und Pb-Zusatz sowie für Ag und Cu, in welch letzteren Fällen die Banden aber nicht mehr so scharf sind, nach HILSCH (338). Siehe ferner KOCH und POHL (438); Temperaturabhängigkeit bei H. LORENZ (490); MACMAHON (500).

Während POHL und Mitarbeiter diese Banden erst als die unveränderte Absorption der betreffenden Schwermetallhalogenide auffaßten, hat FROMHERZ (221) gezeigt, daß es sich um die Absorption von Komplexionen handelt. Konzentrierte Lösungen von Alkalihalogeniden mit denselben Schwermetallzusätzen zeigen genau dieselben Maxima. Bei $PbCl_2$-Zusatz zu NaCl z. B. ist das Ion $PbCl_4^{--}$ für die veränderte Absorption maßgebend. Siehe hiezu auch PRINGSHEIM und VOGELS (633).

Auch der Einbau fremder Anionen führt zu neuen Absorptionsbanden. HILSCH und POHL haben Jodionen in Alkalihalogenide eingebaut und Banden erhalten, die dem Jodion entsprechen, aber verändert durch den Einbau in das Chloridgitter; vgl. hiezu auch die V-Zentren S. 69, SMAKULA (774), MASLAKOWEZ (513), FORRO (206) haben Absorptionsbanden von $NO_3$- und $NO_2$-Anionen in KCl beobachtet. KCN-Zusatz führt zu den gleichen Maximis im UV wie $NO_3$-Zusatz [KORTH (446, 447)]; hingegen treten im Infrarot Maxima auf, die in den beiden Fällen verschieden sind und bei KCN-Zusatz der OCN-Gruppe zugeschrieben werden.

Zu besonders interessanten Erscheinungen führt der Einbau von Wasserstoff in einen Alkalihalogenidkristall, wie beim Einfluß der Elektroneneinwanderung in verunreinigte Kristalle besprochen werden soll (U-Zentren S. 36).

Über die Verteilung von Verunreinigungen in Alkalihalogenidkristallen siehe BURSTEIN u. a. (94), über den Gehalt in industriell hergestellten Kristallen DUERIG und MARKHAM (173b).

## β) Die Verfärbung verunreinigter Kristalle

*Der Einfluß von Verunreinigungen auf die Verfärbbarkeit.* Daß die Verfärbbarkeit der Alkalihalogenide durch Verunreinigungen beeinflußt wird, hat E. JAHODA (399) qualitativ festgestellt. NaCl, dem Spuren von Mangan oder einer ganzen Reihe anderer Metalle zugesetzt worden sind, färbt sich bei Radiumbestrahlung rascher als solches ohne Zusatz, und es läßt sich an ihm auch ein höherer Sattwert der Farbe erzielen. SMAKULA (775) hat dies Verhalten bei Röntgenverfärbung quantitativ verfolgt und gefunden, daß es eine bestimmte *optimale* Konzentration für jede Verunreinigung gibt, bei der sich das Salz am stärksten färbt. Das Optimum liegt für Pb-, Cu-, Tl- und $NO_3$-Zusatz in NaCl bei einigen Hundertstel Molprozent; die Absorption steigt bis zum Fünffachen der ohne absichtlichen Zusatz erzielbaren. Das Absorptionsspektrum der Verfärbung hängt dabei nicht wesentlich vom Zusatze ab, die charakteristische F-Bande erscheint nur verbreitert und manchmal um ein Geringes nach längeren Wellen verschoben. Die Existenz einer für die Verfärbung optimalen Fremdstoffkonzentration oder, allgemeiner gesprochen, eines optimalen Störgrades wird manche eigentümliche Verteilung der Farbe in natürlichen Mineralien erklären lassen, siehe S. 147, 161.

Die Alkalihalogenide verfärben sich aber auch im reinsten Zustande, der überhaupt zu erzielen ist. Bei anderen Substanzen ist dagegen, wie Goldstein gezeigt hat, das Zusammenschmelzen mit Verunreinigungen eine notwendige Vorbedingung für die Verfärbung. Es läßt sich indessen die Möglichkeit nicht ausschließen, daß auch bei der Verfärbung der Alkalihalogenide Verunreinigungen nötig sind, nur liegen sie dann unter der chemischen Erfassungsgrenze bei unseren reinsten Präparaten.

Goldstein (251) erhielt bei Verfärbung mit Kathoden- oder Radiumstrahlen nach dem Erstarren aus der Schmelze (bloßes Eindampfen der Mischlösung genügt nicht) u. a. folgende Resultate an Salzen, die sich im reinsten Zustande nicht verfärbten: $K_2SO_4$ mit $4 . 10^{-5}$ $K_2CO_3$ wird grün, mit $6 . 10^{-4}$ violett, mit Kaliumphosphat fleischfarben, mit $SrCl_2$ heliotropblau, mit NaCl tiefviolett, mit LiCl blaugrau; $Na_2SO_4$ wird bläulichgrau (Verunreinigung nicht angegeben), $Na_2CO_3$ rosa, mit Spuren von NaCl aber heliotropblau. Beim Überschreiten eines gewissen Prozentsatzes an Verunreinigung nimmt die Verfärbbarkeit wieder ab.

Bemerkenswert ist, daß sich viele Natriumsalze, die sich durch Bestrahlung nur nach dem Erstarren aus der Schmelze färben, eine violette bis blaue Farbe annehmen: Borat violett, Karbonat lilafleischfarben, Sulfat bläulichgrau bis violett, Sulfit grauviolett, Phosphat rosaviolett, Sulfid grünlichblau; Natriumsilikat wird allerdings topasgelb mit rötlichem Stich (640).

*Die Wirkung der Röntgenstrahlen auf Alkalihalogenidphosphore.* Pohl und Rupp (622) und ausführlicher Arsenjewa (18) haben den Einfluß einer Röntgenbestrahlung auf das Absorptionsspektrum der Alkalihalogenidphosphore beobachtet. Außer der Bildung der für das betreffende Alkalihalogenid charakteristischen F-Bande findet eine Erhöhung der Absorption im Anschluß an die Schwermetallbanden statt, die zum Teil bis in die F-Bande hineinreichen kann. Nach Arsenjewa werden die scharfen Absorptionsbanden der Alkalihalogenidphosphore durch Röntgenstrahlen bei bleihaltigen Phosphoren erniedrigt, bei thalliumhaltigen erhöht. Gleichzeitig zeigt die kürzerwellige der beiden Banden in einem Falle eine Verschiebung in Richtung kürzerer Wellen und in mehreren Fällen deutliche Anzeichen einer Aufspaltung. Ferner entsteht durch Röntgenbestrahlung eine verwaschene, kontinuierlich ins UV ansteigende Absorption, die sich den scharfen Banden unterlagert. Diese Absorption ist zeitlich nicht beständig; sie bildet sich bei Zimmertemperatur im Laufe einiger Wochen zurück. Hingegen sind die Veränderungen der scharfen Banden anscheinend noch bei $400^0$ C sehr beständig. Siehe auch Schulman u. a. (744), ferner (97a, 187a).

*Die Einwanderung von Elektronen in verunreinigte Kristalle.* Das Absorptionsspektrum verunreinigter Kristalle verändert sich manchmal sehr weitgehend, wenn Elektronen, sei es aus einer spitzen Kathode, sei es bei Erhitzung im Metalldampf in den Kristall einwandern. So verschwinden nach M. Blau (56) die charakteristischen UV-Absorptionsbanden der NaCl- und KCl-Phosphore mit Ag-, Cu-, Tl- oder Pb-Zusatz, und es treten dafür neue, teils sehr scharfe, teils verwaschene Banden im nahen UV oder im Sichtbaren auf, die nicht die den Alkalihalogeniden zukommenden F-Banden sind. So wird z. B. ein KCl-Tl-Phosphor durch Elektroneneinwanderung nicht violett, sondern braun. Erhitzen des Kristalls im Halogendampf stellt das ursprüngliche Absorptionsspektrum des Phosphors wieder her. Die Bildung neuer Banden bei Einwanderung von Elektronen in Alkalihalogenide mit Thalliumzusatz (K-Banden) hat STASIW (801) beobachtet. Eine weitere Bande bei 540 m$\mu$ in KCl-Kristallen mit CaCl$_2$-Zusatz haben HEILAND und KELTING gefunden (319).

Zu verwickelten Vorgängen führt die Einwanderung von Elektronen in Alkalihalogenidkristalle mit Zusatz von fremden Anionen, die wichtig sind, weil sie vielfach zu einer außerordentlichen „Sensibilisierung" der Kristalle gegen Licht führen. Man läßt z. B., nach v. LÜPKE (497) in einen KCl-Kristall mit 0,01 bis 0,1 Mol-Prozent KNO$_3$ Elektronen bei hoher Temperatur einwandern und schreckt auf Zimmertemperatur ab. Es entstehen statt der früher genannten, durch KNO$_3$ bewirkten Banden im UV zwei neue Banden und es verschwinden nach KORTH die beiden Banden im Infrarot. Dabei treten im Kristall zahlreiche kleine Bläschen von freiem Stickstoff auf. Die neuen Banden dürften dem K$_2$O zuzuschreiben sein. Durch diese neuen Banden ist der Kristall sensibilisiert; in sie eingestrahltes Licht färbt ihn. Die so behandelten Kristalle werden schon im Sonnenlichte tiefviolett.

Besonders interessant ist, wie schon gesagt, die Einwanderung von Elektronen in wasserstoffhaltige Alkalihalogenidkristalle. Wie diese am besten zu präparieren sind, geben HILSCH und POHL (352) an. Die Kristalle, z. B. KBr, werden in einem Bombenrohr zuerst mit Wasserstoff unter Druck und hierauf in Kaliumdampf erhitzt. Über die Diffusion von Wasserstoff in KBr-Kristallen siehe HILSCH (343). Es treten neue charakteristische Banden auf im UV, von HILSCH und POHL (349) U-Banden genannt, siehe Tab. 4. Durch Erhitzen lassen sich die gleichzeitig gebildeten F-Banden beseitigen, so daß der Kristall nur mehr die U-Bande zeigt. Einstrahlung von UV in die U-Bande bringt diese zum Verschwinden; dafür tritt die F-Bande auf, der Kristall färbt sich. Nach Aufhören der Belichtung geht manchmal schon bei Zimmertemperatur die F-Bande wieder zurück, während die U-Bande wieder auftritt. Über die Stabilität der durch Belichtung in einem U-Zentrum enthaltenden Kristall mit Alkaliüberschuß siehe FRIEDMAN und GLOVER (216a). Für das Absorptionsmaximum der U-Bande besteht nach POHL eine ähnliche Beziehung zur Gitterkonstante wie die von MOLLWO für die F-Bande gefundene, nämlich

$$v \cdot d^2 = 0{,}43 \text{ cm}^2/\text{sec.}$$

Eine andere empirische Formel siehe bei IVEY, S. 32. Der Einbau des Wasserstoffes soll in der Form einer KH-KBr-Mischkristallbildung erfolgen. S. a. (216a).

Durch Elektrolyse kann man auch fremde Ionen in Alkalihalogenidkristalle einwandern lassen. Die Neutralisierung dieser Ionen gibt zu charakteristischen Färbungen Anlaß, siehe z. B. das durch Kupfer in Steinsalz erzeugte „rote Hütchen" von ARZYBYCEW (19).

*Der Einfluß der Verunreinigungen auf Entfärbung und Erregung.* E. JAHODA (399) hat beobachtet, daß von zwei auf gleiche Weise aus der Schmelze gezogenen NaCl-Kristallen einer mit Mn-Zusatz eine labilere Verfärbung zeigt als ein möglichst reiner, daß also hier die Stabilität der Färbung durch den Einbau von Fremdionen leidet.

Auch die Erregung ist durch Fremdionengehalt beeinflußbar. Nach SMAKULA (775) zeigt sie ein Maximum bei jenem Fremdionengehalt, bei dem auch die Färbbarkeit am größten ist. In SMEKALS Laboratorium ist dann von H. WOLFF (920) gefunden worden, daß z. B. $SrCl_2$ oder $NaNO_3$ in NaCl die Erregung wesentlich steigert und daß dabei nicht nur ein Anstieg des langwelligen Ausläufers der F-Bande eintritt, sondern auch eine geringe Verschiebung ihres Maximums von nicht mehr als 10 m$\mu$ nach längeren Wellen.

*Der Einfluß von Verunreinigungen auf den Blauumschlag.* Auch der Blauumschlag des Steinsalzes wird vielfach durch Fremdionen begünstigt. O. HAHN (300) hat dies für Blei nachgewiesen. Während reines NaCl nach Radiumbestrahlung gelb ist und bleibt, nimmt NaCl mit Bleizusatz nach vorübergehender Gelbfärbung eine sehr stabile Blaufärbung an. Es führt aber auch der Einbau geringer Mengen von NaCl in eine andere Grundsubstanz, die sich im reinen Zustand durch Röntgenstrahlen nicht verfärbt, nach Bestrahlung zur Blaufärbung, wie L. WESCH (883) an Erdalkalikarbonaten gefunden hat.

## c) Der Einfluß der thermischen Vorgeschichte und der Kristallisationsbedingungen auf die Verfärbung

Die Verfärbungseigenschaften sind weitgehend abhängig von vorhergehender Erhitzung der Kristalle, was, wie die Untersuchungen der SMEKALschen Schule sehr wahrscheinlich machen, mindestens zum großen Teil, wenn auch nicht ganz, von einer Beeinflussung der Fremdstoffverteilung durch die Wärmebehandlung herrührt. In natürlichem farblosem Steinsalz sind Verunreinigungen häufig als Ultramikronen sichtbar. Andauerndes Erhitzen (Tempern) auf Temperaturen unter 400° C bewirkt eine Zunahme dieser Ultramikronen, anscheinend durch Ausflockung der Verunreinigungen. Tempern über 400° C bewirkt eine Abnahme, eine bis zur homogenen Verteilung gehende „Lösung" der Verunreinigungsultramikronen [MATTHÄI (514)].

Nach SCHRÖDER (740) ändert sich die Verfärbung des Steinsalzes durch Funkenlicht in recht verwickelter Weise mit der thermischen Vorgeschichte, doch ist hier wieder die gleichzeitige Entfärbung durch das mit zur Wirkung gelangende sichtbare Licht zu berücksichtigen. H. PAULI (591) hat bei Radiumbestrahlung eine Erhöhung der Verfärbbarkeit und eine Abnahme der Stabilität der Färbung durch Tempern gefunden, mit Anzeichen einer Umkehrbarkeit derart, daß ein bei hoher Temperatur getempertes Stück durch längeres Tempern bei einer niedrigeren Temperatur in seinem Verhalten dem ungetemperten Salz ähnlicher wird. Eine Kritik dieser Versuche gibt SCHRÖDER (740). REXER (685) macht darauf aufmerksam, daß sich nach dem Tempern die oberflächlichen Teile des Kristalls in bezug auf eine ganze Reihe von Eigenschaften (Festigkeit, Verfärbbarkeit, Phosphoreszenz) anders verhalten als die inneren.

Als extrem getempert können die aus der Schmelze gezogenen Kristalle betrachtet werden. Ihre Verfärbungsgeschwindigkeit ist stets größer als bei Lösungskristallen [JAHODA (399), H. PAULI (591)]; die Stabilitätsverhältnisse sind aber bei den verschiedenen Alkalihalogeniden verschieden; bei NaCl ist die Färbung der Schmelzflußkristalle labiler als die der Lösungskristalle, für die höheren Alkalihalogenide, z. B. KCl stabiler [JAHODA (399)]. Vielleicht hängt dies mit der verschieden leichten Abscheidbarkeit gewisser Verunreinigungen in den Kristallen der verschiedenen Salze zusammen, vgl. S. 95.

Die Erregbarkeit nimmt nach SCHRÖDER bei höherer Temperung stark ab.

Der Blauumschlag durch Erwärmen findet an stärker getemperten Steinsalzstücken nicht mehr statt, dementsprechend auch nicht an NaCl-Schmelzflußkristallen (JAHODA); wohl aber werden diese nach der Verfärbung durch Belichten blau (H. PAULI).

Die Verfärbungseigenschaften hängen ferner von der Abkühlungsgeschwindigkeit ab. Rasches Abschrecken bewirkt ein „Einfrieren" der Hochtemperaturstörungen, die sich durch raschere Verfärbung und Verbreiterung der F-Bande zu erkennen geben. Bei langsamer Abkühlung geht der Störungszustand mehr zurück.

Ähnliche Wirkungen hat auch ein rascheres oder langsameres Auskristallisieren aus Lösungen (JAHODA). Im Laboratorium aus reinster NaCl-Lösung gezüchtete Kristalle stehen in ihren Verfärbungseigenschaften zwischen den sehr langsam gewachsenen natürlichen Steinsalzkristallen und den Schmelzflußkristallen [EYSANK (192)]. Über die Abhängigkeit der Verfärbung von der Kristallisationsgeschwindigkeit wird noch bei der Färbung des natürlichen blauen Steinsalzes die Rede sein, S. 148.

Nach REXER (687) hängt das Absorptionsspektrum des additiv gefärbten, nicht getemperten Steinsalzes stark von der Beschaffenheit des jeweiligen Kristalles ab, bei hochgetemperten Kristallen fallen diese Unterschiede aber weg.

### d) Der Einfluß der mechanischen Vorgeschichte

#### α) Der Einfluß mechanischer Verformung auf die Verfärbung und ihre Stabilität

Daß die Verfärbung eine „empfindliche" Kristalleigenschaft ist, zeigt sich am schönsten in ihrer Abhängigkeit von mechanischen Gitterstörungen. Wird ein Steinsalzspaltstück durch einseitigen Druck senkrecht zu einer Würfelfläche von etwa 100 kg/cm² plastisch deformiert, so färbt es sich bei nachfolgender Radiumbestrahlung rascher und tiefer gelb als ein unverformtes [K. Przibram (642)]. Die gleiche Wirkung hat eine Verbiegung des Steinsalzes, wie sie unter Wasser leicht vorgenommen werden kann: bei nachfolgender Bestrahlung des gebogenen Kristalls färben sich die gedehnten und die gestauchten äußeren Schichten dunkler als die mechanisch nicht beanspruchte neutrale Faser, Abb. 11 [Smekal (780, 781)]. Die Farbe des deformierten Salzes ist sowohl im Lichte wie im Dunkeln labiler als die des unverformten [siehe auch M. Haberfeld (276)], so daß sich das Aussehen eines ungleichmäßig beanspruchten und dann verfärbten Stückes mit der Zeit geradezu umkehren kann: die früher dunkleren Stellen werden heller als die früher weniger verfärbten. Über die Verfärbung von unter Wasser gedehntem Steinsalz siehe Schober (735).

Abb. 11. Verfärbung des gebogenen Steinsalzes (nach Smekal).

Die Zunahme der Verfärbbarkeit durch mechanische Verformung ist von Schröder bei Verfärbung mit UV studiert worden; es ergibt sich eine „photochemische Elastizitätsgrenze", unterhalb welcher die Verfärbbarkeit unbeeinflußt bleibt, oberhalb welcher sie aber zunimmt. Diese Grenze hängt stark von der Beschaffenheit des Kristalls ab und wurde für einen Schmelzfluß-NaCl-Kristall zu 5 kg/cm², für natürliches Steinsalz von Heilbronn zu 30 kg/cm² bestimmt. Wird das verfärbte Salz nachträglich beansprucht, so nimmt die Farbe ebenfalls oberhalb einer gewissen Grenze der Beanspruchung wieder ab. Nach Helbig (320) und Poser (628) hat plastische Deformation auch eine geringe Verschiebung des Absorptionsmaximums der F-Bande des NaCl bei 465 m$\mu$ (bis zu 10 m$\mu$) nach längeren Wellen zur Folge.

L. Reverdetta (680) findet bei Messung der Absorption *während* der Beschießung von Steinsalz mit Kathodenstrahlen ein Maximum bei 472 m$\mu$. Möglicherweise handelt es sich hier um eine Wirkung von Störungen in der von den Strahlen getroffenen sehr dünnen Oberflächenschichte, die durch Rekristallisation wieder zurückgehen, wenn das Elektronenbombardement aufhört.

### $\beta$) Der Einfluß mechanischer Verformung auf den Blauumschlag

Während durch mäßiges Pressen oberhalb der photochemischen Elastizitätsgrenze die Verfärbbarkeit verstärkt wird, ohne daß indessen das Absorptionsspektrum (F-Bande) wesentlich geändert wird, so tritt bei stärkerer Beanspruchung des Steinsalzes, etwa oberhalb 400 kg/cm², nach Verfärbung mit Radiumstrahlen und darauf folgender Belichtung (Tageslicht) ein Blauumschlag ein. Dies ist zuerst von F. Cornu (122) beobachtet worden bei der Verformung schon verfärbter Stücke, wohl die erste Beobachtung über den Einfluß der Verformung auf die Verfärbung. Der Blauumschlag im Licht, schon bei Zimmertemperatur, im Gegensatze zum Verhalten des ungepreßten Salzes, tritt aber auch ein, wenn ein unverfärbtes Stück erst gepreßt und dann verfärbt wird [K. Przibram (642, 643)]; die Reihenfolge von Pressen und Verfärbung (etwa durch

Radiumbestrahlung) ist gleichgültig; nur die Belichtung hat zuletzt zu erfolgen. Der Blauumschlag macht sich schon während der Radiumbestrahlung bemerkbar: die Stücke färben sich bräunlich-grünlich, durch Zusammenwirken der F-Bande (gelb) mit der Blaufärbung. Im Lichte werden solche Stücke manchmal geradezu schwarz, da das ganze sichtbare Licht absorbiert wird.

Wird das blau verfärbte gepreßte Salz nochmals gepreßt, so wird es gelb und im Lichte wieder blau, aber nicht so rein wie nach dem ersten Pressen. Der Versuch kann mehrmals wiederholt werden, wobei die Blaufärbung immer undeutlicher wird.

Gepreßtes Steinsalz wird nach passend geregelter Erwärmung durch Bestrahlung und Belichtung violett, nach etwas längerer oder höherer Erhitzung bestrahlt und belichtet reiner blau, nach noch stärkerer Erhitzung ebenso behandelt wieder mehr violett und schließlich gelb (vgl. Rekristallisation, S. 44 u. f.). Vorsichtiges Erwärmen des gepreßten, bestrahlten aber nicht belichteten dunkelgrünlich verfärbten Steinsalzes färbt es wieder hellgelb.

M. HABERFELD (276) hat das Absorptionsspektrum des gepreßten und verfärbten Steinsalzes ausgemessen und fand nach Radiumbestrahlung von Stücken, die mit 500 bis 5000 kg/cm² gepreßt worden waren, Absorptionsmaxima bei 470 m$\mu$ (F-Bande) und bei etwa 580 und 660 m$\mu$. Durch Blaubelichtung wurde die F-Bande erniedrigt, die längerwelligen Maxima erhöht. Nach HABERFELD besteht für das Verhältnis des Absorptionskoeffizienten im F-Maximum $k_1$ zu dem im blaufärbenden Maximum $k_2$, gleich nach der Radiumbestrahlung und dem Stauchgrad $s$ (Dickenabnahme beim Pressen bezogen auf die Dickeneinheit) angenähert die empirische Beziehung

$$\frac{s}{1-s}\,(k_1/k_2 - 1) = 0{,}5.$$

Bei sehr hoher Beanspruchung, etwa 10000 kg/cm² und darüber, nimmt die Verfärbbarkeit wieder ab und der Blauumschlag bleibt aus. Es scheint also auch hier ein Optimum des Verformungsgrades zu geben, jedenfalls was den Blauumschlag betrifft, und deshalb wurde auf S. 34 von einem „optimalen Störgrad" im allgemeinen gesprochen. Die Zunahme der Verfärbbarkeit bei schwächerer, ihre Wiederabnahme bei stärkerer Deformation haben neuerdings BURSTEIN, SMITH und DAVISSON (95) am röntgenverfärbten KCl gefunden.

L. WIENINGER (899) hat eingehend das Verhalten von gepreßtem Steinsalz nach Bestrahlung mit Alphastrahlen des Poloniums untersucht. Es wurden wieder außer dem F-Maximum Maxima bei 580 und 670 m$\mu$, und außerdem eines bei 510 m$\mu$ gefunden. Der Anstieg der Verfärbung ist bei den gepreßten Stücken erst steiler als bei den ungepreßten, der Sattwert liegt aber bei ersteren tiefer als bei letzteren. Dies dürfte mit der Dichteänderung der Kristalle unter dem Einfluß der plastischen Verformung zusammenhängen; die Dichte der gepreßten Kristalle liegt unter jener der ungepreßten, sie nimmt bis zu einem Druck von 2000 kg/cm² ab, um dann wieder anzusteigen, ohne indessen in dem untersuchten Druckintervall die Dichte der ungepreßten Kristalle zu erreichen. Mit 2000 kg/cm² wurde auch der niedrigste Sattwert erhalten. Es sei noch bemerkt, daß nicht so sehr der Druck als der Stauchgrad maßgebend ist.

### γ) Die Druckfarben anderer Salze

Die Untersuchung des Einflusses des Pressens (bis zu 20000 kg/cm²) auf die Farbe, die verschiedene Salze bei Radiumbestrahlung annehmen, hat folgendes ergeben [K. PRZIBRAM (643)]:

1. Von den untersuchten Alkalihalogeniden zeigten außer NaCl auch KCl und NaF eine Änderung der Farbe durch Druck vor der Bestrahlung; graublaue Druckfarbe.

2. Eine Reihe anderer Salze, $Na_2CO_3$, $K_2CO_3$, $CaCO_3$, $BaCO_3$, $Na_2SO_4$ (wasserfrei), $K_2SO_4$, $SrSO_4$ und $BaSO_4$, die sich ohne Vorbehandlung nicht oder sehr schwach färben, färben sich bei Radiumbestrahlung nach dem Pressen.

3. Das reinste käufliche $CaCO_3$ verfärbt sich nach dem Pressen ebenso violett wie natürlicher Kalzit, obwohl ein Gelbwerden im ungepreßten Zustande nur bei letzterem zu beobachten ist.

4. Die Druckfarben, soferne sie von der Verfärbung des ungepreßten Salzes überhaupt verschieden sind, variieren bei verschiedenen Salzen nur zwischen Türkisblau und Purpurviolett.

5. Reinstes $CaF_2$ zeigt im Gegensatze zu natürlichem Fluorit keine Druckfarbe; es handelte sich hier um das reinste handelsübliche Pulver, nicht um reine Einkristalle, wie sie heute schon hergestellt werden können. Durch Radiumbestrahlung blaugefärbter, im Naturzustand farbloser Fluorit wird durch Druck violett.

6. Die Druckfarbe stimmt in einigen Fällen ($Na_2CO_3$, $K_2CO_3$, $Na_2SO_4$, $SrSO_4$) mit der Farbe überein, die die aus der Schmelze erstarrten Salze bei Bestrahlung annehmen, beim KAHLBAUMschen $K_2SO_4$ aber nicht. Wie GOLDSTEIN (251) nachgewiesen hat (s. S. 35), wird käufliches $K_2SO_4$, das sich sonst nicht verfärbt, nach dem Erstarren aus der Schmelze bestrahlt grün, wofür Spuren von $K_2CO_3$ verantwortlich sind; bei größerem Karbonatgehalt wird es unter den gleichen Bedingungen violett. Wird aber das käufliche $K_2SO_4$ nicht geschmolzen, sondern gepreßt, so wird es durch Bestrahlung nicht grün, sondern grell purpurviolett. Wird aus der Schmelze erstarrtes $K_2SO_4$ gepreßt und bestrahlt, so wird es mehr bläulichviolett, und auch, wenn man das nach dem Schmelzen durch Bestrahlung grün gefärbte Salz preßt, wird es blau und unter der Einwirkung des Tageslichtes blauviolett. Dieses Verhalten bedarf noch der Erklärung, wenn auch eine weitgehende Analogie zum Blauumschlag des Steinsalzes besteht. Jedenfalls sieht man an diesem Beispiel, daß Druckbeanspruchung und Verunreinigungen durch Fremdionen analog wirken können: Pressen sowie größerer Karbonatgehalt ergeben die violette Bestrahlungsfarbe.

Erwähnt sei noch, daß die bei Natriumsalzen nach Pressen und Radiumbestrahlung auftretende violette Farbe auch bei der Druckzerstörung von Natriumsulfid bei Belichtung beobachtet wird, während die Druckfarben der Ca-, Sr- und Ba-Sulfide (bräunlichfleischfarben, kirschrot, grün) wesentlich andere sind als die oben genannten der Ca-, Sr- und Ba-Salze (siehe LENARD u. a. (478)].

## e) Benützung der Verfärbung zur Feststellung von Gitterstörungen

### α) Ungleichmäßig verteilter Druck

Die Tatsache, daß die Verfärbung von Gitterstörungen abhängt, ermöglicht es, sie zur Feststellung solcher Störungen zu verwenden.

Während elastische Deformation anscheinend ohne Einfluß auf die Verfärbbarkeit ist, gibt sich plastische Verformung in einer Verstärkung der Verfärbbarkeit und in einer Begünstigung des Blauumschlages im Lichte zu erkennen. Wird z. B. eine Steinsalzplatte an einer Stelle gepreßt, so verfärbt sich bei Radiumbestrahlung diese Stelle stärker und wird bei hinreichender Deformation im Lichte rasch blau. Wird eine Platte keilförmig zusammengepreßt, so daß die Verformung von Null bis über einen Wert abgestuft ist, der einem Druck von etwa 400 kg/cm² entspricht, so bleibt sie nur bis zu jener Grenze gelb gefärbt, darüber hinaus gegen höhere Deformationen hin wird sie blau.

Von besonderer Bedeutung für die Färbung und für den Blauumschlag ist die Gleitung, die bei Steinsalz nach den Rhombendodekaederflächen erfolgt. Dies ist besonders hübsch an einem Steinsalzspaltstück zu sehen, das unter einem Vierkant partiell gepreßt worden ist. Nach der Verfärbung erscheint bei Betrachtung in Richtung der längeren Kante des prismatischen Vierkants unter der gepreßten Stelle ein gelbes Dreieck, begrenzt von dunkler gelben Bändern nach den Rhombendodekaederflächen, die sich im Lichte blau färben (Abb. 12). Der dreikantige Keil ist mit nur geringen Störungen seines Inneren tiefer in den Kristall hineingepreßt

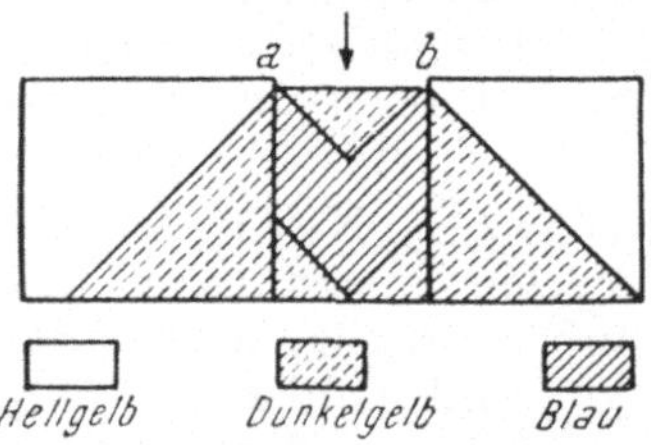



Abb. 12. Verfärbung eines zwischen a und b in der Richtung des Pfeiles gepreßten Steinsalzstückes.

worden, dessen Masse durch Gleiten ausgewichen ist. Die Blaufärbung läßt die stärkere Störung der geglittenen Partien erkennen. In dieser Vollkommenheit ist die Erscheinung nicht leicht zu erhalten; hingegen ist es leicht, durch Aufdrücken einer Schneide parallel einer Würfelkante auf eine Steinsalzwürfelfläche die Bedeutung der Gleitung für die Verfärbung darzutun: bei Bestrahlung erscheint ein dunkler gelbes Dreieck mit dem Scheitel unter der gedrückten Stelle und den Schenkeln unter 45° gegen die Würfelfläche geneigt. Bemerkenswerterweise ist die „einfache Schiebung" bei Kalkspat anscheinend nicht mit solcher Störung des Gitters verbunden (s. S. 210).

## β) Störung durch die Strahlung

Es handelt sich bei den eben besprochenen Versuchen um recht grobe Störungen. Zur Feststellung feinster Störungen, wie etwa der „photochemischen Elastizitätsgrenze“, ist die Verfärbung durch UV anzuwenden, da, wie SMEKAL mit Recht betont hat, Röntgen- und Radiumstrahlen selbst schon Störungen des Gitters bewirken können. Dies macht sich z. B. in einer Verbreiterung der F-Bande bei längerer Radiumbestrahlung bemerkbar. Besonders instruktiv ist in dieser Hinsicht eine Beobachtung SMEKALS: sehr reines Steinsalz läßt sich durch Funkenlicht nur schwer anfärben; setzt man es aber einer Röntgenbestrahlung aus und entfärbt es dann wieder durch Belichtung, so erfolgt dann die Verfärbung mit Funkenlicht viel leichter. Auf eine Erzeugung von Störstellen durch die Bestrahlung dürfte der von HARTEN gefundene langsame Anstieg der Verfärbung nach Erreichung eines scheinbaren Sattwertes bei langandauernder Röntgenbestrahlung zurückzuführen sein. Durch sehr exakte Dichtemessungen konnten ESTERMANN, LEIVO und O. STERN (187) sogar eine Dichteabnahme, also eine Auflockerung röntgenbestrahlter KCl-Kristalle nachweisen. Über einen einfachen Versuch zum Nachweis der Auflockerung eines Kristalls durch *additive* Färbung siehe WITT (915 a).

WESTERVELT (884) findet, daß mit hochenergetischen α- und Elektronenstrahlen gelb verfärbtes Steinsalz im Gegensatze zu röntgenverfärbtem durch Belichtung violett wird; dies weist auf stärkere Störungen hin, vergleiche das Verhalten des gepreßten Steinsalzes.

Über Elektronenstrahlschäden an Kristallen siehe KINDER (430), WATSON und PREUSS (877); über die Theorie der Erzeugung von Unordnung in Kristallen durch hochenergetische massive Teilchen: SEITZ (757).

Auf Beeinflussung von Kristallen durch Bestrahlung weisen noch folgende Beobachtungen: Röntgenbestrahlung beeinflußt die Elastizitätsgrenze [PODASCHEWSKY (615—617)] und die elektrische Durchbruchsfeldstärke [VOROBJEW (870)]; α-Strahlen scheinen das Fließen von Metalldrähten zu befördern [ANDRADE (12)]: siehe auch die Beeinflussung der piezoelektrischen Konstanten S. 204.

Längerdauernde α-Bestrahlung kann zu einer vollständigen Zerstörung des Kristallgefüges führen [MÜGGE (555)]. So erklärt sich das Zerkrümeln des relativ stark radioaktiven Wölsendorfer Fluorits, und auch gewisse Veränderungen in den pleochroitischen Höfen. Das „Metamiktwerden“ (Isotropisierung) gewisser Seltene-Erdmineralien (Gadolinit nach MÜGGE) wäre nach V. M. GOLDSCHMIDT (244) eher auf die Instabilität des Gitters als auf eine radioaktive Einwirkung zurückzuführen. Siehe auch FAESSLER (193). STECH (805) konnte an Pulvern mancher Kristalle eine Zerstörung des Kristallgitters an der Hand von Debye-Scherrer-Aufnahmen nachweisen. Über Störung durch Elektrolyse s. (298 a).

3a*

## $\gamma$) Rekristallisation

Besonders geeignet ist die Verfärbungsmethode zum Studium der Rekristallisation des gepreßten Steinsalzes [K. PRZIBRAM (647)].

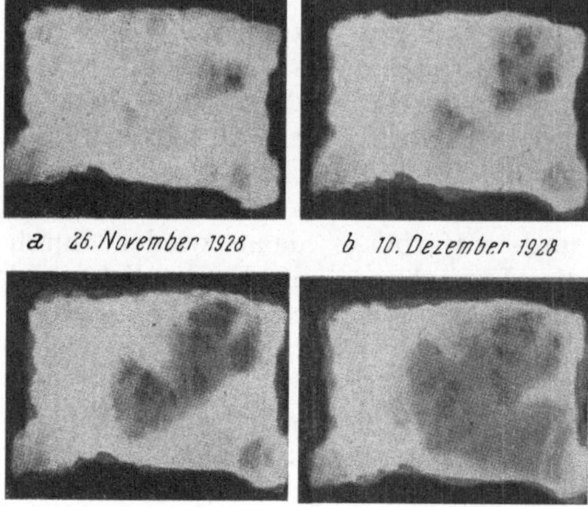

a  26. November 1928    b  10. Dezember 1928

c  19. Dezember 1928    d  21. Januar 1929

Abb. 13. Fortschreitende Rekristallisation des gepreßten Steinsalzes. Kontaktkopien (Negative!) $^4/_5$ natürlicher Größe.

An gepreßten, dunkelverfärbten Steinsalzstücken treten bisweilen nach einiger Zeit hellere Stellen auf, die im Lichte nicht mehr blau werden und die sich allmählich ausbreiten (Abb. 13). Da die starke Verfärbung von Gitterstörungen herrührt, war zu erwarten, daß an den hellen Stellen ein Ausheilen des Gitters, eine Rekristallisation stattgefunden habe. Daß dem so ist, ließ sich leicht durch Abspalten eines Stückes zeigen, das an den hellen Stellen größere spiegelnde Spaltebenen lieferte, im Gegensatze zum matten, zerklüfteten Bruch der dunkelgefärbten, im Lichte blau werdenden Stellen. Auch durch Röntgenaufnahmen [G. ORTNER (585)] ist diese bei Zimmertemperatur vor sich gehende Rekristallisation nachgewissen: die dunklen bzw. blauen Stellen liefern Debye-Scherrer-Ringe mit den Kennzeichen einer Faserstruktur, die hellen Stellen dagegen Laue-Flecken.

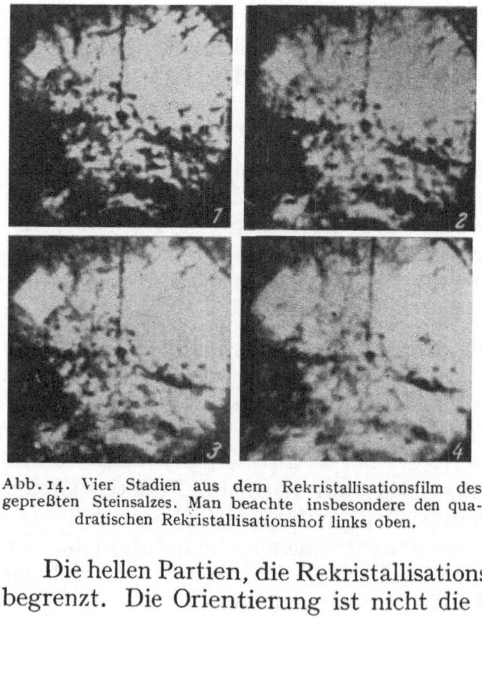

Die durch die Farbänderung sichtbar gemachte Rekristallisation des gepreßten Steinsalzes kann nach der Methode der Zeitraffung kinematographisch aufgenommen werden. Ein derartiger, von G. SCHWARZ im Institut für Radiumforschung gedrehter Film wurde auf der Wiener Tagung der Bunsen-Gesellschaft 1931 mit Erfolg vorgeführt (650) (Abb. 14).

Abb. 14. Vier Stadien aus dem Rekristallisationsfilm des gepreßten Steinsalzes. Man beachte insbesondere den quadratischen Rekristallisationshof links oben.

Die hellen Partien, die Rekristallisationshöfe, sind oft kristallographisch begrenzt. Die Orientierung ist nicht die ursprüngliche und anscheinend regellos verteilt; am ehesten scheint eine Verdrehung um $45^0$ gegen die ursprünglichen Würfelkanten bevorzugt.

Die Abhängigkeit der Rekristallisation von der Verformung, der Temperatur und der Zeit konnte auf folgende Weise untersucht werden. Gleichgroße Steinsalzstücke von Friedrichshall werden mit einem bestimmten Druck einseitig gepreßt und hierauf verschieden lange Zeit

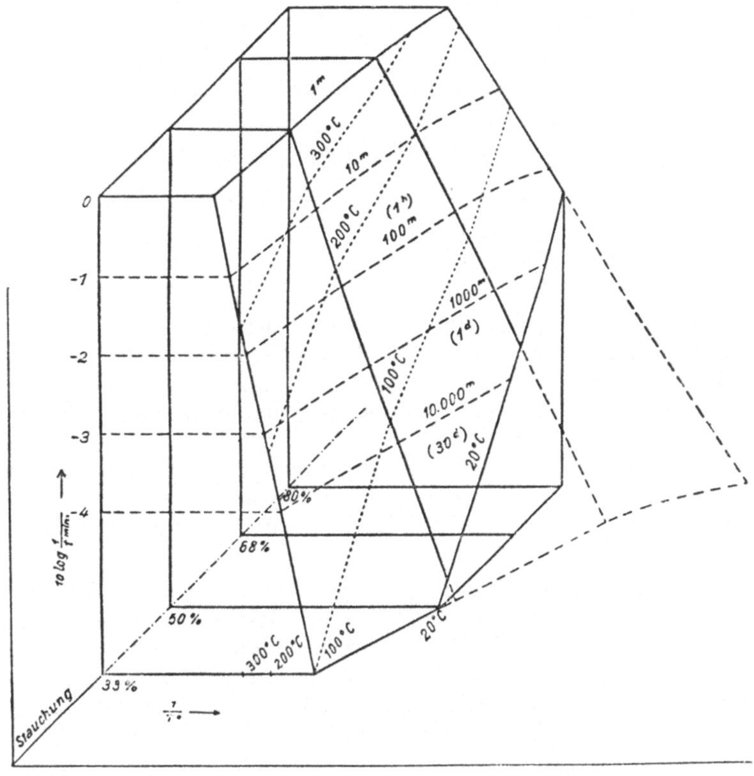


Abb. 15. $\left(10 \log \dfrac{1}{t}, \ \dfrac{1}{T}, \ s\right)$-Rekristallisationsdiagramm des Steinsalzes von Friedrichshall.

in einem Ofen auf einer bestimmten Temperatur gehalten. Hierauf werden sie bei Zimmertemperatur der Radiumbestrahlung unterworfen. Bei jedem Druck und jeder Temperatur gibt es dann eine Erhitzungsdauer, unterhalb welcher sich die Stücke zur Gänze dunkelschwärzlichgrün und im Lichte blau färben, oberhalb welcher sie sich aber ganz oder teilweise nur hellgelb färben, ohne Blauumschlag im Lichte, als Zeichen gänzlicher oder teilweiser Rekristallisation. Die Ergebnisse zahlreicher derartiger Versuche wurden in dem Diagramm (Abb. 15) zusammengestellt.

Der reziproke Wert $t$ jener Zeit, nach welcher gerade Rekristallisation feststellbar ist, kann als ein Maß der Rekristallisationsgeschwindigkeit genommen werden. Es gilt die Gleichung:

$$ln\ (1/t) = B - C/T,$$

wo $T$ die absolute Temperatur und $B$ und $C$ von Zeit und Temperatur unabhängig sind. Die Konstante $C$, die als Maß der Arbeit bei der Ionenablösung zu betrachten ist, die ja bei der Rekristallisation wegen der nötigen Umgruppierung der Ionen auftreten muß, nimmt mit wachsendem Druck bzw. wachsender Verformung der Kristalle wesentlich ab, wie folgende Tabelle zeigt:

Tabelle 6. *Ablösearbeit C bei der Rekristallisation des gepreßten Steinsalzes*

| Stauchung in Prozenten | 35 | 50 | 70 | 80 |
|---|---|---|---|---|
| C .......................... | 8700 | 6000 | 5000 | 3400 |

Zu ähnlichen Ergebnissen führt auch eine direkte Messung der linearen Rekristallisationsgeschwindigkeit: bei kristallographisch eben begrenzten Höfen läßt sich das Vorschieben der Korngrenzen am verfärbten Stück von Tag zu Tag unter dem Mikrometer verfolgen. Die Korngrenzen rücken oft tagelang mit konstanter Geschwindigkeit vor, manchmal treten in unkontrollierbarer Weise Sprünge in der Geschwindigkeit auf. Versuche bei verschiedenen Temperaturen zwischen Zimmertemperatur und 200° C ergaben wieder die obige Beziehung mit ähnlichen C-Werten (Abb. 16).

Die Rekristallisation ist eine ausgesprochen „empfindliche" Kristalleigenschaft. NaCl-Schmelzflußkristalle verhalten sich anders als natürliches Steinsalz; die Rekristallisation führt nicht zu sichtbaren Höfen, sondern das Salz ändert seine Farbe im Ganzen, so daß die Stücke etwa die Mischfarbe annehmen, die man erhielte, wenn man die Farbe der rekristallisierten und der nicht rekristallisierten Teile eines natürlichen Kristalles mischte. Das Verhalten ist so zu verstehen, daß im gepreßten Schmelzflußkristall sehr viele Keime von geringer Wachstumstendenz vorhanden sind, im gepreßten natürlichen Salz nur wenige Keime, aber mit starker Wachstumstendenz. Getemperte Steinsalzkristalle nehmen bezüglich der Rekristallisation eine Mittelstellung zwischen nicht getempertem Steinsalz und den Schmelzflußkristallen ein.

Die Rekristallisationsversuche sind von H. G. MÜLLER (563) wiederholt und auf höhere Temperaturen ausgedehnt worden, bei denen sich die Rekristallisation schon an der erhöhten Lichtdurchlässigkeit zu erkennen gibt, ohne daß zur Differenzierung Verfärbung nötig wäre, die ja bei den höheren Temperaturen auch nicht zu erzielen ist. Es zeigt sich, daß im Gebiet höherer Temperaturen, etwa oberhalb 500° C, die Konstante $C$ einen anderen, niedrigeren Wert hat, so daß für das ganze Temperaturintervall die Beziehung gilt:

$$\mathrm{I}/t = B_1\, e^{-C_1/T} + B_2\, e^{-C_2/T},$$

wie dies nach SMEKAL in analoger Weise für die Ionenbeweglichkeit bei der Ionenleitung in Kristallen gilt und von ihm durch die Unterscheidung der Störstellen- und der Gitterleitung zu deuten gesucht wurde. Heute neigt man eher dazu, das zweite Glied der SMEKALschen Formel der Mitwirkung der zweiten Ionenart bei der Leitung zuzuschreiben, und so wird es wohl auch bei der Rekristallisation sein.

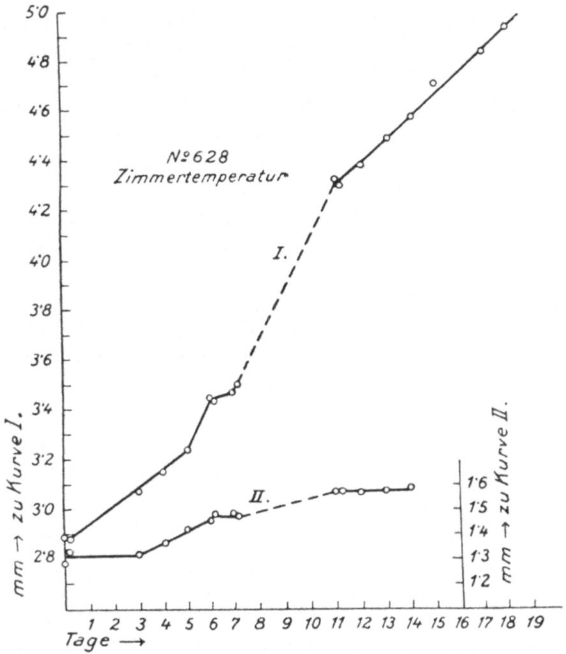


Abb. 16. Korngrenzenverschiebung bei der Rekristallisation des gepreßten Steinsalzes.

Interessant ist die Beobachtung (647 II), daß Radiumbestrahlung die Rekristallisation stark gepreßter Steinsalzstücke hemmt. Die Hemmung betrifft nur den Beginn der Kornbildung, nicht die Wachstumsgeschwindigkeit einmal gebildeter Körner. Diese Tatsache weist darauf hin, daß Verfärbung und Rekristallisation an denselben Stellen einsetzen, und daß die Verfärbung diese Stellen für Rekristallisation blockiert. Diese Versuche über die Keimhemmung wurden mit gepreßten Kaliumbromidschmelzflußkristallen angestellt, bei denen sich, ebenso wie bei Kaliumchlorid, die Rekristallisation auch durch Entfärbungshöfe zu erkennen gibt. In KBr schreitet die Rekristallisation besonders rasch fort. Bemerkenswert ist, daß bei KCl-Schmelzflußkristallen die Rekristallisation das Stück in seinen Verfärbungseigenschaften dem natürlichen Sylvin annähert: während die Färbung der KCl-Schmelzflußkristalle recht stabil ist, ist sie nach erfolgter Rekristallisation sehr labil, wie bei natürlichem Sylvin.

Die Rekristallisation von gepreßtem Sylvin ist von RINNE (695) auch schon bei Zimmertemperatur beobachtet worden, jene des Steinsalzes nur bis herab zu 100° C. Siehe ferner GOLUBA (253).

## f) Die Stabilität der Verfärbung der Alkalihalogenide

Aus dem im vorigen Abschnitte Gesagten geht hervor, daß von einer durch das betreffende Alkalihalogenid eindeutig gegebenen Stabilität der Verfärbung nicht gesprochen werden kann, da diese eben eine „empfindliche" Kristalleigenschaft ist. Dennoch kann man die Stabilität der Verfärbung auf gleiche Weise hergestellter und behandelter Kristalle verschiedener Alkalihalogenide untereinander vergleichen und gelangt so zu einer ganz bestimmten Ordnung, die sich dahin aussprechen läßt: Die Stabilität der Verfärbung nimmt im großen ganzen mit wachsender Ordnungszahl von Kation und Anion ab [BAYLEY (36), K. PRZIBRAM (640), OTTMER (586)].

Gegen eine Reihung der Alkalihalogenide in bezug auf Stabilität der Färbung hat SMAKULA (776) Stellung genommen. Sie sei unberechtigt, da in der Reihung der Stabilität im Lichte sich nur die Lage der Absorptionsbande und die Energieverteilung im künstlichen bzw. Tageslicht ausdrücke. Die Färbung des KCl sei im Lichte nur deshalb labiler als die des NaCl, weil erstere ihr Absorptionsmaximum bei einer Wellenlänge hat, die im Lichte, mit dem entfärbt wird, reichlicher vertreten ist, nämlich 550 m$\mu$ gegen 465 m$\mu$.

Dieser an sich beachtenswerten Auffassung kann aber nicht zugestimmt werden, und zwar aus folgenden Gründen:

1. erhielt JAHODA (399) dieselbe Reihung bei Entfärbung mittels Wellenlängen maximaler Absorption bei *gleicher Energie*, wobei der Unterschied der Quantenzahlen viel zu klein ist, um den beobachteten Unterschied der Entfärbungsgeschwindigkeiten erklären zu können.

2. ergibt die Stabilität im Dunkeln dieselbe Reihung wie im Lichte, so daß ein tieferer Grund gegeben sein muß;

3. vermag die Auffassung SMAKULAS das tatsächliche Verhalten der verfärbten Salze auch im Sonnenlichte nicht zu erklären. Es wurden in Ergänzung früherer Beobachtungen neue angestellt, bei denen aus der Schmelze gezogene NaCl- und KCl-Stücke nach gleicher Radiumbestrahlung dem direkten Sonnenlichte ausgesetzt wurden. Während KCl nach etwa 20 Sekunden vollständig entfärbt war, zeigte NaCl nach 16 Minuten eine merkliche Färbung. Der Unterschied der Energiedichte im Sonnenlichte bei 470 und 550 m$\mu$ ist aber nur 92,2 zu 101,7, das Verhältnis der Quantendichten daher 0,77, was wohl nicht zur Erklärung des größenordnungsmäßigen Unterschiedes der Stabilität genügt.

Über die geringe Stabilität der bei tieftemperatur erzeugten Zentren s. (101, 173b).

# IV. Die lichtelektrischen Effekte

## 1. Der äußere lichtelektrische Effekt

ELSTER und GEITEL (184) haben beobachtet, daß an Salzen, die durch Kathodenstrahlen verfärbt sind, ein erhöhter äußerer lichtelektrischer Effekt auftritt. Belichtete Oberflächen der verfärbten Salze geben Elektronen nach außen ab, was im unverfärbten Zustande nur in sehr geringem Maße erfolgt. Dieses Ergebnis führten ELSTER und GEITEL zuerst zu der Vermutung, daß die Verfärbung auf einer Ausscheidung von Metall herrühren könnte. Ein erhöhter äußerer lichtelektrischer Effekt ist von ST. MEYER und K. PRZIBRAM (524) auch an Fluorit, Kunzit und Glas gefunden worden, die mit Radiumstrahlen verfärbt worden waren.

LUKIRSKY, GUDRISS und KULIKOWA (496) haben im Millikan-Ehrenhaftschen Schwebekondensator den äußeren lichtelektrischen Effekt an Salzen untersucht und geben für die langwellige Grenze des wirksamen Lichtes an:

Tabelle 7. *Grenze des äußeren lichtelektrischen Effektes*

| | |
|---|---|
| Reines NaCl | $217$—$202$ m$\mu$ |
| NaCl, schwach röntgenverfärbt | $225$—$217$ m$\mu$ |
| NaCl, stark röntgenverfärbt | $500$—$400$ m$\mu$ |
| Dasselbe, durch Tageslicht entfärbt | $217$—$202$ m$\mu$ |
| Natürliches blaues Steinsalz | $230$—$225$ m$\mu$ |
| Elektrolytisch gefärbtes Steinsalz | $230$—$225$ m$\mu$ |

Eine Kritik dieser Ergebnisse gibt GUDDEN (263). FLEISCHMANN (202) hat gezeigt, daß der äußere lichtelektrische Effekt bei Bestrahlung von Alkalihalogenidkristallen mit UV von weniger als $200$ m$\mu$ zunimmt, wenn diese Strahlung längere Zeit einwirkt, was auf eine Zunahme der Absorption schließen läßt. Siehe ferner APKER und TAFT (14).

## 2. Der innere lichtelektrische Effekt

Von grundlegender Wichtigkeit ist der innere lichtelektrische Effekt, die lichtelektrische Leitfähigkeit verfärbter Kristalle. Diese Erscheinung wurde von RÖNTGEN (698) in einer großen, zum Teil gemeinsam mit A. JOFFE ausgeführten Arbeit am röntgenisierten Steinsalz und Sylvin gefunden. An diese Arbeit schließen sich die glänzenden Untersuchungen der POHLSchen Schule in Göttingen an. Sie haben so viel zur Klärung der hier behandelten Erscheinungen beigetragen, daß wenigstens das Wichtigste hier angeführt werden muß.

Ein Alkalihalogenidkristall besitzt bei Zimmertemperatur nur eine sehr geringe elektrische Leitfähigkeit, die bei Temperaturerhöhung allerdings rasch ansteigt. Sie ist auf Verschiebung von Ionen im Kristall zurückzuführen. Wird der Kristall verfärbt, so ändert sich seine Leitfähigkeit im Dunkeln nur unwesentlich, bei Belichtung mit Licht, das in der F-Bande absorbiert wird, tritt aber eine um Größenordnungen höhere Leitfähigkeit auf, die von befreiten, im elektrischen Felde wandernden Elektronen herrührt.

Die Erscheinungen sind durch das Auftreten von Sekundärprozessen verwickelt; es ist aber GUDDEN und POHL und ihren Mitarbeitern gelungen, den „Primärstrom" insbesondere durch Beschränkung auf kleine Lichtintensitäten sauber herauszuschälen, für den folgende Gesetzmäßigkeiten gelten:

1. Der Primärstrom setzt mit der Belichtung sofort trägheitslos ein.

2. Bei kleinen Spannungen ist er der Spannung proportional.

3. Bei hohen Spannungen erreicht er einen Sattwert, für NaCl nur in ganz dünnen Schichten, 0,13 mm, erreichbar.

4. Die Stromstärke ist der Lichtintensität proportional.

5. Die Quantenausbeute ist gleich 1, d. h. jedes absorbierte Lichtquant macht ein Elektron wanderungsfähig.

Für das Verständnis des Verfärbungsvorganges wichtig ist die Feststellung, daß die Verfärbung selbst, also die Absorption von UV im langwelligen Ausläufer der Eigenabsorption des Kristalls nicht von lichtelektrischer Leitung begleitet ist, nämlich bei den Alkalihalogeniden; bei den für die Photographie so wichtigen Silberhalogeniden ist es anders, wobei HILSCH und POHL (347, 348) den Unterschied aber nur Sekundärprozessen in den Silberhalogeniden zuschreiben. Es werden also in den Alkalihalogeniden bei der Verfärbung keine Elektronen in dem Sinne befreit, daß sie durch das elektrische Feld weiterbewegt werden können.

Hingegen führt die Lichtabsorption in der F- und der F'-Bande zu lichtelektrischer Leitfähigkeit, ebenso die Absorption in der U-Bande und anderen durch Verunreinigungen gebildeten Banden.

Auch bei Erhitzung verfärbter Alkalihalogenide im Dunkeln tritt Elektronenleitfähigkeit auf [MACKAY (499)].

POHL hat wiederholt zusammenfassende Darstellungen des inneren lichtelektrischen Effektes gegeben (618, 619) und man kann nichts Besseres tun, als ihn selbst zu Worte kommen zu lassen (620):

„Man hat hier" — eben beim inneren lichtelektrischen Effekt — „von vornherein mit mehreren Teilvorgängen zu rechnen. Sie sollen an Hand der Abb. 17 erörtert werden. In dieser Figur sei $D$ ein hochisolierender Kristall, $K$ und $A$ zwei Metallelektroden, $B$ eine Stromquelle und $M$ ein Elektrometer. Das lichtelektrisch wirksame Licht soll den Kristall in seiner ganzen Ausdehnung durchsetzen und angenähert gleichförmig im ganzen Volumen absorbiert werden. Die kleinen Kreise sollen Absorptionszentren darstellen, die bereits ein Elektron abgegeben haben und mit positiver Ladung an ihrem ursprünglichen Ort zurückgeblieben sind. Diese Elektronen sind in der Feldrichtung abgewandert und haben im Mittel den Weg $x$ zurückgelegt. Ihre Anzahl sei $n$. Dann zeigt das Elektrometer keineswegs die Gesamtladung $n \cdot e$ A/sec. dieser $n$-Elektronen an, sondern nur den Bruchteil $\frac{x}{d} \cdot n \cdot e$ A/sec."

Jetzt sind zwei Fälle zu unterscheiden.

Erster Grenzfall: Die mittlere Laufstrecke $x$ der Elektronen sei größer als die Kristalldicke $d$ oder Elektrodenabstand $KA$. Dann erreichen alle Elektronen die Anode. Der Quotient $x/d$ erhält über alle Elektronen gemittelt seinen höchsten Wert, nämlich $1/2$. In diesem günstigsten Fall wird also die Hälfte der ganzen Elektronenladung $n \cdot e$ vom Elektrometer angezeigt. Der Kristall selbst bleibt mit positiver Volumladung zurück. Wir haben in jenen kleinen Kreisen in Abb. 17 eine positive Elementarladung zu denken.

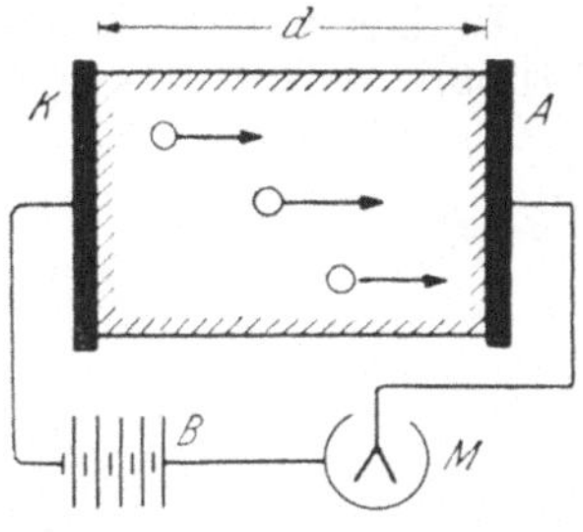



Abb. 17. Zur lichtelektrischen Leitung (nach Pohl).

Zweiter Grenzfall: Die mittlere Laufstrecke der Elektronen sei erheblich kleiner als die Kristalldicke $d$. Nun läßt die vom Elektrometer angezeigte Ladung nur dann noch einen Schluß auf die Zahl $n$ der abgespaltenen Elektronen zu, falls $x$, die mittlere Laufstrecke, bekannt ist. Am Schlusse der Belichtung bleibt der Kristall nicht mit positiver Volumladung zurück, sondern er zeigt eine Volumpolarisation durch Elementarladungen beiderlei Vorzeichens. Er enthält die mit positiver Ladung zurückgebliebenen Absorptionszentren und die nach der Laufstrecke $x$ festgehaltenen Elektronen.

In diesen beiden Grenzfällen sind nur die von Licht abgespaltenen Elektronen auf die Anode zugewandert, sei es bis ganz zur Anode (Grenzfall 1) oder nur um einen kleinen Bruchteil der Kristalldicke (Grenzfall 2). Diese Bewegung der Elektronen soll der negative Primärstromanteil genannt werden. Mit ihm *kann* die lichtelektrisch eingeleitete Elektronenbewegung ihr Ende finden. Dabei bleibt der Kristall in physikalisch verändertem Zustande zurück, er ist ‚erregt'. Mit diesem Wort bezeichnen wir rein formal jede Veränderung des Kristalls durch überschüssige und durch verlagerte elektrische Elementarladungen in seinem Inneren[1].

Dieser Zustand der Erregung wird jedoch im allgemeinen nicht beständig sein. Der Kristall wird unter der Einwirkung der molekularen Wärmebewegung rascher oder langsamer in seinen elektrisch ungestörten oder ‚unerregten' Zustand zurückkehren. Wie dies im einzelnen geschieht, ist hier unerheblich. Sicher erfordert dieser Ausgleich eine Bewegung von Elementarladungen (Elektronen und Ionen), die im äußeren elektrischen Feld eine Vorzugsrichtung erhält. Diese Elektrizitätsbewegung wird fortan als positiver Primärstromanteil bezeichnet.

Im ersten unserer beiden Grenzfälle muß diese Bewegung, über alle Elementarladungen gemittelt, für den Quotienten $x/d$ wieder den Wert $1/2$ ergeben. Das Elektrometer muß nach Schluß der Erwärmung abermals die Ladung $ne/2$ anzeigen, d. h. der positive Primärstromanteil muß in diesem Grenzfalle ebenso groß sein wie der zuvor geflossene negative.

---

[1] Die Formulierung ist hier absichtlich sehr allgemein gehalten, um auch Kristalle zu umfassen, die schon ohne Verfärbung lichtelektrisch leiten. Im Sonderfall der verfärbten Alkalihalogenide ist „Erregung" der Übergang von F- in F'-Zentren.

Im zweiten Grenzfall hingegen, also im Falle der Volumpolarisation, kann der Quotient $x/d$ bei diesem thermischen Ausgleich erheblich größer werden als zuvor beim negativen Anteil. Denn die thermische Bewegung kann z. B. sehr wohl die zuvor am Ende ihrer Wegstrecke $x$ hängengebliebenen Elektronen losschütteln und sie bis zur Anode durchwandern lassen.

Bis hier handelt es sich also um eine thermische Auslösung des positiven Primärstromanteiles, also die Ladungsbewegung, die den Kristall in den unerregten oder Ausgangszustand zurückversetzt. Zu diesem thermischen Einfluß kann ein ‚optischer' hinzukommen.

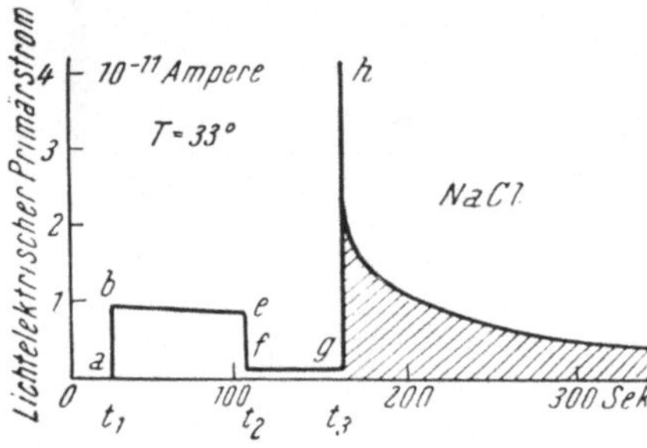

Abb. 18. Lichtelektrischer Primärstrom im verfärbten Steinsalz bei 33⁰ C.

Ein ‚erregter' Kristall ist gegenüber einem ‚unerregten' physikalisch verändert, hat also ein anderes Absorptionsspektrum. Durch die neu geschaffenen Absorptionsbanden wird das Spektrum in Richtung längerer Wellen erweitert. Dies nur im erregten Kristall absorbierte Licht soll fortan als ‚langwellig' bezeichnet werden. Nun kommt der wesentliche Punkt. Die Absorption ‚langwelligen' Lichtes führt zu lokaler Energieanhäufung und diese kann letzten Endes gerade so wirken wie eine lokale Erwärmung des Kristalls. Sie kann einen positiven Primärstrom auslösen und dadurch den Kristall in den unerregten Zustand zurückversetzen.

POHL illustriert dieses Verhalten durch folgende Figuren. Abb. 18 zeigt das Verhalten des lichtelektrischen Primärstromes für verfärbtes Steinsalz bei einer so tiefen Temperatur, daß die steckengebliebenen Elektronen durch die Wärmebewegung nicht wieder befreit werden. Belichtung beginnt bei $t_1$ und der Strom setzt trägheitslos ein, bleibt während der Belichtung konstant, bis auf einen geringen, durch die Polarisation bedingten Abfall, und hört bei Schluß der Belichtung $t_2$ sofort auf. Belichtung mit langwelligem Licht oder Erhitzung von $t_3$ ab bringt den positiven Primärstromanteil zum Fließen (schraffiertes Gebiet). Bei Belichtung bei höherer Temperatur (77⁰ C), Abb. 19, überlagert sich schon während der Belichtung ein positiver Anteil, der nach Schluß der Belichtung auch weiterfließt.

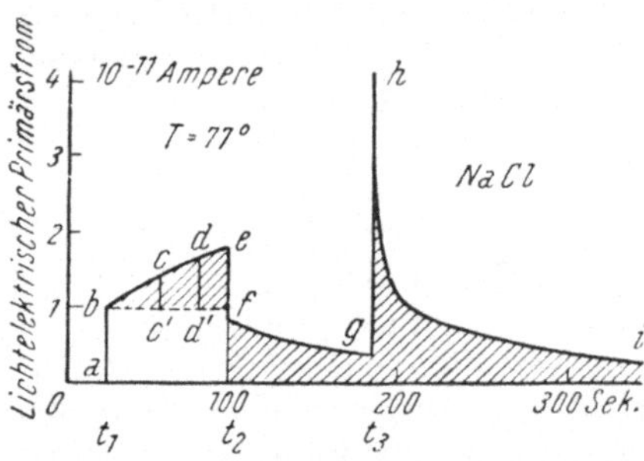

Abb. 19. Lichtelektrischer Primärstrom im verfärbten Steinsalz bei 77⁰ C.

Im Gegensatze zu dem eben besprochenen Primärstrom setzt der Sekundärstrom träge ein; es handelt sich da wohl um tiefergreifende, durch die Belichtung und den Elektrizitätstransport bewirkte Veränderungen im Kristall.

Eine vollständige quantitative Behandlung der stationären lichtelektrischen Primär- und Sekundärströme geben HILSCH und POHL (353). Siehe ferner die Berichte von HUGHES (377), MOTT und GURNEY (553), SEITZ (756) und Beiträge von GYULAI (268, 269), HECHT (316), SMAKULA (778).

Als Funktion der Wellenlänge des erregenden Lichtes aufgetragen zeigt der lichtelektrische Primärstrom ausgesprochene Selektivität mit einem Maximum von derselben Lage wie die F-Bande und ganz ähnlichen Verlauf. Auf gleiche *absorbierte* Energie bezogen verschwindet aber diese Selektivität und es ergibt sich ein proportionaler Anstieg des Stromes mit der Wellenlänge, der dem Quantenäquivalent entspricht: langwelliges Licht enthält bei gleicher Energie mehr Quanten als kurzwelliges und befreit daher mehr Elektronen. In der Tat findet man bei Sättigungsstrom ein befreites Elektron je absorbiertes Quant, unabhängig von der Wellenlänge.

Dies gilt aber nur, wenn bloß atomare Farbträger vorhanden sind (gelbes Steinsalz). Sind auch kolloidale Teilchen vorhanden, wie im natürlichen blauen Steinsalz, so bleibt die Selektivität des lichtelektrischen Primärstromes auch bei Umrechnung auf gleiche absorbierte Energie bestehen. Das absorbierte Licht wird nicht zur Gänze zur Abspaltung von Elektronen verwendet, und das Maximum der lichtelektrischen Wirkung und das der Absorption fallen nicht mehr zusammen [GYULAI (270)].

H. U. HARTEN (304) hat die Leitfähigkeit von KCl während der Röntgenbestrahlung untersucht. Der Strom beginnt bei Bestrahlungsbeginn mit einem Höchstwert und sinkt dann auf einen in verwickelter Weise von der Temperatur abhängigen konstanten Endwert; unterdessen verfärbt sich der Kristall, die Verfärbung nähert sich, wenigstens bei Zimmertemperatur und darüber, einem Sattwert, der aber jedenfalls noch lange nicht erreicht ist, wenn der Strom schon seinen Endwert angenommen hat.

# 3. Sichtbarmachung des Elektrizitätstransportes durch Wanderung der Färbung

O. STASIW (798, 799) hat einen überaus instruktiven Versuch angestellt. Wird ein Alkalihalogenidkristall partiell additiv gefärbt und hierauf bei hoher Temperatur einem elektrischen Felde ausgesetzt, so wandert die Färbung als eine Farbwolke zur Anode. Die Farbträger verhalten sich also wie negativ geladene, bewegliche Teilchen. Ihre Beweglichkeit, die Geschwindigkeit im Einheitsfeld, läßt sich ohne weiteres durch Ausmessung der Verschiebung der Farbwolke in einer gegebenen Zeit ermitteln.

Das Einwandern von Farbzentren (Elektronen) in einen erhitzten KBr-Kristall im elektrischen Feld zeigt Abb. 20.

Bei Abwesenheit eines elektrischen Feldes verbreitert sich bei genügend hoher Temperatur das gefärbte Gebiet nach allen Seiten, die Farbträger zeigen also auch thermische Diffusion, wie ja schon aus der allmählichen Anfärbung der Kristalle beim Erhitzen im Metalldampf hervorgeht.

Ist der zwischen zwei Plattenelektroden eingespannte Kristall zur Gänze gefärbt, und wird bei hinreichender Temperatur ein elektrisches Feld angelegt, so verschwindet die Farbe in einem wachsenden Gebiet an der Kathode; es ist, als verschiebe sich die Farbe von der Kathode weg in die Anode hinein. Gleichzeitig mit der Wanderung der Farbe fließt ein elektrischer Strom, der aufhört, sobald der letzte Farbrest in der Anode verschwunden ist.

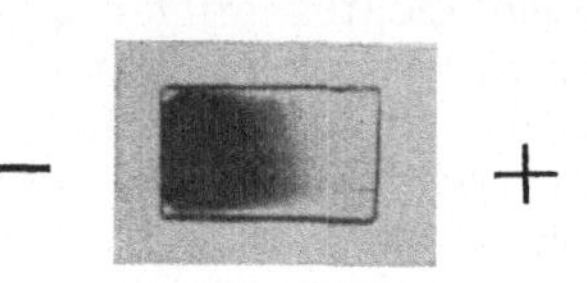

Abb. 20. Herstellung von Farbzentren in einem KBr-Kristall (natürliche Größe) durch Einwanderung von Elektronen aus einer links angepreßten Kathode (nach STASIW).

Ähnliche Versuche lassen sich auch mit photochemisch durch UV-Belichtung verfärbten Kristallen anstellen. Es wird, wieder bei höheren Temperaturen, etwa ein KH-haltiger KBr-Kristall ohne elektrisches Feld durch UV verfärbt. Dann wird das Feld eingeschaltet. Die Farbwolke wandert mit scharfer Hinterfront zur Anode, wobei aber wegen der thermischen Entfärbung die Wolke im ganzen immer heller wird. Wird der Kristall im elektrischen Felde belichtet, so bleibt die Wolke durch einen farblosen Raum von der Kathode getrennt stehen, sobald der lichtelektrische Strom seinen stationären Wert erreicht hat. Der farblose Raum entspricht einem Verarmungsbereich an negativen Trägern, ganz analog dem Kathodendunkelraum der Glimmentladung. Über sichtbar gemachte Elektronenwanderung in AgCl siehe HAYNES und SHOCKLEY (311).

Da die Farbträger thermisch diffundieren und im elektrischen Felde wandern, so treten an verfärbten Kristallen eine Reihe von Erscheinungen auf, die an Elektrolyten beobachtet werden. So kann man Konzentrationsketten herstellen aus verschieden stark verfärbten Kristallstücken; ihre E. M. K. läßt sich aus den Konzentrationen und Beweglichkeiten nach der NERNSTschen Formel berechnen [STASIW (802)]. Auch an einem gleichförmig verfärbten Steinsalzkristall tritt eine E. M. K. auf, wenn er nur partiell belichtet wird: Kristallphotoeffekt [ST. PELZ (599)]. Dieser Effekt wurde von F. SEIDL auch an gelbverfärbtem Seignettesalz beobachtet (751).

Ein photoelektrischer HALL-Effekt läßt sich an verfärbten Akalihalogeniden nicht feststellen, woraus auf eine freie Weglänge der Elektronen im Kristall von weniger als $4,5 \cdot 10^{-8}$ cm geschlossen werden kann [EVANS (188)]. Über Steuerung von Elektronenströmen mit einem Dreielektroden-Kristall und ein Modell einer Sperrschichte siehe HILSCH und POHL (354).

BURBIDGE (89) gibt an, daß die Zahl der beim lichtelektrischen Effekt im Steinsalz im Falle des Sättigungsstromes befreiten Elektronen gleich sei der Zahl der bei der Verfärbung des Salzes mittels Radiumstrahlen eingestrahlten $\beta$- und $\gamma$-Quanten. Da die Zahl der Farbzentren, wie später besprochen werden wird, weit größer ist als die Zahl der sie erzeugenden $\beta$- und $\gamma$-Quanten, so würde dies, die Stichhältigkeit der Bestimmungen von BURBIDGE vorausgesetzt, heißen, daß nur ein kleiner Bruchteil der Farbzentren an der lichtelektrischen Leitung beteiligt ist.

# V. Theoretische Vorstellungen
## 1. Farbzentren

Zwischen Lumineszenz und Verfärbung besteht eine weitgehende Analogie. Es lag daher nahe, die von LENARD für die Träger der Phosphoreszenz benützte Bezeichnung „Zentren" auch auf die Träger der Farbe (Absorption) bei verfärbten Kristallen anzuwenden. Es ist daher nicht verwunderlich, daß sich dieser Brauch da, wo die Verfärbungserscheinungen zuerst systematisch untersucht wurden, in Göttingen und Wien, erst in der Umgangssprache des Laboratoriums und dann auch in Veröffentlichungen einbürgerte. GUDDEN und POHL (264) schreiben schon 1925: „Die Träger der Fremdfärbung, kurz Zentren genannt, sind amikroskopische Gebilde mit einem einfachen charakteristischen Absorptionsspektrum." Der Verfasser (641) benützte 1926 den Ausdruck „Farbzentrum" und hiefür 1929 (648) das Symbol „FZ". Ebenso sprechen HILSCH und POHL (346) vom „Absorptionsspektrum der Farbzentren." Heute ist die Bezeichnung Farbzentrum allgemein üblich, wobei die abgekürzte Schreibweise „F-Zentrum" auf eine spezielle Art der Absorptionszentren, nämlich jene der primären, bei den Alkalihalogeniden meist im Sichtbaren gelegenen Verfärbung beschränkt wird, während andere Zentren mit verschiedenen anderen großen Buchstaben bezeichnet werden.

Es ist schon in der Einleitung erwähnt worden, daß die modellmäßige Vorstellung über die Natur der Farbzentren sich im Laufe der Zeit geändert hat. E. WIEDEMANN und C. G. SCHMIDT (896) hatten angenommen, die Verfärbung der Alkalihalogenide beruhe auf der Bildung von Subhalogeniden. Dagegen wandte sich schon ABBEGG (1). Bei der Verfärbung der Erdalkalihalogenide halten BUTKOW und WOJCIECHOWSKA (98) die Bildung von Subhalogeniden noch für möglich. Auf ELSTER und GEITEL (184) geht die Anschauung zurück, daß die Verfärbung auf einer Ausscheidung von Metall beruhe. Die glänzenden Versuche SIEDEN-TOPFS (768) schoben die Bildung von Metallkolloiden in den Vordergrund. DEAUVILLIER (143) und der Verfasser (667) zogen dann die Bildung neutraler Metallatome in Betracht, gebildet durch Neutralisierung eines Kations durch ein vom Anion abgespaltenes Elektron, wobei der Verfasser bald auf die Rolle von Gitterstörungen bei der Verfärbung aufmerksam machte. Dies wurde durch den Einfluß künstlicher Störungen auf die Verfärbung nahegelegt. Da sich aber auch ganz reine, mechanisch nicht beanspruchte Kristalle der Alkalihalogenide verfärben lassen, mußten auch in diesen Störstellen angenommen werden.

## 2. Störstellen

[vgl. insbesondere hiezu MOTT und GURNEY (553) und SEITZ (761a)]

SMEKAL, der als erster auf die Bedeutung von Störstellen für das Verhalten der Realkristalle nachdrücklich hingewiesen hat, war zunächst geneigt, diese Störstellen dem mosaikartigen Aufbau der Kristalle aus Gitterblöcken zuzuschreiben. FRENKEL (215) und SCHOTTKY (738) haben dann zwei bestimmte Arten von Störstellen in Betracht gezogen, und zwar FRENKEL, gestützt auf Anschauungen A. JOFFES, Ionen an Zwischengitterplätzen, denen Ionenfehlstellen im Gitter entsprechen müssen, und SCHOTTKY paarweise auftretende Anionen- und Kationenfehlstellen, Ionenlücken im Gitter. Thermodynamische Betrachtungen zeigen, daß die freie Energie eines Gitters mit Ionenfehlstellen kleiner ist als die des ungestörten Gitters. Jeder Temperatur entspricht im Gleichgewicht ein bestimmter Gehalt an Ionenlücken, der mit der Temperatur wächst. Bei rascher Abkühlung kann aber der einer höheren Temperatur entsprechende höhere Betrag an Fehlstellen „eingefroren" werden, so daß ein metastabiler Zustand entsteht. Für die Verfärbungserscheinungen der Alkalihalogenide scheinen die SCHOTTKYschen Störungen von größerer Bedeutung zu sein, bei den Silberhalogeniden hingegen die FRENKELschen, obwohl auch bei diesen von STASIW (803) SCHOTTKYsche Störstellen nachgewiesen zu sein scheinen. Über Abweichungen vom normalen Gitterbau an Kristall*oberflächen* siehe STRANSKI und MOLIÉRE (823), VERWEY (868).

Eine in neuerer Zeit immer mehr zur Erklärung des Verhaltens der Realkristalle herangezogene Art der Störung der Gitteranordnung sind die von POLANYI, TAYLOR u. a. studierten Versetzungen, „Dislocations" [F. C. FRANK (210—212), MOTT und NABARRO (554)]. Im einfachsten Falle kann man sie sich erzeugt denken dadurch, daß eine geradlinig begrenzte Gitterhalbebene zwischen zwei Gitterebenen um ein gewisses Stück senkrecht zu ihrer Begrenzung hineingeschoben wird. Dies hat eine Störung der Anordnung der Gitterbausteine längs der Kante der Halbebene zur Folge. Diese Kante kann aber auch Stufen aufweisen, „jogs", und SEITZ (759, 760) weist darauf hin, daß bei plastischer Beanspruchung gerade diese Stufen zur Bildung von Ionenlücken Anlaß geben könnten, womit eine Erklärung der leichteren Verfärbbarkeit gepreßter Kristalle gegeben wäre. Über erhöhte Ionenleitfähigkeit verformter NaCl-Kristalle siehe GYULAI (273).

Eine andere Form der Versetzungen sind die schraubenförmigen, „skrew dislocations", die nach Ansicht der Bristoler Schule (97) beim Wachstum der Kristalle eine große Rolle spielen und in einigen Fällen [Beryll, GRIFFIN (258), Carborundum, AMELINCKX (10), VERMA (866), WEILL (882), Paraffin, DAWSON und VAND (145)] am Auftreten von spiraligen Stufen an Kristalloberflächen auf Mikroaufnahmen nachgewiesen sind.

Über die Wirkung von Fremdatomen auf die Versetzungen siehe COTTRELL (125); über Ionen der Erdalkalien als Störung in Alkalihalogeniden SEITZ (761).

Eine sehr klare Darstellung der Versetzungen gibt BURTON (96).

# 3. Das Termschema eines Ionenkristalls

Die heutigen Anschauungen über die Verfärbung der Kristalle beruhen auf dem wellenmechanisch begründeten Termschema eines Kristalls, worüber hier das Wichtigste angeführt sei. Eingehende Darstellungen finden sich in dem vorzüglichen Artikel von SOMMERFELD und BETHE (792) im Handbuch der Physik, in dem Buche von MOTT und GURNEY (553) und in dem Artikel von SEITZ (756).

Betrachten wir zunächst ein isoliertes Atom oder Ion. Dann sind die zur Lichtabsorption führenden Übergänge aus der BOHRschen Theorie her bekannt. Die der Resonanzlinie entsprechende Absorption rührt vom Übergang des Valenzelektrons (des am lockersten gebundenen) von seiner scharf definierten Grundbahn zur nächsthöheren, ebenfalls scharf definierten her. Daran schließen sich die Übergänge zu weiteren höheren, durchwegs scharf definierten Bahnen, entsprechend den höheren Linien der Serie, bis zur Seriengrenze. Diese entspricht der Ionisierung des Atoms bzw. einer höheren Ionisierung des Ions; das Elektron ist dann aus dem Bereiche des COULOMBschen Feldes des Atomrumpfes entfernt. Daran schließt sich ein Absorptionskontinuum nach kürzeren Wellen, da das Elektron nach der Abtrennung noch eine beliebige kinetische Energie mitbekommen kann und daher beliebig größere Quanten, also beliebig kleinere Wellenlängen zu absorbieren vermag. Dies alles läßt sich aus der SCHRÖDINGERschen Wellengleichung unter Einführung des COULOMBschen Feldes entnehmen.

Nun sind aber die Atome oder Ionen in einem Kristall nicht isoliert, sondern von anderen Kraftzentren in regelmäßiger Weise umgeben. Das Kristallgitter kann zum Zwecke der Anwendung der Wellengleichung durch ein räumlich-periodisches Potentialfeld ersetzt werden. Durch Einführung dieses periodischen Potentials in die Wellengleichung ergibt sich folgendes:

So wie im isolierten Atom das Elektron nur in bestimmten diskreten Energiezuständen existieren kann, so kann das Elektron im Gitter nur bestimmte, jetzt aber nicht scharf definierte Energien besitzen. „Das Energiespektrum des Elektrons im Gitter ist ein unterbrochen-kontinuierliches. Bereiche erlaubter Energie wechseln mit verbotenen Energiebereichen ab." „Die Breite der erlaubten Energiebänder nimmt mit wachsender Energie zu, die der verbotenen ab" (792). So sind die tiefsten, den Röntgen-Niveaus entsprechenden Terme auch im Kristall noch scharf, die höheren aber stark verbreitert.

Nach der FERMIschen Verallgemeinerung des PAULI-Verbotes können nur eine beschränkte Anzahl von Elektronen in der „Riesenmolekel" des Kristalls sich im selben energetischen Zustand befinden. Im isolierenden Kristall sind alle tieferen Energiebänder mit Elektronen voll besetzt, die höheren vollkommen unbesetzt. In einem vollbesetzten Energieband kann keine Elektrizitätsleitung stattfinden, da bei einer solchen die Elektronen dem Felde Energie entziehen und dadurch an eine höhere Stelle im Energieband kommen würden, die aber voraussetzungsgemäß

schon besetzt ist. Ein Austausch von Elektronen ist wohl möglich, bedeutet
aber keinen Elektrizitätstransport. Ebensowenig kann natürlich ein
vollkommen leeres Energieband zur Elektronenleitung beitragen, und
daher isoliert der Kristall. Durch Einstrahlung von Energie können aber
Elektronen aus einem vollbesetzten Band in ein darüberbefindliches leeres
gehoben werden (Leitfähigkeitsband), das dann nur partiell mit Elektronen
besetzt ist und daher Elektronenverschiebungen, also elektrische Leitung,
ermöglicht: lichtelektrische Leitung.

Im ungestörten Gitter wäre nach der Wellenmechanik das gehobene
Elektron an keine bestimmte Stelle des Kristalls gebunden, sondern
gehörte dem Kristall als Ganzem an und könnte daher immer wieder
an seinen Ursprungsort zurückkehren, wo es unter Energieabgabe (Wärme
oder Lumineszenz, letzteres in diesem Falle aber unwahrscheinlich)
wieder gebunden wird. Das gehobene Elektron in einem Alkalihalogenidkristall wird einem Anion des Gitters entstammen, das durch seinen
Verlust in ein neutrales Halogenatom verwandelt wird. Rückkehr des
Elektrons bedeutet Übergang des Halogenatoms in den Ionenzustand.
Die ihres überzähligen Elektrons beraubten Anionen (neutrale Atome)
werden jetzt häufig als „positive Löcher" bezeichnet. Bei unvollständiger
Trennung von Atom und Elektron, also einem Anregungszustand zwischen
dem Zustand des Halogenions und dem freien Elektron im Leitfähigkeitsband, spricht man nach FRENKEL von einem „Exciton" (siehe MOTT
und GURNEY).

Die Lichtabsorption in einem isolierenden Kristall beruht also auf
der Hebung eines Elektrons aus einem vollbesetzten Band in ein unbe-
setztes. Dies entspricht bei den Alkalihalogeniden den in der Abb. 3
abgebildeten Absorptionsspektren. Über die Deutung der Struktur dieser
Spektren siehe MOTT und GURNEY, SMEKAL (784, 785), SOKOLOW (789,
790), M. BORN (69).

## 4. Deutung der Verfärbung

Im vollständig ungestörten Kristall mit seinem vollkommen periodischen Potentialfeld wäre Einstrahlung in die ultravioletten Eigenabsorptionsbanden ohne bleibende Wirkung auf den Kristall, da die Elektronen
sofort wieder zu ihren positiven Löchern zurückkehren würden. Anders
ist es aber in gestörten Kristallen, und alle Realkristalle sind ja gestört.
Störstellen jeder Art nehmen nicht an der Periodizität des Potentialfeldes
des Gitters teil und liefern daher lokalisierte Terme, die in den im ungestörten Gitter verbotenen Energiebereichen liegen können. In das Leitfähigkeitsband gehobene Elektronen können auf solche unterhalb dieses
Bandes liegende Störterme herabfallen und so an die Störstellen gebunden
werden. Der Kristall ist dann durch die Einstrahlung verändert und liefert
ein anderes Absorptionsspektrum, er ist verfärbt.

Unter der Annahme, das befreite Elektron neutralisiere ein Kation,
die einige Zeit vorherrschte, erhielt H. FRÖHLICH auf Grund einer wellen-

mechanischen Betrachtung einen der MOLLWOschen Regel entsprechenden Ausdruck:

$$v \cdot d^2 = 0,45$$

für die verfärbten Alkalihalogenide von Steinsalztypus; bei MOLLWO ist die Konstante 0,5.

Die derzeitige Anschauung über die Verfärbung der Alkalihalogenide geht auf DE BOER (61) zurück. Es wird angenommen, daß ein Elektron, direkt oder über das Leitfähigkeitsband, von einer Anionenfehlstelle eingefangen wird, wo es in einer Potentialmulde verbleibt, wie in einer Falle, „trap", bis es durch Wärmebewegung oder durch eingestrahltes Licht wieder in das Leitfähigkeitsband gehoben wird. Die F-Bande entspricht dem Übergang des in der Anionenfehlstelle gefangenen Elektrons in das Leitfähigkeitsband. Nach MOTT und GURNEY (553) entspräche allerdings die F-Bande selbst erst dem Übergang des Elektrons in einen angeregten Zustand und erst die von KLEINSCHRODT (432) im Falle des KCl beobachtete Ausbuchtung derselben bei kürzeren Wellenlängen, von OBERLY als L-Bande bezeichnet, höheren Anregungszuständen und dem der Ionisation entsprechenden Kontinuum beim Übergang in das Leitfähigkeitsband. Die genannten Autoren geben aber selbst an, daß die Schwäche dieses Kontinuums nicht verständlich sei.

Die neuere Auffassung über das Wesen des F-Zentrums unterscheidet sich von der älteren, nach welcher ein Farbzentrum ein neutrales Alkalimetallatom an einer Störstelle im Gitter war, dadurch, daß, während damals das Elektron an ein bestimmtes Kation gebunden gedacht wurde, es jetzt gleichmäßig an die sechs benachbarten Kationen gebunden erscheint, und das jetzt über die Natur der Störstelle eine bestimmte Annahme gemacht wird (SCHOTTKY-Fehlstelle).

Daß es sich bei den F-Zentren um Fehlstellen handelt, findet seine Bestätigung in den Versuchen von ESTERMANN, LEIVO und STERN (187): wie schon erwähnt, steigt die Verfärbbarkeit, wenn der Kristall mit Röntgenstrahlen behandelt wird (s. S. 43). Es ist also anzunehmen, daß dabei Fehlstellen, die sich nur an der Oberfläche bilden können, von da in das Kristallinnere diffundieren, was einer Auflockerung des Kristalls gleichkommt. Tatsächlich konnten die genannten Forscher mittels einer sehr empfindlichen Schwebemethode an KCl-Kristallen eine Dichteabnahme bis um $10^{-4}$ nachweisen, wenn in ihnen durch Röntgenbestrahlung eine Farbzentrenkonzentration von $2 \cdot 10^{18}$ Zentren im Kubikzentimeter erzeugt wurde (über die Bestimmung der Zentrenkonzentration siehe S. 61).

Der experimentell nachgewiesene Paramagnetismus der Farbzentren der Alkalihalogenide [JENSEN (404), HUTCHISON (379), SCOTT u. a. (750), TINKHAM und KIP (841)] ist sowohl durch die Annahme neutralisierter Alkaliatome wie durch die neuere der an Fehlstellen gebundenen Elektronen erklärlich. Über ähnliche Erscheinungen bei der Röntgenbestrahlung von „plastics" siehe E. E. SCHNEIDER, DAY und G. STERN (734) nach einer von E. E. SCHNEIDER und ENGLAND (733) angegebenen Methode.

Die Auffassung des F-Zentrums als eines in einer Anionenfehlstelle gebundenen Elektrons erklärt sofort die zunächst paradox erscheinende Tatsache, daß bei der additiven Färbung die Farbe nur vom Kristall und nicht von dem zur Färbung benützten Dampf abhängt. Es handelt sich hier eben nicht um eine Diffusion von Atomen des Dampfes in den Kristall, sondern um Diffusion von Elektronen, die bei der Reaktion des Dampfes mit der Oberfläche des Alkalihalogenidkristalls befreit und dann in Anionenfehlstellen gebunden werden.

Werden die Elektronen der F-Zentren durch Wärme oder Licht befreit, so können sie wandern, bis sie wieder von Anionenfehlstellen unter Bildung neuer Farbzentren abgefangen werden — thermische bzw. photoelektrische Diffusion, wie sie zum erstenmal vom Verfasser (643) zur Erklärung des Blauumschlages des gepreßten Steinsalzes im Lichte angenommen wurde — oder sich mit einem Halogenatom (positivem Loch) wiedervereinigen — Entfärbung; in einem elektrischen Felde wandern sie in Richtung zur Anode — lichtelektrische bzw. thermische Elektronenleitung, Wanderung der Farbzentren nach Stasiw (798, 802).

Zur Theorie der Farbzentren siehe ferner: Dexter (155), Dienes (159), Frenkel (214), Inui und Uemura (388), Landau und Pekar (470), Markham (511a), Marrham und Seitz (512), Muto (567), Nogamiya (568a), Pekar (594—596), Perlin (597), Smekal (784, 785), Tamm (833), Zilberman (927).

## 5. Die Form der F-Bande

Die Glockenform der F-Bande erinnert an den bekannten Verlauf einer Resonanzkurve mit Dämpfung. Tatsächlich läßt sie sich nach der klassischen Dispersionstheorie als eine solche darstellen, wie am schönsten Abb. 21 nach Mollwo (537, 538) zeigt.

Der Verlauf der Kurve ist durch die Gleichung gegeben:

$$k_\nu = \frac{2\,N\,f\,e^2}{c\cdot m} \cdot \frac{(n^2+2)^2}{9\,n} \cdot \frac{H\,\nu^2}{(\nu_0{}^2 - \nu^2)^2 + H^2\nu^2}\,.$$

Hier bedeutet $k_\nu$ den Absorptionskoeffizienten für Licht der Frequenz $\nu$, $N$ die Zahl der Zentren im cm$^3$, $f$ die Oszillatorstärke, $e$ die Ladung, $m$ die Masse des Elektrons, $c$ die Lichtgeschwindigkeit, $n$ den Brechungsexponenten des Kristalls (die Dispersion kann vernachlässigt werden), $H$ die Halbwertsbreite der Absorptionsbande, ausgedrückt in Schwingungszahlen, $\nu_0$ die Eigenfrequenz des Elektrons im F-Zentrum.

Diese Gleichung ist zum erstenmal von Smakula auf die F-Zentren angewendet worden (777). Ihre Ableitung siehe etwa bei R. W. Pohl, Einführung in die Optik (621); daß die Formeln dort etwas anders lauten, rührt daher, daß Pohl das Giorgische Maßsystem benützt, während hier aus alter Gewohnheit am el. stat. System festgehalten wird, und daß in der Pohlschen Ableitung die Oszillatorstärke gleich 1 gesetzt ist. Siehe ferner Mollwo und Roos (544).

Einführung des maximalen Absorptionskoeffizienten $k_m$ (für $\nu = \nu_0$) in obige Formel liefert für die Zahl der Farbzentren im cm³, die Farbzentrendichte

$$N = \frac{9\,m\,c}{2\,f\,e^2} \cdot \frac{n}{(n^2 + 2)^2} \cdot k_m\,H \quad \text{oder} \quad N = 1{,}06 \cdot 10^{16} \cdot k_m \cdot H_{eV}/f,$$

wo $k_m$ in cm⁻¹ und $H_{eV}$ in Elektron-Volt ausgedrückt ist.

Der Faktor vor $k_m H$ hängt vom Brechungsindex des Kristalls ab und beträgt für KCl $1{,}06 \cdot 10^{16}$; da aber $n/(n^2 + 2)^2$ gegen Änderungen von $n$ recht unempfindlich ist, so weicht der Zahlenfaktor für die verschiedenen Alkalihalogenide nicht wesentlich von diesem Werte ab. Die Oszillatorstärke $f$ ist direkt experimentell nur an additiv gefärbtem KCl bestimmt worden [KLEINSCHRODT (432)]. Die Zentrendichte konnte hier durch chemische Bestimmung (Titrierung) des Kaliumüberschusses festgestellt werden. Anwendung der SMAKULAschen Formel gestattete dann die Bestimmung von $f$ zu 0,81; für NaCl gelangte SEITZ auf indirektem Wege zu $f = 0{,}7$. Für die anderen Alkalihalogenide werden die Zahlen wohl nicht viel anders sein.

Daß die Zentrendichte dem Produkte aus maximalem Absorptionskoeffizienten und Halbwerts

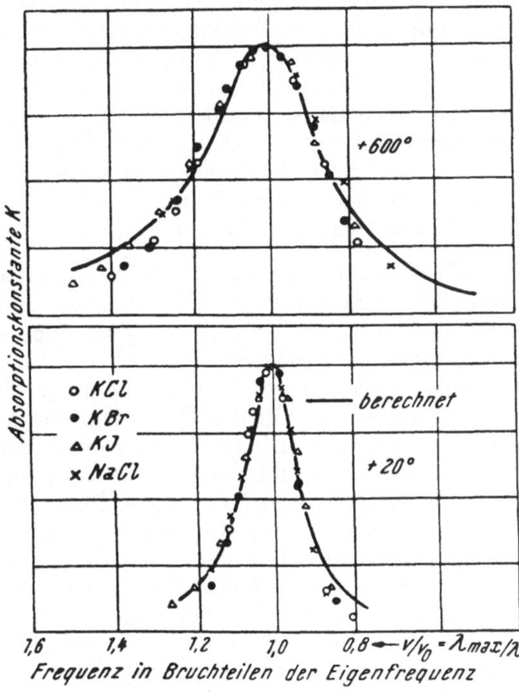


Abb. 21. Vergleich der gemessenen Absorptionskurven (Meßpunkte mit den aus der Dispersionstheorie berechneten (ausgezogen) (Nach MOLLWO).

breite proportional ist, kann man sich ohne weitere Rechnung auf folgendem Wege plausibel machen: man kann annehmen, daß die Gesamtabsorption, das ist die von der Absorptionskurve und der Abszissenachse eingeschlossene Fläche, der Zentrendichte proportional sein wird; dann bedeutet aber die Einführung von $k_m H$ statt jener Fläche, das ist statt des Integrals $\int k_\nu d\nu$ nichts anderes als die Approximation dieser Fläche durch ein Rechteck mit $k_m$ als Höhe und $H$ als Breite.

# 6. Quantenausbeute

## a) Bei Bildung und Entfärbung der F-Bande

Die SMAKULASche Formel hat den Weg zur quantitativen Untersuchung der Quantenvorgänge in verfärbten Kristallen eröffnet. Es konnte folgendes festgestellt werden:

Bei der Verfärbung der Alkalihalogenide durch Einstrahlung von UV in den langwelligen Ausläufer der Eigenabsorption wird durch jedes absorbierte Quant eingestrahlten Lichts bei Zimmertemperatur rund ein Farbzentrum gebildet [SMAKULA (776, 777)]; dies kann allerdings nur durch Extrapolation auf die Verfärbung Null erschlossen werden, da bei Verwendung stärkerer Verfärbung die dann gleichzeitig mit der Verfärbung eintretende *Ent*färbung ein Sinken der Quantenausbeute vortäuscht.

Die Ausbeute sinkt stark mit abnehmender Temperatur. Dies ist eingehend von HILSCH und POHL (351) an mit KH und mit $KNO_3$ sensibilisiertem KBr untersucht worden. Hier erreicht die Ausbeute auch bei $140^0$ C noch nicht die Einheit, sinkt bei Zimmertemperatur auf einige Zehntel und bei — $100^0$ C auf einige Hundertstel. Die Verfasser stellen den Verlauf der Ausbeute mit der Temperatur durch einen Ausdruck der Form $\eta = 1 - \left(1 - e^{-\frac{0,085 \cdot e}{kT}}\right)^7$ , dar, wo $k$ die BOLTZMANNsche Konstante $1,23 \cdot 10^{-23}$ in Watt sec/grad und $e$ das Elementarquantum $1,59 \cdot 10^{-23}$ Asec. ist. Es muß angenommen werden, daß bei der Verfärbung nicht nur das absorbierte Strahlungsquant, sondern auch die thermische Energie beteiligt ist. POHL spricht von einem „Wärmestoß". Möglicherweise bewirkt das Quant nur eine Anregung des an ein Halogenatom gebundenen Elektrons und erst eine hinreichende thermische Schwankung ermöglicht seinen Übergang in eine benachbarte Anionenlücke. Siehe aber auch (101, 173b). Über Quantenausbeute bei der Umwandlung von U- in F-Zentren siehe auch SCHAITBERGER (712).

Bei der Absorption von Licht in der F-Bande führt bei Zimmertemperatur ein absorbiertes Quant zur Auslösung eines Elektrons, also zur Ausschaltung eines F-Zentrums, wobei die Abnahme der Absorption im Maximum der F-Bande sowohl zur Erregung wie zur Entfärbung führen kann (SMAKULA). Man darf daher aus einer rascheren Entfärbung im Licht bei gleicher Absorption nicht auf eine höhere Quantenausbeute schließen. Frl. HABERFELD (276) hat bei der Entfärbung des gepreßten, strahlungsgefärbten Steinsalzes durch Licht ganz ähnliche Ausbeuten nahe bei Eins gefunden wie SMAKULA an ungepreßtem, obwohl das gepreßte Steinsalz sich viel rascher entfärbt als das ungepreßte. Dies ist dadurch zu erklären, daß beim gepreßten Steinsalz die Erregung gegen die Entfärbung ganz zurücktritt, so daß bei ihm fast alle absorbierten Quanten zur irreversiblen Entfärbung und nicht zur reversiblen Erregung verwendet werden. Auf diese Weise ist auch die sehr ungleiche Stabilität der Färbung der verschiedenen Alkalihalogenide bei, nach SMAKULA, annähernd gleicher Quantenausbeute zu verstehen: bei den höheren Alkalihalogeniden tritt die Erregung gegen die Entfärbung mehr zurück.

Die optische Bestimmung der Zentrenzahlen ermöglicht nun auch die Bestimmung der Zahl der bei der lichtelektrischen Leitung wandernden Elektronen auch vor Erreichung des Sättigungsstromes, und damit auch die Ermittlung ihrer Beweglichkeit und ihrer Schubwege $x$. So ergaben sich nach SMAKULA Beweglichkeiten der Elektronen in Alkalihalogenidkristallen, die mit den von STASIW direkt aus der Wanderungsgeschwindigkeit der Farbwolken bestimmten hinreichend übereinstimmen, für KCl z. B. die Zahlen der Tab. 8.

Tabelle 8

| Temperatur in $^0$C | Elektronenbeweglichkeiten in cm/sec/Volt/cm | |
|---|---|---|
| | nach SMAKULA | nach STASIW |
| 650 | $0{,}57 \cdot 10^{-3}$ | $0{,}47 \cdot 10^{-3}$ |
| 685 | $0{,}74 \cdot 10^{-3}$ | $0{,}57 \cdot 10^{-3}$ |
| 720 | $0{,}87 \cdot 10^{-3}$ | $0{,}83 \cdot 10^{-3}$ |
| 740 | $1{,}34 \cdot 10^{-3}$ | $1{,}03 \cdot 10^{-3}$ |

Dies stützt die Auffassung, die Farbzentren würden durch das Einfangen von Elektronen durch Anionenfehlstellen gebildet und ihre Wanderung bestehe in der fortwährenden Abspaltung und Wiederanlagerung der Elektronen.

So wie eine additive Färbung durch Erhitzen im Metalldampf nicht als ein Eindiffundieren von Metallatomen, sondern von Elektronen in den Kristall aufzufassen ist, so wird auch die Bildung kolloidaler Teilchen nicht so sehr auf dem Zusammentreffen wandernder Metallatome beruhen, als auf diffundierende Elektronen, die an bevorzugten Störstellen benachbarte Kationen neutralisieren. Auf die Rolle der Elektronendiffusion hatte der Verfasser (642) gelegentlich seiner Versuche mit gepreßtem Steinsalz hingewiesen, nachdem schon früher J. EGGERT (178) diesen Vorgang bei Silberhalogeniden angenommen hatte. Die überzeugenden Göttinger Versuche haben diese Auffassung auf eine feste Basis gestellt und ihr wohl allgemeine Anerkennung verschafft.

## b) Verfärbung durch große Quanten

Oben war gesagt worden, daß bei der Verfärbung durch UV die Quantenausbeute bei Zimmertemperatur von der Größenordnung 1 ist. Hier reicht eben ein Lichtquant nur gerade zur Bildung eines F-Zentrums aus. Wie ist es aber bei der Verfärbung durch die großen Quanten der Röntgenstrahlen oder durch energiereiche Korpuskularstrahlen?

Schon vor langer Zeit haben ST. MEYER und der Verfasser (525) darauf hingewiesen, daß bei der Verfärbung durch $\beta$-Strahlen nicht nur die primär eingestrahlten $\beta$-Teilchen bei der Färbung wirksam sein werden, daß vielmehr die sekundär im Kristall ausgelösten Elektronen die Hauptrolle spielen dürften.

Bei der Verfärbung des Steinsalzes mit $\beta$-, $\gamma$- und Röntgenstrahlen hat I. LEITNER (477) nach der von SMAKULA entwickelten Methode gefunden, daß größenordnungsmäßig durch ein absorbiertes primäres Quant bei Beginn der Verfärbung etwa 100 bis 10000 Farbzentren gebildet werden. Die Versuche können nur als provisorisch betrachtet werden wegen der schwierigen Abschätzung der Absorptionsverhältnisse. Im Hinblick auf die Möglichkeit, daß Kalium in der Natur die färbende Strahlung liefern könnte, interessieren hier die Versuche mit $\beta$-Strahlen. In der SMAKULAschen Formel $N = A \cdot K \cdot H$ wurde damals $A = 1 \cdot 10^{16}$ gesetzt; nach neueren Angaben ist aber $A = 1,4 \cdot 10^{16}$, so daß die LEITNERschen Werte umzurechnen sind. Mit dieser Korrektur ergibt sich folgende Zusammenstellung.

Tabelle 9

| $N_1$<br>Zahl der FZ<br>im cm³ | $N$<br>Zahl der FZ<br>im Kristall,<br>$N = N_1 \cdot d$ | $\beta$-Tl<br>Zahl der<br>absorbierten<br>$\beta$-Teilchen | $N/\beta$-Tl<br>Zahl der je<br>$\beta$-Tl geb. FZ | Zur Färbung<br>ausgenützter<br>Bruchteil der<br>Energie |
|---|---|---|---|---|
| $3{,}75 \cdot 10^{15}$ | $5{,}25 \cdot 10^{14}$ | $2{,}7 \cdot 10^{10}$ | $1{,}92 \cdot 10^{4}$ | $0{,}115$ |
| $5{,}65 \cdot 10^{15}$ | $7{,}9 \cdot 10^{14}$ | $5{,}5 \cdot 10^{10}$ | $1{,}44 \cdot 10^{4}$ | $0{,}086$ |
| $7{,}35 \cdot 10^{15}$ | $10{,}3 \cdot 10^{14}$ | $9{,}6 \cdot 10^{10}$ | $1{,}07 \cdot 10^{4}$ | $0{,}064$ |
| $8{,}10 \cdot 10^{15}$ | $11{,}3 \cdot 10^{14}$ | $12{,}3 \cdot 10^{10}$ | $0{,}92 \cdot 10^{4}$ | $0{,}055$ |
| $9{,}30 \cdot 10^{15}$ | $13{,}0 \cdot 10^{14}$ | $15{,}0 \cdot 10^{10}$ | $0{,}87 \cdot 10^{4}$ | $0{,}052$ |
| $9{,}90 \cdot 10^{15}$ | $13{,}5 \cdot 10^{14}$ | $20{,}5 \cdot 10^{10}$ | $0{,}68 \cdot 10^{4}$ | $0{,}041$ |

Nimmt man an, daß die Energie eines $\beta$-Teilchens der benützten Strahlung des Radiumpräparates im Durchschnitt $10^6$ eV beträgt und die zur Bildung eines F-Zentrums im Steinsalz erforderliche Energie etwa 6 eV, so sollte bei voller Ausnützung der Energie ein $\beta$-Teilchen $10^6/6$ F-Zentren erzeugen. Tatsächlich bilden sich wesentlich weniger. Den zur Färbung ausgenützten Bruchteil der Energie erhält man, indem man die in der 4. Kolonne der Tab. 9 angegebenen Zahlen durch $10^6/6$ dividiert. So ergeben sich die Zahlen der letzten Kolonne. Die Abnahme der Energieausbeute mit zunehmender Zentrendichte beruht, wie schon früher gesagt, auf der gleichzeitig mit der Verfärbung vor sich gehenden Entfärbung.

Durch lineare Intra- bzw. Extrapolation ergeben sich die Zahlen der Tab. 10.

Tabelle 10

| Zahl der FZ<br>im cm³ Steinsalz | Bruchteil der Energie, der<br>zur Färbung ausgenützt wird | | Zur Erzeugung einer FZ<br>aufgewandte Energie in eV | |
|---|---|---|---|---|
| | $\beta$-Strahlen | $\alpha$-Strahlen | $\beta$ | $\alpha$ |
| $0$ | $0{,}17$ | — | $35$ | — |
| $10^{15}$ | $0{,}155$ | — | $39$ | — |
| $10^{16}$ | $0{,}04$ | $0{,}027$ | $150$ | $225$ |
| $10^{18}$ | — | $0{,}0011$ | — | $5400$ |
| $10^{19}$ | — | $0{,}00025$ | — | $40000$ |

Neuere, genauere Versuche von O. DREXLER (173a) mit magnetisch zerlegter $\beta$-Strahlung und elektrischer Zählung ergeben allerdings eine wesentlich kleinere Ausbeute. Ganz vergleichbar sind diese Ergebnisse mit der Schätzung von I. LEITNER nicht, da bei den DREXLERschen Messungen die härteren $\beta$-Strahlen nicht erfaßt wurden, die bei den LEITNERschen Versuchen noch zur Wirkung kamen. Als Energie für die Bildung eines F-Zentrums bei einer FZ-Konzentration von der Größenordnung $10^{17}$ findet DREXLER rund 6 ekV.

L. WIENINGER und N. ADLER (903) haben analoge Versuche mit $\alpha$-Strahlen des Poloniums ($5 \cdot 10^6$ eV) ausgeführt, wobei die Verhältnisse wesentlich besser definiert sind, nur lassen sich hier wegen der geringen Reichweite der $\alpha$-Strahlen nur sehr hohe Zentrenkonzentrationen beobachten. Zur Berechnung der Zentrenkonzentration mußte die Eindringtiefe der $\alpha$-Strahlen in den Kristall durch mikroskopische Ausmessung der Dicke der verfärbten Schicht an Spaltflächen senkrecht zur bestrahlten Oberfläche bestimmt werden. Es ergaben sich für verschiedene Alkalihalogenide folgende Werte [WIENINGER (897)]:

Tabelle 11. *Reichweite der $\alpha$-Strahlen von Polonium, in $\mu$ ($\pm$ $2^{0/0}$)*

| NaCl | KCl | KBr | KJ |
|------|------|------|------|
| 29,16 | 33,05 | 30,62 | 30,13 |

Die Energieausnützung in Steinsalz ist für die Zentrenkonzentration $10^{18}$ und, extrapoliert, für die Zentrenkonzentration $10^{16}$ in der Tab. 10, 3. Kolonne, und die entsprechenden Energien je Farbzentrum in der 5. Kolonne angegeben. Wie man sieht, ist bei gleicher Zentrenkonzentration für $\beta$- und für $\alpha$-Strahlen die Energieausnützung von derselben Größenordnung.

Die Verfärbung des Steinsalzes mit Kathodenstrahlen verschiedener Geschwindigkeit ist von M. SCHLEICHER-WERTICH (727) und M. PATER (589) quantitativ untersucht worden. Es wurden hiebei besonders hohe Zentrendichten beobachtet, bis gegen $5 \cdot 10^{19}$; wurde die Bestrahlung nach Erreichung dieses hohen Wertes fortgesetzt, so nahm die Zentrenkonzentration wieder ab. Kontrollversuche schienen damals die Erklärung des Abfalles durch Wärmewirkung auszuschließen. Neuere von K. TREITL ausgeführte Versuche zeigten aber, daß bei verbesserter Wärmeabfuhr der Abfall unterbleibt; die Verfärbung erreicht einen Sattwert, entsprechend einer Zentrenkonzentration von etwa $5 \cdot 10^{19}$, der von der Bestrahlungsintensität nicht wesentlich abzuhängen scheint.

Im Gegensatze zu dem mit $\beta$- $\gamma$- und Röntgenstrahlen zu erzielenden, intensitätsabhängigen Quasi-Sattwert scheint es sich hier um einen absoluten Sattwert zu handeln, der tatsächlich nicht mehr überschritten werden kann. Zur Berechnung der Zentrenkonzentration war hier wieder die Kenntnis der Eindringtiefe der Kathodenstrahlen erforderlich, die auch da direkt mikrometrisch bestimmt werden konnte. Es ergaben sich für Steinsalz folgende Werte:

Tabelle 12. *Eindringtiefe der Kathodenstrahlen in Steinsalz*

| Energie der Kathodenstrahlen in ekV | 5,0 | 7,5 | 10,0 | 15,0 |
|---|---|---|---|---|
| Eindringtiefe in $\mu$ ............... | 1,0 | 1,5 | 2,0 | 3,4 |

## c) Die F'-Zentren

PICK (609) hat die Quantenausbeute bei der Bildung von F'-Zentren aus F-Zentren bei Einstrahlung in die F-Bande unter Anwendung der SMAKULASchen Formel bestimmt. Sie ist bei KCl für nicht zu niedrige Temperaturen (oberhalb —100° C) gleich 2, d. h. mit jedem absorbierten Quant verschwinden zwei F-Zentren. Dies weist darauf hin, daß ein F'-Zentrum dadurch entsteht, daß ein von einem F-Zentrum abgegebenes Elektron von einem anderen F-Zentrum abgefangen wird, welches damit aufhört ein F-Zentrum zu sein. Demnach ist ein F'-Zentrum eine Anionenfehlstelle mit zwei Elektronen, siehe SEITZ (756). Beim Übergang zu tieferen Temperaturen fällt auch hier die Quantenausbeute ab. In diesem Gebiete, Temperaturen unter —100° C, steigt umgekéhrt die Quantenausbeute bei der Verwandlung von F'-Zentren in F-Zentren durch Einstrahlung in die F'-Bande mit sinkender Temperatur an; auch sie erreicht bei Temperaturen um —200° C den Wert 2, d. h. bei Absorption eines Quants im F'-Zentrum entstehen zwei F-Zentren, was nach obigem verständlich ist, da das vom F'-Zentrum abgegebene Elektron von einer Anionenfehlstelle unter Bildung eines F-Zentrums abgefangen wird, während die Anionenfehlstelle des ehemaligen F'-Zentrums nun mit nur einem Elektron zurückbleibt, also auch ein F-Zentrum darstellt.

Siehe auch MARKHAM (511b).

## d) Andere Zentren

Nach SEITZ (756) sind die R-Zentren Paare von Anionenlücken, und zwar die $R_1$-Zentren mit einem Elektron, die $R_2$-Zentren mit zwei Elektronen. Solche Gebilde sollten sich ähnlich verhalten wie Wasserstoffmolekel bzw. wie Wasserstoffmolionen, und darauf führt SEITZ ihre Unempfindlichkeit gegen Licht zurück.

Im Wellenlängenbereich der R-Zentren liegt auch die Bande, welche nach Erwärmung des gelbgefärbten Steinsalzes blau, richtiger gesagt, violett färbt, bei etwa 580 m$\mu$. Dieses findet sich nach L. WIENINGER (899) auch im Absorptionsspektrum des $\alpha$-strahlenverfärbten, gepreßten Steinsalzes schon ohne Erwärmung, wie die genauere Analyse des Spektrums ergibt: es werden die auffallenderen Maxima als Resonanzkurven dargestellt; die so erhaltenen Kurven werden vom beobachteten Spektrum abgezogen, wobei sich Abweichungen ergeben, die eben auf weitere Banden deuten. Abb. 22 gibt so eine Analyse der Absorptionskurven des $\alpha$-strahlenverfärbten Steinsalzes nach verschieden langem Erwärmen nach WIENINGER und ADLER. So ergaben WIENINGERS Versuche außer dem genannten Maximum bei 580 m$\mu$ auch eines bei etwa 510 m$\mu$. Man könnte geneigt sein, diese Maxima bei 580 und 510 m$\mu$ den $R_2$- bzw. den $R_1$-Zentren

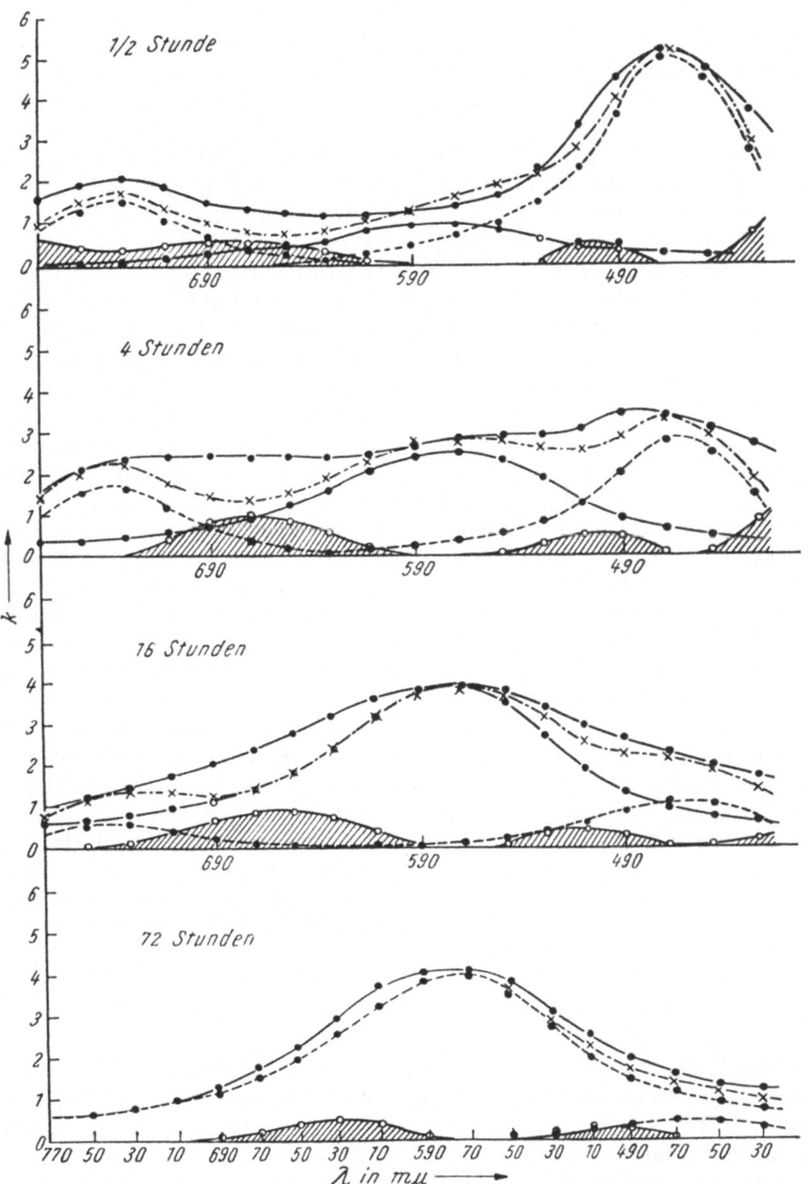



Abb. 22. Berechnung der einzelnen Stadien des Blauumschlages aus den FZ, MZ und $R_2Z$ (nach L. Wieninger und N. Adler). ($k = 10 \cdot {}_{10}\log J_0/J$.) Messung bei Zimmertemperatur nach Erwärmung auf 140° C.

zuzuschreiben, doch stimmen diese Werte nicht mit den von Molnar für NaCl angegebenen überein, nämlich 596 mμ für $R_2$ und 545 mμ für $R_1$ bei —180° C; bei Zimmertemperatur müßten sie bei noch etwas längeren Wellen liegen. Nach einer freundlichen brieflichen Mitteilung von Herrn

OBERLY sind die beiden R-Maxima in NaCl bei Zimmertemperatur nicht getrennt, sondern zu einem einzigen bei etwa 580 m$\mu$ vereinigt, was mit unseren Erfahrungen übereinstimmt. Man gewinnt überhaupt den Eindruck, daß dem SEITZschen Modell der Zentren eine größere Elastizität zu geben wäre durch Berücksichtigung des Störungsgrades der Umgebung der Zentren. Das Maximum bei 510 m$\mu$ könnte dem F′ entsprechen.

Die Vielfalt der Zentren geht auch aus einer Arbeit von SCOTT und BUPP (749) über das Gleichgewicht zwischen F-Zentren und höheren Lückenaggregaten in KCl hervor. Bei additiv gefärbten Kristallen mit hoher Konzentration des überschüssigen Kaliums ($10^{18}$—$10^{19}$ Atome/cm³) finden auch sie immer auch längerwellige Banden als die F-Bande. Sie finden auch BURSTEIN und OBERLYs N-Bande. Zwischen 300 und 500° C sind die verschiedenen Farbzentren in einem von der Temperatur und der Konzentration abhängigen Gleichgewicht. Bei der höchsten Temperatur, etwa 700° C, verschwimmen die Banden zu einer einzigen mit dem Maximum bei etwa 700 m$\mu$, die mit R′ bezeichnet wird. Aus dem Umstand, daß sich das Maximum mit sinkender Temperatur nur sehr wenig gegen kürzere Wellenlängen verschiebt und daß der Bandengipfel abgerundet bleibt und keine Verschmälerung eintritt, wird geschlossen, daß es sich um eine Überlagerung mehrerer Banden, nicht weniger als vier oder fünf, handelt. Die Zentren werden als Aggregate von Lücken mit Elektroneneinlagerung gedeutet. Es wird aber auch darauf hingewiesen, daß die R′-Zentren, die durch Erwärmung gebildet werden, und jene, die durch Belichtung gebildet werden, nicht dieselben sein müssen und nach den Versuchen tatsächlich Verschiedenheiten aufweisen. Die Tatsache, daß bei der Umwandlung der F-Zentren in R′-Zentren die Abnahme der F-Bande bei hohen Konzentrationen weit größer ist als bei kleineren, stimmt mit der Annahme überein, daß die R′-Zentren durch Zusammenlagerung mehrerer F-Zentren entstehen. Daß es sich da nicht um größere Kolloide handelt, wird durch ultramikroskopische Beobachtung erwiesen. Wahrscheinlich entspricht die von OBERLY angegebene Verschmelzung der $R_1$- und $R_2$-Banden im NaCl schon bei Zimmertemperatur der Bildung einer R′-Bande, wie sie im additiv gefärbten KCl nach SCOTT und BUPP erst bei höherer Temperatur erfolgt. Nach BURSTEIN, SMITH und DAVISSON (95) bilden sich R′- und auch N-Zentren in *plastisch deformiertem* KCl auch während Röntgenbestrahlung.

Ein M-Zentrum ist nach SEITZ (756) ein F-Zentrum, das sich an ein Lückenpaar (zusammengelagerte Anionen- und Kationenfehlstelle) angelegt hat. Diese Lückenpaare spielen in der modernen Theorie der Alkalihalogenidkristalle und ähnlicher eine große Rolle, da sie sich bei Zimmertemperatur schon in Zeiten der Größenordnung von Tagen aus den einzelnen Anionen- und Kationenfehlstellen durch Zusammenlagerung bilden und dann eine größere Beweglichkeit haben sollten als die isolierten Anionenfehlstellen. Aufnahme eines Elektrons schwächt die Bindung zwischen den beiden Fehlstellen, so daß sie leicht unter Bildung eines Farbzentrums und einer Kationenfehlstelle zerfallen.

Die M-Zentren bilden sich während der Röntgenbestrahlung aus den

F-Zentren, wie aus der Form der Anstiegskurve des M-Maximums mit der Bestrahlungsdauer zu erkennen ist [BORCHERT (65)], doch scheint nur ein Teil der F-Zentren von dieser Umwandlung betroffen, $F\downarrow$-Zentren nach BORCHERT. Ähnliche Beobachtungen, die aber erst später veröffentlicht wurden, hatte schon früher PETROFF (601) gemacht. PETROFF bezeichnet die Zentren, aus denen sich die M-Zentren, von ihm mit C bezeichnet, bilden, als B-Zentren, deren Absorptionsmaximum ein wenig kürzerwellig liegen soll als das der F-Zentren. Bei KCl haben WIENINGER (901) bei $\alpha$-Bestrahlung und PATER (589) bei Kathodenbestrahlung bei hohen Zentrenkonzentrationen ($10^{19}$) tatsächlich eine Aufspaltung des Gipfels der F-Bande erhalten. Überhaupt mehren sich die Angaben, daß im F-Maximum mehrere Zentrenarten, unterschieden durch ihre verschiedene Stabilität, zusammengefaßt sind [PRINGSHEIM (101), OBERLY und BURSTEIN], wie dies der Verfasser schon vor langer Zeit vermutet hatte. Hierauf weist auch WIENINGER auf Grund seiner Beobachtungen an $\alpha$-strahlverfärbtem Steinsalz hin.

Die langwellige N-Bande [BURSTEIN und OBERLY (92)] kann größeren Aggregaten von Lücken mit daran gebundenen Elektronen zugeschrieben werden.

Einzuordnen in dieses Schema wäre noch das Absorptionsmaximum des Steinsalzes bei etwa 670 m$\mu$, das M. HABERFELD (276) bei der Verfärbung des gepreßten Steinsalzes mittels $\beta$-$\gamma$-Strahlung und dann WIENINGER außer an gepreßtem Steinsalz auch an ungepreßtem durch Analyse des Absorptionsspektrums nach $\alpha$-Bestrahlung gefunden haben (Zwischenzentren), Abb. 22. Zwischen dem M-Maximum und den R-Maximas gelegen, könnte es vielleicht der Vorstufe zum M-Zentrum, dem Lückenpaar (Anionen- und Kationenfehlstelle) mit einem Elektron zugeschrieben werden, eine nach SEITZ recht labile Kombination. Siehe hiezu auch DEXTER (155a).

Eine sehr anschauliche graphische Darstellung des gesamten Zentrenspektrums und seiner modellmäßigen Deutung gibt URBACH (857a).

## e) Die V-Zentren

Kürzerwellige Absorptionsbanden als die F-Banden wurden zuerst von MOLLWO bei der Verfärbung von KBr- und KJ-Kristallen mittels Halogendampfes erhalten. Sie treten aber auch unter Umständen bei der Bestrahlungsfärbung der Alkalihalogenide auf [DORENDORF und PICK (173)]. Bei NaCl sind bisher drei derartige Maxima bekannt, bei KCl und KBr sogar schon sieben. Die entsprechenden Zentren werden mit $V_1$ bis $V_7$ bezeichnet. Sie unterscheiden sich auch durch ihre Stabilität. Am stabilsten ist $V_3$; diese Zentrenart sowie auch $V_2$ im Falle des KBr, wird auch bei Zimmertemperatur erhalten, die anderen treten nur bei Bestrahlung bei tiefen Temperaturen auf und verschwinden bei geringer Erwärmung. Lichtabsorption in der $V_1$-Bande bei $-180^0$ C bringt diese Bande zum Verschwinden und erniedrigt gleichzeitig die F-Bande [CASLER, PRINGSHEIM und YUSTER (102)]; dies deutet auf eine Wiedervereinigung von F- und V-Zentrum, eine Stütze für die Anschauung, es handle sich bei den V-Zentren um neutrale Halogenatome in irgendwelcher Bindung mit Fehlstellen. Andererseits kann durch Lichtabsorption in der $V_3$-Bande bei Zimmertemperatur diese Bande ganz abgebaut werden, ohne daß eine Änderung in der F-Bande eintritt; in diesem Falle tritt aber nach Schluß der Belichtung die $V_3$-Bande mit der Zeit von selbst wieder auf, wie ALEXANDER und E. E. SCHNEIDER (8) fanden; sie nehmen daher an, daß das $V_3$-Zentrum (ein anderes V-Zentrum war damals noch nicht bekannt) ein „positives Loch" (ein neutrales Halogenatom) sei, das in einer „trap" gebunden ist, aus der es durch Lichtabsorption unter Zerstörung der V-Bande befreit wird; Wiederabfangen stellt die Bande wieder her. Auch die F-Bande kann durch Lichtabsorption vernichtet werden, ohne daß eine kompensierende Vernichtung der V-Banden eintritt, wie DOREN-DORF (172) betont; er sagt, daß für den einseitigen Abbau von F- oder V-Zentren eine Deutung fehlt. Könnte es aber nicht so sein, daß schon das $V_1$-Zentrum ein an eine Kationenfehlstelle gebundenes Halogenatom wäre, das durch Lichtabsorption befreit werden kann und dann ein freies Halogenatom wäre, dessen Eigenabsorption in den Bereich der Eigenabsorption des Gitters fiele und deshalb nicht nachweisbar wäre? Nach SEITZ (758) allerdings wäre das $V_1$-Zentrum ein Halogenatom an einem normalen Gitterplatz und die höheren V-Zentren durch Anlagerung an Lückengruppen gebildet. Das ganze Gebiet der V-Zentren scheint noch einer weiteren Bearbeitung zu bedürfen, die um so wünschenswerter wäre, als die Ausbildung der V-Zentren für die Stabilität der Färbung der Kristalle maßgebend sein dürfte.

Bei KJ finden DELBECQ und PRINGSHEIM (149) noch Zentren im UV, die sich nicht wie V-Zentren verhalten ($\alpha$- und $\beta$-Zentren) und als Störung der Grundgitterabsorption gedeutet werden.

Die folgende Tab. 13 gibt die bisher bekannten Daten über die Lage der V-Banden.

Tabelle 13

| Substanz | Autoren | Wellenlänge der Absorptionsmaxima (V-Zentren) in m$\mu$ | | | | | | |
|---|---|---|---|---|---|---|---|---|
| | | $V_1$ | $V_2$ | $V_3$ | $V_4$ | $V_5$ | $V_6$ | $V_7$ |
| NaCl ....... | A. S. | — | — | 217* | — | — | — | — |
| NaCl ....... | C. P. Y. | 345 | 226 | 210* | — | — | — | — |
| KCl ........ | A. S. | — | — | 220,5* | — | — | — | — |
| KCl ........ | C. P. Y. | 360 | 232 | 215,5* | — | — | — | — |
| KCl ........ | D. | 356 | 230 | 212 | 254 | 200 | 334 | 300 |
| KBr ....... | A. S. | — | — | 232* | 258* | — | — | — |
| KBr ....... | C. P. Y. | 416 | 265* | 232* | — | — | — | — |
| KBr ....... | D | 410 | 265 | 231 | 275 | 202 | 362 | 308 |

A. S.       = ALEXANDER und SCHNEIDER (8).
C. P. Y.  = CASLER, PRINGSHEIM und YUSTER (102).
D.          = DORENDORF (172).
* Bei Zimmertemperatur, die anderen bei — 180° C.

Andere ultraviolette Absorptionsmaxima: 230, 295 und 360 m$\mu$ findet LAGEMANN (468) in röntgenverfärbtem Steinsalz; das Maximum bei 295 geben auch UCHIDA, UETA und NAKAI (852) an (K-Bande).

# 7. Zur Bezeichnung der Zentren

Der Verfasser hat schon frühzeitig wiederholt auf die Vielfalt der Farbzentren hingewiesen. In seinem Schema der Verfärbungserscheinungen bei Steinsalz (648) hat er vier Arten unterschieden: die gelb färbenden $F_1$-Zentren, die labileren $F_2$-Zentren mit gleicher Lage des Bandenmaximums, die violett färbenden $F_3$- und die blau färbenden $F_3'$-Zentren. Die ersten entsprechen den F-Zentren der jetzt üblichen Bezeichnung, die zweiten vielleicht den B-Zentren PETROFFS (601) [F↓ bei BORCHERT (65)], die dritten und vierten mögen den R- und M-Zentren entsprechen bzw. den R'-Zentren. Das Absorptionsspektrum der verfärbten Alkalihalogenide, das erst so einfach zu sein schien, hat sich im Laufe der Zeit als immer komplizierter herausgestellt. Mit der Entdeckung immer weiterer Absorptionsmaxima, die verschiedenen Zentren zuzuschreiben waren, wurden für diese mehr oder weniger willkürliche Bezeichnungen gewählt, die nicht immer allgemein angenommen wurden, so daß verschiedene Forscher dieselben Zentren mit verschiedenen Buchstaben bezeichnen. Derzeit gibt es bereits mehr als zwanzig solcher Bezeichnungen, siehe die folgende Tab. 14.

Ohne daß man die Deutung der verschiedenen Arten Zentren, wie sie von SEITZ gegeben worden ist, in allen Einzelheiten als das letzte Wort in dieser Sache zu betrachten braucht, so dürfte doch die Zurückführung auf das Zusammenwirken von Anionenfehlstellen, Kationenfehlstellen und Elektronen bzw. neutralen Halogenatomen zutreffend sein. Es wird daher vorgeschlagen, diese vier Dinge in ihrem verschiedenartigen Zusammenschluß zur Bezeichnung der Zentren zu verwenden. Es werde eine Anionenfehlstelle mit A, eine Kationenfehlstelle mit K bezeichnet, ein Elektron mit einem Minuszeichen als Exponent und ein Halogenatom mit einem Pluszeichen als Exponent. So lassen sich die den Zentren zukommenden Kombinationen nach Art der chemischen Formeln darstellen, die willkürlichen Buchstaben würden durch diese Formeln ersetzt und es bestünde die Möglichkeit, bei Entdeckung neuer Zentren und ihrer Deutung sie gleich in logisch konsequenter Weise zu bezeichnen. Selbstverständlich schließt diese vorgeschlagene Einführung der Formeln die weitere Verwendung so eingebürgerter Bezeichnungen wie F-Zentrum nicht aus.

Zu der Zusammenstellung der Tab. 14 sei noch bemerkt, daß SMEKAL die F'-Zentren mit $F_2$ bezeichnen wollte und die Bezeichnung F' für die F-Zentren in plastisch deformierten Kristallen, deren Absorptionsmaximum gegen das normale ein wenig (etwa 10 m$\mu$) nach längeren Wellen verschoben sein sollte, benützte.

BURSTEIN und OBERLY (93) schlagen als gemeinsame Bezeichnung für alle Zentrenarten, die Elektronen gebunden haben, den Buchstaben E vor, für alle jene, die neutrale Halogenatome („holes") enthalten, den Buchstaben H. Über die Bezeichnung „L-Zentren" siehe S. 59.

Zu den angeführten Zentren kommen noch jene hinzu, die durch Verunreinigungen bedingt sind: U-Zentren bei Wasserstoffzusatz, Z-Zentren bei Zusatz von zweiwertigen Ionen. PICK (610) unterscheidet bei Strontiumzusatz: $Z_1$, ein $Sr^{++}$-Ion mit einer Kationenlücke und einem Elektron, $Z_2$ ein $Sr^{++}$-Ion mit einem und $Z_3$ ein solches mit zwei Elektronen in der Nachbarschaft. Auch die Bezeichnung A für Zentren, die durch den Einbau von Anionen bedingt sind, und K für durch Kationeneinbau bedingte ist vorgeschlagen worden.

Tabelle 14. *Bezeichnung der Zentren*

| Pohl | K. Przibram | Petroff | Borchert | Seitz | Pringsheim | Burstein Oberly | Scott Bupp | Modell |
|---|---|---|---|---|---|---|---|---|
| F | $FZ_1$ | F | $\overline{F}$ | | | | | $A^-$ |
| | | | $F^*$ | | | | | |
| F' | $FZ_2$ | B | $F\downarrow$ | | | E | | $A^{--}$ |
| | | A | | | | | | |
| | $F'Z'_3$ | C | | M | | | | $KA_2{}^-$ |
| | | D | | $R_1$ | | | $R'$ | $A_2{}^-$ |
| | $FZ_3$ | E | | $R_2$ | | | | $A_2{}^{--}$ |
| | | G | | | | N | | $K_xA_y{}^{-z}$ |
| | | | | | $V_1$ | | | $K^+$ |
| V | | | | | $V_2$ | H | | $K_2{}^+$ |
| | | | | | $V_3$ | | | $K_2{}^{++}$ |

# 8. Ionenfärbung

Bei den bisher besprochenen Färbungen der Alkalihalogenide handelte es sich um die Färbung durch Elektronen, die an Störstellen im Kristallgitter gebunden sind. Bei der Bestrahlung werden Elektronen befreit, die nun in den Anionenfehlstellen oder an größeren Störstellen eingefangen werden. Daß sie auch Alkaliionen zu Atomen reduzieren können, geht aus der Bildung von Metallkolloiden hervor. Bei höherwertigen Ionen kann anstatt der Reduktion zum Atom eine Reduktion der Ionenwertigkeit um eine Einheit erfolgen, derart, daß etwa ein zweiwertiges Ion in ein einwertiges verwandelt wird. Umgekehrt kann ein von einem Strahlungsquant getroffenes Ion ein Elektron verlieren und so höherwertig werden. Jedenfalls können durch Bestrahlung Wertigkeitsänderungen von Ionen eintreten, und da Ionen derselben Art aber verschiedener Wertigkeit manchmal verschiedene Farben zeigen, so können auch aus diesem Grunde Farbänderungen durch Bestrahlung eintreten. Die Reduktion von Ferrionen zu Ferroionen durch $\beta$-$\gamma$-Bestrahlung konnte A. KAILAN (416) auch in wässeriger Lösung nachweisen; über die oxydierende und reduzierende Wirkung von $\alpha$- und Röntgenstrahlen siehe HAISSINSKY und LEFORT (302).

Die Reduktion von dreiwertigen Seltene-Erdionen durch Bestrahlung konnte an ihrem Fluoreszenzspektrum erkannt werden, siehe S. 188.

Auffallende Farbänderungen wären auf diesem Wege insbesondere bei manganhaltigen Stoffen zu erwarten, geben doch Manganoionen blaßrosa Farben, Manganiionen braune bis rote, die überdies vielfach lichtempfindlich sind; das Manganation färbt intensiv dunkelgrün, das Permanganation violett. Auf diesem Wege ist mehrfach versucht worden, Farbänderungen von Mineralien von rot oder violett in grün und umgekehrt zu erklären, siehe z. B. bei Kunzit. Eine eingehende Studie über die Färbung von Mineralien durch Mangan, Chrom und Eisen hat an der Hand ihrer Absorptionsspektren KOLBE (444) geliefert.

# VI. Die Verfärbung von Gläsern

Bisher ist eingehend nur die Verfärbung von Kristallen besprochen worden. Daß sich auch Gläser unter der Einwirkung von Strahlungen verfärben, ist eine lange bekannte Tatsache. Manche Fenster- und Flaschengläser färben sich schon im Sonnenlichte bräunlich oder violett. Die Verfärbung von Gläsern durch UV [siehe z. B. BALY (25)] ist vielfach aus technischen Gründen studiert worden. Die Verfärbung durch Kathoden- und Röntgenstrahlen ist an alten Röntgenröhren zu sehen. Eine Theorie des Farbanstieges von Gläsern bei Röntgenbestrahlung geben NÜRNBERGER und LIVINGSTON (578). Die Verfärbung von Glasgeräten durch Radiumstrahlen gehört zu den zuerst erkannten Wirkungen stärkerer Radiumpräparate. KERNOHAN und McCAMMON (429) studieren die Färbung von Gläsern, die der $\gamma$-Strahlung von 300 Curie Cobalt 60 ausgesetzt wurden; G. MAYER und GUERON (516) benützen zur Verfärbung die Strahlung der Uranbatterie von CHATILLON.

Die Farben, die gewöhnliche Gläser verschiedener Zusammensetzung und auch das Quarzglas annehmen, sind gelbbraun bis schwärzlichbraun und violett. Durch Erhitzen wird die Farbe, meist unter Thermolumineszenz, zerstört, oft schon bei 100° C oder wenig darüber bei den braun verfärbten Gläsern; die violette Farbe ist wesentlich stabiler gegen Erwärmung und verschwindet meist erst bei Erhitzung in der Bunsenflamme. Bisweilen überlagern sich zwei verschiedene Färbungen, eine labile braune und eine stabilere violette. Beim Erwärmen verschwindet die braune Farbe unter Aussendung eines grünen Thermolumineszenzlichtes und läßt die violette Farbe übrig. Infolge der verschiedenen Stabilität der zwei Färbungen kann ein und dasselbe Glas sich je nach der Intensität der Bestrahlung violett oder braun färben [ST. MEYER und K. PRZIBRAM (526, 645)].

Die Verfärbung von Gläsern verschiedenster Zusammensetzung ist eingehend von J. HOFFMANN (359—365) untersucht worden. Bei der komplizierten Zusammensetzung und dem nicht restlos geklärten Bau der Gläser sind aber eindeutige Schlüsse schwer zu ziehen. Siehe ferner CLARKE (114), COHN und LIND (117, 118), ECKERT (174, 175), REINHARD und SCHREINER (678), YOKOTA (922a).

Zu den Gläsern einfacher Zusammensetzung gehören die aus der Schmelze erstarrten Borate der Alkali- und Erdalkalimetalle.

Gewöhnlicher wasserhältiger Borax verfärbt sich nicht. Kristallwassergehalt ist an sich kein Hindernis der Strahlungsverfärbung. So färbt sich das kristallwasserhaltige Seignettesalz bei Bestrahlung gelblich [F. SEIDL (752)]; ja, die Strahlung kann gerade durch Dehydratisierung eine Farbänderung bewirken, so bei Bariumplatincyanüre [siehe etwa BEILBY (45), TRAPEZNIKOW (847, 848), und bei Glimmer [POOLE (624)]. Der aus der Schmelze erstarrte, wasserfreie Borax wird unter Radiumbestrahlung rasch violett. Diese Verfärbung unterbleibt aber nach GOLDSTEIN auch beim wasserfreien Borax, wenn dieser durch wiederholtes Umkristallisieren extrem gereinigt worden war. GOLDSTEIN (251) schreibt die Verfärbung Spuren von NaCl zu, da dieser Zusatz zum gereinigten Borax nach dem Erstarren aus der Schmelze bei Bestrahlung wieder Violettfärbung gibt. Die Farben, welche die dem Borax entsprechenden, wasserfreien, wahrscheinlich Spuren von Chlorid enthaltenden Borate der Alkali- und Erdalkalimetalle durch Bestrahlung annehmen, sind in Tab. 15 angegeben. Die Farben sind weitgehend ähnlich mit den „Nachfarben" von GOLDSTEIN, die durch Kathodenstrahlen verfärbte Halogenide der entsprechenden Alkalimetalle beim Erhitzen annehmen, und weiter mit den Farben der Organosole der betreffenden Metalle nach SVEDBERG (831), was als ein Hinweis betrachtet wurde, daß es sich bei den verfärbten Boraten um die Bildung kolloidaler Teilchen handle. Es muß aber betont werden, daß etwa im violetten Borax keine ultramikroskopischen Teilchen und kein wesentlicher TYNDALL-Effekt nachweisbar ist; es kann sich also höchstens um sehr kleine Teilchen handeln, wofür auch die Übereinstimmung mit der Farbe des Metalldampfes (ebenfalls nach SVEDBERG) spricht, in dem die Absorption von Atomen oder höchstens mehratomigen Molekeln herrührt.

Tabelle 15

| Metall | Bestrahlungsfarbe des Borates (525) | Farbe des Äthylalkohol-Sols nach SVEDBERG (781) | | Farbe des Dampfes |
| --- | --- | --- | --- | --- |
| | | kleinere Teilchen | größere | |
| Li ... | braun | braun | braun | — |
| Na ... | violett | purpurviolett | blau | purpur |
| K ... | blau | blau | blaugrün | blaugrün |
| Rb .. | grünblau | grünlichblau | grünlich | grünlichblau |
| Cs.... | — | blaugrün | grünlichgrau | — |
| Ca ... | gelbbraun | schwarzbraun | | — |
| Sr.... | schwärzlichbraun | schwarzbraun | | — |
| Ba ... | schwärzlichgrau | rotbraun | | — |

Die Bestrahlungsfarbe der Borate hängt übrigens nicht nur vom Metall sondern auch vom Borsäuregehalt ab. So fanden ST. MEYER und K. PRZIBRAM für Natriumborate verschiedener Zusammensetzung folgende

Färbungen: $NaBO_2$ hell grauviolett, $Na_2B_4O_7$ tiefviolett, $NaB_5O_8$ bräunlich. Reine Borsäure, aus der Schmelze erstarrt, wird durch Radiumbestrahlung nur farblos trübe.

Das Absorptionsspektrum der Alkalitetraborate hängt in gesetzmäßiger Weise vom Metall ab: Verschiebung des Absorptionsmaximums gegen längere Wellen mit zunehmender Ordnungszahl des Metalls. Die Absorptionsbanden, die von O. SOJKA (788) ausgemessen wurden, sind hier wesentlich breiter als die F-Banden der Alkalihalogenide. Tab. 16 gibt die Lage der Maxima.

Tabelle 16. *Absorptionsmaxima der verfärbten Alkaliborate in* $m\mu$

| $Li_2B_4O_7$ | | $Na_2B_4O_7$ | $K_2B_4O_7$ | $Rb_2B_4O_7$ |
|---|---|---|---|---|
| 357 | 520 bis 560 | 545 | 620 bis 640 | 660, mehrere unsichere Nebenmaxima |

Neuerdings hat URBANEK (861) das Maximum des verfärbten Borax bei 540 $m\mu$ bestätigt.

Die Absorption in der F-Bande der Alkalihalogenidkristalle beruht nach der heutigen Auffassung in einer Hebung eines in einer Anionenfehlstelle gebundenen Elektrons in das Leitfähigkeitsband. Ein solches gibt es aber in den Gläsern nicht, da hier ja kein periodisches Potentialfeld vorhanden ist. Darum zeigen Gläser auch keine lichtelektrische Leitung, wie neuerdings von URBANEK (861) an verfärbtem Borax gezeigt worden ist. Die Absorptionszentren in Gläsern sind also keinesfalls ganz gleichartig wie jene in Kristallen.

Es ist nicht ausgeschlossen, daß in Gläsern tatsächlich neutralisierte Atome die Ursache der Bestrahlungsfarbe sind, wie dies ursprünglich für die Kristalle angenommen worden war. Der Verfasser hat schon vor langer Zeit aus der Tatsache, daß z. B. die Färbung des Borax violett und nicht gelb ist, geschlossen, daß hier die Farbe durch freie oder nahezu freie Na-Atome bewirkt wird, die von der Umgebung nur wenig beeinflußt sind. Diese Auffassung findet eine Stütze durch die Untersuchungen MOLLWOS (542) über das Absorptionsspektrum von Natrium und Kalium in der Schmelze ihrer Haloidsalze: im Gegensatz zur Färbung der Kristalle hängt die Farbe hier nur vom Metall und nicht von der Natur der Schmelze ab. Es handelt sich hier um eine durch den Einfluß der Umgebung etwas verschobene und verbreiterte Absorptionsbande der Metallatome ohne Mitwirkung eines durch das Grundmaterial gegebenen periodischen Feldes. Hier seien auch die blauen Farben der Lösungen der Alkalimetalle in flüssigem Ammoniak erwähnt, die aber auch vom Metall unabhängig sind — auch Magnesium gibt eine blaue Lösung — und von GIBSON und ARGO (233) freien Elektronen zugeschrieben werden; vgl. hiezu auch JAFFE (398), HÄSING (306), VOIGT (869a).

Sicher spielen bei der Verfärbung von Gläsern auch Ionen mit. So nehmen manganhaltige Gläser vorzugsweise die violette Farbe an. Diese tritt manchmal auch bei Gläsern auf, in denen chemisch kein Mangan nachweisbar ist, was aber im Hinblick auf die große Empfindlichkeit der Verfärbungsreaktion Manganionen als Farbträger nicht ausschließt. Immerhin zeigt die Verfärbung des Borax, daß auch Natrium eine violette Farbe geben kann.

Ob in Gläsern durch Bestrahlung Kolloide gebildet werden können, ist fraglich. Im verfärbten Borax konnten keine Ultramikronen nachgewiesen werden. Thermisch entfärbtes Goldrubinglas färbt sich durch Bestrahlung braun und nicht rot.

Außer der Verfärbung hat die Radiumbestrahlung von Gläsern auch noch weitere Veränderungen zur Folge. Quarzglas zeigt unter der Einwirkung von $\alpha$-Strahlen Sprünge, die die ganze Oberfläche wie ein Netzwerk überziehen und dieses Material zur Aufbewahrung starker Radiumpräparate ungeeignet machen. Unter der Einwirkung von Radiumemanation löst sich die oberste Schichte von Geräteglas in warmem Wasser in Form dünner, sich einrollender Blättchen ab. Die erhöhte Löslichkeit des Glases durch Bestrahlung ist von Frl. WIESTHAL (905) untersucht worden. Den Austritt von Ionen aus Glas und auch aus Bergkristall in Lösung unter der Einwirkung von Radiumstrahlen hatte schon FERNAU (197) beobachtet.

# VII. Die Färbung durch Kolloide
## 1. Die Theorie von MIE

Während die Absorption in den Farbzentren quantentheoretisch zu behandeln ist, genügt zur Deutung der Färbung durch kolloidale Teilchen die MAXWELLsche Theorie, wie sie von G. MIE (531) auf Absorption und Streuung an kleinen metallischen Kugeln angewandt und an kolloidalen Goldlösungen geprüft worden ist.

Zu unterscheiden ist das von den Teilchen absorbierte und das von ihnen zerstreute Licht; beides fehlt in dem durchgelassenen Licht und bestimmt daher die Farbe.

Für sehr kleine Teilchen, d. h. sehr klein gegen die Wellenlänge des Lichtes, ist nach MIE der Absorptionskoeffizient $k$ gegeben durch die Formel

$$k = NV \frac{b\,\pi}{\lambda}\, Im \left( \frac{n_0{}^2 - n_1{}^2}{2\,n_0{}^2 + n_1{}^2} \right),$$

wo $N$ die Zahl der kolloidalen Teilchen im Einheitsvolumen ist, $V$ das Volumen eines Teilchens, $\lambda$ die Wellenlänge im Grundmaterial, $n_0$ der Brechungsindex des Grundmaterials und $n_1$ der komplexe Brechungsindex des Metalles ist. Das Symbol $Im$ ( ) bedeutet den imaginären Teil des komplexen Klammerausdruckes.

Für so kleine Teilchen ist also der Absorptionskoeffizient abhängig vom Goldgehalt $NV$, aber unabhängig vom Teilchenradius, was mit der Erfahrung übereinstimmt, daß Goldlösungen mit Teilchen von 1 bis 40 m$\mu$ Durchmesser in der Farbe wenig verschieden sind, „soferne die Goldteilchen durch regelmäßiges Wachstum entstehen und nicht durch Teilchenvereinigung (beginnende Koagulation) usw. Störungen eingetreten sind" [Zsigmondy (928)]. Erst bei größeren Teilchen hängt $k$ von $\lambda$ ab.

Die Streuung $F$, d. h. der Bruchteil des einfallenden Lichtes, der zerstreut wird, ist für sehr kleine Teilchen

$$F = N \frac{24\,\pi^3\,V^2}{\lambda^4} \left| \frac{n_0{}^2 - n_1{}^2}{2\,n_0{}^2 + n_1{}^2} \right|^2.$$

Der die Wellenlängenabhängigkeit der optischen Konstanten des Metalls enthaltende Ausdruck zwischen den Vertikalstrichen „überwiegt derart den aus dem Rayleighschen Gesetz bekannten Einfluß des Faktors $\lambda^{-4}$, daß die Strahlungskurven für Gold einen ganz anderen

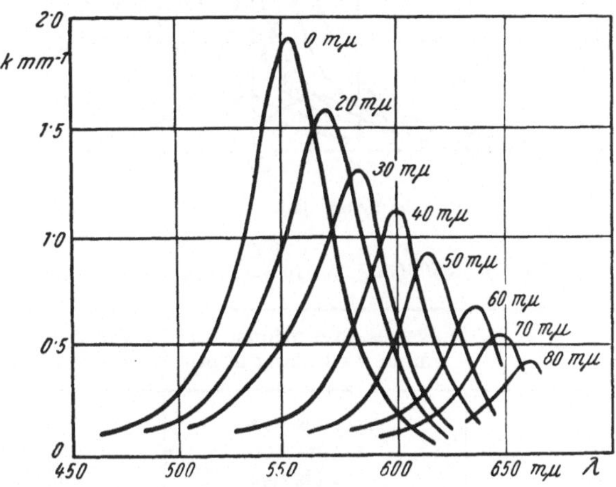


Abb. 23. Absorptionskurven im System Na-NaCl (nach Savostianowa).

Verlauf nehmen, als die für isolierende Teilchen aus dem Rayleigh-schen Gesetz zu berechnenden Kurven". Nach obiger Formel nimmt bei gleichem Metallgehalt NV für jede Wellenlänge die Intensität der Streustrahlung dem Volumen des Teilchens proportional zu, ihre Bedeutung wächst also rasch mit zunehmendem Teilchendurchmesser. Bei kleinsten Teilchen wird die Farbe der Lösung durch die Absorption bestimmt. „Es handelt sich also bei der Farbe *feiner* Goldhydrosole nicht, wie früher vielfach fälschlich angenommen wurde, um eine Farbe trüber Medien, analog dem Blau des Himmelslichtes, sondern um eine spezifische Absorption von Ätherwellen, deren Art sich aus den optischen Konstanten des Metalls berechnen läßt. Die diffuse Zerstreuung spielt dabei eine ganz untergeordnete Rolle." (Zsigmondy [928)]. Bei größeren Teilchen nimmt die Streuung zu, daher das Auftreten des Tyndall-Effektes.

M. Savostianowa (711) hat die Miesche Theorie auf den für uns wichtigen Fall des kolloidalen Natriums in Steinsalz angewandt und die folgenden Kurven für Absorption und Streuung erhalten, Fig. 23 und 24.

Es sollten danach verschiedene Teilchengrößen der in der Tabelle 17 angegebenen Lage des Maximums des Absorptionsspektrums entsprechen:

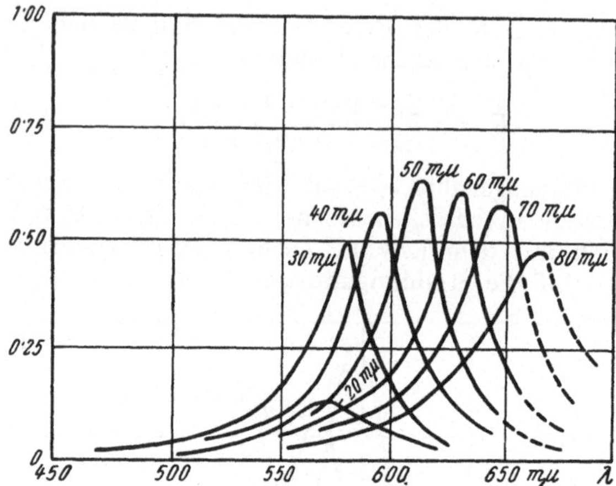


Abb. 24. Streukurven im System Na-NaCl (nach SAVOSTIANOWA).

Tabelle 17. *Kolloidale Natriumteilchen im Steinsalz*

| Teilchendurchmesser in m$\mu$ | Lage des Absorptionsmaximums, Wellenläng in m$\mu$ | Farbe des Kristalls im durchfallenden Licht |
|---|---|---|
| 0 bis 20 | 550 bis 575 | rot |
| 20 bis 40 | 575 bis 600 | violett |
| 40 bis 80 | 600 bis 650 | blau |

Da die beobachteten Farben des kolloidal gefärbten Steinsalzes tatsächlich violett und blau sind, ist hierin eine qualitative Übereinstimmung zwischen Theorie und Erfahrung zu erblicken, um so mehr, als auf Grund der geringeren Helligkeit der Einzelteilchen die violette Farbe kleineren Teilchen zuzuschreiben ist als die blaue, während im additiv rot gefärbten Salz überhaupt kein Tyndall-Kegel, also keine Streuung wahrnehmbar ist, da bei diesem „kleinsten Kolloid" die Farbe ausschließlich durch die Absorption bedingt ist. Auf den Fall des kolloidalen Calciums in CaF$_2$ hat M. MAYERL (517) die MIEsche Theorie angewandt, siehe 171.

Bei Färbung durch größere Teilchen ist die Farbe des gestreuten Lichtes jener des durchgelassenen komplementär und so streut blaues, kolloidal gefärbtes Steinsalz rotes Licht, es zeigt einen schönen ziegelroten Tyndallkegel; violettes, kolloidal gefärbtes Steinsalz gibt einen gelben Tyndall. Dies gilt allerdings nur, wenn das Streulicht, das in das Auge gelangt, keinen zu langen Weg in der kolloidalen Lösung zurückzulegen hat, da sonst durch Absorption und sekundäre Streuung eine Änderung der Farbe eintritt.

Der von M. Kahanowicz (415) ausgesprochenen Ansicht, daß die seitliche Ausstrahlung des kolloidal gefärbten Steinsalzes sich aus Fluoreszenz und Rayleigh-Streuung zusammensetzt, kann nicht zugestimmt werden.

Mollwo (538) hat festgestellt, daß sich das Absorptionsmaximum der Kolloide im Gegensatz zu jenem der F-Zentren mit der Temperatur nicht wesentlich verschiebt. Dies ist verständlich, da die Farbe des Kolloids durch die von der Temperatur nur wenig abhängigen optischen Konstanten bedingt ist.

## 2. Die Polarisation des Streulichtes

Charakteristisch für das gestreute Licht ist seine Polarisation. Belichtet man die kolloidale Lösung mit natürlichem Licht und beobachtet wie im Ultramikroskop senkrecht zur Richtung des beleuchtenden Strahles, so ist das ins Auge gestreute Licht linear polarisiert mit der Schwingungsrichtung senkrecht zur Beobachtungs- und Beleuchtungsrichtung. Die Polarisation gibt ein bequemes Mittel an die Hand, den Tyndall-Effekt von einer etwaigen Fluoreszenz zu unterscheiden, da die letztere in einem isotropen Medium im allgemeinen nicht wesentlich polarisiert ist, das Licht des Tyndall-Kegels aber bei kleinen Teilchen durch ein auf das Ultramikroskopokular aufgesetztes Nikol ganz ausgelöscht werden kann. Auch durch Farbfilter kann die Unterscheidung getroffen werden.

Die bisherigen Angaben bezogen sich auf kugelförmige Teilchen. Platten- und stäbchenförmige Teilchen sind dichroitisch, d. h. sie zeigen je nach der Schwingungsrichtung des Lichtes eine verschiedene Farbe. Durch einseitigen Druck auf kolloidal gefärbtes Steinsalz werden die Teilchen gleichsinnig orientiert und das Stück wird im ganzen dichroitisch F. Cornu (122). Siedentopf (768) hat für plattenförmige Teilchen von Na in NaCl die folgende Tabelle angegeben:

Tabelle 18. *Dichroismus plättchenförmiger Na-Teilchen im Steinsalz*

| Druck-richtung* | Vermutliche Lage der Teilchen | Schwingungs-richtung | Betrachtungs-richtung* | Farbe des Salzes im durchfallenden Licht | Farbe der Beugungs-scheibchen |
|---|---|---|---|---|---|
| — | \| | — | • | rot | grün |
| — | \| | \| | • | blau | orangebraun |
| \| | — | — | • | blau | orangebraun |
| \| | — | \| | • | rot | grün |
| • | ○ | — | • | blau | orangebraun |
| • | ○ | \| | • | blau | orangebraun |

* • Bedeutet Richtung senkrecht zur Zeichenebene (Bildebene).

Über die Theorie der Lichtzerstreuung an nicht kugelförmigen (elliptischen) Teilchen siehe R. Gans (227); über Lichtstreuung an dielektrischen Kügelchen: Blumer (60); über Goldsole in Alkalihalogenidkristallen: Urbach (857), Blank und Urbach (55); über die Löslichkeit von Metallen in den Kristallen ihrer Halogenide: Tammann (834).

## 3. Die Bildung der Kolloide

Es kann kein Zweifel darüber bestehen, daß die Kolloide in verfärbten Alkalihalogeniden aus den Farbzentren entstehen. Dies ist besonders an additiv gefärbten Salzen zu erkennen. Bei hohen Temperaturen, bei NaCl etwa 700⁰ C, ist nur die F-Bande zu sehen, natürlich nach längeren Wellen verschoben. Durch rasches Abschrecken können die F-Zentren bis zu Zimmertemperatur herabgerettet werden, der Kristall bleibt größtenteils optisch leer. Bei langsamerem Abkühlen bilden sich aber Kolloide auf Kosten der F-Zentren. Durch passend geleitete Erwärmung und Abkühlung kann man an demselben Stück die verschiedensten Farben, herrührend von Teilchen verschiedener Größe, erzielen.

Quantitativ hat E. Miescher (532) die Beziehung zwischen F-Zentren und Kolloiden aufzuklären versucht. Er nahm an, daß sich die Smakulasche Formel auch auf die Kolloidbanden anwenden läßt, berechnet so die Zahl der Oszillatoren im additiv kolloidal gefärbten Steinsalz und vergleicht sie mit der Zahl der F-Zentren, die dasselbe Stück nach Umwandlung der Kolloide in F-Zentren aufweist. Für kleine Teilchen mit dem Absorptionsmaximum zwischen 540 und 560 m$\mu$ findet er die beiden Zahlen einander gleich, für größere Teilchen mit dem Maximum zwischen 600 und 650 m$\mu$ findet er die Zahl der Oszillatoren im kolloidal gefärbten Salz etwa halb so groß wie die entsprechende Zahl der F-Zentren. Die gute Übereinstimmung der Zahlen für kleine Teilchen ist merkwürdig, denn dies bedeutet ja, daß die Oszillatorenstärke der F-Zentren sich bei ihrer Zusammenlagerung zu kolloidalen Teilchen nicht ändert, da dies der Berechnung von Miescher zugrunde liegt. Es muß als fraglich erscheinen, ob die Smakulasche Formel ohne weiteres auf die Kolloide angewendet werden kann.

In anderer Weise wurde das Problem in einer von L. Wieninger geleiteten Arbeit von W. Böhm (62) behandelt. Die Absorptionskurven des kolloidal gefärbten Steinsalzes sind stets breiter als die von Savostianowa (711) berechneten. Sie wurden daher als Übereinanderlagerung mehrerer Kurven aufgefaßt, die von Teilchen verschiedener Größe herrühren. Für jede dieser Teilkurven, deren Summation das beobachtete Absorptionsspektrum ergibt, wurde durch Vergleich mit Savostianowas Angaben die Teilchengröße und -zahl bestimmt. So konnte die im Einheitsvolumen in Form von Kolloiden enthaltene Anzahl von Na-Atomen ermittelt werden. Es zeigte sich, daß für jeden Kristall bei beliebiger Umfärbung von Gelb in Blau und umgekehrt die Summe der Zahlen der F-Zentren, M-Zentren und der die Kolloide bildenden Na-Atome nahezu konstant bleibt.

Diese Versuche betrafen additiv gefärbtes Steinsalz. An einem natürlichen hellblauen Steinsalz von Staßfurt konnte eine Zählung der kolloidalen Teilchen direkt ultramikroskopisch vorgenommen werden; es ergab sich ein durchschnittlicher Gehalt von $1,2 \cdot 10^9$ Kolloide im $cm^3$. Aus dem Absorptionsspektrum desselben Steinsalzes wurde nach der oben angegebenen Methode durch Vergleich mit den Angaben der Theorie von SAVOSTIANOWA die Zahl $2,5 \cdot 10^9$ ermittelt. Der Unterschied der beiden Werte um den Faktor 2 ist nicht weiter verwunderlich, da das zur Absorptionsmessung benützte Volumen des Kristalls viel größer (etwa 1000mal) ist, als das ausgezählte Volumen und wegen der unregelmäßigen Verteilung der Ultramikronen die statistischen Schwankungen der Zählung sehr groß sind. Die größenordnungsmäßige Übereinstimmung der beiden auf ganz verschiedenen Wegen gefundenen Werte spricht vielmehr für die Brauchbarkeit der auf Zerlegung der Kolloidbanden und Vergleich mit den Angaben SAVOSTIANOWAS beruhenden Methode.

MOLLWO (538) hat an additiv gefärbtem Steinsalz festgestellt, daß die bei gegebener Temperatur maximale Konzentration von Farbzentren gleich ist der Anzahl der Atome in einem $cm^3$ Natriumdampf bei derselben Temperatur. Dasselbe gilt für natürlichen Sylvin, aber nicht für KCl-Schmelzflußkristalle, für welche sich bis zu einer Zehnerpotenz größere F-Zentrenkonzentrationen ergeben. Dies scheint mit Störungen des Gitters zusammenzuhängen, denn durch absichtliche Störung, durch rasche Herstellung der Kristalle oder durch Verunreinigungen läßt sich die Zahl sogar um drei Zehnerpotenzen hinauftreiben. Besonders hohe Farbzentrenkonzentrationen erhielt MOLLWO in additiv gefärbtem Fluorit, bis zu $10^{20}$, die ebenfalls die Zahl der Atome im Dampf um Größenordnungen übersteigen. Da sich die Kolloide aus den Farbzentren bilden, werden diese Betrachtungen auch für erstere gelten.

Die Bildung der Kolloide aus den F-Zentren ist noch nicht restlos geklärt. Als die Farbzentren noch als neutrale Atome betrachtet wurden, bereitete die Tatsache der raschen Bildung der Kolloide bei mäßigen Temperaturen — bei $200^0$ C im Verlauf von Minuten — der Erklärung Schwierigkeiten wegen der hohen Beweglichkeit, die man den Metallatomen im Kristall hätte zuschreiben müssen. Die Erkenntnis, daß die Elektronen der F-Zentren, seien diese nun neutrale Atome oder Anionenfehlstellen mit Elektronen, immer wieder abgespalten werden, läßt das Zusammentreffen einer größeren Anzahl von F-Zentren verständlicher erscheinen. SEITZ (756) gibt folgende Bildungsweise der Kolloide als möglich an: „Die aus F-Zentren emittierten Photoelektronen werden von Zentren abgefangen, von denen durch dieses Abfangen Kationenfehlstellen abgespalten werden können. Diese Zentren können entweder neutrale Paare, Quartette oder höhere Aggregate von Paaren sein, oder zweiwertige positive Ionen mit angelagerten Kationenfehlstellen, als Verunreinigungen, wie dies bei $Mg^{++}$ oder $Pb^{++}$ der Fall wäre. Die Kationenfehlstellen diffundieren herum, verbinden sich mit ionisierten F-Zentren und transportieren sie zu anderen F-Zentren, indem sie Aggregate bilden. Die Kationenfehlstellen werden von diesen Aggregaten freigegeben werden, wenn die letzteren eine hinreichende Zahl von Photoelektronen abgefangen haben. So ist es klar, daß die Kationenfehlstellen bei diesem Prozeß nicht verbraucht werden, sondern lediglich nach Art eines Katalysators für die Aggregate wirken." SEITZ spricht hier von Photoelektronen, weil er hier die Koagulation der Farbzentren zu Kolloiden durch Belichtung nach den Versuchen von GLASER und LEHFELD (237) betrachtet. Da die Elektronen aber auch thermisch abgespalten werden können, kann dieselbe Überlegung auch auf die rein thermische Kolloidbildung angewandt werden.

Eingehend ist die Kolloidbildung durch Belichtung der Silberhalogenide von STASIW und TELTOW (804) untersucht worden, die bekanntlich durch Spuren von Silbersulfid gefördert wird. Sie entwickeln eine modellmäßige Vorstellung zur Erklärung dieses Vorganges. Eine andere Theorie ist von MITCHELL (534, 534a) angegeben worden, in der, wie bei SEITZ, die Bildung größerer F-Zentrenaggregate angenommen wird, die bei Erreichung einer gewissen Größe labil werden und neutrale Atome ausscheiden. Im Hinblick auf die weitgehende kristallchemische Analogie zwischen AgCl und NaCl könnte die Kolloidbildung in letzterem ähnlich verlaufen.

Die Versuche über Kolloidbildung im Steinsalz und in anderen Kristallen sind meist an additiv gefärbten ausgeführt worden. In strahlungsgefärbten Kristallen gelingt sie viel schwerer, was wohl auf die in diesem Falle rasch vor sich gehende thermische Entfärbung zurückzuführen ist. Jedenfalls ist hier eine viel größere F-Zentrenkonzentration erforderlich als bei additiv gefärbten Kristallen. Einwandfrei hat M. PATER (589) eine ultramikroskopisch feststellbare kolloide Blaufärbung bei so intensiver Kathodenstrahlbehandlung von Steinsalz erhalten, daß das Salz im Brennpunkt der Kathodenstrahlen einen Schmelzkrater zeigte; seine Wände waren blau gefärbt und wiesen im Ultramikroskop einen auflösbaren roten Tyndallkegel auf. Darauf, daß nicht jeder Blauumschlag kolloidaler Natur ist, wurde schon wiederholt hingewiesen.

Die kolloidalen Teilchen scheinen sich an bestimmten, prädestinierten Stellen des Kristalls zu bilden. Wenigstens konnte REXER (686) im Ultramikroskop beobachtete Teilchen durch Erwärmung zum Verschwinden bringen und sich beim Abkühlen an derselben Stelle wieder bilden lassen. Seine Versuche zeigen auch in überzeugender Weise, daß die Verteilung der Ultramikronen von der Vorbehandlung des Kristalls abhängt. Während sie in natürlichen Steinsalzkristallen, wie schon SIEDENTOPF angegeben hatte, meist in Reihen, oft in gerader Streifung nach Rhombendodekaeder-Gleitflächen oder in begrenzten Wolken angeordnet sind, sind sie in hochgetemperten Kristallen vollkommen gleichmäßig verteilt, so daß der Tyndallkegel ganz homogen, ohne besondere Zeichnung erscheint. Die Versuche zeigen die bevorzugte Bildung an groben Störungen im Kristall, die beim Tempern verschwinden.

Es sei hier noch erwähnt, daß auch in unverfärbtem Steinsalz häufig Ultramikronen beobachtet werden; es handelt sich da um Ansammlungen von Verunreinigungen, die sich bei Erwärmung des Kristalls auflösen.

Eine eigenartige Erscheinung zeigt sich bei der additiven Färbung des Steinsalzes nach der Methode von REXER: es bildet sich in der Nähe der Kristalloberfläche eine schmale Zone kolloidaler Färbung, die sich scharf von den inneren, meist andersgefärbten Teilen absetzt und sie bei geeigneter Versuchsführung vollkommen umschließt. Diese von REXER (681) beschriebene Erscheinung bedarf noch der Aufklärung. Nach REXERS Beobachtungen, die von WIENINGER bestätigt wurden, zeigen die äußeren Randpartien der Kristalle nach dem Erwärmen eine erhöhte Verfärbbarkeit durch Röntgenstrahlen und verstärkte Phosphoreszenz. Möglicherweise handelt es sich hier um das von SEITZ ins Auge gefaßte Hineindiffundieren von Fehlstellen von der Oberfläche ins Innere, und kommt die erwähnte Bildung jener einhüllenden kolloidalen Zone durch das Zusammenwirken der nach innen diffundierenden Fehlstellen und der von innen, nämlich von dem in der Höhlung des Steinsalzkristalls befindlichen, geschmolzenen Natrium nach REXER nach außen diffundierenden Elektronen zustande. Über Zerstörung der Kolloide durch Wärme s. S. 125, durch Strahlung (898).

# VIII. Zur Theorie des Verfärbungsanstieges

Eine Theorie des Verlaufes der Ver- und Entfärbung ist zuerst von B. GUDDEN (262) für die durch $\alpha$-Strahlen erzeugten pleochroitischen Höfe entwickelt worden. Eingehender ist sie vom Verfasser (641)[1] behandelt und mit den Messungen von M. BELAR (47) an radiumverfärbtem Steinsalz verglichen worden. Vorausgesetzt wird dabei, daß der Absorptionskoeffizient der Anzahl der Farbzentren im Kubikzentimeter proportional ist, so daß die von M. BELAR gemessenen Anstiegskurven auch für diese Zahl $n$ gelten.

In erster grober Annäherung sind die Kurven durch die naheliegende Formel

$$n = n_\infty \left( 1 - e^{-Bt} \right) \tag{1}$$

darzustellen. Da der Anfangsanstieg aber stets rascher erfolgt, als dieser Formel entspricht, glaubte der Verfasser hierfür besonders labile FZ verantwortlich machen zu müssen. Wenn er auch jetzt noch an das Vorhandensein von FZ verschiedener Stabilität glaubt, scheint doch für den raschen Anfangsanstieg eine plausiblere Deutung von HARTEN (304) gefunden worden zu sein, der eine Theorie der von ihm messend verfolgten Verfärbung von KCl durch Röntgenstrahlen entwickelt hat. Er sagt: „Im Laufe der Röntgenbestrahlung treten die Herkunftsorte derjenigen Elektronen, die inzwischen als Farbzentren stabilisiert worden sind" — diese Ursprungsorte sind die neutralisierten Chlorionen — „in steigender Zahl als Elektronen*fänger* in Erscheinung. Sie verringern die Lebensdauer der weiterhin neugebildeten freien Elektronen. Anderseits bilden die Farbzentren in steigendem Maße auch eine Elektronen*quelle*, da sie ja zum Teil vom Röntgenlicht wieder zerstört werden. Diese Vorstellung

---

[1] Diese Arbeiten enthalten einige Versehen.

genügt zwar noch nicht zur quantitativen Deutung der vorliegenden Versuche, sie führt aber zu folgendem Ansatz für die Bildung der F-Zentren: In der Zeit $dt$ wird von den vorhandenen freien Elektronen ein ihrer Konzentration $(e)$ proportionaler Anteil $k_1(e)dt$ in der F-Bindung festgelegt. In der gleichen Zeit wird aber auch ein Teil der Farbzentren vom Röntgenlicht wieder vernichtet, der der Farbzentrenkonzentration $N_v$ proportional ist.

$$dN_v/dt = k_1(e) - k_2 N_v = k[(e)/(e_s) - N_v/N_{vs}].\qquad(2)$$

(Der Index $s$ bezeichnet die stationären Endwerte.) Nimmt man an, daß der gemessene Strom" — siehe die Messungen HARTENS über die Elektrizitätsleitung im KCl während der Röntgenbestrahlung (S. 53) — „der Konzentration $(e)$ der freien Elektronen proportional ist, so kann diese Gleichung von dem Zeitpunkt ab unmittelbar integriert werden, in dem der Strom seinen Endwert erreicht. Den Anfangsteil erhält man dann durch numerische Integration, da das Verhältnis $(e)/(e)_s$ den elektrischen Messungen entnommen werden kann. Der so berechnete Verlauf der Farbzentrenkonzentration stimmt mit den Messungen bei Zimmertemperatur und $-20^0$ C gut überein. Bei $-75^0$ C treten bereits merkliche Abweichungen auf."

Die Differentialgleichung (2) führt für größere Werte von $t$ zu dem Ausdruck (1). Dies trifft aber auch für eine Reihe anderer Ansätze zu, doch läßt die für Steinsalz gefundene Abhängigkeit des Sattwertes $n_\infty$ von der Bestrahlungsintensität die naheliegendsten ausschließen, auch den Ansatz (2), dessen Unzulänglichkeit HARTEN ja selbst bemerkt hat. Einige Ansätze seien hier erörtert.

Ansatz I. Die Erreichung des Sattwertes ist dadurch bedingt, daß nur eine beschränkte Zahl $N$ von Verfärbungszentren vorhanden sind. Unter Verfärbungszentrum wird hier eine Störstelle verstanden, an der ein Elektron unter Bildung eines FZ gefangen werden kann. Dieser Ansatz

$$dn/dt = B(N - n)\qquad(3)$$

liefert ohne weiteres den Ausdruck (1), allein $n_\infty$ wird dann gleich $N$, der Zahl der Verfärbungszentren und daher von der Bestrahlungsintensität unabhängig, was den Erfahrungen mit dem $\beta$-$\gamma$-bestrahlten Steinsalz widerspricht.

Ansatz II. Der Sattwert wird dadurch erreicht, daß außer der Verfärbung auch eine Entfärbung stattfindet. Die Zahl der im Zeitelement $dt$ entfärbten FZ möge der Zahl derselben proportional gesetzt werden (monomolekulare Reaktion). Die Differentialgleichung lautet dann, wenn die Zahl der FZ immer klein gegen die Zahl der Verfärbungszentren bleibt:

$$dn/dt = A - Bn\qquad(4)$$

und ihr Integral

$$n = (A/B)(1 - e^{-Bt}).\qquad(5)$$

Will man die Beschränkung auf kleine FZ-Konzentrationen fallen lassen, so ist dieser Ansatz mit dem Ansatz I zu kombinieren, dies gibt:

$$n = [AN/(A+B)]\,(\mathrm{I} - e^{-Bt}).\qquad(6)$$

Es sind nun mehrere Fälle zu unterscheiden. Zunächst werde $A$ der Intensität proportional gesetzt: $A = \alpha \cdot I$, eine Annahme, die wohl zutreffend sein wird. Über $B$ können aber verschiedene Annahmen gemacht werden.

Ansatz IIa. $B$ sei von $I$ unabhängig. Dann wird $n_\infty = A/B = \alpha I/B$ der Intensität $I$ proportional, was der Erfahrung widerspricht.

Ansatz IIb. Auch $B$ ist $I$ proportional, dann wird $n_\infty$ von $I$ unabhängig, was ebensowenig zutrifft.

Ansatz IIc. Es findet eine der Intensität proportionale Entfärbung und eine von ihr unabhängige Dunkelreaktion statt; $B = \beta I + \delta$. Dann wird $n_\infty = \alpha I/(\beta I + \delta)$. [Zu einem Ausdruck derselben Form führt auch (6) unter Einführung der Dunkelreaktion: $n_\infty = \alpha IN/(\alpha I + \delta)$.]

Dieser Ausdruck kann auch in der Form geschrieben werden:

$$I/n_\infty = \beta I/\alpha + \delta/\alpha.$$

Auch diese Beziehung ist für Steinsalz nicht erfüllt; es ergibt sich keine lineare Beziehung zwischen $I/n_\infty$ und $I$, und die Kurve geht sehr nahe an den Nullpunkt, das heißt, $\delta$ ist bei größeren Intensitäten zu vernachlässigen.

Die von M. BELAR experimentell gefundene Abhängigkeit des Sattwertes von der Intensität konnte durch die beiden Formeln

$$n_\infty = C_1\,(\mathrm{I} + \gamma\,I) \quad \text{und}$$
$$\mathrm{I}/n_\infty = C_{12}\,(\mathrm{I} - \gamma I)$$

dargestellt werden. Für die letztere war vom Verfasser eine etwas gezwungene Deutung gegeben worden, für erstere eine einfachere, die im Folgenden wiedergegeben sei.

Ansatz III. Es werden zwei verschiedene Arten von FZ angenommen, deren Zahlen im Kubikzentimeter mit $n_1$ und $n_2$ bezeichnet werden. Die Zentren I bilden sich nach der Gleichung $dn_1/dt = A_1 - B_1 n_1$, die Zentren 2 aus den Zentren I nach der Gleichung $dn_2/dt = C_2 n_1 - B_2 n_2$. Aus diesen simultanen Differentialgleichungen ergeben sich die Zentrenzahlen:

$$n_1 = \frac{A_1}{B_1}\,(\mathrm{I} - e^{-B_1 t}),$$

$$n_2 = C_2 A_1\left(\frac{\mathrm{I}}{B_1(B_1 - B_2)}\,e^{-B_1 t} - \frac{\mathrm{I}}{B_2(B_1 - B_2)}\,e^{-B_2 t} + \frac{\mathrm{I}}{B_1 B_2}\right),$$

$$n = n_1 + n_2 = \left[\frac{A_1}{B_1}\,(\mathrm{I} + C_2/B_2) + \left(\frac{C_2}{B_1 - B_2} - \mathrm{I}\right)e^{-B_1 t} - \frac{C_2 B_1}{B_2(B_1 - B_2)}\,e^{-B_2 t}\right],$$

$$n_\infty = \frac{A_1}{B_1}\,(\mathrm{I} + C_2/B_2).$$

Mit $A_1 = \alpha_1 I$, $B_1 = \beta_1 I + \delta_1$, $C_2 = \alpha_2 I$ und $B_2 = \delta_2$, das heißt, Bildung der $FZ_1$ und Umwandlung in $FZ_2$ sei der Intensität proportional, die $FZ_1$ verschwinden durch die Bestrahlung, deren Intensität proportional und außerdem durch Dunkelreaktion, die $FZ_2$ nur durch Dunkelreaktion, ergibt sich

$$n_\infty = \frac{\alpha_1 I}{\beta_1 I + \delta} \, (1 + \alpha_2 I/\delta_2).$$

Mit $\alpha_1 = 1{,}4$, $\beta_1 = 0{,}1$, $\delta = 0{,}0024$ und $\alpha_2/\delta_2 = 1$ läßt sich der experimentell gefundene Zusammenhang zwischen Sattwert der Verfärbung

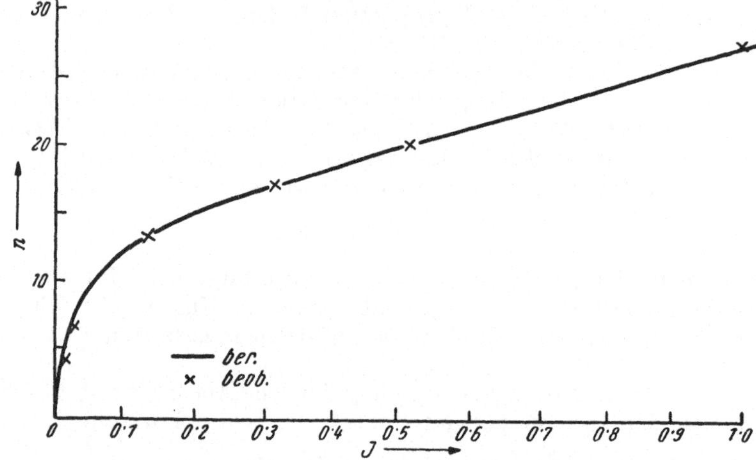

Abb. 25. Abhängigkeit des Sattwertes der Verfärbung von der Bestrahlungsintensität bei Steinsalz.

und der Intensität der Bestrahlung gut darstellen, siehe Fig. 25. Als Einheit der Intensität ist hier nach BELAR rund 10 mg Ra/mm² genommen.

Bisher war für die Entfärbung eine monomolekulare Reaktion angenommen worden, was zutreffend wäre, wenn sie stets durch Elektronenaustausch benachbarter Stellen stattfände. Da wir aber heute wissen, daß die Elektronen im Kristall diffundieren und daher auch von anderen „Löchern" eingefangen werden können als jene, aus welchen sie stammen, so ist auch die Möglichkeit einer bimolekularen Reaktion in Betracht zu ziehen. Dies liefert den

Ansatz IV. $\qquad\qquad dn/dt = A - B\,n^2$

mit dem Integral

$$n = \sqrt{\frac{A}{B}}\,\frac{e^{2\sqrt{AB}\cdot t}-1}{e^{2\sqrt{AB}\cdot t}+1} = \sqrt{\frac{A}{B}}\ \text{tang hyp}\ \sqrt{AB}\cdot t.$$

Auch diese Annahme ergibt die empirisch gefundene Abhängigkeit des Sattwertes der Verfärbung von der Intensität, ohne daß in diesem Falle die Annahme zweier verschiedener Zentrenarten erforderlich ist. Die Messungen der Dunkelreaktion haben aber bisher noch kein eindeutiges Resultat ergeben, nach dem man auf eine mono- oder bimolekulare Reaktion schließen könnte. GUDDEN erhielt für pleochroitische Höfe (siehe S. 228) unzweideutig die Dunkelreaktion nach einer monomolekularen Reaktion, nämlich den Abfall der Absorption bei höheren Temperaturen nach einer $e$-Potenz; für Steinsalz liegen die Dinge aber nicht so einfach und es scheint, daß man da ohne die Annahme von Zentren verschiedener Stabilität nicht auskommt.

Bei dem oben behandelten Sattwert, der bei den Versuchen von M. BELAR sehr ausgesprochen ist, handelt es sich nicht um eine absolute Grenze der Verfärbung bei gegebener Intensität der Bestrahlung. Der Verfasser hatte schon die Möglichkeit ins Auge gefaßt, daß durch eine allmähliche Stabilisierung der FZ beziehungsweise durch Vermehrung der Störstellen (Erzeugung von Verfärbungszentren) durch die Bestrahlung noch ein weiteres Ansteigen der Färbung bei gleichbleibender Intensität der Bestrahlung möglich wäre, und die Versuche von HARTEN (304) über die Röntgenverfärbung des KCl haben erwiesen, daß dem so ist. Bei den früher besprochenen Versuchen über die Verfärbung des Steinsalzes und des Sylvins mit $\alpha$-Strahlen scheint man sich schon einer absoluten Grenze zu nähern und mit Kathodenstrahlen wurde sie schon erreicht.

Es sei hier noch der Fall behandelt, daß die Strahlung nicht nur FZ erzeugt und wieder entfärbt, sondern auch Verfärbungszentren zerstört.

Ansatz V. Ein Teil der FZ erreiche einen Sattwert nach der Formel

$$n_1 = n_{1\infty}\left(1 - e^{-\lambda_1 t}\right);$$

ein anderer Teil stamme aus Verfärbungszentren $N_2$, die nach einer $e$-Potenz zerstört werden. Dies gibt die Differentialgleichung

$$dn_2/dt = \lambda_2 N_{20}\, e^{-\lambda_2 t} - \lambda_1 n_2 .$$

Schreibt man diese Gleichung in der Form

$$dn_2/dt = \lambda_3 N'_{20}\, e^{-\lambda_3 t} - \lambda_1 n_2 ,$$

wo $N'_{20} = \dfrac{\lambda_2}{\lambda_3} N_{20}$ bedeutet, so sieht man, daß vollständige Analogie zur Bildung eines radioaktiven Folgeproduktes aus einer kurzlebigen Muttersubstanz besteht. Es ist dann:

$$n_2 = \frac{\lambda_3}{\lambda_3 - \lambda_1}\, N'_{20}\left(e^{-\lambda_3 t} - e^{-\lambda_1 t}\right),$$

und die Gesamtzahl der FZ, $n = n_1 + n_2$, wird:

$$n = n_{1\infty}\left(1 - e^{-\lambda_1 t}\right) + \frac{\lambda_3}{\lambda_3 - \lambda_1}\, N'_{20}\left(e^{-\lambda_3 t} - e^{-\lambda_1 t}\right)$$

oder:

$$n = A + B\, e^{-\lambda_3 t} - (A + B)\, e^{-\lambda_1 t}.$$

Eine derartige Formel mit ihrem Maximum ließe die Abnahme der Verfärbung nach Überschreitung einer gewissen Dosis erklären, wie sie bei Bestrahlung mit $\alpha$-Strahlen beobachtet wird (403). Zu einer ganz ähnlichen Formel gelangt man, wenn man annimmt, alle Verfärbungszentren können zerstört werden, es finde aber eine teilweise Regenerierung statt.

Formeln dieser Art können auch zur Darstellung des komplizierteren Verfärbungsanstieges des Kunzits herangezogen werden. Vollständig sind sie nicht, da sie noch nicht die Erzeugung von Verfärbungszentren (Störstellen) durch die Bestrahlung berücksichtigen. Eine solche ist aber im Hinblick auf die mit $\alpha$- und Kathodenstrahlen zu erzielende hohe Zentrendichte mit Sicherheit anzunehmen. Sie erklärt das langsame Weiteransteigen der Verfärbung nach Erreichung eines scheinbaren Sattwertes.

# IX. Lumineszenz

## 1. Bedingungen der Lumineszenz

Bisher haben wir uns mit der Absorption des Lichtes befaßt, mit der Energiezufuhr durch Strahlung, ohne uns für das weitere Schicksal dieser Energie zu interessieren. Die monochromatische Einstrahlung versetzt das absorbierende System oder Zentrum in einen anderen Zustand, in dem im allgemeinen andere Wellenlängen absorbiert werden. Bliebe der neue, erregte Zustand dauernd erhalten, so müßte mit der Zeit bei fortgesetzter Einstrahlung die Absorption für das eingestrahlte Licht abnehmen, wie dies bei „lichtempfindlichen" Substanzen ja auch geschieht. Im allgemeinen ist aber etwas Derartiges nicht zu beobachten. Daraus ist zu schließen, daß der neue Zustand nicht bestehen bleibt; er geht unter Wärmeentwicklung in den ursprünglichen über, so daß sich die Absorption für das eingestrahlte Licht nicht ändert. Es ist anzunehmen, daß die Energie des durch die Einstrahlung angeregten Zustandes durch energieübertragende Zusammenstöße („Stöße zweiter Art") des Zentrums mit benachbarten Molekeln an diese unter Erhöhung ihrer kinetischen Energie (Temperatur) abgegeben wird. F. URBACH (853) hat wohl als erster darauf hingewiesen, daß bei hinreichend intensiver Belichtung die Absorption einer beliebigen Substanz für die eingestrahlte Wellenlänge abnehmen sollte, und auch Überschlagsrechnungen über die Dauer des angeregten Zustandes angestellt, bei welcher der Nachweis der Abnahme noch praktisch möglich wäre.

Außer den zwei betrachteten Fällen: dauernder Fortbestand des durch Lichtabsorption veränderten Zustandes bei lichtempfindlichen Substanzen einerseits, Rückbildung in den Anfangszustand unter Wärmeentwicklung anderseits, kommt noch ein dritter Fall vor: Rückkehr in den Anfangszustand unter *Ausstrahlung*; die eingestrahlte Energie wird zum Teil oder ganz wieder als Strahlung emittiert, wie dies am einfachsten und klarsten bei der Resonanzstrahlung der Gase zu beobachten ist. In diesem Falle spricht man von Lumineszenz: unter Lumineszenz wird im allgemeinen

jede Lichtemission verstanden, die ihre Energie nicht zur Gänze dem
Wärmeinhalt des strahlenden Körpers verdankt. Abgesehen von der
Resonanzstrahlung ist im großen ganzen die Wellenlänge des emittierten
Lichtes größer als jene des erregenden (STOKESsche Regel).

Die Rückkehr in den Anfangszustand kann hiebei rascher oder langsamer erfolgen. Tritt sie so rasch ein, daß mit Schluß der Bestrahlung
auch die Lumineszenz sofort aufhört, so nennt man den Vorgang gewöhnlich *Fluoreszenz*, erfolgt die Rückkehr noch einige Zeit nach Schluß der
Bestrahlung, so spricht man von *Phosphoreszenz*. Diese Unterscheidung
ist nicht scharf, denn man hat heute Hilfsmittel, die auch bei jeder
Fluoreszenz eine Nachleuchtdauer messend festzustellen gestatten; das
„sofort" in der Definition der Fluoreszenz ist zu unbestimmt. Eine
schärfere Scheidung ist erst bei tieferem Eingehen in den Mechanismus
dieser Erscheinungen durchführbar (S. 97).

Bedingung für das Auftreten einer Lumineszenz ist nach dem oben
Gesagten, daß der angeregte Zustand soweit vor Energieabgabe an seine
Umgebung geschützt ist, daß die Reemission der eingestrahlten Energie
in Form von Lumineszenzlicht eher erfolgt als ihre Abgabe in Form von
Wärme durch Stöße zweiter Art. Diese Bedingung ist in idealer Weise in
verdünnten Gasen erfüllt, bei denen die angeregten Atome oder Molekel
nur sehr selten mit anderen zusammenstoßen, daher hier das Auftreten
der sogenannten Resonanzstrahlung. Die Verweilzeit isolierter Atome
im angeregten Zustand ist in der Regel von der Größenordnung $10^{-8}$ sec.

Aber auch beim Einbau in Flüssigkeiten und feste Körper behalten
manche Molekel oder Atomgruppen ihre Lumineszenzfähigkeit. Hier
sind zwei Fälle zu unterscheiden, zwischen denen es aber auch Übergänge
geben kann. Es gibt Atome und Atomgruppen, die in jeder Umgebung
lumineszenzfähig sind, bei denen also der Lumineszenzvorgang sich in
einem inneren Bereiche abspielen muß, der schon durch den Bau des Atoms
oder der Gruppe vor äußerer Einwirkung geschützt ist. Dies trifft bei
vielen organischen Farbstoffen und bei der Uranylgruppe $UO_2$ [1], dem
Molybdat- und Wolframation sowie bei den Ionen der Seltenen Erden
und einigen anderen anorganischen Ionen zu.

Andere Atome sind nur lumineszenzfähig und insbesondere phos-
phoreszenzfähig, wenn sie in ganz bestimmter Weise in eine Grundsubstanz eingebaut sind. Wir gelangen hier zu den Phosphoreszenzzentren,
wie sie von LENARD und seinen Schülern am Beispiel der Sulfidphosphore
in so eingehender Weise studiert worden sind, daß diese Phosphore trotz
der wertvollen Vorarbeiten von E. BECQUEREL (42), LECOQ DE BOIS-
BAUDRAN (473), VERNEUIL (867) u. a. heute meist als Lenard-Phosphore

---

[1] Die Fluoreszenz der Uranverbindungen, über die eine umfangreiche Literatur
vorliegt, wird hier nicht behandelt, da sie mit Radioaktivität nichts zu tun hat,
abgesehen von einer schwachen, aber mit gut dunkel-adaptiertem Auge wahrnehmbaren dauernden Lumineszenz, die durch die Radioaktivität des Urans erregt
wird [COUSTAL (126)]. Verwiesen sei auf die Bücher von DIEKE und DUNCAN (158),
KATZ und RABINOWITCH (421), PRINGSHEIM (632).

bezeichnet werden. Die Arbeiten der LENARDschen Schule finden sich im Handbuch der Experimentalphysik (478) so ausführlich behandelt, daß wir uns hier kurz fassen können. Ein Lenard-Phosphor besteht aus einem Sulfid, Selenid oder Oxyd eines Erdalkalimetalls oder des Zinks oder Kadmiums, das in passender Weise mit geringen Spuren gewisser Schwermetalle unter Hinzufügung eines „Schmelzzusatzes" z. B. NaCl, geglüht worden ist. Nach LENARD soll hiebei das Schwermetallatom mit einer größeren Zahl von Sulfidmolekeln das sperrig gebaute, als große Molekel zu betrachtende Zentrum bilden; der Schmelzzusatz soll lediglich die Bildung dieser Zentren erleichtern; neuerdings haben aber KRÖGER und HELLIGMAN (458, 459) gezeigt, daß wenigstens in gewissen Fällen die Halogenionen des Schmelzzusatzes eine wesentliche Rolle bei der Lumineszenz spielen. Das Schwermetallatom wird als Aktivator oder Phosphorogen bezeichnet.

Später ist die Kristallstruktur dieser Phosphore als wesentlich erkannt [TIEDE und SCHLEEDE (838), SCHLEEDE (722, 723, 725, 726)] und das Zentrum vielfach mit einem Mikrokristallbereich identifiziert worden, in welchem das Schwermetallatom eingebaut oder an welchen es angelagert ist. Diese Auffassung erfuhr eine Bestätigung, als es POHL und seinen Mitarbeitern (622) gelang, durch Einbau von Schwermetallspuren in Alkalihaligenide vorzügliche Phosphore in Form tadelloser großer Einkristalle herzustellen. An den Alkalihalogenidphosphoren lassen sich infolge ihres einfachen Baues und ihrer Durchsichtigkeit die Erscheinungen der Phosphoreszenz weit klarer demonstrieren als an den mikrokristallinen Sulfidphosphoren.

## 2. Hilfsmittel zur Untersuchung der Lumineszenz

Bezüglich der Energiequellen siehe II, 1.

*Emission.* Bei der Untersuchung der Lumineszenzemission handelt es sich um die spektrale Zusammensetzung des Lumineszenzlichtes, seine Helligkeit und deren Änderung mit der Zeit.

Zur Bestimmung der spektralen Zusammensetzung des Lichtes benützt man ein Spektroskop, das möglichst lichtstark sein soll, da es sich meist um schwächere Lichter handelt. Sehr zweckmäßig ist das geradsichtige Lumineszenzspektrophotometer von HAUER und KOWALSKI (310), das, wie der Name besagt, das Spektrum nicht nur beobachten, sondern seine Helligkeitsverteilung, allerdings nur subjektiv, durchmessen läßt. Zur näheren Untersuchung des Spektrums empfiehlt sich die Aufnahme desselben in einem Spektrographen. Der Verfasser erhielt gute Resultate durch Kombination des oben genannten Spektrophotometers von HAUER und KOWALSKI mit einer Kontaxkamera. Es ist stets zu beachten, daß der Schwärzungsverlauf eines Spektrogramms, wie er photometrisch registriert werden kann, kein richtiges Bild der Energieverteilung im Spektrum gibt, sondern ein durch die Wellenlängenabhängigkeit der Plattenempfindlichkeit und der Intensitätsabhängigkeit der Schwärzung verzerrtes. Es sind hiefür Korrekturen anzubringen. Bei schwachen

Lichtern wird man sich in der Regel damit begnügen müssen, die Helligkeit ohne spektrale Zerlegung mit einer regulierbaren Lichtquelle zu vergleichen, wobei man durch Farbfilter für tunlichste Ähnlichkeit der Farbe sorgt. Über eine photographische Methode zur Aufnahme quantitativ vergleichbarer Fluoreszenzspektren siehe KORTUM und FINCKH (448); ein spektrophotographisches Verfahren zum Studium der Thermolumineszenz gibt PIERCE (611) an, eine für Beobachtung der Thermolumineszenz an Mineralien geeignete Methode STEINMETZ (810).

Objektiv lassen sich starke Lumineszenzen ohne weiteres mit der Photozelle messen, die sich auch sehr bequem zur Lichtsummenmessung einrichten läßt, da bei entsprechender Anordnung der Elektrometerausschlag der während der Belichtung auf die Photozelle aufgefallenen Lichtmenge proportional ist. Für sehr schwache Lichter sind in neuerer Zeit photoelektrische Zählrohre benützt worden. Das neueste, sich immer mehr einbürgernde Mittel zur Beobachtung schwacher Lichter ist der Elektronenvervielfacher (Z. BAY, ZWORIKIN), bei dem die primär durch das Licht ausgelösten Elektronen durch Sekundärelektronenbildung vervielfältigt werden, siehe den Bericht von SCHAETTI (713). Auch der Spitzenzähler, mittels dessen J. KRAMER (450) die Elektronenabgabe von Oberflächen unter den verschiedensten Umständen, z. B. bei Kaltbearbeitung, festgestellt hat, kann zum Nachweis schwacher Lumineszenzen benützt werden, wenigstens dürfte die Beobachtung KRAMERS, daß Fluoritkristalle nach Belichtung, auch mit rotem Licht, den Spitzenzähler zum Ansprechen bringen, auf Phosphoreszenz bzw. Ausleuchten zurückzuführen sein.

Bei Erregung der Fluoreszenz durch Licht stört häufig das gestreute Primärlicht, das dem Lumineszenzlicht beigemischt ist. STOKES (821) hat in seinen grundlegenden Arbeiten, deren Lektüre auch heute noch wegen ihres wahrhaft klassischen Aufbaues und ihres Gedankenreichtums sehr genußreich ist, zwei Methoden angegeben, um das Primärlicht auszuschalten: die Anwendung von Farbfiltern und die Methode der gekreuzten Spektren. Bei der ersteren beobachtet man das Fluoreszenzlicht durch Farbfilter, die das Primärlicht nicht durchlassen, bei der zweiten entwirft man auf der fluoreszierenden Substanz ein Spektrum etwa eines vertikalen belichteten Spaltes mittels eines Prismas mit vertikaler brechender Kante und betrachtet dieses Spektrum durch ein zweites Prisma, dessen Kante horizontal liegt.

*Erregungsverteilung.* Eine grobe Prüfung, welches Licht bei der Fluoreszenz erregend wirkt, kann ebenfalls mittels Farbfilter vorgenommen werden, die man jetzt in den Gang des Primärlichtes bringt. Eine bessere Übersicht gibt die Methode der gekreuzten Spektren.

Handelt es sich um Erregung sichtbarer Fluoreszenz durch UV, so kann man folgendermaßen vorgehen: die Substanz wird in einem flachgedrückten Quarzröhrchen an eine bestimmte Stelle des UV-Spektrums gebracht. Das hier erregte Fluoreszenzlicht fällt auf einen Photofilm, der durch ein Filter vor den primären UV geschützt ist. Dann wird das Röhrchen an eine benachbarte Stelle des Spektrums gebracht, das hier

erregte Fluoreszenzlicht mit gleicher Belichtungsdauer an einer anderen
Stelle des Films aufgenommen usw. Die Reihe der so auf dem entwickelten
Film erhaltenen Schwärzungsflecken wird photometriert. Nach Anbringung der nötigen Korrekturen wegen der photographischen Charakteristik
des Films erhält man die Intensität des Fluoreszenzlichtes als Funktion
der Wellenlänge des erregenden Lichtes, also die Erregungsverteilung,
wobei noch die Energieverteilung im Primärlicht in Rechnung gezogen
werden muß [H. P. ECKSTEIN (176)].

Zur Bestimmung der Erregungsverteilung der Phosphoreszenz geht
man nach LENARD so vor, daß man auf den flächenhaft ausgebreiteten
Phosphor ein Spektrum entwirft und nach Unterbrechung der Belichtung
zusieht, welche Partien des Phosphors nachleuchten.

*Bestimmung des Abklingens und der Leuchtdauer.*

Die Dauer des Nachleuchtens der Leuchtstoffe variiert von Tagen bis
Bruchteilen von Sekunden und erfordert daher von Fall zu Fall verschiedene Hilfsmittel zu ihrer Beobachtung. Bei langsamem Abklingen
kann man mit einem beliebigen Photometer von Zeit zu Zeit die jeweilige
Helligkeit messen, die Beobachtung kurzdauernden Nachleuchtens erfordert ein Phosphoroskop. Die von E. BECQUEREL (42) konstruierten
Phosphoroskope haben wohl allen späteren als Vorbild gedient; es waren
deren drei: das Einscheiben-, das Zweischeiben- und das Zylinderphosphoroskop. Sie beruhen darauf, daß der Phosphor während der Erregung
durch das auf ihn auffallende Licht vom Beobachter nicht gesehen und
erst kurze Zeit nach Schluß der Belichtung sichtbar wird. Ein einfaches
Phosphoroskop mit intermittierender Funkenbelichtung hat LENARD
angegeben. Auch rotierende Spiegel sind benützt worden.

In neuerer Zeit hat man die mechanische Vorrichtung zur Unterbrechung des Strahlenweges durch die bedeutend rascher wirkenden photoelektrischen Kerr-Zellen ersetzt [GAVIOLA (230)] und konnte so Nachleuchtdauern bis herab zu $10^{-9}$ sec. messen. Auch Ultraschallwellen
werden zu fluoroskopischen Messungen benützt [MAERKS (501)].

Über die Untersuchung des An- und Abklingens des Leuchtens mittels
Oszillographen siehe SCHLEEDE und BARTELS (724).


# 3. Photolumineszenz, die wichtigsten Grundtatsachen der Phosphoreszenz

Über Photolumineszenz, durch Licht erregte Lumineszenz, wird hier
nur das Nötigste gebracht; eine ausführliche Darstellung gibt das Buch
von PRINGSHEIM (632), siehe ferner MAURICE CURIE (132, 134), RIEHL (693),
STÖCKMANN (820) und für die ältere Geschichte dieses Gebietes KAYSERS
Handbuch der Spektroskopie (424).

Die Absorption von Licht in bestimmten Banden (erregende Absorption)
führt zu einer Erniedrigung dieser Banden und dem Auftreten neuer
Banden bei längeren Wellen bzw. zu einer Hebung des langwelligen Ausläufers (Erregung). Das Auftreten von Absorptionsbanden bei längeren

Wellen durch die Erregung bedeutet, daß Elektronen aus ihrer ursprünglichen festen Bindung befreit und an Stellen höherer Energie, d. h. lockererer Bindung wieder angelagert worden sind; Absorption längerer Wellen, also kleinerer Quanten zeigt ja eine geringere Ablösearbeit an.

Was weiter geschieht, hängt wesentlich von der Temperatur ab. Bei niedrigeren Temperaturen bleibt nach Schluß der Belichtung der Erregungszustand bestehen, der Phosphor dunkel: „unterer Momentanzustand" nach Lenard. Der Phosphor leuchtet aber auf bei Einstrahlung längerwelligen Lichtes in die neuen Absorptionsbanden — „ausleuchtende Absorption" —, wobei auch nach Schluß der ausleuchtenden Belichtung ein Nachleuchten erfolgen kann. Wie langwelliges Licht wirkt auch Temperaturerhöhung, Ausheizen, ähnlich auch das Anlegen eines elektrischen oder magnetischen Feldes sowie Ultraschall (739). Die durch Erhitzen austreibbare Lichtmenge, die der Phosphor während seiner ganzen Leuchtdauer emittiert, heißt seine Lichtsumme. Sie ist in gewissen Grenzen von der Temperatur, bei der die Ausheizung erfolgt, weitgehend unabhängig. Je höher die Temperatur, desto heller das Aufleuchten, desto rascher aber auch das Abklingen. Das Aufleuchten im unteren Momentanzustand erregter Phosphore sowie auch das Wiederaufleuchten im gleich zu besprechenden Dauerzustand erregter und abgeklungener Phosphore wird als Thermolumineszenz bezeichnet. Die ausleuchtbare Lichtsumme ist der ausheizbaren manchmal gleich; sie kann aber auch kleiner sein. In letzterem Falle tritt „Tilgung" ein, eine Verminderung der Lichtsumme (ohne Lichtemission) durch die ausleuchtende Strahlung.

Bei höheren Temperaturen leuchtet der Phosphor auch nach Schluß der erregenden Belichtung; der Erregungszustand geht unter Lichtemission zurück: „Dauerzustand" nach Lenard. Das ist der Vorgang, der gewöhnlich als Phosphoreszenz bezeichnet wird. In diesem Falle erfolgt die Rückkehr des befreiten Elektrons auch schon während der erregenden Belichtung, so daß sich bei fortgesetzter Belichtung ein stationärer Zustand einstellt, in dem gerade so viele Elektronen in der Zeiteinheit in ihren Anfangszustand zurückkehren, als durch die Erregung gehoben werden; das Leuchten klingt während der Belichtung erst an, um schließlich konstant zu bleiben. Bei der von Lenard entwickelten Theorie des An- und Abklingens wird berücksichtigt, daß das erregende Licht selbst auch ausleuchtend und tilgend wirken kann, da die erregende, die ausleuchtende und die tilgende Absorption häufig überlappen.

Bei noch höheren Temperaturen kehren noch während der Belichtung alle gehobenen Elektronen wieder in den Grundzustand zurück, der Phosphor ist nach Schluß der Belichtung wieder unerregt und daher dunkel — „oberer Momentanzustand".

Mit der Annahme, bei der erregenden Absorption werde ein Elektron auf höhere Energie gehoben und die Emission erfolge bei der Rückkehr des Elektrons in den Grundzustand, hat Lenard als erster jene Anschauung entwickelt, die dann durch Verbindung mit der Quantenvorstellung in der Bohrschen Theorie solche Triumphe gefeiert hat. Wegen der sehr eingehenden Vorstellungen Lenards über den Bau der Phosphoreszenzzentren und die ins Spiel tretenden, zum Teil sehr komplizierten Mechanismen kann auf die Darstellung im Handbuch der Experimentalphysik verwiesen werden. Diese Vorstellungen waren heuristisch von großem Wert, sind aber in manchen Punkten abänderungs- bzw. ergänzungsbedürftig, und sie lassen sich vor allem nicht auf beliebige Phosphore anwenden.

Insbesondere ist die erregende Absorption bei vielen Phosphoren (Kristallphosphore) nicht den „Phosphoreszenzzentren" sondern dem umgebenden Kristallgitter zuzuschreiben [TOMASCHEK (842), RIEHL (693)], von dem die zugeführte Energie dem „Emissionszentrum", dem Aktivator erst übermittelt wird. Dafür spricht die hohe, allerdings vielleicht etwas überschätzte Ausbeute, die RIEHL bei der Erregung von Zinksulfid mit $\alpha$-Strahlen und UV gefunden hat. Es wird ferner bestätigt durch Messungen von GISOLF (236), die zeigen, daß das Absorptionsspektrum von ZnS und von CdS durch Zusatz von Cu- und Ag-Spuren nicht verändert wird. Das Absorptionsspektrum des ZnS zeigt einen steilen Anstieg unterhalb 335 m$\mu$ mit einem langwelligen Ausläufer bis etwa 400 m$\mu$; bei CdS erfolgt der Anstieg schon bei längeren Wellen. Eine charakteristische Änderung bei Cu- oder Ag-Zusatz ist nicht bemerkbar.

Wohl aber bewirkt Manganzusatz das Auftreten einer charakteristischen Absorption. Dasselbe gilt nach KRÖGER (455) für Zinksilikatphosphore mit Manganzusatz. Derartige Phosphore sind als Zinksilikat-Mangansilikat-Mischphosphore aufzufassen und zeigen dreierlei Absorption: die Kristallgitterabsorption des Zn- und des Mn-Silikats und die Absorption des $Mn^{++}$-Ions. Einstrahlung in erstere bewirkt Fluoreszenz und Phosphoreszenz, in letztere nur Fluoreszenz.

Vielfach sind die Phosphoreszenzerscheinungen wellenmechanisch behandelt worden; diese Behandlung schließt sich naturgemäß eng an die wellenmechanische Theorie der Verfärbung an, von der früher, S. 58, die Rede war, siehe BLOCHINZEW (57), D. CURIE (130), R. P. JOHNSON (405), MUTO (565), WILLIAMS (911). Wie dort können auch hier die Leitfähigkeitsbänder mitspielen und Störungen des Gitters Elektronen „metastabil" binden; ob durch den Elektronensprung selbst, ohne vorgegebene Störung, eine Selbstsperrung gegen die Rückkehr des Elektrons erfolgt, scheint zweifelhaft.

Für Phosphore vom Typus des ZnS (Kristallphosphore) haben RIEHL und SCHÖN (694) ein Termschema ausführlich entwickelt. Absorption bewirkt die Hebung eines Elektrons aus dem obersten vollbesetzten Band $B$ in das nächste Leitfähigkeitsband $A$, von wo das Elektron zum Anlagerungsterm $D$ gelangen und hier auf einem etwas tieferen Niveau festgehalten werden kann. Elektronenabgabe vom Aktivatorterm $C$, der etwas oberhalb des vollbesetzten Bandes $B$ liegt, füllt die in letzterem durch die Lichtabsorption freigewordene Stelle aus, so daß das gehobene Elektron nicht hierher zurückgelangen kann. Lichtemission erfolgt beim Herabfallen des Elektrons vom Anlagerungsterm $D$ zum Aktivatorterm $C$, was im Falle der Phosphoreszenz erst eine Hebung des Elektrons vom

Anlagerungsterm $D$ ins Leitfähigkeitsband $A$ durch Wärmebewegung (Nachleuchten, Thermolumineszenz) oder durch langwelliges Licht (Ausleuchten) zur Voraussetzung hat. Da die Energiedifferenz zwischen $D$ und $C$ (Emission) kleiner ist als jene zwischen $A$ und $B$ (Absorption), ist die Giltigkeit der STOKESschen Regel gewährleistet. Ergänzt werden diese Ausführungen durch wellenmechanische Betrachtungen über den strahlungslosen Energieaustausch zwischen Elektronen und Kristallgitter [siehe auch SCHÖN (736, 737), STÖCKMANN (819)] und die Diffusion der Elektronen innerhalb der erlaubten Energiebänder [Möglich und Rompe (535)], wodurch eine weitgehende Deutung der beobachteten Tatsachen möglich wird. Näher kann hierauf nicht eingegangen werden. Es sei nur noch bemerkt, daß danach drei Arten von Erregung möglich sind: 1. Erregung durch Absorption im Grundgitter, das Elektron gelangt von $B$ nach $A$; 2. Erregung durch Absorption im Aktivatorterm (Übergang von $C$ nach $A$); 3. Direkte Erregung der Phosphoreszenz, Übergang des Elektrons von $B$ nach $D$ ohne den Umweg über $A$. Herabfallen des Elektrons von $A$ nach $C$ ohne den Umweg über $D$ gibt das, was RIEHL spontanes Nachleuchten nennt, der Umweg über $D$ gibt Phosphoreszenz. Es sei noch erwähnt, daß RIEHL und SCHÖN den Begriff Kristallphosphor so einschränken möchten, „daß die Fälle ausgeschlossen seien, in denen nach der Absorption im Grundgitter die Anregungsenergie auf einen Leuchtkomplex übertragen wird, dessen Leuchtelektron jedoch innerhalb seines Verbandes bleibt und das unbesetzte Elektronenband nicht erreicht. Hiezu gehören Phosphore, die mit Seltenen Erden aktiviert sind, und möglicherweise auch die mit Thallium aktivierten Alkalihalogenide."
Ein consensus omnium besteht in den Details der hier besprochenen Fragen wohl noch nicht. So nimmt ADIROVITSCH (2, 3, 4) in sehr beachtenswerter Weise an, daß die Rückkehr des Elektrons vom Anlagerungsterm über das Leitfähigkeitsband zum Aktivatorterm erst zu einem angeregten Zustand führt und die Lichtemission erst beim Übergang von diesem zum Grundzustand des Aktivatoratoms erfolgt. Dann würden die mit Seltenen Erden aktivierten Phosphore keine Ausnahme bilden, die Lichtemission wäre bei ihnen nur weniger durch das Grundgitter gestört als bei anderen Metallatomen; die Annahme eines besonderen Übertragungsmechanismus wäre überflüssig.
Sehr eingehend sind die oben erwähnten thalliumaktivierten Alkalihalogenide untersucht worden, siehe den Bericht von PRINGSHEIM (630). Hier seien noch einige Arbeiten angeführt, die in PRINGSHEIMS Bericht noch nicht berücksichtigt werden konnten: HUTTON und PRINGSHEIM (380), SHALIMOVA (766), WASSER (876), WILLIAMS (911, 912), ZUK (929). PRINGSHEIM (631) hat beim Auskristallisieren von Thalliumhältigen Lösungen von NaCl und KCl beobachtet, daß die Fluoreszenz, also das Thallium, bei KCl an den zuerst abgeschiedenen KCl-Kristallen haftet, bei NaCl aber in der Lösung bleibt. BRAUER (74) erklärt dies durch energetische Betrachtungen; er findet nämlich, daß zum Einbau des $Tl^+$ in das Alkalihalogenidgitter im Falle des NaCl eine größere Arbeit zu leisten ist als in dem des KCl.

Über die Lumineszenz von KCl. (Pb + Mn) siehe GINTHER (235), über Bandenfluoreszenz von sauerstoff- und kohlenoxydhaltigen Alkalihalogenidkristallen HONRATH (373). Weitere Arbeiten über die Lumineszenz der Alkalihalogenide: BOSE (70), BOYD (73), BÜNGER und FLECHSIG (86), DIATCHENKO (156, 157). BONANOMI und ROSSEL (63), FIALKOVSKAJA (199), MORRISH und DEKKER (549), SCHEIN und KATZ (716), SHARMA (766a), URBACH (855). Über Lumineszenz und Energiewanderung in Ionenkristallen siehe auch J. FRANCK (208), FRANCK und TELLER (209).

# 4. Das Abklingungsgesetz

LENARD hat auf Grund seiner Zentrenvorstellung angenommen, das Abklingen eines Phosphors erfolge nach dem Gesetze einer monomolekularen Reaktion, also nach einer $e$-Potenz: $J = J_0 e^{-bt}$, wo $b$ eine Konstante ist. Da aber die beobachteten Abklingungskurven bei den Lenard-Phosphoren durchaus nicht dieses einfache Gesetz befolgen, stellt LENARD die jeweilige Helligkeit als eine Summe $\Sigma_i a_i e^{-b_i t}$ dar, was natürlich immer möglich ist. Die einzelnen Glieder der Summe werden verschiedenen Zentrenarten zugeschrieben, die sich durch ihre verschiedenen Lebensdauern von einander unterscheiden. Nach LENARD sollten kleine Zentren kleine, große Zentren große Lebensdauern besitzen.

Nun mußte aber nach den neueren Erfahrungen bezweifelt werden, ob die dem Nachleuchten zugrundeliegende Reaktion wirklich monomolekular verläuft, wenn auch vereinzelt ein exponentieller Abfall der Phosphoreszenz beobachtet worden ist, wie von BÜNGER und FLECHSIG (87) an einem KCl-Tl-Phosphor. Gerade die Lenard-Phosphore mit ihrem hohen Brechungsindex zeigen lichtelektrische Leitung. An ZnS sind die lichtelektrischen Erscheinungen von GUDDEN und POHL eingehend untersucht worden. In diesen Substanzen diffundieren die Elektronen und es ist nicht gesagt, daß ein befreites Elektron gerade zu seinem Ausgangsatom zurückkehren muß. Kann es sich aber mit einem beliebigen anderen, seines Elektrons beraubten Atom vereinigen, so müßte die Reaktion als bimolekular angesehen werden [HAUER (309)]. Das Abklingungsgesetz hätte dann die Form $J = 1/(a+bt)^2$ oder $1/\sqrt{J} = a + bt$. Die Abnahme der Zahl der erregten Zentren ist dann nämlich $dn = -an^2 dt$, und daher $1/n = 1/n_0 + \alpha t$, und da die Lichtintensität $J$ der Zahl der in der Zeiteinheit in den unerregten Zustand zurückkehrenden Zentren proportional gesetzt werden kann, ist $J = -K\, dn/dt$ und daher $J = K\alpha/(1/n_0 + \alpha t)^2$, was sich in obiger Form schreiben läßt. Ein derartiges Abklingungsgesetz ist schon von E. BECQUEREL vorgeschlagen und seither vielfach annähernd bestätigt worden.

Später trat wieder eine Wendung ein, als RANDALL (675) und Mitarbeiter [WILKINS, GARLICK u. a. (228, 229)] darauf hinwiesen, daß für das Abklingen der Phosphoreszenz nicht so sehr die Wahrscheinlichkeit der Wiedervereinigung mit dem Aktivatoratom als vielmehr die Verweilzeit in den Anlagerungstermen (traps) maßgebend sein wird. Zur Untersuchung von Traps verschiedener Tiefe hat RANDALL (675) die Methode der „Glühkurven" entwickelt, Messung der wechselnden Intensität des Thermolumineszenzlichtes bei allmählicher Temperatursteigerung, die schon früher von URBACH (854) auf radiumbestrahlte Alkalihalogenide angewandt worden war, s. hiezu a. (85). Je tiefer die Traps, d. h. je größer die Energie, die zur Befreiung des Elektrons aus dem Anlagerungsterm notwendig ist, bei um so höherer Temperatur tritt das Maximum der Leuchtintensität auf. Das Abklingen erfolgt bei einheitlichen Traps nach einer monomolekularen Reaktion; bei Vorhandensein von Traps verschiedener Tiefe kann durch Übereinanderlagerung von mehreren monomolekularen Abläufen eine bimolekulare Reaktion vorgetäuscht werden. Geklärt sind diese Dinge noch nicht.

PRINGSHEIM charakterisiert die Lage wohl richtig, wenn er (632, S. 516) sagt: „In Anbetracht dieser Umstände", nämlich der Kompliziertheit der Erscheinungen, „ist es klar, daß die experimentell gefundenen Abklingungskurven fast nie mit einer einfachen Theorie übereinstimmen werden, und daß anderseits ein Forscher, der von einer vorgefaßten Theorie ausgeht, immer im Stande sein wird, einen großen Teil seiner Beobachtungen durch Einführung einer hinreichenden Zahl von Konstanten in seine Hypothese darzustellen."

Sichergestellt ist das Abklingen der kurzdauernden Fluoreszenz nach einer einfachen e-Potenz, also entsprechend einer monomolekularen Reaktion, was zusammen mit dem Fehlen einer lichtelektrischen Leitung und mit der Unabhängigkeit von der Temperatur (in gewissen Grenzen) geradezu zur Definition der Fluoreszenz benützt werden kann. Dieses Verhalten ist für die Uranylsalze und viele andere fluoreszierende Stoffe nachgewiesen. Zum Abklingungsgesetz siehe auch VAWILOW (862).

# 5. Das Optimum der Konzentration

Faßt man die Absorption und Emission als an Zentren gebunden auf, so könnte man meinen, daß die Lumineszenz um so stärker wäre, je mehr Zentren in der Volumseinheit vorhanden sind. Dem ist aber nicht so. Wohl ist etwa in fluoreszierenden Lösungen bei geringer Konzentration des gelösten fluoreszierenden Stoffes die Helligkeit der Fluoreszenz der Konzentration proportional, doch gilt dies eben nur für verdünnte Lösungen; oberhalb einer gewissen Konzentration nimmt die Helligkeit nur mehr langsam mit der Konzentration zu, auch wenn man die geänderten Absorptionsverhältnisse für das erregende und das emittierte Licht in Rechnung setzt. Bei weiterer Konzentrationssteigerung nimmt die Helligkeit nach Erreichung eines Maximums wieder ab, um schließlich ganz zu verschwinden. Zu große Nähe der Zentren hemmt also den Emissionsakt. Über die Theorien dieser Erscheinung siehe PRINGSHEIM (632).

Ebenso gibt es für Phosphore einen optimalen Metallgehalt, oberhalb dessen die aufspeicherbare Lichtsumme wieder abnimmt [LENARD, BRÜNNINGHAUS (81)]. Das Optimum liegt meist in der Größenordnung $10^{-3}$ bis $10^{-5}$ g Aktivatormetall im g Grundsubstanz, scheint aber in

gewissen Fällen wesentlich tiefer liegen zu können, bei mischkristall-
artigem Einbau, z. B. von Mangan, auch wesentlich höher. Einen Versuch
zur Deutung des Optimums auf Grund der SMEKALschen Vorstellungen
gibt SCHUMANN (748).

## 6. Vergiftung und Sensibilisierung

Während zu große Konzentration des wirksamen Aktivatormetalls
die Phosphoreszenz beeinträchtigt, genügt ein Zusatz sehr kleiner Mengen
gewisser anderer Metalle, um die Phosphoreszenz weitgehend zu unter-
binden. So wirken Spuren von Eisen schädigend auf die Lenard-Phosphore.
Man spricht da von „Vergiftung" des Phosphors. Da die Fluoreszenz auf
diese Weise weniger beeinflußbar ist, kann man durch passende Zusätze
die Phosphoreszenz, das Nachleuchten, unterdrücken ohne die Fluoreszenz zu schädigen, was für die Verstärkungsschirme der Röntgentechnik
von Wichtigkeit ist. So ist in den Fluorazur-Schirmen von LEVI und WEST
(481) dem ZnS eine Spur Nickel zur Unterdrückung des störenden Nachleuchtens zugesetzt.

Anderseits kann die Wirksamkeit eines Phosphors durch minimale
Zusätze gewisser anderer Metalle erhöht werden: „Sensibilisierung". Dies
hat ROTHSCHILD (703) insbesondere für Sm-aktivierte Sulfidphosphore
nachgewiesen, die z. B. durch Pb sensibilisiert werden. Auch die Ausleuchtung kann durch Zusatz von gewissen Stoffen „sensibilisiert"
werden, wie dies bei den zuerst von J. KUNZ und F. URBACH hergestellten
und von letzterem und Mitarbeitern (858) eingehend studierten Sulfidphosphoren mit Zusatz von zwei Seltenen Erden (Eu, Sm) als Aktivator
bzw. Sensibilisator der Fall ist.

Da in den Lenard-Phosphoren sicher eine Energieübertragung vom
Orte der Lichtabsorption im Gitter nach dem der Emission erfolgt, so
wird wohl die Sensibilisierung durch verstärkte Absorption des erregenden
Lichtes, die Vergiftung durch Störung der Energieübertragung zu erklären
sein.

## 7. Zentreneinbau

Welche Atomarten können als Aktivatoren wirken und wie müssen
sie eingebaut werden, um dies zu tun? Daß es nicht nur Schwermetall-
atome sein müssen, wie bei den Lenard-Phosphoren, zeigt z. B. die Auffindung des Kohlenstoffs als Aktivator des Borstickstoffes durch E. TIEDE
und H. TOMASCHEK (839). Nach EWLES (189, 190) kann auch Wasser
als Aktivator dienen, wie die bläuliche Fluoreszenz befeuchteter, farbloser
Salze zeigt. Über die UV-Fluoreszenz von Steinsalz mit U-Zentren
(Wasserstoff) siehe FEDENOW (196).

Nach TIEDE und WEISS (840) dürfen die wirksamen Atome eine gewisse
Größe, verglichen mit den Bausteinen des Grundmaterials, nicht überschreiten. RIEHL (693) hat im Falle des Zinksulfids nach der Methode der
radioaktiven Indikatoren nachgewiesen, daß die in diesem Material unwirk-

samen Metalle Blei und Wismut überhaupt nicht in das ZnS eindringen können und eben deswegen unwirksam sind. Die Aktivierung mit Kupfer dagegen erfolgt nach TIEDE und WEISS schon beim bloßen Erwärmen auf 350⁰ C. Daß hiebei nicht eine bloß oberflächliche Anlagerung des Cu an die Körner des ZnS, sondern wirklich ein Eindringen in diese erfolgt, hat RIEHL gezeigt.

Über die LENARDschen Vorstellungen vom Zentrenbau hinausgehend, sind verschiedene Anschauungen entwickelt worden. SCHLEEDE dachte an einen Einbau der Fremdatome in das Gitter des Grundmaterials, in dem sie als nicht hineinpassend, Verzerrungen bewirken. Damit stünde seine Beobachtung in Übereinstimmung, daß die von ihm an ganz reinem ZnS erhaltene blaue Lumineszenz nur dann auftritt,wenn infolge passender Präparation das ZnS teils Blenden-, teils Wurzitstruktur aufweist.

Nach SMEKAL handelt es sich bei den Zentren der Kristallphosphore um „Erzeugung von Kristallbaufehlern durch den Einbau von Fremdatomen bzw. deren Anlagerung an bereits vorhandenen Baufehlern." RIEHL nimmt für den ZnS-Phosphor die Besetzung von Zwischengitterplätzen durch die aktiven Atome an; im tetraedrisch gebauten ZnS-Gitter ist nur jedes zweite Tetraeder im Mittelpunkt von einem Zn-Ion besetzt, jedes zweite steht also den Fremdatomen zur Verfügung. Ähnlich sind wohl auch die Leuchtstoffe KUTZELNIGGS (464, 465) mit Schichtgitter zu verstehen, z. B. Cadmiumjodid.

In seiner groß angelegten Arbeit über anomale Mischkristalle befaßt sich H. SEIFERT (754, 755) auch mit der Bildung der Lumineszenzzentren. „Anomale Mischkristallbildung soll danach die Ursache der Phosphoreszenz sein, so, wie es — im Grenzfall — echte Mischkristallbildung für die von Momentanleuchten sein kann." Allerdings wird bei SEIFERT der Begriff der anomalen Mischkristalle sehr weit gefaßt.

Außer vom physikalischen und kristallographischen Standpunkte aus ist die Frage des Zentrenbaues auch schon vom rein chemischen angepackt worden, u. zw. von R. SCHENCK (716a, 717, 718), der in manchen Sulfidphosphoren mit Bi als Aktivator, aber nicht in allen, den Komplex $XBi_2S_4$ nachweisen konnte. Eine vollkommene Synthese aller dieser Ansätze scheint noch nicht geglückt.

Als Bedingung für Lumineszenz überhaupt war eine gewisse Energieisolation des Zentrums gegen seine Umgebung angegeben worden. Das heißt aber nicht, daß diese keinen weiteren Einfluß auf die Emission hat. Insbesondere die Arbeiten der LENARDschen Schule heben immer wieder die Abhängigkeit der Emission eines bestimmten Aktivatormetalls vom Grundmaterial hervor. Insbesondere verschiebt sich die Emissionsbande eines Aktivators nach längeren Wellen bei zunehmender Dielektrizitätskonstante des Grundmaterials.

RANDALL (674) hat bei seiner eingehenden Untersuchung von Mangan als Aktivator in bezug auf das Fluoreszenzspektrum vier Gruppen von Grundsubstanzen unterschieden: 1. solche, in denen das eingebaute Mangan gerade so fluoresziert wie die reinen Manganoverbindungen, wobei also die Emission dem Ion Mn$^{++}$ zuzuschreiben ist, 2. solche, bei denen das Grundmaterial die Emissionsbande verschiebt, ohne selbst zu fluoreszieren, 3. solche, die selbst fluoreszieren, und 4. Fälle von mehrfachen Beimengungen.

Wo bei Absorption und Emission scharfe Linien auftreten, wie bei den dreiwertigen Seltene-Erdionen, läßt sich an der Verschiebung und Aufspaltung der Linien der Einfluß der Umgebung sehr scharf untersuchen und es ließen sich schon recht weitgehende Schlüsse ziehen auf die Beschaffenheit des molekularen Kraftfeldes, in dem sich das Zentrum befindet [TOMASCHEK (843, 844), TOMASCHEK und DEUTSCHBEIN (846), SPEDDING (793, 794), FREED (212a)].

Es ist hier stillschweigend angenommen worden, daß das Grundmaterial des Phosphors kristallisiert ist. Daß die Kristallisation die Phosphoreszenz begünstigt, läßt sich an Substanzen zeigen, die im kristallisierten und amorphen, glasigen Zustand erhalten werden können [MAURICE CURIE (133), COHN (115)]. Indessen zeigen auch Gläser Phosphoreszenz und Fluoreszenz; soferne hier mikrokristalline Bereiche ausgeschlossen sind, muß hier ein anderer Mechanismus als bei den Kristallphosphoren angenommen werden; die Fluoreszenz wird gegen Energieverlust geschützten Molekeln zuzuschreiben sein, ein längeres Nachleuchten durch Übergangsverbote bedingten metastabilen Zuständen. Über die Photolumineszenz von Gläsern siehe BAILEY und WOODROW (24) CHAPMAN und DAVIES (107), COHN und HARKINS (116), CURTIS (136), WEYL (885).

## 8. Druckzerstörung

Durch einseitigen Druck (plastische Deformation) werden Lenard-Phosphore in einen eigentümlichen Zustand versetzt. Sie verlieren weitgehend ihre Phosphoreszenzfähigkeit, weshalb LENARD (478) von „Druckzerstörung" spricht, die er mit dem von ihm postulierten „sperrigen" Bau der Zentren in Zusammenhang bringt. Die druckzerstörten Phosphore färben sich bei Belichtung. Diese Färbung ist aber nicht an die Anwesenheit des Aktivators gebunden, sie ist also von der Phosphoreszenzfähigkeit unabhängig und tritt auch beim reinen Grundmaterial auf. Bei der Verfärbung im Licht treten lebhafte lichtelektrische Effekte, also Elektronenverschiebungen auf. Die Verfärbung ist als Bildung von Farbzentren aufzufassen, die in dem durch Druck stark gestörten Kristallgitter der Sulfide schon durch sichtbares Licht bewirkt werden kann.

## 9. Lumineszenzerregung durch andere Mittel als Licht

### a) Allgemeines

Außer durch Licht kann Lumineszenz auch durch eine Reihe anderer Mittel erregt werden: durch Strahlen höherer Frequenz, Röntgen- und $\gamma$-Strahlen, durch Korpuskularstrahlen, Kathoden- und Kanalstrahlen,

$\beta$- und $\alpha$-Strahlen. Auch mechanische Beanspruchung, Auflösung fester Stoffe in Flüssigkeiten und umgekehrt das Auskristallisieren sowie verschiedene chemische Prozesse können Lumineszenz erregen. E. WIEDEMANN (894) hat eine bequeme Terminologie[1] eingeführt; vor das Wort Lumineszenz wird die Bezeichnung des Agens gesetzt, durch das sie erregt wird, also bei Erregung mit Licht „Photolumineszenz", bei Erregung mit Radiumstrahlen „Radiolumineszenz", mit Kathodenstrahlen „Kathodolumineszenz", durch Reiben „Tribolumineszenz"; in diesem Falle wäre allerdings der LENARDsche Ausdruck „Trennungsleuchten" vorzuziehen, da es sich hier um die Wirkung eines Spaltens der Kristalle handelt. Das altbekannte Leuchten bei der langsamen Oxydation des Elementes Phosphor ist als „Chemilumineszenz" zu bezeichnen. Als „Elektrolumineszenz" wird im allgemeinen die Lumineszenz der Gase in Entladungsröhren bezeichnet. In neuerer Zeit gebraucht DESTRIAU (154) diesen Ausdruck oder auch Elektro-Photolumineszenz für die von ihm entdeckte Anregung von Phosphoren durch starke elektrische Felder. Nach DESTRIAU kann nämlich Lumineszenz in gewissen Phosphoren, insbesondere ZnS-Präparate von GUNTZ, durch starke elektrische Wechselfelder *angeregt* werden — im Gegensatze zu der länger bekannten Ausleuchtung durch elektrische Felder. Nach HERVELLY (332) allerdings wäre auch der von DESTRIAU beobachtete Effekt Glimmentladungen in schwer zu eliminierenden Gasresten bzw. einer Ausleuchtung des zwar dunklen aber noch erregten Phosphors zuzuschreiben; indessen scheinen hier noch Versuche mit den von DESTRIAU benützten Phosphoren erforderlich, ehe die Einwände HERVELLYs als stichhältig anerkannt werden können, insbesondere, da nach PIPER und WILLIAMS der Effekt auch an Einkristallen auftritt (611a).

Bei jeder der genannten Lumineszenzarten kann noch je nach dem Fehlen oder Vorhandensein eines Nachleuchtens von Fluoreszenz und Phosphoreszenz gesprochen werden, also bei Lichterregung von „Photofluoreszenz" und „Photophosphoreszenz". Man kann aber noch weiter gehen. Handelt es sich um einen durch Licht erregten Phosphor im unteren Momentanzustand, der bei höherer Temperatur emittiert, so kann man sein Leuchten als Photo-Thermolumineszenz" bezeichnen; ist der Phosphor durch Radiumstrahlen erregt worden, als „Radio-Thermolumineszenz". Wie noch dargelegt werden wird, kann manchmal ein mit Radiumstrahlen vorbehandelter Körper durch Licht zum Leuchten gebracht werden; dieser Fall ist konsequenterweise als „Radio-Photolumineszenz" zu bezeichnen. Ihrer großen Bedeutung halber, die sie für das Verhalten natürlicher Mineralien haben, sollen hier insbesondere die verschiedenen Radiolumineszenzen behandelt werden.

---

[1] Das Leuchten nach Schluß der Erregung wird allgemein als „Nachleuchten" bezeichnet. Eine allgemeine Bezeichnung für das während der Erregung emittierte Licht scheint es nicht zu geben; man könnte es „Mitleuchten nennen, obwohl BIRUS diesen Ausdruck auch für das RIEHLsche „spontane Nachleuchten" vorgeschlagen hat.

## b) Radiolumineszenz

### α) Allgemeine Übersicht

Über diese in den radioaktiven Leuchtfarben praktisch benützte Erscheinung siehe BERNDT (50), GARLICK (229 a), KABAKJIAN (410), PATERSON, WALSH und HIGGINS (590), RUTHERFORD (705), WALSH (873, 874).

Zunächst sei hier mit einigen durch die seitherige Entwicklung bedingten Änderungen eine Übersicht über dieses Erscheinungsgebiet gegeben, die dem Bändchen „Radioaktivität" des Verfassers (651) in der Sammlung Göschen entnommen ist.

„*Radiofluoreszenz*, das Leuchten, das während der Bestrahlung ausgesandt wird. $\alpha$-Strahlen erregen, ähnlich wie eine elektrische Entladung, die Gase, in denen sie absorbiert werden, zum Leuchten. Auf Zinkblende, Diamant, Willemit und Scheelit auffallend, erregen sie Szintillationen, von denen jede einem einzelnen $\alpha$-Teilchen entspricht und eine Dauer von etwa $10^{-5}$ sec. hat. Die Szintillationsfähigkeit des ZnS ist an spurenweise Beimengungen, meist Kupfer, gebunden und hängt wesentlich von der Kristallstruktur ab. Durch Druck wird sie zerstört, kann aber durch Glühen regeneriert werden. Auch die $\alpha$-Strahlung zerstört mit der Zeit die Leuchtfähigkeit (Ermüdung). Einzelne $\beta$-Strahlen ergeben bei visueller Beobachtung keine wahrnehmbaren Szintillationen; nur durch die Strahlungsschwankungen kann es zu einem fluktuierenden Leuchten kommen." In neuerer Zeit werden jedoch durch $\beta$- und auch durch $\gamma$-Strahlen erzeugte Szintillationen in anorganischen und organischen Einkristallen und sogar in Flüssigkeiten mittels ihres photoelektrischen Effektes im Elektronenvervielfacher nachgewiesen [KALLMANN (417), HOFSTADTER (368)]. „Unter $\beta$-$\gamma$-Strahlung leuchten besonders lebhaft Kunzit (orange), Diamant (bläulich), Willemit (grün), Scheelit (blau) und manche Fluorite, in geringem Maße fast alle Stoffe. Radiumsalze leuchten unter dem Einflusse ihrer eigenen Strahlung blau, und zwar um so intensiver, je reiner sie sind."

„*Radiophosphoreszenz*, das Nachleuchten nach Schluß der Bestrahlung, besonders lange andauernd bei Doppelspat."

„*Radiothermolumineszenz*. Ist die Phosphoreszenz erloschen, so leuchtet die Substanz beim Erwärmen wieder auf. Die Phosphoreszenz ist nichts anderes als Thermolumineszenz bei Zimmertemperatur. Bei fortgesetzter Erwärmung verschwindet die Thermolumineszenz, wird aber durch neuerliche Bestrahlung regeneriert. Verfärbtes Glas leuchtet beim Erhitzen grün, Quarz meist blau."

*Radiophotolumineszenz*. Manche Substanzen (Kunzit, Fluorit, Steinsalz u. a.) zeigen die Eigentümlichkeit, nach der Bestrahlung mit Becquerelstrahlen durch gewöhnliches Licht zu lebhaftem Leuchten angeregt zu werden. Bei Kunzit ist die Erscheinung besonders glänzend. Die Radiophotolumineszenz beruht zum Teil auf Ausleuchtung der bei der Becquerelbestrahlung aufgespeicherten Energie, zum Teil aber auf echter Erregung der durch die Bestrahlung zu einem ‚Phosphor' gewordenen Substanz."

„Bei Alkalihalogeniden, Fluorit und Kunzit ist auch *Tribolumi-neszenz* (Aufleuchten beim Reiben oder Pressen) bzw. eine Verstärkung dieser Erscheinung nach Radiumbestrahlung zu beobachten."

## β) Radiofluoreszenz (das Leuchten während der Radiumbestrahlung)

Auch ganz reine Substanzen, wie Wasser u. a., zeigen mit $\gamma$- und $\beta$-Strahlen eine bläuliche Radiofluoreszenz [MALLET (506—508)]. Für Wasser unter Bestrahlung mit raschen $\beta$-Strahlen ist sie von CERENKOW (103—105) näher untersucht worden. Sie läßt sich (auf eine Anregung von VAWILOW hin) theoretisch darauf zurückführen, daß die Geschwindigkeit der Primärelektronen größer ist als die Lichtgeschwindigkeit in der bestrahlten Substanz (Vakuumlichtgeschwindigkeit, gebrochen durch den Brechungsexponenten). Das nur unter einem gewissen Winkel zur Flugrichtung der raschen Elektronen ausgesandte Licht entspricht der Kopfwelle eines mit Überschallgeschwindigkeit fliegenden Geschosses. Nach H. MAIER (503—505) tritt aber in Wasser, Alkohol

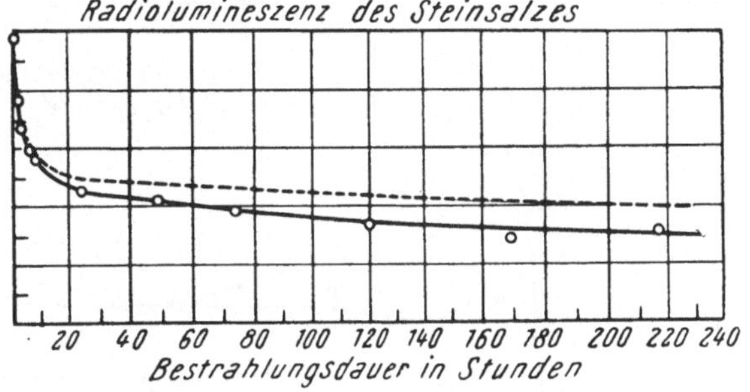


Abb. 26. Radiolumineszenz des Steinsalzes.

usw. noch eine andere Radiofluoreszenz auf, die mit chemischen Prozessen in der Flüssigkeit zusammenzuhängen scheint. Über die CERENKOW-Strahlung siehe auch COLLINS und REILING (119).

Im allgemeinen sind bei der Radiofluoreszenz so wie bei der Verfärbung nicht so sehr die Primär-, sondern die Sekundärquanten maßgebend, die Degradationsprodukte der großen Quanten.

Substanzen, die durch Licht zum Leuchten angeregt werden, emittieren bei Erregung mit Radiumstrahlen meist dieselben Banden wie bei Belichtung. Wenn anscheinend Ausnahmen bestehen, wie z. B. bei Scheelit, der im UV gar nicht oder bräunlich fluoresziert, unter Röntgen- oder Radiumbestrahlung aber hellblau, so rührt dies daher, daß eine Strahlung größerer Quanten (kürzerer Wellenlänge) unter Umständen auch eine Emission veranlassen kann, die zu kurzwellig ist, um entsprechend der STOKESSCHEN Regel von kleineren Quanten erregt zu werden. So erhält man bei Bestrahlung von Alkalihalogenidkristallen mit $\gamma$- oder Röntgenstrahlen eine UV-Emission, die bei Belichtung selbstverständlich nicht auftritt [PERRINE (600)] BURBIDGE und MOORCRAFT (90), CHATTERJEE (109, 110)].

Bei andauernder Bestrahlung nimmt die Helligkeit der Radiofluoreszenz ab (Ermüdung). Da sich die Substanz dabei häufig verfärbt, könnte man meinen, die Helligkeitsabnahme sei auf die vermehrte Absorption des Fluoreszenzlichtes zurückzuführen; dies genügt jedoch nicht, wie Messung der Absorption und Berücksichtigung ihres Einflusses zeigt, Fig. 26 (639), gestrichelte Kurve.

### γ) Radiophosphoreszenz

Da meist ein Nachleuchten, Abklingen, stattfindet, also eine Aufspeicherung erregter Zentren, so nimmt vom Beginn der Bestrahlung an die Helligkeit des Leuchtens erst zu (Anklingen); sie erreicht ein Maximum und sinkt dann auf einen konstanten Endwert ab. Der ganze Ver

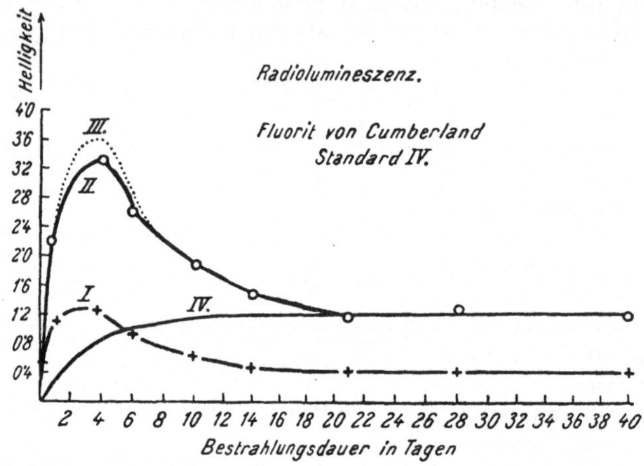


Abb. 27. *I*. Beobachtung, *II*. Korrektur auf Absorption, *III*. ber.

lauf der Kurve, Fig. 27, ist deutbar durch Annahme einer Erregungsaufspeicherung, einer Ausleuchtung und einer Zerstörung von Zentren (Ermüdung), der eine Regenerierung der Zentren entgegensteht, so daß sich schließlich ein stationärer Zustand einstellt. Die Kurve läßt sich durch die Formel

$$I = A(1 - e^{-\lambda_1 t}) + C (e^{-\lambda_3 t} - e^{-\lambda_1 t})$$

darstellen. Man braucht nur im Verfärbungsansatz V (S. 87) an Stelle der Farbzentren die erregten, emittierenden Zentren zu setzen [WALSH (874), K. PRZIBRAM (668), IIMORI (384—386)]. Das Abklingen der Röntgenlumineszenz des NaCl beobachten DEKKER und MORISCH mit dem Elektronenvervielfacher (147).

Der Aufspeicherung der Erregung entspricht eine ausheizbare Lichtsumme, die in einer Reihe von Fällen (NaCl, Kunzit, Kalkspat) einen ähnlichen Verlauf nimmt wie die Verfärbung, definiert durch den Absorptionskoeffizienten im Maximum der Absorption, Fig. 28 (639). Dies deutet auf einen innigen Zusammenhang zwischen Lumineszenz und Verfärbung.

Es kann aber die Lichtsumme — ebenso wie die Helligkeit der Radio-fluoreszenz — bei Überschreitung einer gewissen Strahlendosis wieder

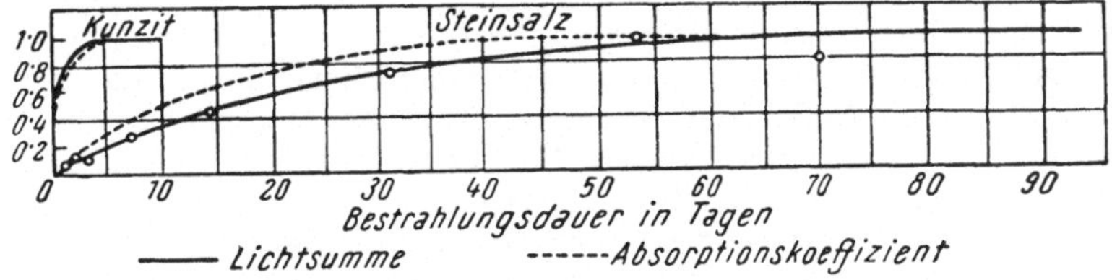


Abb. 28. Verfärbung und Lichtsumme (Radio-Thermolumineszenz).

abnehmen, wie für Fluorit festgestellt ist. Auch da handelt es sich nicht um eine bloße Wirkung der vermehrten Absorption (Verfärbung).

Die hier besprochene Ausheizung der Lichtsumme bedeutet schon:

### δ) Radio-Thermolumineszenz

Mit dieser, dem Leuchten der mit Radium bestrahlten Substanzen beim Erwärmen, ist in der Regel Entfärbung verbunden. Die Substanz leuchtet nur, so lange sie noch gefärbt ist. Wo eine verfärbt gewesene Substanz beim Erwärmen noch weiterleuchtet, nachdem sie anscheinend schon ganz entfärbt ist, muß beachtet werden, daß die Konzentration von Farbzentren, die beim Erwärmen noch zu einer merklichen Emission führen, so gering sein kann, daß sie in der Absorption nicht mehr nach-weisbar wäre; auch ist eine eventuelle Absorption außerhalb des Sicht-baren, insbesondere im UV, zu berücksichtigen.

FRISCH (219) konnte nach Bestrahlung mit langsamen Kathoden-strahlen noch bis herab zu 10 eV eine Thermolumineszenz des NaCl feststellen, wobei keine merkliche Verfärbung aufgetreten war.

Nach McKay (499) ist die Radio-Thermolumineszenz mit Elektronen-leitfähigkeit verbunden.

Eine Theorie der Radio-Thermolumineszenz hat F. URBACH (854) entwickelt; er konnte durch ihre Anwendung auf seine Messungen Ak-tivierungsenergien („Ablösearbeiten") berechnen, die mit den auf ande-rem Wege bei der Ionenleitung [SMEKAL (786)], der Entfärbung [ZEKERT (926)] und der Rekristallisation [K. PRZIBRAM (647 I.)] gefundenen größenordnungsmäßig übereinstimmen.

Zur Radio- bzw. Röntgenthermolumineszenz siehe ferner KAC (413, 414), KLICK (435, 436), WICK (886—889).

### ε) Radio-Photolumineszenz

Erwärmung entfärbt radiumbestrahlte Kristalle und dabei wird Licht emittiert (Radio-Thermolumineszenz). Belichtung kann auch Ent-färbung bewirken; ist vielleicht auch diese mit Lichtemission verbunden? Diese einfache Fragestellung führte den Verfasser (636) im Jahre 1921 zur Auffindung der Radio-Photolumineszenz. Neuerdings bezeichnen

Kallmann und Fürst (418) diese Erscheinung als „light-stimulated Phosphorescence in activated crystals, induced by gamma rays".

Durch Radiumstrahlen grün verfärbter Kunzit, der durch seine Verfärbungs- und Lumineszenzeigenschaften schon längst aufgefallen war, wurde dem konzentrierten Strahl einer Bogenlampe ausgesetzt. Nach Schluß der Belichtung leuchtete er lange und intensiv gelbrot nach, während er im rosafarbenen Naturzustande nur ein phosphoroskopisch nachweisbares Nachleuchten zeigt.

Eine analoge Phosphoreszenz nach Belichtung von Salzen, die durch Kathodenstrahlen verfärbt worden waren, hatte schon 1914 Goldstein gefunden (252); er berichtete darüber im Sommer jenes Jahres auf der Tagung der British Association in Australien. Die Zeitereignisse haben das weitere Bekanntwerden dieser interessanten Versuche verhindert. Bei den Goldsteinschen Versuchen handelt es sich um das Leuchten einer dünnen Oberflächenschichte der Salzkörner, da die Kathodenstrahlen nur eine sehr kleine Reichweite haben. Nach der Bestrahlung mit $\beta$-, $\gamma$- oder mit Röntgenstrahlen geht die Radio-Photolumineszenz vom ganzen Kristall aus. Bei Kunzit ist die Erscheinung so glänzend, daß sie einem größeren Auditorium vorgeführt werden kann.

Handelte es sich beim Kunzit um Radio-Photophosphoreszenz, so wurde bald darauf auch ein Fall von Radio-Photofluoreszenz entdeckt: manche englische Fluorite, die normalerweise blau fluoreszieren, zeigen nach Radiumbestrahlung bei Belichtung mit blauem oder ultraviolettem Licht eine schöne purpurrote Fluoreszenz, die mit Schluß der Belichtung sofort verschwindet (K. Przibram und E. Kara-Michailova (668)). Schließlich hat es sich herausgestellt, daß auch die altbekannte blaue Fluoreszenz des Fluorits, nach dem Stokes die ganze Erscheinung benannt hat, als Radio-Photofluoreszenz zu betrachten ist (S. 187).

Wichtig war die Entdeckung der Radio-Photolumineszenz an den verfärbten Alkalihalogeniden durch Gudden und Pohl und ihre weitere Untersuchung durch deren Mitarbeiter. Hier deckt sich die erregende Absorption vollkommen mit der F-Bande. Die ausleuchtende Absorption erfolgt in der F'-Bande. Erregung und Ausleuchtung sind von lichtelektrischer Leitfähigkeit begleitet. Die Helligkeit der Lumineszenz nimmt denselben Verlauf wie der positive Anteil des lichtelektrischen Primärstromes. Die Absorptionszentren sind sicher die Farbzentren; wahrscheinlich ist diesen in den reinen Alkalihalogeniden auch die Emission zuzuschreiben. In verunreinigten Salzen kann aber eine Übertragung der Anregungsenergie auf die Verunreinigungen erfolgen. Die Emission kann durch Zusatz von Schwermetallen, aber auch durch CO oder $O_2$ [Roos (699)] weitgehend beeinflußt werden, während die F-Zentren dadurch zwar in ihrer Bildung begünstigt, aber sonst nicht verändert werden.

Eine auffallende orangerote Fluoreszenz wurde an einer Gruppe von Steinsalzkristallen, zusammen mit Sylvin, von Staßfurt und einigen anderen Vorkommen nach Radiumbestrahlung beobachtet (639). E. Jahoda (399) hat es wahrscheinlich gemacht, daß diese orangefarbene

Radio-Photofluoreszenz von Spuren von Mangan herrührt. In neuerer
Zeit ist gezeigt worden, daß die mit der Linie 253,7 m$\mu$ erregbare Mangan-
fluoreszenz in NaCl durch Spuren von Blei sensibilisiert ist [MURATA
und SMITH (564), SCHULMAN u. a. (742, 745)]; bei der Radio-Photo-
fluoreszenz scheint dies nicht nötig zu sein.

Der Verfasser (636) hat in seiner ersten Veröffentlichung über Radio-
Photolumineszenz die Meinung ausgesprochen, es handle sich hier um
die Erzeugung von Lumineszenzzentren durch die Radiumbestrahlung
und um deren Erregung durch das Licht. Später (668) neigte er mehr
der Ansicht zu, die Erscheinung beruhe auf der Ausleuchtung der bei
der Radiumbestrahlung aufgespeicherten Energie. Eine Klärung der

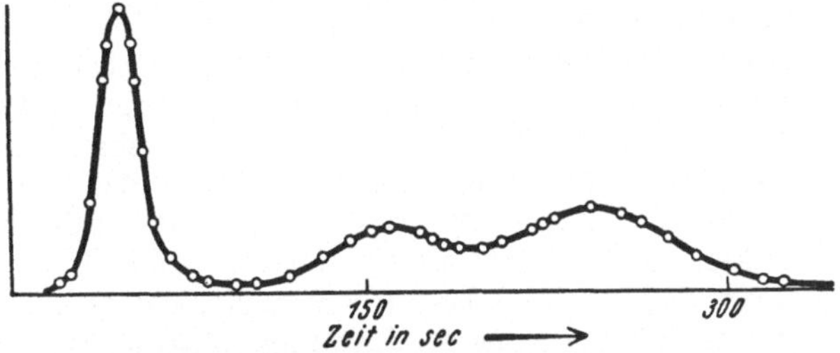



Abb. 29. Thermolumineszenzhelligkeit (in willkürlichem Maße) des natürlichen, auf 300° getemperten Steinsalzes; 10 Minuten mit 94 mg-Ra-Röhrchen (anliegend) bestrahlt; Heizbeginn 5 Minuten nach Beendigung
der Bestrahlung. Temperatur steigt von Zimmertemperatur bis etwa 200° (nach URBACH und SCHWARZ).

Sachlage brachte die Göttinger Dissertation von FRUM (224) durch genauere Untersuchung der Radio-Thermolumineszenz des verfärbten
Steinsalzes. Die Ergebnisse von FRUM wurden durch URBACH und SCHWARZ
(859) bestätigt und erweitert.

Erhöht man allmählich die Temperatur eines durch Bestrahlung
verfärbten Steinsalzkristalls, so beobachtet man folgendes (Fig. 29):
die Helligkeit der Thermolumineszenz steigt erst mit wachsender Temperatur an, um nach Erreichung eines Maximums wieder abzufallen;
einem Minimum folgt ein neuerlicher Anstieg, ein zweiter „Buckel",
der in manchen Fällen eine weitere Unterteilung aufweist, bis schließlich
die ganze Lichtsumme ausgeheizt ist.

Der erste Buckel ist der Emission erregter Zentren zuzuschreiben.
Unmittelbar nach der Radiumbestrahlung ist das Salz voll erregt (Vgl.
S. 27). Mit zunehmendem zeitlichem Abstand zwischen Schluß der Bestrahlung und dem Ausheizen erniedrigt sich der erste Buckel, da der
Erregungszustand unter Phosphoreszenz spontan zurückgeht. Hat man
durch vorsichtiges Erhitzen den ersten Buckel ausgeheizt, so erhält man
ihn wieder, wenn man das Salz vor dem Erhitzen mit blauem Licht belichtet, also erregt. Der erste Buckel wird durch Rotbelichtung erniedt-
rigt, da hierbei Ausleuchtung stattfindet.

Der zweite Buckel hängt mit der Entfärbung zusammen, die Energie
freimacht, und den Emissionszentren zuführt (Entfärbungsleuchten).

Bei zunehmender Bestrahlungsdosis wächst der erste Buckel langsamer an als der zweite und nimmt oberhalb einer gewissen Dosis sogar wieder ab. Eine längere Pause zwischen Bestrahlung und Ausheizung erniedrigt auch den ersten Buckel viel rascher als den zweiten.

Als empfindliche Kristalleigenschaft hängt auch die Radio-Photolumineszenz so wie die Radio-Thermolumineszenz wesentlich von der thermischen und mechanischen Vorgeschichte des Kristalls ab. Tempern vor der Bestrahlung läßt viel größere Helligkeiten erzielen, auch werden die Resultate besser reproduzierbar. Pressen auf 100 kg/cm² *vor* der Bestrahlung ändert den ersten Buckel nicht sehr, der zweite steigt bedeutend an, entsprechend dem Zurücktreten der Erregung und der starken Zunahme der Verfärbung. Pressen *nach* der Bestrahlung erniedrigt den ersten Buckel, erhöht aber merkwürdigerweise den zweiten bei Steinsalz; bei KCl und KBr wird auch dieser erniedrigt.

Ein merkwürdiges Resultat erhielt URBACH (853) bei der Messung der ausheizbaren und der ausleuchtbaren Lichtsumme an verfärbtem KCl, NaBr und CsBr, nicht aber an NaCl: die ausheizbare Lichtsumme ist wesentlich kleiner als die ausleuchtbare, es findet also sozusagen das Gegenteil von Tilgung statt; letztere wird bei RbBr beobachtet. Eine Erregung durch das zur Ausleuchtung benützte rote Licht ist wegen der krassen Verletzung der STOKESschen Regel ausgeschlossen. Es könnte die Erscheinung mit der Abnahme der Lumineszenzausbeute bei höheren Temperaturen zusammenhängen. Das Ausleuchten ist in manchen Fällen sehr intensiv; es ist z. B. sehr reizvoll, zu sehen, wie etwa verfärbtes CsBr im roten Lichte einer Dunkelkammerlampe hellblau leuchtet!

Bei verfärbten KCl-Schmelzflußkristallen tritt auch nach URBACH eine Erholungserscheinung auf. Der Kristall wird nach der Bestrahlung mit rotem Lichte belichtet; er leuchtet dabei intensiv blau auf, die Helligkeit nimmt aber rasch ab. Wird der Kristall nach einer Dunkelpause von einigen Minuten wieder rot belichtet, so tritt wieder Aufleuchten ein mit einer Helligkeit, die ein Vielfaches von jener am Schluß der ersten Rotbelichtung ist. Derartige Erholungserscheinungen sind früher schon an gewöhnlichen Phosphoren beobachtet worden.

### η) Radio-Tribolumineszenz

Die Tribolumineszenz ist keine einheitliche Erscheinung. Miß F. G. WICK (890, 891) hat gezeigt, daß drei verschiedene Mechanismen zu unterscheiden sind: a) Ausstrahlung aus unbeständigen Zentren, die durch Radium-, Röntgen- oder Kathodenstrahlen erregt worden sind; b) Ausstrahlung aus stabilen, hitzebeständigen Zentren, charakteristisch für die Substanz selbst, unabhängig von irgendeiner äußeren Erregung, außer durch Zerbrechen oder Zerreiben des Stoffes; c) elektrische Entladungen in der Luft, erwiesen durch die Stickstoffbanden im Spektrum, s. a. WOLFF u. a. (918a).

Uns interessiert hier der Fall a). Die Erscheinung ist oft sehr auffallend. Bestrahlte Steinsalz- oder Fluoritkristalle braucht man nur in einen Schraubstock einzuspannen und durch rasches Anziehen der Schraube zu pressen, um ein lebhaftes Aufleuchten des ganzen Kristalls

zu erhalten. Die dabei auftretende Erwärmung des Kristalls als Ganzes —
höchstens wenige Grade — genügt nicht, um die Erscheinung als Thermolumineszenz zu deuten; es muß aber wohl an die Möglichkeit einer
rasch vorübergehenden Erhitzung an besonders beanspruchten Stellen
gedacht werden, vergleiche die ,,hot spots'' bei der Reibung nach Bow-
DEN (72).

J. TRINKS (851) hat eine einfache Anordnung zum reproduzierbaren
raschen Pressen von Kristallen konstruiert und die Abhängigkeit der
Helligkeit des Triboluminszenzlichtes von NaCl- und KCl-Kristallen
von der Bestrahlungsdosis, dem Druck und der Dicke bzw. von der
Dickenabnahme untersucht. In allen Fällen ergibt sich zuerst ein angenähert linearer Anstieg mit der Zunahme des variierten Faktors
und dann eine Verlangsamung. Durch Thermolumineszenzversuche
konnte gezeigt werden, daß die Triboluminszenz nicht nur den durch
die Bestrahlung erregten Zentren zuzuschreiben ist; sie tritt auch auf,
wenn durch vorsichtiges Erhitzen der erste Buckel der Thermolumineszenz ausgeheizt worden ist. Die Radio-Triboluminszenz dürfte also
zum Teil auch als Entfärbungsleuchten aufzufassen sein. Man kann
sich leicht vorstellen, daß die Bewegung der einzelnen Teile des Kristalls
gegeneinander (Gleitung) durch Verschiebung der Zentren diesen neue
Reaktionsmöglichkeiten verschafft. Das Leuchten tritt auch auf, wenn
nach dem Pressen eines bestrahlten Stückes im Schraubstock die Schraube
plötzlich aufgedreht wird, so daß unter dem Einfluß der rückwirkenden
elastischen Kräfte neuerlich Verschiebungen im Kristall stattfinden. Bei
den TRINKSschen Versuchen repräsentierte das Triboluminszenzlicht nur
einen kleinen Bruchteil der ausheizbaren Lichtsumme. Durch gründ-
liches Zerreiben verfärbter Alkalihalogenidkristalle, etwa zwischen zwei
Glasplatten, kann aber eine vollständige Beseitigung der Lichtsumme
stattfinden [URBACH (854 I.)].

### ϑ) Das Übergangsschema der Radio=Photolumineszenz

Die Radio-Photolumineszenz unterscheidet sich von der gewöhnlichen Photolumineszenz dadurch, daß außer dem durch das Licht er-
regbaren (verfärbten) Zustand und dem erregten Zustand noch ein dritter,
energetisch tiefster Zustand, der unverfärbte, besteht. F. URBACH (853)
hat die Verhältnisse eingehend diskutiert und insbesondere zur Deutung
seiner Beobachtungen über die Lumineszenz des radiumverfärbten
Sylvins benützt.

Er bezeichnet den unverfärbten Zustand mit 0, den verfärbten mit 1
und den erregten mit 2 und findet für Sylvin als wahrscheinlichstes
Übergangsschema das folgende:

Die Becquerelbestrahlung bewirkt die Übergänge 0—1 und 1—2,
eventuell auch direkt 0—2;

Wärme bewirkt 2—0, 1—0, nur selten 2—1;

erregendes Licht bewirkt 1—2;

ausleuchtendes Licht 2—1, seltener 1—0.

Dabei ist anzunehmen, daß der Übergang 2—1 emissiv erfolgt, die anderen nicht. Daß Wärme die nicht emissiven Übergänge bevorzugt, Licht die emissiven, folgt aus dem Überwiegen der ausleuchtbaren Lichtsumme beim Sylvin; wo bei anderen Alkalihalogeniden das Gegenteil stattfindet, muß auch ein entgegengesetztes Verhalten der relativen Übergangswahrscheinlichkeiten angenommen werden. Der Übergang 0—1 entspricht der Bildung von F- und V-Zentren, jener von 1—2 der Bildung von F'-Zentren. Im allgemeinen muß aber auch dem Übergang 1—0 (Wiedervereinigung von F- und V-Zentren, Entfärbung) eine Emission zugeschrieben werden, eben das Entfärbungsleuchten, möglicherweise allerdings mit Zwischenschaltung eines Übertragungsmechanismus auf noch bestehende F-Zentren.

# Zweiter Teil

# I. Die Färbungsmöglichkeiten in der Natur

## 1. Durch andere Agentien als Radioaktivität

Für eine Reihe von Mineralien ist es schon seit Jahrzehnten bekannt, daß sie ihre Farbe in der Natur einer radioaktiven Einwirkung verdanken und insbesondere die Verfärbungshöfe können geradezu als Indikatoren für eine $\alpha$-Strahlenwirkung dienen. Ehe aber auf die Wirkung der radioaktiven Stoffe auf die Farbe der natürlichen Mineralien eingegangen wird, sei die Möglichkeit der Färbung durch andere Agentien erörtert. Wie im ersten Teil auseinandergesetzt, kommen für die Färbung von Kristallen noch in Betracht: Metalldämpfe, Elektrolyse, Entladungen, ultraviolettes Licht und als Strahlung größter Quanten die nicht irdischen radioaktiven Stoffen entstammende kosmische Höhenstrahlung sowie gewisse chemische Reaktionen.

Eine Färbung durch Metalldämpfe könnte nur in der Nähe des Magmas erfolgen. Gerade jene Metalle, die zur künstlichen Färbung herangezogen worden sind, die Alkalimetalle und das Calcium, kommen aber wegen ihrer leichten Oxydierbarkeit für die Färbung in der Natur nicht in Frage. Überdies müßten durch Dampf gefärbte Mineralien den Charakter additiver Färbung zeigen, während die hier am meisten interessierenden Mineralien, wie Steinsalz, Fluorit u. a. mit ihrer leichten Entfärbbarkeit und ihrer Thermolumineszenz sich wie strahlungsverfärbt verhalten. Ob bei manchen magmatischen Mineralien eine Färbung durch Metalldampf stattgefunden hat, bedarf noch der Untersuchung [siehe LORENTZ und EITEL, ,,Pyrosole'' (492)].

Eine Färbung durch die elektrolytische Wirkung der Erdströme ist im Hinblick auf ihre geringe Stärke und der Tatsache, daß sie so schlechtleitenden Mineralien wie Steinsalz und Fluorit ausweichen werden, ausgeschlossen, ganz abgesehen davon, daß auch eine solche Färbung additiven Charakter haben müßte.

Elektrische Entladungen, Elektrizitätsausgleich bei hoher Spannung, erfolgen nur in der Atmosphäre an der Erdoberfläche, und auch starke Blitzschläge werden nur unter besonderen Umständen metertief in die Erde eindringen, wie die ,,Blitzröhren'' in sandigem Boden zeigen. Immerhin könnte bei oberflächlich gelegenen Minerallagern gelegentlich Blitzschlag eine Färbung bewirken. Es wäre nicht ausgeschlossen, daß in den gewitterreichen Anden solche atmosphärische Entladungen bei der

Blaufärbung der sogenannten „Caliche", des chilenischen Rohsalpeters, mitgespielt haben.  Da hiebei vorzugsweise das ultraviolette Licht der Entladung wirksam ist, wäre der „subtraktive" Charakter der Färbung gegeben.

Gerade in den Anden könnte aber auch der ultraviolette Anteil der Sonnenstrahlung mitgewirkt haben, der mit der Höhe über dem Meeresspiegel stark zunimmt.  Tatsächlich färben sich dort Gläser in der Sonne rasch violett, wie dies langsamer auch bei uns mit gewissen Gläsern der Fall ist.  Allerdings müßten dann die Caliche-Lager ursprünglich an Tag gelegen sein und erst nach der Verfärbung von jüngeren Sand- und Geröllschichten überdeckt worden sein, was durchaus plausibel erscheint.

Die kosmische Höhenstrahlung kommt für die Verfärbung in tieferen Schichten trotz ihres großen Durchdringungsvermögens nicht in Betracht. Selbst an der Erdoberfläche im Meeresniveau ist ihre Intensität, gemessen durch die Zahl der von ihr im cm³ Luft pro sec. gebildeten Ionenpaare nur etwa ein Sechstel jener der Strahlung der radioaktiven Stoffe in der Atmosphäre und im Erdboden, siehe etwa St. Meyer und Schweidler (527).  Nach Durchsetzung von 250 m Wasser sinkt sie schon auf weniger als $1\%$ dieses Wertes.  J. Read (677) hat allerdings bei der Diskussion des Heliumgehaltes des Berylls darauf aufmerksam gemacht, daß die Intensität der Höhenstrahlung zeitweilig wesentlich größer gewesen sein könnte als gegenwärtig, falls der von Baade und Zwicky vermutete Zusammenhang der Höhenstrahlung mit gewissen neuen Sternen, den „Super-Novae" zu Recht besteht, doch scheint dies wohl nicht als erwiesen.

Da eine Färbung durch eine chemische Reaktion ähnlich jener von Fittig-Wurtz wohl nicht in Frage kommt, bleibt als wahrscheinliche Ursache der Färbung in der Natur doch nur die Strahlung der radioaktiven Substanzen.

## 2. Die Verteilung der radioaktiven Stoffe in der Erdrinde

Über die Verteilung der radioaktiven Stoffe in der Erdrinde sind eine große Zahl von Untersuchungen angestellt worden, so daß man hierüber schon gut unterrichtet ist und eine weitere Häufung des Materials die gefundenen Mittelwerte kaum mehr stark ändern wird [s. St. Meyer und Schweidler (527), Hevesy und Paneth (334), K. W. F. Kohlrausch (443)].

Für ein Gramm Gestein der Erdrinde können als mittleren Gehalt an Uran, Thorium und Radium folgende Zahlen in Grammen angegeben werden:

$$U\ 4\cdot 10^{-6},\ Ra\ 1{,}3\cdot 10^{-12},\ Th\ 1{,}6\cdot 10^{-5}.$$

Dabei ist der Gehalt im allgemeinen größer in sauren als in basischen Eruptivgesteinen und größer in Eruptivgesteinen als in Sedimentgesteinen. Analogieschlüsse auf tiefere, uns unzugängliche Schichten der Erde ermöglichen Gehaltsbestimmungen an Meteoriten.  Während der mittlere Urangehalt des sauren Granits $9\cdot 10^{-6}$, der des basischen Basalts $3\cdot 10^{-6}$ beträgt, ergab sich für Steinmeteorite, die basischer sind als die basischsten irdischen Gesteine, der Wert $3,6 \cdot 10^{-7}$, für Eisenmeteorite gar $9 \cdot 10^{-8}$.

Die dritte der natürlichen radioaktiven Zerfallsreihen, die Aktiniumreihe, spielt gegenüber der Uran-Radium- und der Thoriumreihe nur eine untergeordnete Rolle, da sie in den Uranmineralien nur etwa 4 % der Gesamtaktivität beiträgt. Bei der Besprechung der Verfärbungshöfe wird hievon noch die Rede sein, S. 232.

Zu den natürlichen radioaktiven Elementen gehören auch Kalium und Rubidium, beides $\beta$-Strahler von sehr großer Lebensdauer, und daher sehr geringer Radioaktivität, von denen aber das Kalium trotzdem wegen seiner Häufigkeit in der Erdrinde bei der Betrachtung der radioaktiven Wirkungen in derselben nicht zu vernachlässigen ist. Die von gleichen Mengen K, Rb und U (UX) in gleichen Zeiten ausgesandten Zahlen von $\beta$-Teilchen verhalten sich wie $1 : 16 : 500$. Nun steigt der Gehalt mancher Gesteine an Kalium z. B. im Granit auf über $3 \cdot 10^{-2}$, so daß die geringe Zerfallsgeschwindigkeit des Kaliums durch seine größere Häufigkeit gegenüber dem Uran überkompensiert ist. Daß im natürlichen Kalium nur das Isotop $^{40}K$, im Rubidium nur das Isotop $^{87}Rb$ radioaktiv ist, kommt hier nicht in Betracht, da diese Mischelemente in der Natur stets dieselben Isotopenverhältnisse aufweisen. Auf die Notwendigkeit, bei der Wärmebilanz der Erde auch die Radioaktivität des Kaliums zu berücksichtigen, haben HOLMS und LAWSON hingewiesen (371).

Das $\alpha$-strahlende Samarium ist nur etwa 1/270mal so aktiv wie Uran bei gleicher Gewichtsmenge und daher im Hinblick auf seine relative Seltenheit meist zu vernachlässigen. Als $\alpha$-Strahler gibt es sich aber zuweilen durch die Bildung pleochroitischer Höfe zu erkennen. Noch weniger kommt die $\beta$-Aktivität des seltenen Cassiopeiums in Betracht sowie etwaige noch zu entdeckende natürlich-radioaktive Elemente, deren Aktivität selbstverständlich nur sehr gering sein kann.

## 3. Abschätzung der quantitativen Möglichkeit einer Verfärbung durch radioaktive Einwirkung in der Natur

Es ist zu untersuchen, ob die in der Erdrinde verteilten radioaktiven Substanzen tatsächlich energetisch ausreichen, die Färbung natürlicher Mineralien zu erklären. Nach dem vorhin Gesagten wird die Erdrinde ständig von einer Strahlung durchflutet, die im Durchschnitt dem mittleren Gehalt an radioaktiven Substanzen zuzuschreiben ist. Betrachten wir allein das Radium und berücksichtigen wir, daß die in einem Gramm Radium in der Stunde entwickelte Energie rund 270 cal. beträgt, so wäre die in einem Gramm Durchschnittsgestein entwickelte Energie bei einem mittleren Radiumgehalt von $10^{-12}$ g gleich $2,7 \cdot 10^{-10}$ cal. in der Stunde oder $2,36 \cdot 10^{-6}$ im Jahr. Die zur Verfärbung nötige Energie können wir aus Laboratoriumsversuchen auf folgende Weise roh abschätzen: nehmen wir ein leicht verfärbbares Mineral, etwa Steinsalz oder gewisse Fluorite, und exponieren ein Gramm davon in der Form eines Quaders von 1 cm² Basisfläche in 1 cm von der Mitte eines Radiumpräparates von 1 g

Radiumgehalt, indem die Breitseite des Quaders dem Präparate zugewandt ist und durch passende Abschirmung nur die $\gamma$-Strahlung zur Wirkung gelangt, so ist nach einem Tage schon eine Färbung merklich. Nun beträgt die Gesamtenergie der $\gamma$-Strahlung von 1 g Radium 10 cal./Stunde. Von dieser fällt rund $\frac{1}{4\pi}$ oder $^1/_{12}$ auf den Kristall, also 0,83 cal./Stunde. Hievon wird rund $^1/_{10}$ im Kristall absorbiert, also 0,083 cal./Stunde, in einem Tag also rund 2 cal. Diese Energie genügt zur Färbung. Da der Radiumgehalt eines durchschnittlichen Gramms der Erdrinde $2,36 \cdot 10^{-6}$ cal./Jahr liefert, so wären zur Färbung in der Natur $2 : 2,36 \cdot 10^{-6} = 8,4 \cdot 10^5$ Jahre erforderlich, eine geologisch betrachtet kleine Zeit. Zu derselben Größenordnung gelangt man, wenn man in Betracht zieht, daß unter den angegebenen Bedingungen bei Mitwirkung der $\beta$-Strahlen des Radiumpräparates die Färbung schon nach einer Stunde merklich ist. Rein energetisch wäre also der mittlere Radiumgehalt der Erdrinde schon hinreichend, um Färbungen zu bewirken.

Diese Betrachtung ist aber, ganz abgesehen von der Roheit der Schätzung, in mehrfacher Beziehung unzulänglich. Das radioaktive Strahlungsfeld der Erdrinde ist durchaus nicht homogen. Das Radium — und das gilt auch für die anderen Radioelemente — ist nicht gleichmäßig verteilt, und deswegen, und wegen der starken Absorption des Großteils der radioaktiven Strahlen, wird die Strahlungsintensität ebenfalls ganz ungleichmäßig verteilt sein. Für die Färbung eines Minerals wird nicht so sehr die Verteilung der radioaktiven Stoffe in seiner Umgebung als sein eigener Gehalt an ihnen maßgebend sein. KOENIGSBERGER (439) hat schon frühzeitig darauf hingewiesen, daß man die durchgehende Färbung der mächtigen alpinen Rauchquarze nicht durch eine von außen eindringende Strahlung erklären kann, da diese die bisweilen meterdicken Kristalle nicht ungeschwächt durchdringen könnte. Dieser Einwand betrifft aber nur eine von außen kommende Strahlung und nicht die von den radioaktiven Stoffen im Kristall selbst ausgesandte. Über die Methoden zur Bestimmung der Verteilung radioaktiver Stoffe in Mineralien siehe HOUTERMANS(374), PICCIOTTO(606—608), POOLE und BREMMER (626), YAGODA(921)!

Da der Gehalt der Mineralien an radioaktiven Stoffen nun ein sehr verschiedener ist, verschiedene Mineralien sich auch sehr verschieden leicht verfärben lassen, so läßt sich die Frage, ob die radioaktiven Stoffe in der Natur zur Verfärbung genügen, überhaupt nicht allgemein beantworten; es muß vielmehr jeder einzelne Fall gesondert behandelt werden, was am Beispiel des Steinsalzes und des Fluorits im speziellen Teile geschehen wird. Es wird da auch zu berücksichtigen sein, daß nicht die gesamte eingestrahlte und absorbierte Energie zur bleibenden Färbung ausgenützt wird, daß vielmehr ein Teil der gebildeten Zentren sich immer wieder entfärbt, wobei die Stabilität eine sehr verschiedene sein kann.

Es ist auch zu bedenken, daß früher einmal eine starke Aktivität vorhanden gewesen, wegen der kurzen Lebensdauer der betreffenden Radioelemente aber heute abgestorben sein könnte, so daß die heute beobachtete Farbe von jener stärkeren Radioaktivität herrühren könnte.

Dieser Gedanke findet sich schon bei SIEDENTOPF. O. HAHN (299, 301) hat zur Erklärung des Heliumgehaltes des Steinsalzes und des größeren des Sylvins angenommen, daß die Salzlager einst durch stark radonhaltige Tiefenwässer umgewandelt worden seien, wobei sich mit dem Steinsalz und besonders mit dem Sylvin das Bleiisotop RaD abgeschieden habe, aus dem sich das $\alpha$-strahlende Polonium bildete. Beide Radioelemente sind heute abgestorben, aber die $\alpha$-Strahlen des Poloniums stecken jetzt noch als Heliumatome im Salz. O. HAHN und H. J. BORN (301) möchten nun auch die Farbe des blauen Steinsalzes auf diese abgestorbene Aktivität des Poloniums zurückführen, worauf im speziellen Teil noch eingegangen werden wird, S. 131.

## 4. Das Prinzip der natürlichen Auslese des Stabilsten

Da die Intensität der radioaktiven Strahlung in der Natur verhältnismäßig gering ist, so können sich labile Zentren unter den natürlichen Bedingungen überhaupt nicht ansammeln. Ehe neue Zentren sich bilden, sind die früher gebildeten schon wieder entfärbt. Wo also in der Natur eine durch Strahlung bewirkte Färbung beobachtet wird, muß es sich um Zentren handeln, die der Dunkelreaktion, d. h. der Wärmebewegung gegenüber sehr stabil sind. Daß dem so ist, daß also wirklich so etwas wie eine natürliche Auslese des Stabilsten stattfindet, läßt sich durch eine Reihe verschiedener Beobachtungen belegen. Daß der künstlich so leicht anzufärbende Sylvin in der Natur nie strahlungsgefärbt (purpurviolett) angetroffen wird, versteht sich aus der großen Labilität seiner Färbung von selbst. Denselben Grund hat wohl auch die relative Seltenheit des strahlungsgefärbten *gelben* Steinsalzes; die gelbe Farbe ist wesentlich labiler als die violette und gar die blaue. Fluorit nimmt bei künstlicher, d. h. im Vergleich zur natürlichen sehr intensiven Bestrahlung meist eine schön kornblumenblaue Farbe an, die in der Natur nicht oder jedenfalls selten vorkommt. Die Ursache ist, daß diese blaue Farbe recht labil ist und häufig schon bei längerem Liegen im Dunklen in eine stabilere violette Farbe übergeht, die sich in der Natur häufig findet. Wie SCHILLING (720) beobachtet hat, färben sich in der Natur farblose Streifen in sonst farbigem Fluorit bei künstlicher Radiumbestrahlung rascher und tiefer als die von Natur aus gefärbten, was darauf zurückzuführen ist, daß die farblosen Regionen vorwiegend Zentren großer Labilität bilden. Eine analoge Beobachtung hat FRONDEL (223, 661) an Rauchquarz gemacht. S. a. Beobachtungen MIETHES an Turmalin. Bei der Besprechung des kalifornischen Kunzits (S. 219) wird gezeigt werden, daß Bestrahlung desselben eine labile Grünfärbung und eine weit stabilere Rosafärbung bewirkt; nur die letztere kommt in der Natur vor (der natürliche grüne Spodumen Hiddenit verdankt seine Farbe nicht einer Bestrahlung).

Das Prinzip der natürlichen Auslese des Stabilsten gilt nicht nur für Farbzentren (im weitesten Sinne), sondern auch für erregte Lumineszenzzentren. Daher erhält man Thermolumineszenz nach künstlicher intensiver Bestrahlung schon bei wesentlich tieferen Temperaturen als im Naturzustand; in letzterem können sich eben Elektronen nur in tieferen „traps" halten.

# II. Steinsalz

## 1. Die Farben des Steinsalzes

### a) Die Farben im allgemeinen

Während das Natriumchlorid in Form der reinen chemischen Verbindung farblos ist, zeigt das natürliche Steinsalz die verschiedensten Farben: Grau bis Schwarz, Rot, Braun, Gelb, Grün, Blau und Violett. Die meisten dieser Farben sind durch farbige Verunreinigungen bedingt, gehören also nicht eigentlich hierher, und so seien nur wenige Bemerkungen über sie gemacht.

Die graue Farbe rührt meist von Toneinschlüssen her, die bald in größeren Klümpchen, bald in mikroskopisch feiner Verteilung auftreten. Ein schwarzes Steinsalz kommt bei Chanaral in der Wüste Atacama (Chile) vor; seine schwarze Farbe rührt auch von Verunreinigungen her, enthält es doch nach DARAPSKY (142) neben nur 38,64% NaCl 55,35% Unlösliches; es wäre noch zu untersuchen, ob nicht auch eine blaue Komponente zugegen ist. Die roten (von bräunlichrosa bis korallenrot) und die meisten gelben Färbungen rühren von Eisenverbindungen her. Eine braune Farbe kann das Steinsalz durch bituminöse Einschlüsse erhalten, manchmal in regelmäßigen Schichten angeordnet, wie besonders schön an dem Salz von Starunia, Siebenbürgen, zu sehen ist. Das in Hallstatt gefundene grüne Steinsalz verdankt seine Farbe einem Gehalt an Kupfer. Dieses ist erst durch die Tätigkeit des Menschen hineingekommen. Man hat öfters Bronzewerkzeuge in den uralten Salzbergwerken des Salzkammergutes gefunden, die von den bronzezeitlichen Bergleuten liegengelassen worden waren. In der Umgebung solcher Werkzeuge ist das Salz grün gefärbt, und der Zusammenhang der grünen Farbe mit jenen Funden wird nach F. MORTON (552) noch weiter erhärtet durch den analytischen Nachweis von Zinn neben Kupfer (Analyse von ELISABETH RONA) in dem der Bronze annähernd entsprechenden Verhältnisse.

Die älteste Angabe über färbiges Steinsalz findet sich wohl bei HERODOT (331), der von „purpurnem" Steinsalz spricht, das in einem nordafrikanischen Bergwerk gegraben wurde[1]. Das Wort „purpurn" hat im Griechischen (πορφύρεος) keine sehr scharf definierte Bedeutung; die so bezeichnete Farbe kann von Braunrot bis Violett gehen, siehe etwa GOETHES Farbenlehre (242). Bei dem von HERODOT angeführten „pur-

---

[1] Nach einer freundlichen Mitteilung des bekannten Orientalisten Prof. H. MŽIK handelt es sich um das noch heute ausgebeutete Salzvorkommen von Tagazza (Teghasa) in der französischen Sahara.

Der Verfasser verdankt Herrn Prof. A. LESKY die Bekanntgabe des griechischen Textes und der folgenden Übersetzung:

ἔστι δὲ ἅλος το μέταλλον ἐν αὑτῃ διά δέκ‍ο ἡμερέων ὁδοῦ καί ἄνδρωπο‍ι οἰκέοντες. τά δέ οἰκία τούτοισι πᾶσι εκ τῶν ἁλίνων χόνδρων οἰκοδομέαται. ταῦτα γὰρ ἤδη τῆς Λιβύης ἄνομβρα ἐστί. οὐγὰρ ἄν ἠδυνέατο μένειν οἱ τοῖχοι ἰόντες ἅλινοι, εἰ ὗε. ὁδὲ ἅλς αἰτόθι καὶ λενκο‍ς καὶ πορφύρεος τὸ εἶδος ὀρύσσεται.

purnen" Salz handelt es sich sicher um das häufige, durch Eisen rot gefärbte Salz, und nicht um das seltene violette, denn HERODOT stellt es
in eine Linie mit dem weißen.

Die bisher genannten Farben des Steinsalzes boten der Erklärung keine
Schwierigkeiten, rätselhaft blieb aber lange Zeit die violette und die blaue
Farbe, die erst durch die neuere Forschung über Strahlungsverfärbung
erklärt werden konnten, wobei aber nicht behauptet werden soll, daß das
Rätsel schon vollständig gelöst sei. Schließlich haben sich auch gewisse
gelbe Färbungen des Steinsalzes als Bestrahlungswirkung ergeben.

## b) Das gelbe, strahlungsverfärbte Salz

Ein solches wurde erstmalig von O. SCHAUBERGER (715) im Salzberg
von Hall in Tirol gefunden. Daß dieses gelbe Salz nicht früher entdeckt
wurde, ist nicht verwunderlich, da es sich im Lichte der Grubenlampe nur
schlecht vom farblosen Salze abhebt und sich an Tag rasch entfärbt.
SCHAUBERGER erkannte sofort, daß es sich hier um die primäre gelbe
Strahlungsverfärbung handle. Im Wiener Institut für Radiumforschung
angestellte Versuche (669) haben dies durchaus bestätigt. Das Haller
Gelbsalz wird am Tageslicht in Minuten bis Stunden farblos und entfärbt
sich auch besonders rasch beim Erhitzen, weshalb SCHAUBERGER es mit
künstlich schwach verformtem bestrahltem Salz verglichen hat. Ein
ganz ähnliches Salz ist später auch im Hallstätter Salzberg gefunden
worden.

Zweifellos wird durch Strahlung gelb gefärbtes Salz sich auch an
anderen Orten finden. So gibt APRODOW (15) ein derartiges Vorkommen
im Salzlager von Solikamsk an. Allerdings ist in der dem Verfasser
zugänglichen Publikation kein Beweis erbracht, daß es sich da wirklich
um strahlungsgefärbtes Salz handelt, das gemeinsame Vorkommen mit
blauem Salz macht es aber wohl auch ohne einen solchen wahrscheinlich.

Die Ausmessung des Absorptionsspektrums des Haller Gelbsalzes
durch E. EYSANK (192) ergab ein Maximum zwischen 465 und 470 m$\mu$;
spätere Messungen durch L. WIENINGER (900) ergaben 460 m$\mu$. Es handelt
sich also um die bekannte $F$-Bande des NaCl. Die Messungen WIENINGERS
scheinen noch ein schwaches Maximum in der Gegend von 600 m$\mu$ anzu-
deuten.

Bei künstlicher Radiumbestrahlung färbt sich das Haller Salz viel
rascher als z. B. das vielfach untersuchte farblose Steinsalz von Fried-

---

„Es gibt dort (in der Sandwüste südlich vom Atlas) ein Salzvorkommen in
einer Entfernung von zehn Tagreisen (nämlich westlich von den Atlanten, die am
Atlas wohnen) und Menschen siedeln dort. Deren Häuser sind durchwegs aus
Salzkörnern erbaut. Ist doch dieser Teil von Libyen bereits regenlos. Denn Mauern,
die aus Salz bestehen, hätten nicht Bestand, wenn es regnete. Das Salz wird aber
dort in weißer und dunkelroter Gestalt gebrochen."
Ferner den Hinweis: Der Kommentar von Heinrich Stein bemerkt zur Stelle:
Der Araber Ibn Batuto, der im 14. Jahrhundert dort reiste, fand sämtliche Häuser
der Stadt Taghesa aus Salzquadern gebaut und mit Kamelfellen gedeckt.

richshall; der Absorptionskoeffizient im Maximum steigt bei ersterem anfangs etwa 2,5mal rascher an als bei letzterem. Auch die künstliche Gelbfärbung des Haller Salzes ist sehr lichtempfindlich. Durch Erhitzen auf 300° C während zweier Stunden verliert das Haller Salz seine große Verfärbbarkeit und unterscheidet sich dann in bezug auf Bestrahlungsverfärbung nicht mehr vom Friedrichshaller.

Das Haller Gelbsalz im Naturzustand zeigt Thermolumineszenz, das Salz selbst eine schwächere ohne merklichen Farbton, manche Einschlüsse, wahrscheinlich Anhydrit, eine lebhafte orangefarbene (Mn?); erstere wird durch Entfärbung des Salzes durch Tageslicht geschwächt, wenn auch vielleicht nicht ganz beseitigt. Das Haller Salz zeigt nach TRINKS (851) eine stärkere Triboluminszenz als die anderen von ihm untersuchten Steinsalzproben.

J. URBANEK (861) hat gezeigt, daß das Haller Gelbsalz lichtelektrische Leitfähigkeit zeigt, mit einem Maximum bei 460 m$\mu$ wie bei künstlich gelb gefärbtem Salz, und daß dasselbe für das Hallstätter Gelbsalz gilt, das sich überhaupt ganz so wie das Haller zu verhalten scheint.

Nach plastischer Deformation ist das Rekristallisationsvermögen des Haller Gelbsalzes, beurteilt nach der Verfärbungsmethode, gering; während das Friedrichshaller Salz, auf 10000 kg/cm² gepreßt, bei Zimmertemperatur schon nach einem Tag vollständig rekristallisiert ist (Fehlen der Blaufärbung), ist dies beim ebenso behandelten Haller Salz auch nach Wochen noch nicht der Fall.

Nach Röntgenaufnahmen von G. ORTNER (585) zeigt das Haller Salz (drei verschiedene Proben) leichten Asterismus der Laueflecken als Zeichen mäßiger Störungen. Die oben angegebene Wärmebehandlung beseitigt diese jedoch nicht, so daß kein direkter Zusammenhang zwischen diesen Störungen und jenen, welche die größere Verfärbbarkeit dieses Salzes bedingen, zu bestehen scheint.

Es kann nach all dem nicht bezweifelt werden, daß das Haller und das Hallstätter Gelbsalz von Natur aus durch Druck oder Verunreinigungen zur Verfärbung prädestiniert ist und daß seine Gelbfärbung die hier erstmalig in der Natur festgestellte primäre Bestrahlungsfarbe und somit eine Vorstufe zur Blaufärbung darstellt, wie denn auch Blausalz gelegentlich im Bereiche des Gelbsalzes vorkommt.

Die Konzentration der F-Zentren im natürlichen Gelbsalz erreicht nach WIENINGER (900) die Größenordnung $10^{15}$.

## c) Das violette und blaue Steinsalz

### α) Ältere Angaben

Diese beiden werden meist gemeinsam unter der Bezeichnung blaues Steinsalz oder kurz Blausalz zusammengefaßt.

Während das natürliche gelbe strahlungsgefärbte Steinsalz eine neuere Entdeckung ist, ist Blausalz seit langem bekannt. Die Farbe ist so auffallend, daß die Bergleute sie frühzeitig bemerkt haben müssen.

In J. F. T. Berliners „Potash Bibliography to 1928" (49) finden sich folgende frühe Angaben: als älteste eine Bemerkung von J. G. Wallerius (1783) über berlinerblaues Salz in Polen. Hassenfratz (1791) will die blaue Farbe des Steinsalzes auf einen Gehalt an Manganchlorid zurückführen, violettes Salz soll aus Natriumchlorid und Magnesiumchlorid bestehen; K. M. Schroll beschreibt blaues Steinsalz vom Dürrnberg, Hallein.

In den ersten Dezennien des 19. Jahrhunderts ist das Blausalz schon so bekannt, daß es auch in populären Schriften über Mineralogie Aufnahme fand. So werden von G. T. Wilhelm 1828 (910) in seinen „Unterhaltungen aus der Naturgeschichte des Mineralreiches" „Veilchen-, Lasur- und Berlinerblau" bei blätterigem, „Lavendel-, Viol- und Lasurblau" bei faserigem Salz angegeben.

## β) Das Vorkommen des Blausalzes

Betreffs aller Fragen der Geologie der Salzlager sei auf das umfassende Werk von Lotze (494) verwiesen.

Die bekanntesten Vorkommen von Blausalz sind die deutschen, insbesondere das von Staßfurt. Ein besonders schönes violettes Salz wird im Grimbergschacht bei Heringen (Werra-Gebiet) gefunden. Alle österreichischen Salzberge enthalten Blausalz, siehe F. Cornu (123); am seltensten ist es wohl in dem von Aussee. Besonders charakteristisch ist das violette Fasersalz von Hallein und Hallstatt und das Blaupunktsalz von Hallstatt. Unter den karpathischen Vorkommen ist jenes von Kalusz am bemerkenswertesten. Blausalz aus französischen und spanischen Salzlagern beschreibt Doelter (168). Auf Sizilien kommt violettes Salz vor. In England ist erst in neuester Zeit bei Bohrungen

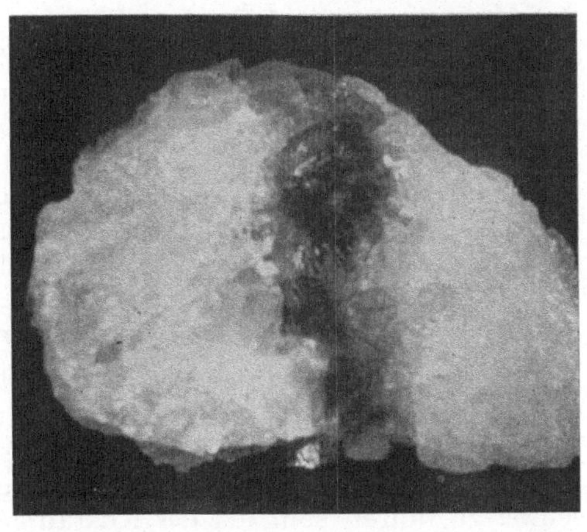

Abb. 30. Blaue Kontaktzone zwischen farblosem Steinsalz (rechts) und Sylvin (links). $^5/_{18}$ natürlicher Größe.

in Yorkshire bläuliches Salz gefunden worden (816)[1]. Das russische Vorkommen von Blausalz von Solikamsk beschreibt Aprodow (15). Ein Blausalzstück von Iletzkaia Saschtita, Orenburg, befindet sich im British Museum, South Kensington. Über Blausalz in außereuropäischen Ländern scheint nicht viel vorzuliegen. Im Salt Range, Punjab, kommt es bei Mayo

---

[1] Neuere Erkundigungen lassen es als zweifelhaft erscheinen, ob es sich hier wirklich um blaues Steinsalz oder nur um bläulich irisierendes handelt.

vor, wenigstens besitzt das Wiener Institut für Radiumforschung ein kleines Stück mit dieser Fundortsbezeichnung. In einem Bericht (714) über Bohrungen in Neu-Mexiko werden Blausalzkörner in den Bohrkernen erwähnt. Der chilenische Rohsalpeter, „Caliche“, verdankt seine blaue Farbe einem Gehalt an fein verteiltem Blausalz. Diese Aufzählung ist sicher lange nicht vollständig, zeigt aber schon, daß das Blausalz, wenn auch kein häufiges Mineral, doch sehr weit verbreitet ist.

Eine alte bergmännische Erfahrung besagt, daß das Blausalz in der Regel in der Nachbarschaft von Kalisalzen vorkommt, so daß es in manchen Lagern geradezu als Leitmineral zur Aufsuchung derselben dienen kann. Im Staßfurter Gebiet ist es höchst reizvoll zu sehen, wie mehr oder weniger kristallographisch begrenzte Brocken von Blausalz in die Bänder von weißem Sylvin eingesprengt sind, wovon sich der Verfasser 1932 dank dem Entgegenkommen der Leitung der Anhaltischen Salzwerke im Werke Kleinschierstedt durch den Augenschein überzeugen konnte. Ein von der genannten Werksleitung dem Wiener Institut für Radiumforschung gespendetes großes Stück besteht zum Teil aus farblosem Steinsalz, zum Teil aus farblosem, trüb-weißem Sylvin; die Kontaktzone zwischen beiden besteht aus blauem Steinsalz, Abb. 30. Die Handstücke von blauem Steinsalz in den Sammlungen enthalten oft Partien, die aus Sylvin bestehen. Im Sylvinit, einem grobkörnigen Gemenge von Steinsalz und Sylvin, ist die Steinsalzkomponente häufig violett gefärbt. Im Grimberg-schacht (Werra-Gebiet) ist das violette Salz in Carnallit eingewachsen. Auch in den alpenländischen Vorkommen, die an Kalisalzen viel ärmer sind als die mitteldeutschen, zeigt sich bisweilen die Vergesellschaftung von Blausalz mit Kalisalzen. Die Sammlung des Instituts für Radium-forschung enthält ein Handstück aus Bad Ischl, das ein unregelmäßiges Stück Blausalz als Einschluß in gut kristallisiertem Sylvin zeigt. Das Hallstätter Blaupunktsalz enthält Polyhalit und den selteneren Syngenit. In den karpathischen Vorkommen ist besonders der Sylvin von Kalusz charakteristisch, der oft massenhaft Körner von Blausalz enthält.

Das Blausalz ist in der Regel von farblosen Salzen oder von Salzton umschlossen, *ein*gewachsen; ein anscheinend *auf*gewachsenes Blausalz beschreibt BURKART (91), doch wird ein strenger Nachweis, daß es sich wirklich um Blaufärbung eines frei aufgewachsenen Kristalls handelt, schwer zu führen sein, da der Kristall ja auch nach erfolgter Färbung freigelegt worden sein könnte.

Wiederholt ist auch auf den Zusammenhang des Blausalzes mit Ver-werfungen hingewiesen worden, z. B. von J. SCHULTZKY (747). Ein genauer Kenner der deutschen Salzlager, Bergrat E. FULDA (225) äußerte sich in folgender Weise: „In sehr mächtigen und weitverbreiteten primären Salz-lagern hat man keine Spur von blauem Steinsalz gefunden. Das Blausalz kommt im allgemeinen nur in der Nachbarschaft von Kalisalzen vor, und zwar an solchen Stellen, an denen man eine sekundäre Umkristallisation unter dem Einflusse von gesättigten Lösungen vermuten darf. Solche Stellen sind besonders die sogenannten Hutbildungen der Kalilager (sekundäres Kainitgestein) und durch Salzneubildungen verheilte tektonische Störungen. Im Werragebiet kommen außerdem Durchtränkungszonen der Kalilager unter dem Einflusse vulkanischen Wasserdampfes in der Nähe von basaltführenden Spalten in Betracht. Die Lösungen, in deren Gegenwart die Umkristallisierung unter Blausalzbildung stattfand, enthielten vermutlich in der Hauptsache Chlormagnesium, daneben Chlorkalium und Chlornatrium, außerdem in geringerer Menge die entsprechenden Sulfate. Die Anwesenheit dieser Lösungen scheint eine notwendige Vorbedingung für die Entstehung des Blausalzes in der Natur zu sein." Auch J. D'Ans (141a) betont die Bindung des Blausalzes an sekundäre Umwandlungen. Im Hervorheben der sekundären Umkristallisation berühren sich diese Ausführungen mit den Anschauungen von Hahn und H. J. Born (301) über die Wirkung radioaktiver Tiefenwässer. Neuerdings bezeichnet R. Kühn (461a) das blaue Steinsalz, wenigstens im Werragebiet, als Leitmineral für thermale Umwandlungszonen.

### γ) Die Farben des Blausalzes

Wie schon bemerkt, faßt man unter dem Begriff Blausalz meist sehr verschiedene Färbungen zusammen, die in zwei Gruppen, Violett und Blau, eingeteilt werden können. Das Violett geht von Rosa-Lila bis tief Blauviolett, das Blau von lichtem Himmelblau bis tief Indigo.

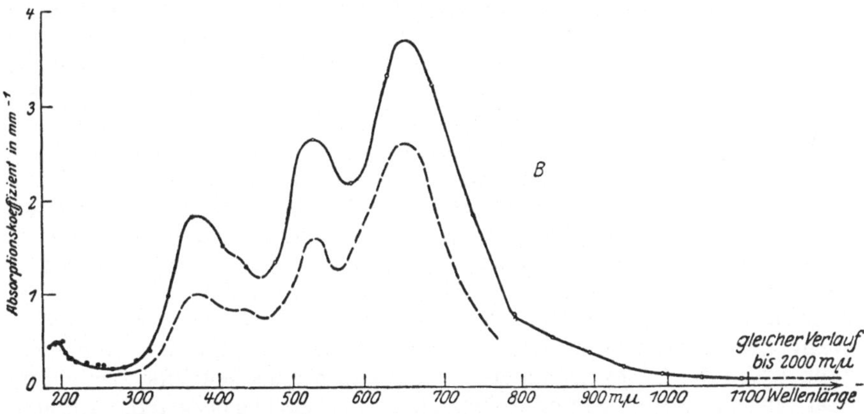


Abb. 31. Absorptionsspektrum des natürlichen blauen Steinsalzes (nach Gyulai und Hilsch und Ottmer).

Das erste Absorptionsspektrum eines Blausalzes findet sich in Röntgens großer Arbeit über die lichtelektrische Leitung in verfärbten Salzen (698), ein unvollständiges Spektrum von violettem und blauem Salz bei K. Przibram und Belar (667), photoelektrisch aufgenommen, ebenfalls für violettes und blaues Salz bei Gyulai (270), siehe ferner Hilsch und Ottmer (344). Mit nur wenigen Punkten belegt sind die Angaben von Leroux (480). Ein Beispiel gibt Abb. 31 nach Gyulai und Hilsch und Ottmer.

Die tiefste Verfärbung, die dem Verfasser noch untergekommen ist, zeigt ein blaues Steinsalz von Staßfurt-Leopoldshall aus der Sammlung des Mineralogischen Instituts der Universität Berlin, von dem er Proben den Herren A. Johnsen und H. Seifert verdankt. Dieses Material ist tief schwarzblau gefärbt, in millimeterdicker Schicht schon praktisch undurchsichtig; im auffallenden Lichte sieht es schokoladebraun aus wegen des intensiven Tyndalleffektes. Bemerkenswert ist, daß dieses besonders stark gefärbte Salz eine wesentlich größere Brinell-Härte zeigt als sonstiges Steinsalz (653), was von einer Druckwirkung oder einer Verunreinigung herrühren kann; daß die massenhaft vorhandenen Na-Ultramikronen an sich schon als solche wirken, ist unwahrscheinlich, da nach Metag (521) Verunreinigungen nur bei molekular-dispersem Einbau, nicht aber als Kolloide die Festigkeit beeinflussen. Über den Einfluß von Fremdzusätzen auf die Kohäsionsgrenzen des Steinsalzes siehe auch Edner (177).

## 2. Die Natur des Blausalzes

### a) Der ultramikroskopische Befund

Siedentopf macht in seiner klassischen Arbeit (768), der auch eine farbige Tafel beigegeben ist, folgende Angaben über die ultramikroskopische Untersuchung des blauen Steinsalzes: „Zu den Beobachtungen genügt Objektiv $C$ und Kompensationsokular 18 von Zeiß sowie in den meisten Fällen Bogenlicht. Für besondere, feine Untersuchungen bediente ich mich eines Apochromatobjektivs 8 mm von Zeiß, das ich für meine Zwecke besonders korrigierte. Die Beugungsscheibchen bleiben auch bei Untersuchung mit den stärksten Systemen, z. B. homogener Immersion n-App. 1,30 rund, was darauf schließen läßt, daß diese Teilchen nach keiner Richtung größer als $0,4\,\mu$ sein können. Es kommen ferner gleichfarbige Teilchen in den verschiedensten Helligkeitsstufen vor, woraus zu folgern ist, daß auch hier, wie bei Goldteilchen, die Farbe nicht von der Größe der Teilchen abhängen kann. Zu absoluten Massen- oder Gewichtsbestimmungen der Teilchen habe ich keinen einwandfreien Weg finden können. Am nächsten lagen Wägeversuche an Stücken, die möglichst dicht mit Alkalidampf gefüllt waren. Eine überschlägige Rechnung läßt jedoch bei Stücken von etwa 100 g kaum eine Gewichtsvermehrung von 1 mg durch die ultramikroskopischen Na-Teilchen erwarten. Auffällig sind zweierlei Anordnungen der Teilchen, einerseits dichte wolkenförmige Verteilungen, in denen die farbigen Teilchen einen mittleren Abstand von etwa $2\,\mu$ und weniger besitzen, und zweitens buntfarbige, kettenförmige Anordnungen auf krummen oder geraden Linien. Von letzteren verraten besonders die zahlreichen, nach dem Dodekaeder verlaufenden, daß die Teilchen auf unzähligen Kristallspalten sitzen, welche ohne diese Teilchen unsichtbar bleiben würden. Es ist ohneweiteres klar, daß die Spaltlinien krumm erscheinen müssen, wenn die Spalten in rechtwinkligen Stufen zu den Würfelflächen, nach welchen das Steinsalz bekanntlich vollkommen spaltbar ist, derart absetzen, daß die Höhe der Stufen ultramikroskopisch wird. Als bemerkenswerte Folge ergibt sich, daß im Inneren des Steinsalzkristalles eine Unzahl von freien Kanten und Ecken vorhanden sein muß."

So beachtenswert die Feststellungen des verdienstvollen Erfinders des Ultramikroskops sind, so erfordern sie doch gewisse Einschränkungen. Was die Abhängigkeit der Farbe der Teilchen von ihrer Größe betrifft, so kann nach den Erfolgen der MIEschen Theorie wohl nicht mehr an ihr gezweifelt werden, wobei aber wohl Abweichungen von der Kugelgestalt und sonstige sekundäre Effekte, wie bei Goldteilchen, von Einfluß sein können. Vor allem aber dürfte SIEDENTOPF, wie schon früher einmal (S. 28) bemerkt, nicht hinreichend zwischen den verschiedenen Arten des Blausalzes unterschieden haben.

Wie im I. Teil ausgeführt, sind heute amikroskopische, nicht durch kolloidale Teilchen bewirkte violette und blaue Färbungen des Steinsalzes sichergestellt, womit die vom Verfasser frühzeitig ausgesprochenen Bedenken gegen die Anschauung, daß jede Blaufärbung des Steinsalzes kolloidalen Ursprunges sei, bestätigt sind. Was das natürliche Blausalz anbelangt, so hat N. ADLER (5) gezeigt, daß das violette Salz vom Grimbergschacht (Werra-Gebiet) im allgemeinen keinen Tyndallkegel zeigt, oder höchstens einen ganz schwachen farblosen, wie er auch oft in farblosem Steinsalz auftritt. Nur die dunkelvioletten Streifen, die häufig dieses Material durchziehen, zeigen einen hellen gelben Tyndall, wie er der kolloidalen Violettfärbung entspricht. Der Einwand, die schwächer gefärbten Partien enthielten eben zu wenig Ultramikronen, um einen deutlichen Tyndall zu geben, wird durch folgenden Versuch ADLERS schlagend widerlegt: Blaues Steinsalz von Staßfurt, das kolloidal gefärbt ist, wie sein ziegelroter Tyndallkegel beweist, wird durch passende Erhitzung und nachfolgender Wiederabkühlung violett und kann dann, was Tiefe und Ton der Färbung, mit einem Wort: was das Absorptionsspektrum betrifft, vollkommen dem violetten Salz vom Grimbergschacht gleichen; trotzdem zeigt es einen hellen gelben Tyndall, während letzteres, wie gesagt, höchstens einen schwachen farblosen aufweist. Dieses Ergebnis N. ADLERS wurde später bestätigt, indem das Grimbergsalz mit additiv violett gefärbtem Salz verglichen wurde; solche additiv gefärbte Stücke zeigten einen schönen gelben Kegel, auch wenn ihre Färbung nicht so tief oder tiefer war als jene des Grimbergsalzes. Es kann also kein Zweifel bestehen, daß die Natur der Färbung in den verschiedenen Fällen eine andere ist, im Staßfurter Salz und im additiv gefärbten durch Kolloide bewirkt, im Grimbergsalz zum großen Teil aber durch amikroskopische Zentren.

## b) L. Wieningers Einteilung der Blausalze

L. WIENINGER (900) hat eine größere Zahl verschiedener natürlicher Blausalze ultramikroskopisch und auf ihr Absorptionsspektrum untersucht. Die Absorptionsspektren wurden auf folgende Weise analysiert: die auffallendsten Maxima der Kurven werden als Gipfel von Resonanzkurven aufgefaßt; diese Resonanzkurven werden nach der theoretischen

Formel berechnet und von der beobachteten Absorptionskurve abgezogen; die Differenzkurve läßt weitere Maxima erkennen und der Vorgang wird, wenn nötig, wiederholt. Die Maxima lassen sich teils Zentren, teils Kolloiden zuordnen; die Zuordnung zu Kolloiden wird durch den ultramikroskopischen Befund gestützt. Auf Grund dieser Untersuchung teilt WIENINGER die Blausalze in drei bzw. vier Gruppen ein: Färbung nur durch Zentren, Färbung nur durch Kolloide und Färbung durch Zentren und Kolloide, letztere mit zwei Untergruppen: Zentren vorherrschend und Kolloide vorherrschend.

1. Nur durch Zentren gefärbt: violett, Grimbergschacht (außer den dunklen Streifen) und Staßfurt, RZ um 580 m$\mu$, Sizilien, FZ 460 m$\mu$, RZ 570 m$\mu$, MZ 720 m$\mu$. Etwa vorhandene Kolloide geben sich höchstens durch einen schwachen farblosen Tyndall zu erkennen, tragen aber nicht wesentlich zur Färbung bei. [Nur durch Zentren gefärbt ist auch das in einem früheren Abschnitt (S. 117) behandelte gelbe Steinsalz von Hall in Tirol und Hallstatt.]

2. Nur durch Kolloide gefärbt, anscheinend ein seltener Fall: blau, Hallstatt, Kolloidmaximum bei 600 m$\mu$.

3. Durch Zentren und Kolloide gefärbt.

a) Zentren vorherrschend: blauviolett, Grimbergschacht und Wieliczka, RZ um 580 m$\mu$, Kolloidmaximum bei 680 m$\mu$.

b) Kolloide vorherrschend: blau, Staßfurt, ein Stück aus dem österreichischen Salzkammergut ohne nähere Fundortangabe, und Mayo (Salt Range, Punjab) RZ ($R_1Z$?) 520 bis 535 m$\mu$, Kolloidmaximum 630 bis 680 m$\mu$, außerdem ein Maximum bei 440 bis 450 m$\mu$.

### c) Die Bildung der Kolloide in der Natur

Zentren, FZ, RZ und gelegentlich auch MZ, sind in den meisten Blausalzen enthalten, und so wird man annehmen können, daß es in der Natur zu einem Übergang von FZ über MZ und RZ bis zur Kolloidbildung gekommen ist. Daß der Blauumschlag in der Natur ohne Erhitzung oder Belichtung erfolgt, kann auf die lange Dauer des Färbungsprozesses bzw. das Alter der Stücke zurückgeführt werden, Bedingungen, die uns im Laboratorium nicht zur Verfügung stehen. Die Bildung von blau und violett färbenden Zentren schon während der Bestrahlung bei Zimmertemperatur im Dunkeln (MZ und RZ, letztere bei gepreßtem Salz) ist sichergestellt, nur hindert hier die gleichzeitige Anwesenheit der FZ das Hervortreten der blauen bzw. violetten Farbe. Könnte man lange genug warten, so würden sich wohl die stabileren blaufärbenden Zentren auf Kosten der FZ vermehren, wie dies beim Erwärmen und Belichten geschieht. Als stabilst würden schließlich die Kolloide übrig bleiben, falls sich solche überhaupt bilden. Siehe den Abschnitt über die natürliche Auslese des Stabilsten, S. 115.

Hier ergeben sich allerdings Schwierigkeiten. Eine Färbung durch große Kolloide, wie etwa beim blauen Staßfurter Salz, haben wir durch Bestrahlung bei Zimmertemperatur nie erhalten, auch nicht bei den abnormen Zentrendichten, wie sie mit $\alpha$- und Kathodenstrahlen erhalten werden (Absorptionskoeffizienten 100 bis 1000 cm$^{-1}$). Nur mit so konzentrierten Kathodenstrahlen, daß an der Steinsalzoberfläche ein Schmelzkrater entstand, trat Blaufärbung mit einem roten Tyndall auf, siehe S. 82. Sonst ergab sich immer nur eine Violettfärbung ohne wesentlichen Tyndallkegel. Es scheint daher in der Natur noch eine die Kolloidbildung befördernde Bedingung gegeben zu sein, etwa eine Verunreinigung, die auch vielleicht für das oben erwähnte, auch schon von GYULAI beobachtete Maximum bei 440 m$\mu$ und das auch von GYULAI gefundene bei 360 m$\mu$ verantwortlich sein könnte. Allerdings muß hierzu bemerkt werden, daß ein natürliches kolloidal gefärbtes Steinsalz nach Entfärbung durch Erhitzen bei neuerlicher Bestrahlung keine Tendenz zur Kolloidbildung zeigt, so daß vielleicht an eine besondere Art des Einbaues der Verunreinigung oder eine sonstige Störung gedacht werden muß. Es ist aber auch möglich, daß die lange Einwirkungsdauer in der Natur eine notwendige Bedingung für die Kolloidbildung ist.

L. WIENINGER hat darauf hingewiesen, daß, wie im Fall der Silberhalogenide ein Zusatz von Sulfid die Kolloidbildung fördert, vielleicht auch im Steinsalz Schwefelionen jene maßgebende Verunreinigung sein könnten; die kristallchemischen Verhältnisse sind in beiden Fällen ähnlich und Schwefelverbindungen sind häufig im Steinsalz nachweisbar.

## d) Das Verhalten des Blausalzes gegen Erhitzung

N. ADLER (5) hat die Farbänderung natürlichen blauen und violetten Salzes durch Erhitzung untersucht. Es wurde das Absorptionsspektrum bei Zimmertemperatur nach verschieden hohem und langem Erhitzen ausgemessen und auch jedesmal der ultramikroskopische Befund aufgenommen. Beim blauen Steinsalz von Staßfurt zeigt sich, in Übereinstimmung mit den älteren Messungen GYULAIS ein Hauptmaximum bei etwa 650 m$\mu$ und ein Nebenmaximum bei 535 m$\mu$. Temperaturerhöhung bewirkt zunächst eine Verschiebung des Hauptmaximums nach kürzeren Wellenlängen (immer bei Zimmertemperatur gemessen!), wobei es unter Abnahme der Halbwertsbreite ansteigt. Die Verschiebung nach kürzeren Wellen bedeutet nach SAVOSTIANOWA (711) eine Verkleinerung der Na-Ultramikronen; die annähernde Konstanz des Produktes aus maximalen Absorptionskoeffizienten und Halbwertsbreite könnte als Konstantbleiben der Zahl der Na-Atome, also als Vermehrung der jetzt kleineren Kolloide gedeutet werden. Die Ultramikronen bleiben dabei ziemlich einheitlich orange bis gelb. Bei längerem Erhitzen bleibt die Lage des Hauptmaximums schließlich unverändert und es sinkt unter Zunahme der Halbwertsbreite ab. Das Maximum scheint bei um so größerer Wellenlänge stehen zu bleiben, je höher die Temperatur war, nämlich bei 200° C bei 580 m$\mu$, bei 280° C bei 595 m$\mu$ und bei 300° C bei 605 m$\mu$. Das Breiterwerden der Bande deutet auf Inhomogenität des Na-Kolloids. In der Tat wird der Tyndallkegel vom Absinken des Hauptmaximums an verschiedenfarbig fleckig; es treten immer mehr grüne Ultramikronen auf, insbesondere an den Rändern der gefärbten Bereiche. Zur Beurteilung des Verhaltens des Nebenmaximums muß das Absorptionsspektrum analysiert werden. Es zeigt sich, daß sich das Nebenmaximum nicht verschiebt und sofort abzusinken beginnt; es ist wesentlich labiler als das Hauptmaximum. Nach SAVOSTIANOWA liegt das Maximum für das ,,kleinste Kolloid" bei 555 m$\mu$, das Nebenmaximum bei 535 m$\mu$ kann sonach nicht kolloidaler Natur sein. Es liegt nahe, hier an R-Zentren zu denken.

Ein ganz anderes Verhalten zeigt das violette Salz vom Grimbergschacht. Sein Absorptionsspektrum zeigt nur ein Maximum bei 583 m$\mu$. Eine Ausbuchtung bei etwa 540 m$\mu$ deutet auf die Anwesenheit von Zentren ähnlicher Art, wie jene, die im Staßfurter Salz das Maximum bei 535 m$\mu$ geben. Durch Erwärmen verschiebt sich die bei Zimmertemperatur gemessene Bande nicht; sie beginnt sofort abzusinken. Über das vom Staßfurter Salz abweichende Verhalten unter dem Ultramikroskop ist schon auf S. 123 berichtet worden.

Absorptionsmessungen an erhitztem Blausalz sind schon früher von PHIPPS und BRODE (605) ausgeführt worden. Sie sind mit den ADLERschen Messungen insofern nicht ohne weiteres vergleichbar, als die Messungen im Ofen bei der jeweiligen höheren Temperatur gemacht wurden, worauf vielleicht manche ihrer komplizierteren Befunde zurückzuführen sind. Immerhin zeigen auch diese Messungen bei einem blauen Salz von Staßfurt das Vorrücken des Hauptmaximums nach kürzeren Wellen bei steigender Temperatur und das folgende Stehenbleiben und Absinken. Zum Vergleich wird ein mit Natriumdampf violett gefärbtes Salz herangezogen, das sich begreiflicherweise anders gegen Erhitzung verhält.

Das oben geschilderte Verhalten des Absorptionsspektrums des Blausalzes gibt die quantitative Deutung der schon lange bekannten Farbänderung des blauen Steinsalzes von Blau über Rot zum farblosen Zustand. Zu bemerken ist, daß LIERMANN und REXER (482) durch kurzdauerndes rasches Erhitzen auf höhere Temperatur das natürliche blaue Steinsalz vor der Entfärbung ebenso gelb färben konnten, wie dies ohne Schwierigkeit beim künstlich additiv blau gefärbten gelingt.

Präzise Angaben über eine ,,Entfärbungstemperatur" des Blausalzes lassen sich nicht machen; sie hängt ja ab von der Geschwindigkeit und der Dauer der Erhitzung. Violette Salze sind leichter zu entfärben als blaue und von letzteren wieder helle Stücke leichter als dunkle. Es mögen die Angaben genügen, daß tiefblaue Stücke etwa 4 Stunden bei 200⁰ bis 280⁰ C zur vollständigen Entfärbung erfordern, violette etwa 2 Stunden bei 200⁰ bis 250⁰ C.

Nach KREUTZ und F. CORNU (123) soll zur Entfärbung unter Luftabschluß, z. B. unter Paraffin, eine viel höhere Temperatur, jedenfalls über 400⁰ C, zur Entfärbung erforderlich sein als in Luft. Der Verfasser und M. BELAR konnten dies nicht bestätigen. Auch WÖHLER und KASARNOWSKI (918) haben im Gegensatz zu KREUTZ in Wasserstoff nur eine wenig höhere Entfärbungstemperatur beobachtet als in Sauerstoff und messen diesem Unterschied keine Bedeutung zu. Nicht genügend langes Erhitzen bzw. zu rascher Temperaturanstieg wird wohl die Ursache der

älteren abweichenden Angaben gewesen sein. DOELTER hat schon darauf
hingewiesen, daß bei derartigen Versuchen auf die Geschwindigkeit des
Temperaturanstieges zu achten ist.

## e) Violett und Blau als Bestrahlungsfarbe; Thermolumineszenz

Die drei Kriterien für das Bestehen einer Bestrahlungsfarbe,
leichte Entfärbbarkeit, Übereinstimmung des Absorptionsspektrums mit
dem der künstlich verfärbten Substanz und Thermolumineszenz (664,
665), sind, wie beim gelben, so auch beim Blausalz erfüllt. Von den
beiden ersten war schon die Rede; das Blausalz zeigt aber auch Thermolumineszenz.

Thermolumineszenz des natürlichen Blausalzes ist schon von KRAATZ-
KOSCHLAU und L. WÖHLER (449) beobachtet worden. WÖHLER und KASAR-
NOWSKI (918) haben diese Angabe dann eingeschränkt, indem sie sagen,
daß nur einzelne Stücke Thermolumineszenz zu zeigen scheinen, während
F. CORNU (123) die Erscheinung überhaupt nicht beobachten konnte.
Der Verfasser und M. BELAR (667) haben bei genügender Verdunkelung
und mit gut dunkeladaptierten Augen bei allen ihnen zur Verfügung
gestandenen Stücken natürlichen violetten und blauen Steinsalzes deutliche Thermolumineszenz beobachtet, während bei farblosem Salz, auch
an farblosen Teilen eines sonst farbigen Stückes, keine Spur zu merken
war. So weit sich feststellen ließ, verschwindet die Thermolumineszenz
bei längerem Erhitzen gleichzeitig mit der Farbe. Sie tritt auch wie die
Entfärbung bei Erhitzung in Paraffin auf, hat also mit dem Luftsauerstoff nichts zu tun. Seither hat der Verfasser noch viele Proben von
Blausalz der verschiedensten Fundorte auf Thermolumineszenz untersucht, durchwegs mit positivem Erfolg. Hingegen können auch farblose
Stücke ab und zu Thermolumineszenz zeigen; diese scheint aber nach
den bisherigen Versuchen nur bei derben und trüben Stücken, nicht an
klaren Kristallen vorzukommen. Eine Ausnahme schien das farblose
Steinsalz von Friedrichshall zu bilden, an dem schwache, aber merkliche
Thermolumineszenz gefunden wurde. Dieses Stück war 2 Jahre vor den
Versuchen aus dem Naturhistorischen Museum in das Institut für Radiumforschung gebracht worden, und obwohl es nie einer absichtlichen Radiumbestrahlung unterworfen worden war, erhoben sich doch Bedenken, ob
nicht gelegentlich stärkere Radiumpräparate in die Nähe gekommen
waren oder schon die beträchtliche im Institut herrschende radioaktive
Verseuchung erregend gewirkt haben könnte. Daß das Salz nach wie vor
vollkommen farblos erschien, war kein Argument dagegen, daß die
Thermolumineszenz doch einer derartigen unbeabsichtigten Einwirkung
zuzuschreiben sei, da die Beobachtung einer Thermolumineszenz im
Dunkeln eine viel empfindlichere Probe auf eine Bestrahlungswirkung
ist, als die entsprechende geringe Verfärbung. In der Tat zeigte ein
unmittelbar aus dem Museum zur Untersuchung gebrachte Probe desselben Steinsalzes keine Spur von Thermolumineszenz. Dies zeigt, wie
vorsichtig man bei derartigen Versuchen vorgehen muß.

F. C. Guthrie (266) hat ebenfalls Thermolumineszenz an natürlichem blauen Steinsalz beobachtet. Nach den Beobachtungen von Köhler und Leitmeier (442) wäre im Thermolumineszenzverhalten kein entscheidender Unterschied zwischen farblosem und blauem Steinsalz, indem beide bald thermolumineszieren, bald nicht. Zieht man auch farblostrübe, also unreine Stücke, zum Vergleich heran, so kann man obigem im Hauptsatz zustimmen; der Verfasser möchte aber doch seine Behauptung aufrechterhalten, daß jedes Blausalz Thermolumineszenz zeigt, während klare, farblose Stücke dies nicht tun, wobei insbesondere darauf hingewiesen sei, daß man beim Erhitzen von nur teilweise blauen Stücken die blauen Gebiete sich hell auf dunklem Grund abheben sieht. Eine Schwierigkeit der Thermolumineszenzbeobachtungen, die zu Unstimmigkeiten führen kann, liegt in einem gewissen Dilemma: ist die Temperatur zu hoch bzw. der Temperaturanstieg zu rasch, so ist die Erscheinung sehr flüchtig, bei niedriger Temperatur bzw. langsamem Anstieg dauert sie länger, ist aber entsprechend lichtschwächer. Eine objektive Untersuchung der Thermolumineszenz des Blausalzes, etwa mittels Elektronenvervielfachers, liegt noch nicht vor.

Es kann kein Zweifel darüber bestehen, daß das Blausalz seine Farbe einer Bestrahlung verdankt. Die älteren Versuche, die Farbe auf eine physikalische Struktur [Wittjen und Precht (916), Ochsenius (581)] zurückzuführen oder sie durch ein Pigment wie Schwefel [Prinz (635)] und Eisen [Kreutz (451)] oder organische Substanzen [Kraatz-Koschlau und Wöhler (449), Prinz (635)] zu erklären, sind damit überholt. Friend und Alchin (218) glauben die blaue Farbe des Steinsalzes auf Spuren von Gold zurückführen zu können. Gegen diese Deutung der Farbe spricht aber alles; auch weist H. Pettersson (602) darauf hin, daß ein Goldgehalt in der Größe, wie die genannten Autoren ihn angeben, im Hinblick auf den sehr geringeren Au-Gehalt des Meerwassers höchst unwahrscheinlich ist. Allenfalls wäre noch die Frage zu prüfen, ob ein geringerer Goldgehalt nicht für die im kolloidal gefärbten Steinsalz auftretenden Absorptionsmaxima bei 440 und 360 m$\mu$ und für die Stabilisierung der Färbung des Steinsalzes verantwortlich sein könnte, wenn dies auch nicht wahrscheinlich erscheint.

## f) Doelters Bedenken gegen die Deutung der blauen Farbe des Steinsalzes als Bestrahlungswirkung bzw. durch Na-Teilchen, und ihre Widerlegung

C. Doelter, der als einer der ersten das allgemeine Interesse auf die Radioaktivität als Agens der Mineralfärbung gelenkt hat, zeigte gerade gegenüber der Färbung des Blausalzes eine schwankende Haltung. Erst (161) leugnete er ihren radioaktiven Ursprung, dann (162) wies er im Zusammenhang mit der Blaufärbung des Steinsalzes durch Kathodenstrahlen auf die Kaliumstrahlen als mögliches färbendes Agens hin. Schließlich (169) stellte er eine ganze Reihe von Bedenken zusammen, die sich teils gegen die Deutung der Blaufärbung als von Na-Teilchen herrührend, teils gegen ihren radioaktiven Ursprung überhaupt wenden. Diese Bedenken sind:

1. Die Entfärbungstemperatur des natürlichen Blausalzes liegt viel tiefer als die des mit Natriumdampf gefärbten Salzes, vergleiche auch SPEZIA (796).

2. Das natürliche Blausalz gibt eine neutrale Lösung, das durch Radiumstrahlen verfärbte eine schwach alkalisch reagierende.

3. Die Absorptionsspektren des natürlichen Blausalzes und das des durch Natriumdampf gefärbten Salzes sind verschieden.

4. Die blaue Farbe des natürlichen Blausalzes bleibt beim Überschichten mit Wasser und anderen auf Natrium wirkenden Reagentien bestehen.

5. Die Bedingungen, unter denen Steinsalz im Laboratorium durch Bestrahlung blau wird, sind in der Natur überhaupt nicht gegeben.

Da diese Bedenken in einem viel benützten Nachschlagwerke, nämlich im Handbuch der Mineralchemie, veröffentlicht sind, sei hier im einzelnen auf sie eingegangen.

Zu 1. Dieses Verhalten ist schon durch die Versuche des Verfassers und M. BELARS (667) aufgeklärt: die thermische Entfärbung verläuft beim natürlichen Blausalz ganz so wie bei dem durch Radiumbestrahlung und Erwärmung blau gefärbten bei etwa $200^0$ C, wobei in beiden Fällen Thermolumineszenz auftritt; die Farbe des natürlichen Blausalzes ist sogar etwas stabiler. Das durch Natriumdampf gefärbte Salz entfärbt sich erst bei viel höheren Temperaturen (ohne Thermolumineszenz), weil hier ein Überschuß an Natrium vorhanden ist, während bei den erstgenannten Salzarten das Natrium bzw. die Farb-Zentren durch gleichzeitig neutralisierte Chloratome kompensiert sind. J. SCHULTZKY (747) glaubt in natürlichem Blausalz freies Chlor in einem der Farbintensität proportionalen Betrag von der Größenordnung $10^{-6}$ nachgewiesen zu haben. Die von SIEDENTOPF (769) gegebene Erklärung, die leichtere Entfärbbarkeit des strahlungsgefärbten natürlichen Steinsalzes rühre von Flüssigkeitseinschlüssen her, ist nicht stichhältig, da stark erhitzt gewesenes Salz sich nach der Strahlungsverfärbung geradeso leicht entfärbt.

Zu 2. Die Kompensation durch neutrale Chloratome ist auch der Grund, weshalb das natürliche Blausalz im Gegensatz zu dem mit Dampf gefärbten eine neutrale Lösung gibt. Die von DOELTER angegebene schwache, aber mit Phenolphthalein noch nachweisbare alkalische Reaktion des durch Radiumstrahlen verfärbten Salzes wäre kein Gegenargument, auch wenn sie sich bestätigen sollte. Beim Laboratoriumsversuch wird eine freie Oberfläche bestrahlt, so daß Chlor entweichen könnte, wie dies bei Bestrahlung mit Kathodenstrahlen schon am Geruch zu merken ist [STERBA (815)]; im Salzlager kann aber das während der Bestrahlung gebildete Chlor nicht ohne weiteres entweichen. Indessen konnte sich der Verfasser trotz zahlreicher Versuche nicht von der Richtigkeit der DOELTERschen Beobachtung überzeugen. Da überdies bei Verwendung empfindlicherer Reagentien auch bei farblosem Salz sehr verschiedene Grade der Alkalinität gefunden worden sind, die überdies stark von der thermischen Vorgeschichte des Stückes abhängen, so erscheint es gewagt, auf so unsicherer Grundlage einen fundamentalen Unterschied zwischen dem natürlichen Blausalz und dem künstlich strahlungsgefärbten zu konstruieren.

Zu 3. Da die Farbe des dampfgefärbten Salzes von Gelb über Purpur bis Tiefblau variiert, die des natürlichen Blausalzes von Lila bis Indigo, so ist es selbstverständlich, daß man aus beiden Farbsalzen Stücke auswählen kann, deren Spektren einander nicht gleichen, wie bei PHIPPS und BRODE (605). Man vergleiche aber die Absorptionsspektren des durch Bestrahlung und Erwärmung violett gefärbten Steinsalzes und des natürlichen violetten Salzes von Sizilien nach K. PRZIBRAM und M. BELAR (667) sowie die späteren Messungen von WIENINGER.

Zu 4. Es ist richtig, daß man die blaue Farbe des natürlichen Blausalzes unter Wasser beobachten kann, bis das ganze Stück aufgelöst ist, dasselbe gilt aber auch für das mit Na-Dampf kolloidal gefärbte Salz, bei dem auch DOELTER die Färbung durch Natrium nicht zu bezweifeln schien. Der Versuch besagt nur, daß das Wasser während der Versuchsdauer nicht in jene Störstellen eindringt, an denen die Na-Teilchen sitzen. Beim Auflösen verschwindet die Farbe vollständig, was bei Natriumfärbung und bei Farbzentren selbstverständlich ist. Es sei bei dieser Gelegenheit bemerkt, daß die von DOELTER (161) behauptete Gelbfärbung einer NaCl-Lösung durch Radiumbestrahlung, die an sich sehr unwahrscheinlich war, durch eigene Versuche nicht bestätigt werden konnte.

Zu 5. Hier ist die verschärfte Forderung erhoben, die Verfärbung im Laboratorium müsse unter denselben Bedingungen erfolgen, wie in der Natur. Wie an einer früheren Stelle, S. 115, schon angeführt, geht dies zu weit, da ja die schwache, in der Natur über sehr lange Zeiten erfolgte Bestrahlung von uns künstlich nicht reproduziert werden kann.

## g) Lichtempfindliches Blausalz

Auf eine interessante Farbänderung eines natürlichen violetten Steinsalzes von Staßfurt-Kleinschierstedt hat Bergrat E. FULDA den Verfasser aufmerksam gemacht. Den Anhaltischen Salzwerken in Staßfurt-Leopoldshall verdankt das Wiener Institut für Radiumforschung eine reichliche Spende dieses Materials. Die rötlichviolette Farbe dieses Salzes geht im diffusen Tageslicht nach Tagen, im Sonnenlicht nach Stunden in einen mehr blauen Farbton über, eine Farbänderung, die durch stärkeres, der Belichtung vorhergehendes Erwärmen, das natürlich nicht bis zur Entfärbung getrieben werden darf, weitgehend verhindert werden kann. Geringeres Erwärmen bewirkt eine Vertiefung der im Lichte entstehenden Blaufärbung. Man vergleiche die ganze analoge Wirkung der Erwärmung auf die Färbung des gepreßten Steinsalzes, S. 40. Es ist jedenfalls anzunehmen, daß hier noch Zentren vorhanden sind, die im Lichte Elektronen abgeben, die dann zu stärker gestörten Verfärbungszentren übergehen, unter Bildung höherer, längere Wellen absorbierender Zentren.

Wird natürliches blaues Steinsalz gepreßt, so wird es nach Cornu (122) und Smekal (781) violett. Nach Beobachtungen des Verfassers ist es unmittelbar nach dem Pressen mehr grünlichblau, wird aber bald spontan violett, wobei oft in der Würfelflächendiagonalen angeordnete violette und blaue dichroitische Streifen auftreten (vgl. auch Cornu und Smekal). Im Tageslicht geht auch bei diesem durch Druck violett gewordenen Steinsalz die Farbe wieder in Blau über.

# 3. Quantitatives zur Deutung der natürlichen Farben des Steinsalzes als Bestrahlungswirkung

Da alles bisher Angeführte dafür spricht, daß die violetten und blauen Farben des Steinsalzes ebenso wie gewisse Gelbfärbungen durch eine radioaktive Einwirkung verursacht sind, bleibt nur noch zu zeigen, daß die in der Natur gegebenen Strahlungsquellen auch größenordnungsmäßig zur Erklärung der Färbung ausreichen. Diese Aufgabe zerfällt in drei Teile: a) Abschätzung der Ergiebigkeit jener Strahlungsquellen; b) Abschätzung des Bruchteiles der Strahlungsenergie, der zur Verfärbung ausgenützt wird und c) Abschätzung der zur Erzielung einer gegebenen Färbung erforderlichen Energie.

## a) Die Strahlenquellen

Als solche kommen in Betracht: der Uran-Radium-Gehalt des Steinsalzes, sein Kaliumgehalt und sein Heliumgehalt als Rest einer abgestorbenen $\alpha$-Strahlenaktivität nach O. Hahn (299, 300), S. 115.

Der Uran-Radium-Gehalt des Steinsalzes ist sehr sorgfältig von E. Kemény (427) bestimmt worden. Der Ra-Gehalt beträgt nicht mehr als $3 \cdot 10^{-16}$ g Ra/g Salz, der Urangehalt im Mittel $5 \cdot 10^{-10}$ g U/g Salz, ohne größenordnungsmäßige Schwankungen. Setzt man die Wärmeentwicklung des Urans samt Folgeprodukten zu 0,8 cal/g Jahr [s. etwa (527)], so ist die Energieentwicklung des in 1 g Steinsalz enthaltenen Urans $4 \cdot 10^{-10}$ cal/Jahr. Elster und Geitel (185) haben in einem Salzbergwerk eine sehr geringe Leitfähigkeit der Luft beobachtet; vergleiche hiezu Dauzere (144).

Bezüglich des Kaliumgehaltes des Steinsalzes können folgende Angaben gemacht werden. Der Verfasser hatte aus den Tabellen von Schnabel (729) für die österreichischen Steinsalzvorkommen einen durchschnittlichen Kaliumgehalt von rund $10^{-3}$ g K/g Salz errechnet. Barth und Lunde (30) geben für ein sehr reines, zu röntgenspektroskopischen Zwecken benütztes Steinsalz einen Gehalt von $0,25 \cdot 10^{-3}$, ein noch reineres fanden Straumanis und Jevins (824), mit nur $9,4 \cdot 10^{-5}$. Nach einer freundlichen Mitteilung des Herrn Bergrates O. Schauberger beträgt der Kaliumgehalt des Steinsalzes aus dem Dürrnberg (Hallein) von 0,3 bis $4,3 \cdot 10^{-3}$. Aus den Angaben von Aprodow (15), daß das blaue Steinsalz von Solikamsk einen Gehalt an KCl und RbCl von $5,4 \cdot 10^{-3}$ aufweist, kann auf einen Kaliumgehalt von etwa $2,8 \cdot 10^{-3}$ geschlossen werden.

Neuerdings hat Herr Dozent Dr. F. X. Mayer (515) vom Institut für Gerichtliche Medizin (Vorstand Prof. Dr. W. Schwarzacher) in dankenswerter Weise flammenspektroskopische Aufnahmen mit einem blauen und einem farblosen Steinsalz von Staßfurt und mit Vergleichslösungen von NaCl mit bekanntem abgestuftem Kaliumgehalt ausgeführt. Die Aufnahmen wurden im II. Physikalischen Institut der Universität Wien photometriert. Aus dem Vergleich ergab sich ein übereinstimmender Gehalt beider Proben von rund $0,7 \cdot 10^{-3}$ g K/g Salz. Mikrochemische Bestimmungen, die Herr Dr. Ballczo (27) vom II. Chemischen Universitätslaboratorium (Vorstand Prof. Dr. F. Wessely) ausführte, ergaben für ein blaues Steinsalz von Staßfurt $1,6 \cdot 10^{-3}$ K, in einem dunkler blauen, ebenfalls von Staßfurt, $1,8 \cdot 10^{-3}$, in farblosen Teilen derselben Stücke $1,0 \cdot 10^{-3}$, in einem violetten Stück vom Grimbergschacht (Werra-Gebiet) $0,2 \cdot 10^{-3}$. Es bedarf natürlich noch weiterer Bestimmungen, ehe man entscheiden kann, ob eine Beziehung zwischen Farbe und Kaliumgehalt besteht. In allen Fällen ergaben sich auch Spuren von organischen Substanzen.

Nach allem scheint es gerechtfertigt zu sein, für die folgende Überschlagsrechnung einen Gehalt von $1 \cdot 10^{-3}$ g K/g Salz anzunehmen.

Die Energieentwicklung des Kaliums ist nach neueren Messungen [Graf (256)] $22 \cdot 10^{-6}$ cal/g Jahr, für einen mittleren Kaliumgehalt von $1 \cdot 10^{-3}$ somit $22 \cdot 10^{-9}$ cal/g Jahr. E. Gleditsch und Graf (238) gaben früher $38 \cdot 10^{-6}$ an, Alburger (6) $27 \cdot 10^{-6}$; wir wählen hier absichtlich den kleineren Wert.

Der Heliumgehalt des Steinsalzes ist nach den verläßlichsten Messungen von Paneth und Peters (587) und von B. Karlik und F. Kropf-Duschek (419) im Mittel $1 \cdot 10^{-7}$ cm³/g Salz, ohne größenordnungsmäßige Schwankungen zwischen blauen und farblosen Stücken desselben Vorkommens.

Tabelle 19. *Heliumgehalt des Steinsalzes in $10^{-7}$ cm³/g Salz*

| Nach Paneth und Peters | nach Karlik und Kropf-Duschek [1] |
|---|---|
| Krügershall, weiß .... 1 | Heiligenroda, oberes Salzgestein, primär....... 1,8 |
| Vienenburg, blau ..... 1 | Heiligenroda, Steinsalz, Übergang von der Randzone zum grobspätigen Steinsalz .......... 1,4 |
| Vienenburg, blau ..... 3 | |
| Staßfurt, blau ....... 7 | Heiligenroda, blaues Steinsalz, angrenzend an Carnallit ...................... 0,83, 0,80 |
| Salzdetfurt, weiß ..... 0,1 | |
| Salzdetfurt, weiß..... 0,1 | Heiligenroda, Steinsalzwürfel, zum Teil in Carnallit (Hauptschlottenzone) .............. 0,82 |
| Hannover, weiß ..... 0,5 | |
| | Heiligenroda, grobspätiges Steinsalz, sekundär 0,55 |
| | Staßfurt, älteres Salz ...................... 0,64 |
| | Staßfurt, jüngeres Salz ................... 1,4, 1,5 |
| | Weißes Salz, sekundär .................... 1,3 |

[1] Die Salzproben und ihre Bezeichnungen stammen von Prof. Dr. J. D'Ans, Berlin.

Stammt das Helium wirklich von einer $\alpha$-Strahlung des Poloniums, so entspricht jedem He-Atom ein $\alpha$-Teilchen; das gibt für einen He-Gehalt von $1 \cdot 10^{-7}$ cm³/g Salz $2,7 \cdot 10^{12}$ He-Atome bzw. $\alpha$-Teilchen im Gramm Salz. Da die Energie eines $\alpha$-Teilchens des Poloniums $5 \cdot 10^{-6}$ eV oder $1,9 \cdot 10^{-13}$ cal. beträgt, so entspricht jener Heliumgehalt einer Energie von 0,5 cal./g Salz, die zur Färbung des Salzes beigetragen haben kann.

## b) Der zur Verfärbung ausgenützte Bruchteil der Strahlungsenergie

in seiner Abhängigkeit von der erreichten Zentrenkonzentration ist im ersten Teil, Abschnitt V. 6, b), S. 64, angegeben worden. Die für $\alpha$-Strahlung erhaltenen Zahlen sind wesentlich verläßlicher als die für $\beta$-Strahlen gewonnenen, ließen sich aber nicht bis herab zu so kleinen Zentrendichten verfolgen wie bei letzteren; für die Zentrenkonzentration $10^{16}$ konnte der ausgenützte Bruchteil für beide Strahlenarten bestimmt werden und ergab sich für beide von derselben Größenordnung. Der folgenden Berechnung wird daher für die Zentrendichte $10^{15}$ der für $\beta$-Strahlen erhaltene Wert, für $10^{16}$ und $10^{18}$ der verläßlichere Wert für $\alpha$-Strahlen eingesetzt.

## c) Die zur Erzeugung der natürlichen Farbe in 1 cm³ Steinsalz erforderliche Energie

erhält man durch Multiplikation der zur Erzeugung eines Farbzentrums erforderlichen von etwa 6 e V (S. 21) mit der Zentrenkonzentration; auf 1 g Salz bezogen ergibt sich rund die Hälfte dieses Betrages, da die Dichte des Steinsalzes 2,1 beträgt.

## d) Zusammenstellung und Schlußfolgerungen

Die folgende Tabelle 20 enthält in der ersten Kolonne die natürliche Farbe des Steinsalzes, in der zweiten die Größenordnung der entsprechenden Zentrenkonzentrationen bzw. die Zahl der Na-Atome in 1 g des kolloidal gefärbten Salzes, die 3. Kolonne die zur Färbung erforderliche Energie, die 4. den ausgenützten Bruchteil der eingestrahlten Energie, die 5. den ausgenützten Bruchteil der aus dem mittleren He-Gehalt von

Tabelle 20. *Energieverhältnisse im natürlichen farbigen Steinsalz*

| 1 Farbe | 2 FZ/cm² | 3 Zur Färbung erforderliche Energie | 4 Ausgen. Brucht. | 5 Aus He cal/g | 6 Aus U cal/g J. | 7 Erford. Dauer in Jahren | 8 Aus K cal/g J. | 9 Erford. Dauer in Jahren |
|---|---|---|---|---|---|---|---|---|
| Gelb.. | $10^{15}$ | $1,15 \cdot 10^{-4}$ | 0,155 | 0,077 | $0,62 \cdot 10^{-10}$ | $1,9 \cdot 10^{6}$ | $3,4 \cdot 10^{-9}$ | $3,4 \cdot 10^{4}$ |
| Violett | $10^{16}$ | $1,15 \cdot 10^{-3}$ | 0,027 | 0,014 | $0,16 \cdot 10^{-10}$ | $1,0 \cdot 10^{7}$ | $0,6 \cdot 10^{-9}$ | $1,9 \cdot 10^{6}$ |
| Blau . | $10^{18}$ | 0,115 | 0,0011 | $5,5 \cdot 10^{-4}$ | $4,4 \cdot 10^{-13}$ | $2,6 \cdot 10^{11}$ | $2,4 \cdot 10^{-11}$ | $4,8 \cdot 10^{9}$ |
| Blau . | 0 | 0,115 | 0,17 | 0,085 | $0,68 10^{-10}$ | $1,7 \cdot 10^{9}$ | $3,7 \cdot 10^{-9}$ | $3,1 \cdot 10^{7}$ |

$10^{-7}$ cm³/g berechneten $\alpha$-Strahlenenergie, die 6. den entsprechenden Bruchteil der jährlichen Energieentwicklung des Urangehaltes des Steinsalzes, die 7. den Quotienten der Zahlen der Kolonnen 3 und 6, das ist die zur Färbung nötige Einwirkungsdauer in Jahren, die 8. und 9. schließlich die entsprechenden Zahlen für einen Kaliumgehalt von $1 \cdot 10^{-3}$ g K/g Salz.

Die angeführten Strahlenquellen reichen zur Färbung aus, wenn die Zahlen der Kolonne 5 größer als die entsprechenden in Kolonne 3 sind bzw. wenn die in den Kolonnen 7 und 9 angegebenen Zeitdauern, die zur Färbung notwendig wären, geologisch zulässig, d. h. kleiner als das Alter der terziärzeitlichen, die Farbsalze enthaltenden sekundären Salzlager oder wenigstens damit vergleichbar sind, ein Alter, das auf etwa $3 \cdot 10^7$ Jahre geschätzt werden kann. Eine dem derzeitigen Stande der Altersbestimmung an Mineralien nach den Methoden der Radioaktivität entsprechende geologische Zeitskala gibt MARBLE (510). Aus dem Argongehalt des Sylvinits — das Argon 40 soll sich aus dem Kaliumisotop $^{40}$K gebildet haben — schließen SMITS und GENTNER (787) für das tertiärzeitliche Kalisalzlager von Buggingen (Oligozän des Oberrheins) auf ein Alter von 2 bis $3 \cdot 10^7$ Jahren. Über dieses Salzlager siehe STURMFELS (829). Es wäre von Interesse für die hier behandelten Fragen, eine derartige Bestimmung an den dem Tertiär zugeschriebenen sekundären Kristallisationsprodukten der permischen Salzlager durchzuführen.

Wie der Vergleich an Hand der Tabelle 20 zeigt, genügen im Falle des gelben Steinsalzes alle angeführten Strahlenquellen reichlich, und dies gilt, bis auf den Urangehalt, auch für das violette Salz. Nach der neueren Bestimmung der Ausbeute bei $\beta$-Strahlenverfärbung [O. DREXLER (173a), s. S. 65] würde ein Kaliumgehalt des Steinsalzes von $10^{-3}$ K/g Salz nur noch zur Färbung des gelben Steinsalzes, nicht aber des blauen ausreichen.

Eine eigene Betrachtung erfordert hier wieder das kolloidal blau gefärbte Salz. Führt man die für die primäre FZ-Konzentration $10^{18}$ gefundene kleine Energieausbeute ein, so ergibt die vorletzte Zeile der Tabelle, daß keine der angeführten Strahlungsquellen zur Erklärung der Färbung genügt, und auch nicht das Zusammenwirken aller drei Quellen. Indessen zeigt eine einfache Überlegung, daß diese Berechnungsweise nicht stichhältig ist. Man hat sich ja die Blaufärbung des Steinsalzes so vorzustellen, daß sich primär wohl FZ bilden, daß diese sich aber nicht ansammeln, sondern zu stärker gestörten Stellen des Gitters diffundieren werden, wo sie sich, wahrscheinlich über andere Zentrenarten (MZ, RZ, Zwischenzentren) durch Zusammenlagerung in Kolloide verwandeln. Die für die Bildung der FZ maßgebenden Störstellen, vom Verfasser als *Verfärbungs*zentren bezeichnet, werden daher an Zahl nicht wesentlich abnehmen und man hat daher mit einer wesentlich höheren Energieausbeute zu rechnen. Nimmt man an, die FZ-Dichte bleibe nahezu Null, so ergeben sich die Zahlen der letzten Zeile der Tabelle 20 und man sieht, daß mit Ausnahme des Urangehaltes die Strahlenquellen auch zur Erklärung der kolloidalen Blaufärbung genügen. Dies ist auch der Fall, wenn man eine primäre FZ-Konzentration von $10^{15}$ annimmt, wie sie im natürlichen gelben Salz festgestellt ist. Daß der aus dem Heliumgehalt berechnete Energiewert 0,085 cal./g etwas kleiner ist als der erforderliche von 0,115 cal./g, ist nicht schwerwiegend, da die ganze Betrachtung notwendigerweise nur eine größenordnungsmäßige ist, der zur Berechnung benützte ausgenützte Bruchteil der Energie für ungestörtes Steinsalz bestimmt wurde und im gestörten wesentlich größer sein kann, und daß schließlich PANETH (132) in einem blauen Steinsalz einen Heliumgehalt von $7 \cdot 10^{-7}$ cm$^3$/g gefunden hat, entsprechend einer ausnützbaren Energie von rund 0,6 cal./g.

Die vom Verfasser (660) einmal geäußerten Bedenken wegen der geringen Stabilität der FZ sind nicht so schwerwiegend, als sie ihm damals erschienen. Die von M. BELAR gefundene Halbwertszeit von etwa einem Jahr betrifft nur die allerlabilsten FZ; daß es wesentlich stabilere gibt, hat schon B. ZEKERT (926) gefunden und neuerdings postuliert auch P. PRINGSHEIM (101) FZ verschiedener Stabilität. In der Tat sind Steinsalzproben, die vor Jahrzehnten mit Radium bestrahlt worden waren, auch jetzt noch gefärbt; daß ihre Farbe sich dabei gegen Grau verschoben hat, bedeutet keine Entfärbung, sondern nur eine Verwandlung in andere Zentren (MZ, RZ), eine Vorstufe der Blaufärbung. Auch weist die Tabelle 20 für gelbes und violettes Salz einen solchen Überschuß an verfügbarer Energie auf, daß ein beträchtlicher Teil der FZ verlorengehen kann, ohne die Verfärbung zu verhindern.

Zu bedenken ist auch, daß alle drei Strahlungsquellen zusammenwirken werden, so daß die Berechnung noch günstiger wird. Am wirksamsten dürfte aber wohl die nach HAHN für den Heliumgehalt verantwortliche $\alpha$-Strahlung gewesen sein, die einer relativ kurz dauernden, aber stärkeren Strahlenquelle entstammt; ihre Energie ist größer als die vom angenommenen Kaliumgehalt von $10^{-3}$ g K/g Salz in $3 \cdot 10^7$ Jahren entwickelten und zur Verfärbung ausnützbaren Energie, insbesondere, da die neuen Messungen von DREXLER (173a) eine geringere Ausbeute für die Kaliumstrahlung ergeben würden. Die HAHNsche Deutung der Blausalzfärbung erscheint daher als die plausibelste. Sie wird noch gestützt durch den Nachweis radioaktiver Tiefenwässer in manchen deutschen Salzwerken [H. J. BORN (67, 68)]. Der Zusammenhang des blauen Steinsalzes mit Sylvin wäre auch durch die HAHNsche Hypothese gegeben, da Sylvin ja ein Zeichen sekundärer Umkristallisation ist. Nicht recht in Übereinstimmung mit der HAHNschen Annahme ist die Tatsache, daß nach den Bestimmungen von KARLIK und KROPF-DUSCHEK der He-Gehalt des Steinsalzes nicht von seinem Alter abzuhängen und im primären Lager ebenso groß zu sein scheint wie im sekundären. Vielleicht handelt es sich um die Zufuhr einer sensibilisierenden Substanz bei der sekundären Umkristallisierung. Es wäre auch noch zu untersuchen, ob Bestrahlung auf einen sich bildenden Kristall nicht stärker wirkt als auf einen fertigen. Eine Entscheidung darüber, ob das Helium im Steinsalz wirklich radioaktiven Ursprunges ist, ließe sich durch eine Bestimmung des Isotopenverhältnisses $^3$He/$^4$He fällen, wie sie von ALDRICH und NIER (7) an anderen Mineralien ausgeführt worden ist. Wenn das He im Steinsalz zum größten

Teil radioaktiven Ursprungs ist, so sollte dieses Verhältnis wesentlich kleiner sein als für atmosphärisches He.

Damit scheinen die von J. D'Ans (141a) wiederholt geäußerten Bedenken gegen die Kaliumhypothese gerechtfertigt, insbesondere der Hinweis auf das Vorkommen von *farblosem* Sylvinit in den älteren primären Salzlagern.

Das unter den gemachten Annahmen wenigstens zur Gelbfärbung Genügende der in der Natur gegebenen Strahlenquellen, die sich ohne größenordnungsmäßige Schwankungen über farbloses und gefärbtes Steinsalz verteilen, wirft die Frage auf, weshalb nicht jedes Steinsalz in der Natur gefärbt ist. Man muß bei den gefärbten Stücken an eine Sensibilisierung durch Verformung oder Verunreinigung denken sowie an Stabilisierung der Zentren durch Verunreinigungen, wie solche auch zur Erklärung der Kolloidbildung herangezogen werden müssen. Die Zentren der farblosen Teile wären thermisch zu labil. Was die Stabilisierung betrifft, werden vielleicht weitere Untersuchungen über die V-Zentren im natürlichen Steinsalz Aufklärung bringen. Daß das gelbe Steinsalz von Hall in Tirol sich unter Radiumbestrahlung besonders rasch verfärbt, hat E. Eysank (192), s. S. 117, gezeigt. Nach L. Wieninger (898) zeigen natürliche, kolloidal blau gefärbte Steinsalzkristalle bei $\alpha$-Bestrahlung eine stärkere FZ-Bildung als benachbarte farblose Bereiche, violette Stücke allerdings nicht. Rexer (688) hat ein teilweise blaues Steinsalzstück durch Erwärmen entfärbt und dann durch Röntgenstrahlen gelb gefärbt. Die Zeichnung trat dann als Negativ der ursprünglichen auf; die blau gewesenen Stellen waren heller gelb als die ursprünglich farblosen. Durch Belichtung trat aber eine Umkehr ein, die blau gewesenen Stellen blieben gelb (Restfärbung), während die früher farblosen sich wieder entfärbten. Es zeichnen sich also die Farbzentren in den blauen Teilen durch größere Stabilität aus. Durch geringe plastische Deformation konnten dann diese Teile wieder blau gefärbt werden. Rexer bemerkt, daß die Verformung vielleicht nur eine Abkürzung des natürlichen Vorganges bewirkt. Das Absorptionsmaximum der Restfärbung liegt nach Rexer bei deutlich kürzeren Wellenlängen als die normale $F$-Bande, ähnlich wie dies im gewöhnlichen Steinsalz nach Eindiffusion von Pb, Bi oder Gallium u. a. der Fall sein soll. Dies würde wieder auf Stabilisierung durch Verunreinigungen hinweisen. Es ist natürlich auch möglich, daß manche ursprünglich gefärbten Teile der Steinsalzlager durch farbzerstörende Prozesse entfärbt worden sind.

Was noch fehlt, ist eine koordinierte Bestimmung der Zentrenkonzentration, des Uran-, Helium- und Kaliumgehaltes und etwaiger sensibilisierender und stabilisierender Verunreinigungen und sonstiger Störungen an ein und demselben Stück. Die bisherigen Untersuchungen sagen nur aus, daß der mittlere Gehalt an den genannten Strahlungsquellen, insbesondere an Helium, zur Verfärbung annähernd hinreicht, aber noch nicht, warum gewisse Stücke gefärbt sind und andere nicht. So ist es auch nicht klar, weshalb das gelbe Haller Salz gefärbt ist; wohl verfärbt es sich, wie gesagt, sehr schnell, aber dafür ist seine Farbe auch sehr labil. Sollte es in jüngerer Zeit besonders stark aktiven Tiefenwässern ausgesetzt gewesen sein, so sollte sich dies in einem besonders hohen He-Gehalt zu erkennen geben. Versuche hierüber sind abzuwarten. Derzeit ist von einer besonderen Radioaktivität in den österreichischen Salzlagern nichts zu merken.

# 4. Die Morphologie des blauen Steinsalzes
[s. hiezu die Arbeiten des Verfassers (644)].

Darunter wird hier die geometrische Gestaltung der gefärbten Gebiete im blauen Steinsalz verstanden. Die morphologischen Elemente des Blausalzes lassen sich in das folgende Schema einordnen:
- a) Kristallographisch orientierte und begrenzte Färbung:
  - $\alpha$) nach dem Würfel:
    1. blaue Würfel;
    2. Färbung der Ecken und Kanten der Würfel;
    3. blaue Schichten parallel den Würfelflächen.
  - $\beta$) nach dem Rhombendodekaeder:
    1. breite, durch Dodekaederflächen begrenzte Bänder;
    2. feine Streifung nach diesen Flächen.
- b) Nicht kristallographisch bestimmte Färbung:
  - $\alpha$) Unregelmäßig begrenzte blaue Gebiete:
    1. ausgedehnte Gebiete;
    2. kleine Körner.
  - $\beta$) Kreis- bzw. kugelförmig begrenzte Gebiete:
    1. farblose Höfe;
    2. bläschenförmige Verteilung der Farbe.

## a) Kristallographisch orientierte und begrenzte Färbung

### $\alpha$) Nach dem Würfel

#### 1. Blaue Würfel

Blaue Würfel im farblosen Steinsalz beschreibt DOELTER (168); kleine, zum Teil mikroskopische Würfel finden sich massenhaft in dem von F. CORNU (123) untersuchten Sylvin von Kalusz und im Sylvinit von Staßfurt. Es handelt sich da um gesonderte Kristallindividuen, die von jüngerem farblosen Steinsalz bzw. von Sylvin umgeben sind.

#### 2. Färbung der Ecken und Kanten der Würfel

Wo Steinsalzwürfel in Sylvin oder Carnallit eingewachsen sind, z. B. manche Handstücke vom Werk Niedersachsen, Wathlingen bei Celle, Hannover, zeigen sie Blaufärbung häufig nur an den Ecken und, in geringerem Maße, manchmal auch längs der Kanten. Dies läßt sich durch die Annahme erklären, es sei von außen eine färbende, radioaktive oder nur sensibilisierende Substanz in den Würfel eindiffundiert, wobei es nahe liegt, an die Kaliumionen zu denken. Auf den Fall des Eindiffundierens in einen Würfel hat G. BIEGELMEIER (53) die

Diffusionstheorie angewandt; das Ergebnis, daß, wie zu erwarten war, die Ecken sich zuerst färben werden, d. h. daß hier die färbende Substanz zuerst eine hinreichende Konzentration erreichen wird, wurde im Anschluß an Versuche von R. E. Liesegang (483) experimentell an der Färbung phenolphthaleinhaltiger Gelatine durch von außen eindringende Natriumlauge bestätigt. Abb. 32 zeigt die für einen speziellen Fall errechneten Äquikonzentrationskurven für das zweidimensionale Problem.

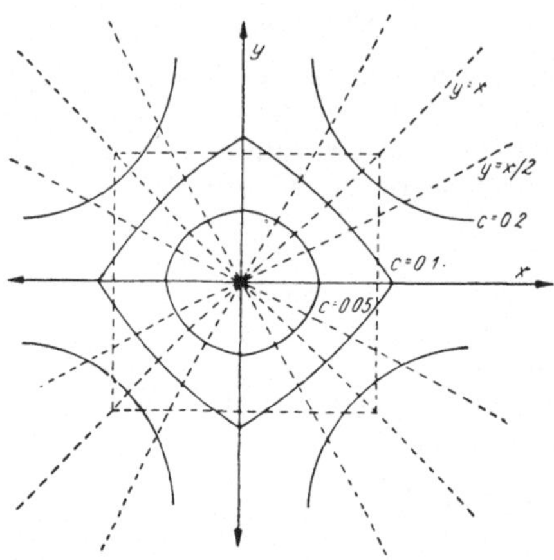



Abb. 32. Form der Äquikonzentrationslinien bei Diffusion in ein Quadrat hinein (nach Biegelmeier).

Im Steinsalz wird es sich nicht um Diffusion durch Ionenaustausch im ungestörten Gitter handeln, da diese bei den in Betracht kommenden niedrigen Temperaturen viel zu langsam verläuft. So wäre bei der *Selbstdiffusion* des Steinsalzes mit dem von Hevesy (333) [vgl. auch Mapother u. a. (509)] angegebenen Diffusionskoeffizienten von $3 \cdot 10^{-18}$ cm² Tag⁻¹ bei Zimmertemperatur für eine mittlere Verschiebung von 1 mm eine unmöglich lange Zeitdauer von der Größenordnung $10^{12}$ Jahre erforderlich. Man muß also die raschere Diffusion längs innerer Oberflächen [s. Smekal (786)], vielleicht unter Mitwirkung von Feuchtigkeit annehmen. (K. Przibram (663).]

Die Begrenzungen der Färbung der Ecken ist meist recht unregelmäßig. Nach der Diffusionstheorie sollten sie nach innen konkave oder konvexe sein, siehe Abb. 32. Es gibt aber Fälle mit ziemlich regelmäßiger Begrenzung, die aber nicht mit den theoretischen Äquikonzentrationsflächen übereinstimmen. So enthält ein Sylvinit vom Kaliwerk Hattorf, Hessen, ein Steinsalzwürfelchen von etwa 2 mm Kantenlänge, bei dem die Ecken derart blau gefärbt sind, daß ein weißes Kreuz auf blauem Grunde erscheint, mit den die ganze Würfelfläche durchsetzenden Balken parallel den Würfelkanten. Ein noch schöneres Beispiel findet sich an einem violetten Fluorit von Schlaggenwald. Dieses Verhalten ließe sich nach Biegelmeier (53) durch die Annahme mit der Diffusionstheorie in Einklang bringen, die Diffusion erfolge in Richtung der Diagonalen rascher als in jener der Würfelkanten.

Ochsenius (582) beschreibt Steinsalzkristalle, die er durch Verdunstenlassen einer Kochsalzlösung auf einer Schichte gepulverten Buntsandsteins erhielt und die ein klares Kreuz auf trübem Grunde zeigten. Er deutet dies durch die Annahme, es habe zunächst ein Skelettwachstum nach den Diagonalen stattgefunden und dann haben sich die Trichter in den Würfelflächen mit kompaktem, klarem Salz gefüllt. Man könnte nun daran denken, das sei auch die Erklärung für den oben besprochenen Fall, da die stark gestörten Skelettkristalle sicher mehr zur Verfärbung neigen werden als das kompakte Salz, doch steht dem entgegen, daß der Versuch von Ochsenius zu einer Art Malteserkreuz mit nach innen sich verjüngenden Balken führt, während es sich im oben besprochenen Fall um ein Kreuz mit rechteckigen Balken handelt.

### 3. Blaue Schichten parallel den Würfelflächen

Blaue Streifen nach den Würfelflächen sind frühzeitig bemerkt worden, siehe Focke und Bruckmoser (203). Ein interessantes Beispiel liefert ein Stück aus Löderburg bei Staßfurt im Naturhistorischen Museum in Wien (H. 853, 1901, XIV); die Schichtung ist hier auch an nicht blau gefärbten Stellen durch das Abwechseln von klaren und trüben Streifen zu erkennen, die ebenso orientiert sind wie die blauen Streifen. Bisweilen finden sich abwechselnd blaue und rotviolette Streifen, so an einem Stück aus Staßfurt in der Sammlung des Instituts für Radiumforschung. Hier ist bemerkenswert, daß die blauen Streifen stets über die violetten hervorragen; auch wo dunkle und helle blaue Streifen abwechseln, ragen die dunklen über die helleren hinaus. Wo eine Schar von Streifen einer anderen, zu ihr senkrecht orientierten begegnet, findet

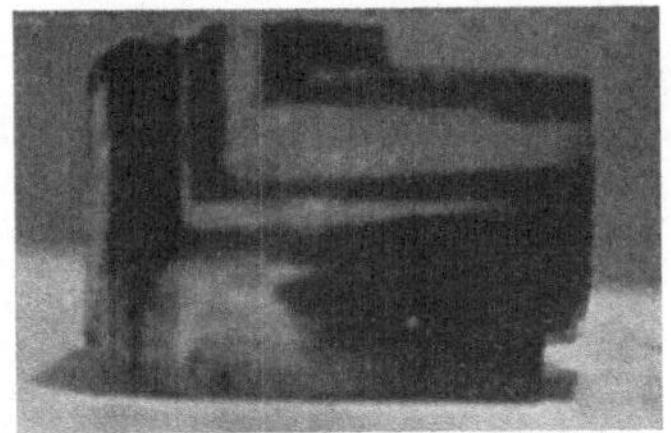

Abb. 33. Anwachszonen im violetten Steinsalz vom Grimbergschacht (natürliche Größe).

keine Durchkreuzung statt, sondern nur ein Zusammenschluß zu einer Ecke, so daß das bekannte bilderrahmenähnliche Aussehen zustande kommt, das H. Steinmetz (807) im Falle des Fluorits in so schönen Bildern festgehalten hat. Besonders schön ist diese Streifung beim violetten Salz vom Grimbergschacht zu sehen (Abb. 33).

Die Streifung nach dem Würfel ist sicher auf Anwachszonen zurückzuführen. Nicht zu unterscheiden ist vorläufig noch, ob sich die verschiedenfarbigen Schichten durch den Gehalt an radioaktiven Substanzen oder nur an sensibilisierenden Verunreinigungen oder durch sonstige Verschiedenheiten der Störungen unterscheiden. Die verschiedene Dicke der Farbschichten könnte mit der von Booth (64) beobachteten Beeinflussung des schichtenweisen Wachstums des Steinsalzes durch adsorbierte Fremdionen zusammenhängen. Das Vorragen der dunkelblauen Streifen über die helleren bzw. über die violetten ist durch einen von außen nach innen gegen die gefärbten Teile fortschreitenden farbzerstörenden Prozeß zu erklären, dem die dunkelblauen Partien wegen ihrer größeren Stabilität besser widerstehen können. Bei gründlicherem Verständnis des Färbungsvorganges werden die Anwachsstreifen vielleicht einmal ähnliche Aufschlüsse über vergangene Zeiten liefern können wie die Schichtung der Skandinavischen Sande oder die Jahresringe der kalifornischen Riesenbäume.

Die Streifen folgen nicht immer ungestört den Würfelflächen; manchmal treten Verwerfungen auf, derart, daß ein ganzes System von Streifen längs einer Fläche senkrecht zur Streifenrichtung verschoben erscheint, wobei zwischen den gegeneinander verschobenen Teilen bisweilen eine schmale farblose Zone eingeschaltet ist. Dies ist wohl durch eine mechanische Verletzung (Bruch) des Stückes mit nachträglichem Verheilen zu erklären. Es kommt aber auch vor, daß die Streifen nach den Würfelflächen an manchen Stellen sich unregelmäßig zerfasern (Abb. 42, S. 149) oder in schlierige Gebilde mit bunten Farben von grünlichblau bis rosa übergehen; da dies nach unseren Beobachtungen meist in der Nähe von Flüssigkeitseinschlüssen der Fall ist, kann ein ursächlicher Zusammenhang mit diesen vermutet werden.

## β) Nach dem Rhombendodekaeder

### 1. Breite, durch Dodekaederflächen begrenzte Bänder

Die Rolle der Rhombendodekaederflächen beim blauen Steinsalz ist ebenfalls schon von FOCKE und BRUCKMOSER (203) hervorgehoben worden. Ein Beispiel eines blauen, von zwei aufeinander senkrecht stehenden Dodekaederflächen begrenzten Gebietes in farblosem Steinsalz hat der Verfasser in seinen „Bemerkungen über das natürliche blaue Steinsalz" (644, I.) abgebildet. Ein anderes Stück aus der Sammlung des Instituts für Radiumforschung, ein violettes Salz vom Grimbergschacht, zeigt auf violettem Grund einen breiten blauen Streifen, der, obwohl nicht ganz regelmäßig begrenzt, deutlich nach den Gleitlinien verläuft.

### 2. Feine Streifung nach diesen Flächen

Eine feine Streifung nach den Dodekaederflächen, die „Mikrostruktur" FOCKE und BRUCKMOSERS (203) ist sehr weit verbreitet und oft von entzückender Regelmäßigkeit. Im Gegensatz zu den unter a, α, 3. angeführten Schichten nach dem Würfel durchkreuzen sich zueinander senkrecht stehende Schichtscharen, so daß eine Art schottisches Muster entsteht. Ein besonders schönes Stück, das diese Musterung schon makroskopisch zeigt, wurde dem Verfasser von Prof. STEINMETZ aus der Sammlung des Mineralogischen Instituts der Technischen Hochschule in München zur Verfügung gestellt (Abb. 34).

Abb. 34. Blaue Streifen nach den Rhombendodekaederflächen im blauen Steinsalz (zirka natürliche Größe).

Das Auftreten der Rhombendodekaederflächen bei der Färbung des natürlichen Blausalzes deutet auf die Mitwirkung eines einseitigen Druckes (plastische Deformation durch Gleitung). Die gelegentlich gemachte Annahme, es sei ein Farbstoff zwischen die durch Translation gebildeten Gleitflächen eingedrungen, scheint derzeit eine überflüssige Hypothese, da ja experimentell nachgewiesen ist, daß geglittene Gebiete im Steinsalz schon an sich zur Verfärbung prädestiniert sind.

Daß derartige Stücke tatsächlich einem deformierenden Druck ausgesetzt waren, ist bisweilen an Knickungen der Oberfläche zu erkennen, so an dem in Abb. 35 im durchfallenden, in Abb. 36 im reflektierten

Abb. 35. Farblose Streifen nach den Rhombendodekaederflächen in blauem Steinsalz (⁴/₅ natürlicher
Größe).

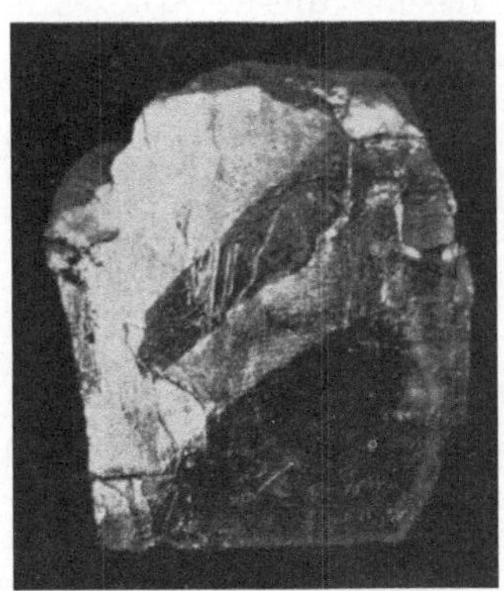

Abb. 36. Knickung der Oberfläche; dasselbe Stück
wie Abb. 35, von der anderen Seite aufgenommen
(⁴/₅ natürlicher Größe.)

Licht abgebildeten tiefblauen Stück vom Kaliwerk Asse bei Braunschweig. Eine Seitenfläche dieses Stückes zeigt eine eigenartige Knickung in zwei Streifen, in Abb. 36 an der verschiedenen Intensität des reflektierten Lichtes kenntlich. Die Fläche, längs welcher die Knickung erfolgt ist, läßt sich auch an einer Furche in der Oberfläche erkennen. Außerdem sind die Knickflächen im inneren des Kristalls durch millimeterbreite farblose Zonen gekennzeichnet. Die Spuren der Knickung auf der Oberfläche verlaufen parallel den Würfelflächendiagonalen.

Derartige Knickungen sind auch an einem violetten Steinsalzstück von Staßfurt zu sehen, nur verlaufen in diesem Falle die Spuren der Knickung parallel zu einer Würfelkante. Es könnte daher in diesem Falle auch nur eine Wachstumsanomalie vorliegen. Daß aber das Stück tatsächlich plastisch deformierendem Druck ausgesetzt war, läßt sich deutlich am Auftreten von Gleitlinien nach den Würfeldiagonalen erkennen.

Knickungen im Zusammenhang mit Farbstreifen nach dem Dodekaeder beschreibt schon ANDRÉ (13), der seiner Arbeit auch eine Farbphotographie des betreffenden Steinsalzstückes beigibt.

Die beiden vorhin besprochenen Stücke unterscheiden sich noch in einem Punkt: das erstgenannte, von ASSE, zeigt keinen Pleochroismus, das zweite, das die Druckwirkung an den Gleitlinien erkennen läßt, deutlichen Pleochroismus zwischen Blau und Violett. Hieraus kann vielleicht gefolgert werden, daß der Druck im ersten Falle *vor* der Färbung

gewirkt hat — dann fällt ja die Veranlassung zum Pleochroismus nach
SIEDENTOPF, die Gleichrichtung der nadel- oder blättchenförmigen Na-
Teilchen durch den Druck weg —, im zweiten Fall aber auch *nach* der
Färbung; hier muß der Druck schon auf die ausgeschiedenen Na-Teilchen gewirkt haben. Hiermit könnte auch die violette Farbe dieses Stückes
in Zusammenhang stehen, da ja natürliches blaues Steinsalz durch Druck
auch künstlich violett gefärbt werden kann. Mit dem späteren Eintritt
der Pressung dieses Stückes mag auch die Deutlichkeit der Gleitlinien

Abb. 37. Violettes Salz vom Grimbergschacht
(³/₄ natürlicher Größe).

zusammenhängen, die im erstgenannten Stück ganz fehlen und durch
Rekristallisation verwischt worden
sein könnten.

Die Verfärbung längs der Gleitlinien zeigt bisweilen einen eigen-
artigen Verlauf z. B. bei dem in
Abb. 37 abgebildeten Stück: wo
sie von einem hell violetten Gebiet
in ein blaues übertreten, erscheinen
sie in ersterem dunkel auf hellem
Grund, in letzterem umgekehrt hell
auf dunklem Grund. Die Deutung
liefert das Prinzip des optimalen
Störgrades: längs der Gleitlinien ist
die Störung größer als in der Umgebung, daher erscheinen die Linien im
hellvioletten Gebiet, wo der allgemeine Störgrad noch gering ist, also
unterhalb des Optimums liegt, dunkler als der Untergrund, im blauen
Gebiet aber mit seinem hohen allgemeinen Störgrad wegen Überschreitung
des Optimums heller als der Untergrund.

Daß schon im natürlichen Steinsalz plastische Deformationen vorkommen, die nicht zu Färbung geführt haben, ließ sich an einem Steinsalzstück aus dem Werk Wilhelmshall in Anderbeck, Kreis Oschersleben,
nachweisen. Spaltstücke davon wurden der Radiumbestrahlung unterworfen und färbten sich dabei graugelb; im Lichte wurden sie rasch blau
wie künstlich gepreßtes Steinsalz. Dieses Verhalten machte erst auf die
anormale Natur dieses Handstückes aufmerksam. Man erkennt aber
schon bei der bloßen Betrachtung des Stückes, daß es weitgehend ver-
quetscht sein muß, da es fast rhomboedrischen Habitus aufweist. Wurde
ein Stück dieses Salzes durch zwei Tage auf etwa 200⁰ C erhitzt und dann
bestrahlt, so wurde es rein gelb und behielt diese Farbe im Licht viele
Tage lang; es war also weitgehend rekristallisiert. Die starke, im Naturzustand feststellbare Störung des Stückes, das doch gutes Rekristallisationsvermögen zeigt, weist darauf hin, daß hier die Deformation verhältnismäßig spät eingetreten sein dürfte; ob dies oder das Fehlen radioaktiver bzw. sensibilisierender Stoffe für das Fehlen der Farbe verantwortlich ist, läßt sich noch nicht entscheiden.

Daß ein Zusammenhang zwischen Färbung und plastischer Deformation besteht, zeigt sich auch darin, daß tief blau gefärbte Stücke beim Bruch geradezu zerknitterte Flächen aufweisen, als wäre das Stück zerquetscht worden. Über das Verhalten des Steinsalzes unter Druck siehe GELLER (231, 232) und hierzu MÜGGE (559).

Eine systematische Untersuchung von Steinsalzproben auf ihr Absorptionsspektrum, auf den ultramikroskopischen Befund, ihre Verfärbungseigenschaften, ihr Rekristallisationsvermögen usw. ließe wohl Schlüsse auf so manche Vorgänge in den Salzlagern ziehen, soferne die Lage der Stücke im Lager genau festgestellt ist; dies ist allerdings erst ein Zukunftsprogramm.

## b) Nicht kristallographisch bestimmte Färbung

### α) Unregelmäßig begrenzte blaue Gebiete

#### 1. Ausgedehnte Gebiete

Steinsalzstücke mit getrennten großen, unregelmäßig begrenzten blauen Gebieten im Inneren führt DOELTER an (168). Der Verfasser (644, II.) hat eine große Zahl derartiger Stücke untersucht und konnte durchwegs Anzeichen dafür finden, daß die getrennten blauen Gebiete auch verschiedenen Kristallindividuen angehören. Die Betrachtung der Stücke zeigt nämlich, daß sich zwischen den blauen Gebieten makroskopische Störungen, Spaltflächen, Einschlüsse usw. hinziehen, so daß die blauen Gebiete oft geradezu von solchen Störungszonen umschlossen erscheinen, Abb. 38. Wo ein derartig umschlossenes Gebiet von einer relativ frischen Spaltfläche getroffen wird, zeigt diese hier meist eine merklich andere Orientierung als die Umgebung. An älteren, ausgelaugten Oberflächen zeigt sich eine Trennung der einzelnen Gebiete oft durch

a        b

Abb. 38. Blausalzbreccie: a Photographie ($^1/_2$ natürlicher Größe), b schematisch.

Furchen an. Längs der erwähnten Zonen makroskopischer Störung, die wir als Grenzen verschiedener Kristallindividuen auffassen möchten, zieht sich die einen weißlichen Tyndallkegel aufweisende „milchige Trübung" FOCKES und BRUCKMOSERS (203) hin. Sie erfüllt somit die äußersten Schichten der hier angenommenen Einzelkristalle.

Man kann sich die Bildung solchen unregelmäßig gefleckten Blau-

salzes etwa folgendermaßen vorstellen: das blaugefärbte Salz wird durch
tektonische oder sonstige Vorgänge zertrümmert, wobei auch an die
Möglichkeit gedacht werden könnte, daß vielleicht gerade diese Zertrüm-
merung die zur Verfärbung disponierenden Gitterstörungen geschaffen
haben könnte. Die Bruchstücke bleiben mehr oder weniger gegeneinander
verdreht liegen und werden durch eindringende Mutterlauge mit farblosem Salz zusammengekittet. An den äußersten Stellen, an den „Korngrenzen", werden sich alle Verunreinigungen der Mutterlauge, Gaseinschlüsse usw. ablagern und hier finden wir denn auch die milchige Trübung; FOCKE und BRUCKMOSER (203) war schon aufgefallen, daß die
Trübung die blauen Gebiete begleitet, ihnen aber „auszuweichen" scheint.
Derartig geflecktes Steinsalz ist also als eine Art Breccienbildung aufzufassen.

## 2. Kleine Körner

Im verkleinerten Maßstab erkennt man das eben geschilderte Verhalten an einem feinkörnigen blaupunktierten Steinsalz von Hallstatt,
auf welches Herr Regierungsrat Dr. MORTON den Verfasser unter Über-
lassung einer größeren Menge dieses Minerals freundlich aufmerksam
gemacht hat. Die mikroskopische Untersuchung, bei der das Salz zur
Aufhellung zweckmäßigerweise in Brombenzol eingebettet wird, zeigt,
daß die einzelnen Körner des Salzes nur im Inneren blau gefärbt sind,
so daß das Präparat etwa an ein Zellengewebe mit gefärbten Kernen
erinnert.

## β) Kreis= bzw. kugelförmig begrenzte Gebiete

### 1. Farblose Höfe

Die farblosen Höfe im blauen Steinsalz variieren, was ihre Größe
betrifft, zwischen mikroskopisch kleinen Kügelchen bis zu Bereichen von
mehreren Zentimeter Durchmesser. Es sind bisweilen getrennte kugelförmige Gebiete (Abb. 39), bisweilen verfließen
zwei benachbarte zu lemniskatoiden Gebilden.
Sie sind bald unregelmäßig verteilt, bald in
Reihen angeordnet. Auch zylindrische Gebilde
kommen vor, die das Blaue wie Röhren durchsetzen. Manchmal füllen die farblosen Gebiete
fast das ganze Stück, so daß nur vorwiegend
konkav begrenzte Zwickel oder schmale ge-
krümmte Streifen blau gefärbt bleiben. So
kommt es zuweilen zu einer ganz krausen
Verteilung der Farbe.

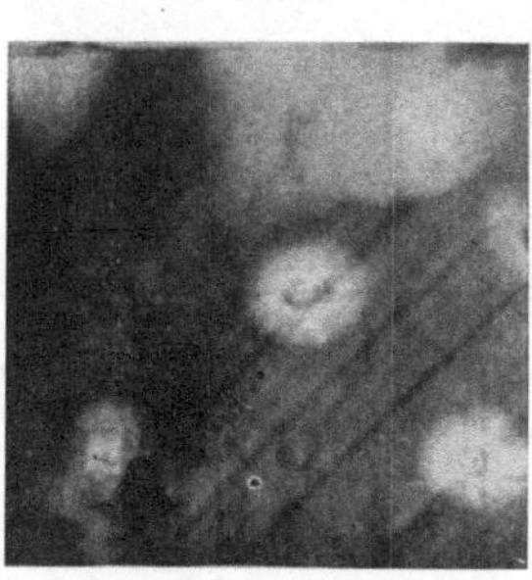

Abb. 39. Entfärbungshöfe im blauen
Steinsalz, zweifach vergrößert.

Die farblosen Höfe geben sich, schon rein
morphologisch betrachtet, als durch einen von
gewissen Zentren ausgehenden Ausbreitungsprozeß bewirkt zu erkennen.
Die Kugelform, das Zusammenfließen zu lemniskatoiden Gebilden, die
Bildung von Zylindern, all das findet sich bei jedem Ausbreitungs-

vorgang von Zentren bzw. Linien aus nach allgemein morphologischen Prinzipien. Es frägt sich nur, welcher Art dieser Ausbreitungsvorgang hier ist.

Vier Vorgänge könnten zur Hofbildung führen: 1. die Wirkung einer Strahlung, 2. Sammelkristallisation, 3. Rekristallisation und 4. Diffusion.

1. Die Bildung von Höfen, auch von Entfärbungshöfen durch Strahlung, liegt in den pleochroitischen Höfen, S. 228, vor, doch ist ihre Größe durch die Reichweite der $\alpha$-Strahlen an enge Grenzen gebunden; ihr Radius steigt nicht über 50 m$\mu$, während die farblosen Höfe im Blausalz zentimetergroß werden können. So große Höfe könnten auch nicht durch $\beta$-Strahlen bewirkt werden und eine entfärbende Wirkung der $\gamma$-Strahlen ist wegen ihrer geringen Wirksamkeit höchst unwahrscheinlich. Überhaupt spricht die sehr verschiedene Größe der farblosen Höfe gegen ihre Bildung durch Strahlung.

2. Sammelkristallisation der Na-Teilchen ist von REXER (686) an additiv gefärbtem Steinsalz nachgewiesen worden: kreisförmige dunkle Stellen im Tyndallkegel um besonders helle Teilchen; im makroskopischen Bereich ist dieser Vorgang aber auch höchst unwahrscheinlich.

3. Der Verfasser dachte eine Zeitlang an die Möglichkeit, die farblosen Höfe durch Rekristallisation zu erklären. Die abgerundeten Begrenzungen der Höfe wären kein zwingendes Gegenargument, da nach MÜGGE sehr langsame Kristallisation infolge der Ausbildung immer zahlreicherer Kristallflächen abgerundete Formen bilden könnte. Insbesondere die gelegentliche ultramikroskopische Beobachtung von dunklen Höfen im Tyndallkegel, die sich einerseits in das blaue Gebiet, anderseits in die milchige Trübung (Gaseinschlüsse und sonstige Verunreinigungen) hineinfressen, schien eher für Rekristallisation als für Sammelkristallisation zu sprechen. Es hat sich aber dann herausgestellt, daß blaues Steinsalz nur ein recht geringes Rekristallisationsvermögen besitzt.

4. Die größte Wahrscheinlichkeit hat die Deutung durch Diffusion, und somit bietet das Blausalz mit seinen farblosen Höfen weitere Beispiele für LIESEGANGS „geologische Diffusionen" (483). Über die Diffusion in festen Stoffen siehe HEDVALL (316a), JOST (409).

Das Eindringen von Stoffen, die die blaue Farbe zerstören (Wasser, Sauerstoff?) ist schon daran zu erkennen, daß lange exponierte, ausgelaugte Oberflächen von Blausalz häufig eine farblose Oberflächenschichte aufweisen. Auch wo Blausalz auf Salzton aufsitzt, zieht sich meist eine farblose Zone zwischen der Unterlage und den blauen Gebieten hin. Es wird sich da wohl um eindringende Feuchtigkeit handeln. Daß Wasser mit der Zeit in Steinsalz eindringt (z. B. aus konzentrierter Lösung), ehe dieses sich auflöst, hat BARNES (28) durch Untersuchung der Absorption des Salzes im Infrarot nachgewiesen. Bei den Höfen wird man Zentren anzunehmen haben, von denen aus die Diffusion stattfindet, und in der Tat ist in der Mitte eines Hofes fast immer ein kleiner Einschluß, fest, flüssig oder gasförmig, zu erkennen, dem man diese Rolle zuschreiben könnte. Im blauen Steinsalz von Staßfurt sind die Einschlüsse nach einer polarisationsmikroskopischen Untersuchung von L. WIENINGER häufig kleine Carnallitkörner mit charakteristischer Zwillingsstreifung. Daß die Umgebung von Einschlüssen verändert ist, zeigt die Tatsache, daß sich bei der additiven Färbung von einschlußhaltigem Steinsalz farblose Höfe um die Einschlüsse bilden.

Für das Vorliegen von Diffusion spricht auch der Umstand, daß ein farbloser Hof bisweilen eine Verlängerung längs einer Gleitlinie aufweist,

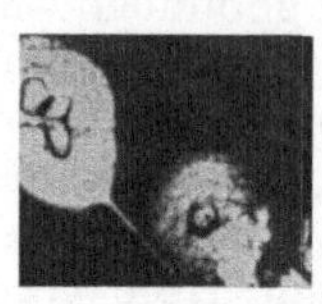

Abb. 40. Entfärbungshof im blauen Steinsalz mit Fortsetzung längs einer Gleitlinie (vergrößert).

da sich die Diffusion längs der durch die Gleitung geschaffenen Störungen leichter ausbreiten wird als im ungestörten Gitter (Abb. 40).

Als diffundierende Substanz, welche die Farbe zerstört oder verhindert, kommt, wie gesagt, Wasser oder Sauerstoff in Betracht, welche die ausgeschiedenen Na-Teilchen in farbloses Hydroxyd oder Oxyd umwandeln. Es könnte sich aber auch um Fremdionen der verschiedensten Art handeln, die in geringer Konzentration die Färbung begünstigen, nach Überschreitung eines Optimums der Konzentration aber wieder erschweren, siehe S. 34.

Das Prinzip der optimalen Fremdionenkonzentration oder, allgemeiner gesprochen, des optimalen Störungsgrades läßt eine Reihe von sonst unerklärlichen Farbverteilungen verstehen [K. PRZIBRAM (663)].

## 2. Bläschenförmige Verteilung der Farbe; farbige Säume

Hierher gehört die wohl auf keinem anderen Weg ungezwungen zu erklärende bläschenförmige Verteilung der Farbe. Diese ist von FOCKE und BRUCKMOSER (203) beschrieben worden. Sehr schön ist sie an einem Stück in der Sammlung des Mineralogisch-Petrographischen Institutes der Wiener Universität zu sehen, das wahrscheinlich auch die genannten Autoren in Händen hatten. Das prismatische Handstück ist teilweise hellblau gefärbt. In diesem Teile sind dunkelblaue Ringe etwas elliptischer Form von einigen Millimeter Durchmesser mit den Mittelpunkten längs Spaltebenen angeordnet. Die großen Achsen der Ellipsen stehen auf der Spaltfläche senkrecht. Außer diesen Ringen, die nur den Schnitt durch Ellipsoide darstellen und die am besten bei Versenkung des Stückes in Brombenzol zu untersuchen sind, finden sich auch dunkelblaue Ballen und farblose Höfe im hellblauen Gebiet. Das ganze hellblaue Gebiet ist umgeben von einer Zone milchiger Trübung und auch hier finden sich die unter b, $\alpha$, 1., S. 143 angeführten Zeichen, daß das blaue Gebiet einem anderen Kristallindividuum angehört als das von blauer Farbe freie Gebiet (Abb. 41).

An einem Stück von Staßfurt in der Sammlung des Institutes für Radiumforschung wurden auf blauviolettem Gebiet farblose Höfe in einer Reihe angeordnet gefunden, die innen rotviolett eingesäumt erscheinen. Auch innen ganz rötlich violette kreisrunde Flecken finden sich hier, die von einem dunkelblauen Saum umgeben sind. Es handelt sich hier wohl um etwas Ähnliches wie bei den oben beschriebenen blauen Ringen.

Die Deutung der Ringe nach dem Prinzip des optimalen Störgrades ist die folgende: von einzelnen Zentren breitet sich eine Fremdsubstanz durch Diffusion aus. Die Flächen gleicher Konzentration sind Kugelflächen. Die stärkste Färbung wird sich in der Gegend der Fläche optimaler Konzentration ausbilden; sie wird nach außen abfallen, weil hier die Konzentration noch zu klein ist, aber auch nach innen, weil die Kon-

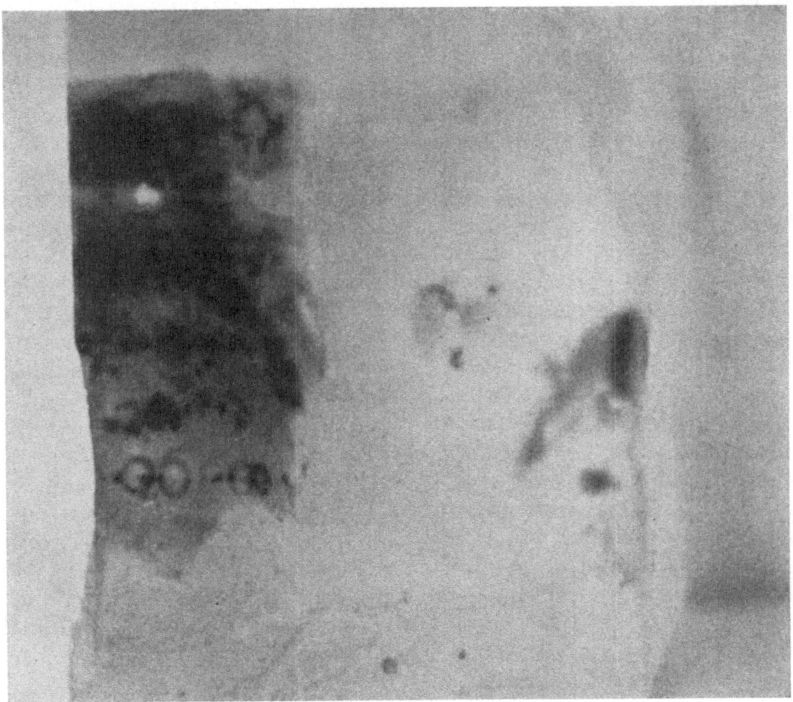

Abb. 41. Blaue Bläschen im Steinsalz ($^8/_3$ natürlicher Größe).

zentration da schon zu groß ist. Im Hinblick darauf, daß die Violettfärbung als eine Vorstufe zur Blaufärbung betrachtet werden kann, vergleiche das Verhalten des gepreßten Salzes S. 40, sind die rotvioletten Höfe mit blauem Außenrand in analoger Weise zu erklären. Aber auch bei den früher besprochenen farblosen Höfen scheint gelegentlich etwas Ähnliches mitzuspielen, da oft festgestellt werden kann, daß die Farbe am Rande der farblosen Höfe tiefer ist als weiter außen, daß also die Höfe von dunklen Ringen bzw. Kugelschalen umgeben sind, die wieder als Gebiete optimaler Konzentration gedeutet werden können.

Eine bläschenförmige Verteilung der blauen Farbe zeigt sich manchmal auch in den kleinen, im Sylvin von Kalusz eingewachsenen Steinsalzwürfelchen. Hier wird man aber an ein Eindiffundieren von außen, vom Sylvin, nach innen in die Steinsalzwürfelchen zu denken haben, wobei eine Diffusion der Kaliumionen in Betracht käme, mögen diese nun als Strahlenquelle oder nur als sensibilisierende Verunreinigung wirken. Im Zentrum des Würfels wäre die Konzentration noch zu klein, in seinen peripherischen Teilen schon zu groß, wobei zu beachten ist, daß der reine Sylvin wegen der geringen Stabilität seiner Verfärbung sich in der Natur überhaupt nicht verfärbt. Über die Bildung abgerundeter Aquikonzentrationskurven beim Eindiffundieren in einen Würfel siehe G. BIEGELMEIER (53).

Auf dieselbe Weise sind die blauen oder violetten Säume zu verstehen, die bisweilen im Steinsalz um Sylvineinschlüsse zu sehen sind. Diese Säume sitzen nicht unmittelbar am Sylvin auf, sondern sind durch farblose Streifen von ihm getrennt. Es ist dies sozusagen die Umkehrung des ebenbesprochenen Falles der blauen Kugelschalen in den Steinsalzwürfelchen im Sylvin von Kalusz. In der Nähe des Sylvins scheint die Konzentration der Kaliumionen, oder was sonst die Fremdsubstanz ist, schon zu groß zu sein, als daß sich eine stabile Färbung bilden könnte. Bemerkenswert ist noch, daß die Säume an vorspringenden Ecken der Sylvineinschlüsse von diesen weiter abstehen, was auf eine Begünstigung der Diffusion an diesen Stellen deutet. Die bevorzugte Diffusion von Ecken aus zeigt sich auch manchmal an kubischen Flüssigkeitseinschlüssen im blauen Steinsalz in Form farbloser, von den Ecken des Einschlusses ausgehenden Schlieren (s. Abb. 37, rechts unten).

Auch in der Nachbarschaft von Carnallit zeigen sich gelegentlich violette Säume, so bei einer Gruppe von Steinsalzwürfeln aus dem Carnallit von Heiligenroda (Werra-Gebiet); den in den einspringenden Winkeln der Steinsalzgruppe sitzenden feinkörnigen Carnallit begleiten im Inneren des farblosen Steinsalzes etwa 4 mm breite violette Streifen, die durch etwa 1 mm breite farblose von der Steinsalzoberfläche und somit auch vom Carnallit getrennt sind. In den zuletzt besprochenen Fällen könnte die Verteilung des die Färbung beeinflussenden Stoffes schon bei der Ausscheidung aus der Mutterlauge erfolgt sein, und nicht erst durch Diffusion im festen Zustande.

## c) Färbung und Wachstum

### α) Des Blausalzes

An der Hand der durch die Färbung kenntlichen Anwachszonen läßt sich in manchen Fällen das Wachstum des betreffenden Kristalls in sehr lehrreicher Weise verfolgen (644, IV.). Insbesondere gilt dies für das violette Salz vom Grimbergschacht bei Heringen, Werragebiet. Die Stücke lassen nicht nur hie und da die schon beschriebenen farbigen Schichten parallel den Würfelflächen erkennen, sondern es sind bisweilen die ganzen BECKEschen Anwachspyramiden (41) an der farbigen Schichtung kenntlich. Die Betrachtung solcher Stücke, von denen zwei in den Abb. 37 und 42 abgebildet sind, zeigt Folgendes:

Der Winkel $\varphi_a$, Abb. 43, zwischen einer Trennungsfläche zweier Anwachspyramiden und der Normalen auf die Basisfläche einer dieser
Pyramiden weicht oft beträchtlich von $45^0$ ab, also von jenem Werte, den
er haben müßte, wenn die Wachstums-
geschwindigkeit nach den beiden Rich-
tungen $OA$ und $OB$ gleich groß gewesen
wäre. Je spitzer $\varphi_a$, desto mehr überwiegt die Geschwindigkeit $v_a$ nach $A$
über jene nach $B$, $v_b$. Es ist ohne
weiteres abzulesen, daß

$$v_b/v_a = \text{tang } \varphi_a.$$

Daß bei natürlichen Steinsalzkristallen die Wachstumsgeschwindigkeit nach
einer Achse oft beträchtlich größer ist
als nach den anderen, ist eine bekannte
Tatsache, deren Erklärung allerdings
noch nicht mit Bestimmtheit gegeben
werden kann. Ein Hinweis auf „zufällige
Bildungen" ist keine Erklärung. Die
Ursache kann nicht im Gitter selbst
mit seiner regulären Symmetrie liegen,
sondern muß von außen aufgezwungen

Abb. 42. Violette Anwachszonen im Steinsalz
vom Grimbergschacht, zum Teil unregelmäßig
zerfranst ($^5/_4$ natürlicher Größe).

worden sein. Es liegt nahe, an Strömungen in der Mutterlauge zu denken,
doch hat auch diese Deutung ihre Schwierigkeiten, und die Erscheinung
ist wohl eines eingehenderen Studiums wert. Die Bevorzugung einer
Wachstumsrichtung ist am auffallendsten bei
den langgestreckten aufgewachsenen Steinsalz-
prismen von Wieliczka, von
denen das Naturhistorische
Museum in Wien besonders
schöne Exemplare besitzt.

Am Grimberger Blausalz
läßt sich aber noch mehr
erkennen, da die Grenzen
der Anwachspyramiden zur
Gänze durch das recht-
winkelige Abbiegen der
farbigen Streifen bezeichnet
sind. Diese Grenzen zwischen
zwei Anwachspyramiden zei-

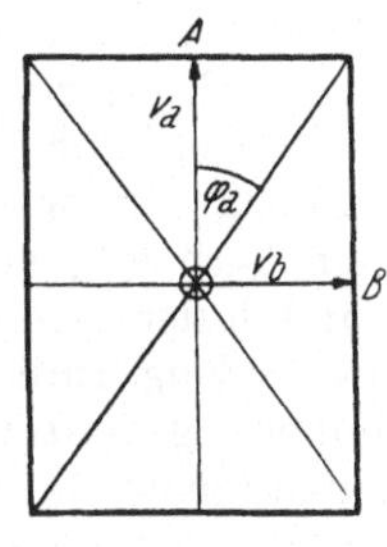

Abb. 43. Schematischer
Schnitt durch die An-
wachspyramiden.

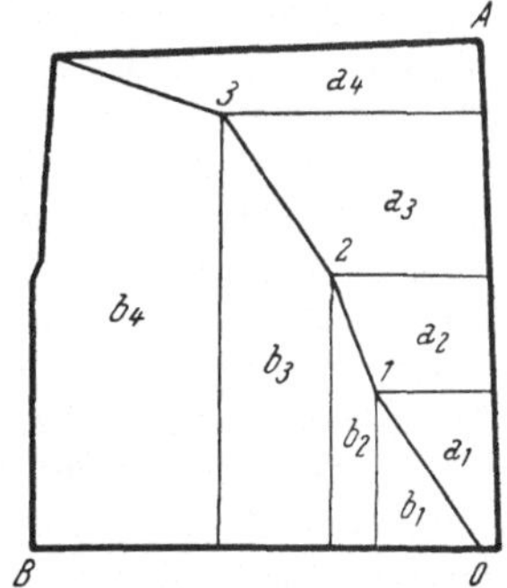

Abb. 44. Schema zu Abb. 37.
S. 142.

gen nun oft plötzliche Knicke, bisweilen derart, daß $\varphi_a$ einmal größer,
einmal kleiner als $45^0$ ist, d. h., bald schreitet die eine Basisfläche
rascher fort, bald die zu ihr senkrechte. Ein derartiger Sprung tritt
manchmal erst auf, wenn die Flächen schon etliche Zentimeter zurückgelegt haben, Abb. 37, schematisch in Abb. 44; in anderen Fällen erfolgt

wiederholter Wechsel in Abständen von wenigen mm oder noch weniger, so daß die Grenzlinie in einem feinen Zick-Zack verläuft, Abb. 42. Es muß also ein fast periodisch anmutendes Hin- und Herspringen der Richtung größter Wachstumsgeschwindigkeit stattgefunden haben. Die Natur hat hier Vorgänge noch nicht näher bekannter Art während der Entstehung der Steinsalzkristalle dauernd registriert.

In fast allen Fällen findet man, daß jene Anwachspyramide, deren Basis *rascher* fortgeschritten ist, also jene mit kleinerem $\varphi$, *dunkler* und mehr *blau* gefärbt ist, die langsamer gewachsene *heller* und mehr *violett*. Dies sei an Abb. 37, schematisch dargestellt in Abb. 44, erläutert.

Von o bis 3, Abb. 44, erfolgte das Wachstum rascher nach $A$ als nach $B$, die Pyramide $a_1$, $a_2$, $a_3$ ist dunkler gefärbt und mehr blau als $b_1$, $b_2$, $b_3$. Auch innerhalb dieses Gebietes ist eine sprunghafte Änderung der Geschwindigkeit bemerkbar, bei 1 eine Zunahme, bei 2 eine Abnahme der Geschwindigkeit $v_a$, relativ zu $v_b$ und auch dies drückt sich in einer tieferen Färbung des Teiles $a_2$ im Vergleiche zu $a_1$ und $a_3$ aus. Bei 3 schließlich springt die größere Geschwindigkeit in die Richtung B über und nun ist $a_4$ zum Teil schwächer und im Ganzen mehr violett gefärbt als $b_4$. Etwas Ähnliches ist auch in Abb. 42 zu erkennen, wo die Trennungslinie im mittleren Teil des abgebildeten Stückes durch eine helle Zickzacklinie gekennzeichnet ist. Ein anderes Stück ist schematisch in Abb. 45 wiedergegeben. Hier ist die Streifung parallel der vertikalen Würfelkante mehr

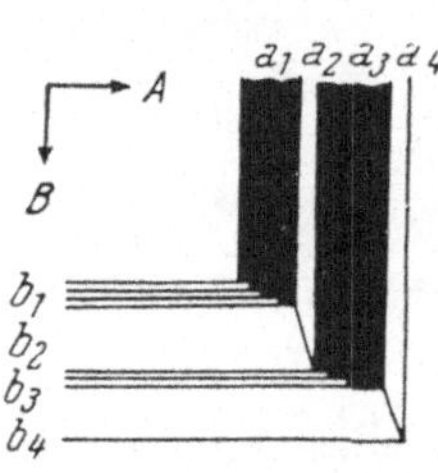

Abb. 45. Anwachszonen im violetten Salz vom Grimbergschacht, schematisch.

blau, die horizontale mehr violett. Auch hier ergibt eine genauere Betrachtung, daß die dünkleren Bänder steiler abschneiden. Indessen genügt dies hier nicht zur Erklärung des ganzen Sachverhaltes. Im großen ganzen ist nämlich die Pyramidengrenze nahezu unter $45^0$ geneigt. Dies setzt voraus, daß das steilere Abschneiden der vertikalen Schichten $a_1a_3$ durch ein ebensolches der jeweils horizontalen $b_2b_4$ kompensiert wird. Dann ist aber nicht ohne weiteres einzusehen, weshalb $b_2$ und $b_3$ nicht auch tiefblau gefärbt sind. Es scheint sich folgender Schluß aufzudrängen: die Aufeinanderfolge dunkler und heller Schichten kann kaum anders als durch eine periodische Abscheidung radioaktiver oder gitterstörender, sensibilisierender Beimischungen gedeutet werden; dabei könnte der Rhythmus von außen stammen (Schwankungen in der Zusammensetzung der Mutterlauge), es könnte sich aber auch um einen inneren Rhythmus im Sinne von R. E. LIESEGANG (483) handeln, siehe NOTHAFT und STEINMETZ (577). Es sieht so aus, als ob die Verunreinigungen vorzugsweise in den Zeiten aufgenommen worden wären, zu denen das Wachstum in der Richtung $A$ rascher erfolgt ist, als in Richtung $B$; man könnte daran denken, daß vielleicht gerade die diese Wachstumsrichtung begünstigende Strömung an Verunreinigungen reichere Mutterlauge herangebracht habe. Es sei aber auch auf die Möglichkeit hingewiesen, daß der Farbunterschied durch verschiedene Einwirkung eines einseitigen Druckes auf die zur Druckrichtung parallelen und auf zu ihr senkrechten Streifung verursacht sein könnte; Versuche, die Erscheinung auf diesem Wege künstlich zu reproduzieren, sind aber erfolglos geblieben.

Ein Handstück schien der bewährten Regel zu widersprechen, daß die rascher gewachsene Pyramide dunkler gefärbt ist. Bei diesem Stück ist gerade die langsamer gewachsene Pyramide dunkelviolett gefärbt, die rascher gewachsene fast farblos. Allein die nähere Betrachtung zeigt, daß diese letztere ganz von einer starken, in Streifen angeordneten Trübung erfüllt ist, wie bei schräger seitlicher Beleuchtung vor einem dunklen Hintergrund deutlich zu sehen ist, während die gefärbte Pyramide klar erscheint. Die Erklärung gibt das Prinzip des optimalen Störgrades: wegen des raschen Wachstums scheinen sich hier in der rascher gewachsenen Pyramide so viel Verunreinigungen abgeschieden zu haben, daß das Optium für die Verfärbung schon weit überschritten war und statt dessen die milchige Trübung entstand.

Über die Markierung von Wachstumserscheinungen durch trübende Einschlüsse beim Steinsalz von Wittelsheim (Oberelsaß) hat schon R. GÖRGEY (255) berichtet. Auf seinen veröffentlichten Mikrographien ist außer der Schichtung und den einschlußfreien Diagonalen auch deutlich zu erkennen, daß die rascher gewachsenen Pyramiden mehr Einschlüsse enthalten als die langsameren. Auf die Rolle der Pyramidengrenzflächen („Grate") bei der Abscheidung von Fremdstoffen haben NOTHAFT und STEINMETZ (577) aufmerksam gemacht. Ganz allgemein ist die Regel, daß rascher gewachsene Teile mehr Einschlüsse enthalten, indessen nicht. Man findet auch bei Steinsalz hie und da, aber recht selten, gerade das entgegengesetzte Verhalten.

Der hier nachgewiesene Zusammenhang zwischen Wachstumsgeschwindigkeit und Färbung steht im Einklang mit der wiederholt dargelegten Rolle von Gitterstörungen bei der Verfärbung: das rasche Wachstum des Steinsalzes hat stärkere Störungen zur Folge, sei es, daß das Wachstum des Steinsalzes selbst unregelmäßiger erfolgt, sei es, daß mehr Verunreinigungen eingeschlossen werden. Dadurch wird, bis zu dem bewußten Optimum, die Färbung begünstigt. Auch das Vorwalten der blauen Farbe vor der violetten in den rascher gewachsenen Pyramiden ist verständlich, da es sich stets zeigt, daß stärkere Störung das Blau begünstigt.

### β) Sichtbarmachung des Wachstumsverlaufes in farblosen Kristallen durch künstliche Verfärbung

Es lag nahe, die hier dargelegte Beziehung zwischen Farbe und Wachstumsgeschwindigkeit durch künstliche Verfärbung farbloser natürlicher langgestreckter Steinsalzkristalle zu überprüfen. Mehrere geeignete derartige Prismen von Wieliczka wurden uns von Herrn Hofrat H. MICHEL vom Naturhistorischen Museum in Wien freundlichst zur Verfügung gestellt. Da Radiumbestrahlung bei Vorversuchen keine hinreichend gleichmäßige Verfärbung ermöglichte, wurde zur Röntgenbestrahlung geschritten. Ein Prisma von den Dimensionen $18 \times 6 \times 5$ mm wurde unmittelbar vor das

Aluminiumfenster (von $30\,\mu$ Dicke) einer Seemann-Röntgenröhre mit Molybdänantikathode (25 mA, 30 kV) gebracht und durch öfteres Drehen des Kristalls eine möglichst gleichförmige Verfärbung bewirkt. Nach 10 Stunden war der Kristall dunkelbraun, ohne wesentliche Streifung. Durch Erwärmen auf $210^0$ C während einer Stunde im elektrischen Ofen (bei gleichzeitiger Belichtung zur Beschleunigung des Blauumschlages nach SAVOSTIANOVA) wurde er in bekannter Weise blauviolett mit deutlicher Streifung (ungleichförmige Verteilung der Lückenaggregate).

Die Betrachtung des Stückes bei schwacher Vergrößerung zeigt nun das in Abb. 46 schematisch wiedergegebene Aussehen: man sieht die Streifung des rasch gewachsenen Teiles parallel der Basisfläche des Prismas, und am unteren Teile einer Längskante ein schwächer gefärbtes, ganz

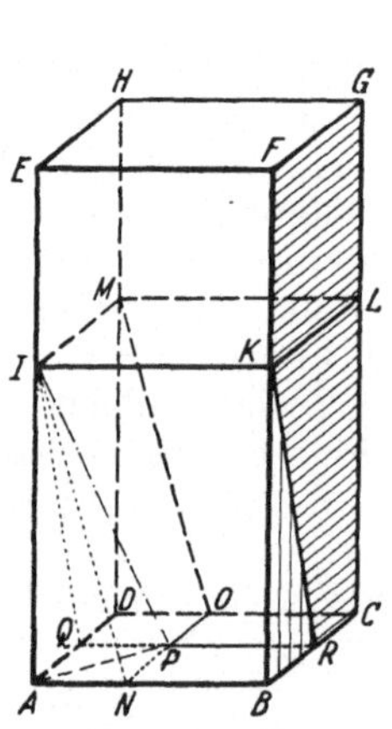

Abb. 46. Schematische Darstellung des Aufbaues eines Steinsalzprismas. Auf der rechten Seitenfläche ist der Verlauf der Farbstreifung angedeutet.

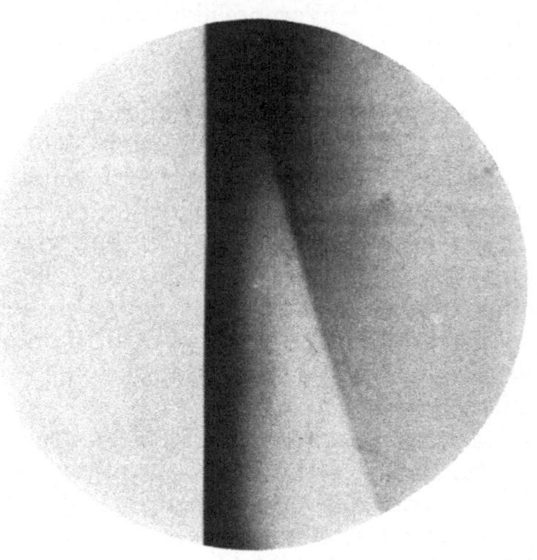

Abb. 47. Mikrophotographie eines verfärbten Steinsalzprismas von Wieliczka.

scharf begrenztes längsgestreiftes Gebiet von annähernd dreieckigem Längsschnitt, entsprechend einer langsamer gewachsenen Pyramide. Eine Mikrophotographie, die in dankenswerter Weise von den Herren A. SCHIENER und H. HABERLANDT mit einem von Hofrat MICHEL freundlichst zur Verfügung gestellten Apparat im Naturhistorischen Museum aufgenommen worden ist, zeigt Abb. 47.

Dieser Befund bestätigt nicht nur die Abhängigkeit der Farbe von der Wachstumsgeschwindigkeit, sondern zeigt auch, daß die langsamere Pyramide ihr Wachstum schließlich ganz eingestellt hat, während die obere Basisfläche sich allein noch bedeutend weiter vorgeschoben hat.

Wie an früherer Stelle bemerkt, ist dieses ungleichförmige Wachstum nach kristallographisch gleichwertigen Achsen noch nicht aufgeklärt. Falls hier nicht die neue Theorie des Kristallwachstums mit ihren Versetzungen (dislocations) zu einer Erklärung führt, etwa auf Grund der

Ausbildung einer „skrew dislocation" auf einer Fläche [s. FRANK (212); eine Kritik dieser Theorie s. BUCKLEY (83)], wird man am ehesten an eine Vergiftung der Seitenflächen durch adsorbierte Stoffe zu denken haben. Dafür spricht auch eine Kristallgruppe von Wieliczka im Naturhistorischen Museum in Wien, bei der ein langgestrecktes Steinsalzprisma von einem anders orientierten Würfel umwachsen ist, was nicht hätte geschehen können, wenn die Seitenflächen des Prismas weiter als Ansatzstellen für das sich ausscheidende Salz gedient hätten. Aber weshalb war die Basisfläche unseres Prismas nicht vergiftet? Wäre es möglich, daß die vergiftende Substanz von der Anwachsstelle des Prismas im Salzton längs der Seitenflächen des Prismas aufsteigt und wegen einer dieser Substanz eigenen Anisotropie nicht auf die obere Basisfläche des Prismas überkriecht? Auf eine andere Möglichkeit der Erklärung der prismatischen Form von Steinsalzkristallen hat Dr. BUCKLEY, Manchester, den Verfasser freundlichst brieflich aufmerksam gemacht. Zu einer Bildung von Prismen beim Wachstum eines regulären Kristalls kann es kommen, wenn der Konzentrationsbereich, in dem die übersättigte Lösung der betreffenden Substanz metastabil ist, hinreichend weit ist; wird an einer Stelle an dem wachsenden Kristall die labile Grenze überschritten, so schlägt sich hier rasch viel Substanz nieder und die verarmte, jetzt wieder metastabile Lösung weicht nach den Seiten des Kristalls aus, wo kein oder nur langsames Wachstum erfolgen wird, während der Kristall sich weiter in die labil übersättigte Lösung vorschiebt. Bei NaCl ist nach BUCKLEY jenes Intervall metastabiler Übersättigung sehr klein, so daß diese Art Wachstum sehr unwahrscheinlich ist, doch vermögen gewisse Stoffe, der Lösung zugesetzt, das Intervall wesentlich zu erweitern, so daß bei Anwesenheit passender Verunreinigungen in der Mutterlauge auch bei Steinsalz prismatisches Wachstum möglich wäre. Es frägt sich indessen, ob auf diese Weise so große und regelmäßige Prismen entstehen können wie jene von Wieliczka bzw. ob unter den in der Natur gegebenen Bedingungen die von dieser Erklärungsweise geforderten Konzentrationsunterschiede lange genug bestehen bleiben können. Im Mikroskopischen ist die künstliche Bildung langgestreckter Prismen regulärer Substanzen wiederholt beobachtet worden [Alaun, BUCKLEY (82), Steinsalz, HABERLANDT (281), GYULAI (274, 275), Silber aus dem Dampf, HOWEY (376)].

Die genauere Analyse der Farbverteilung unseres Prismas führt zu dem in Abb. 46 schematisch dargestellten Aufbau, der nicht nur das Überwiegen des Wachstums in der schließlich allein übrigbleibenden Wachstumsrichtung zeigt, sondern auch Ungleichheiten in den vier zu ihr senkrechten. Die Flächen BCGF und CDGH haben sich überhaupt nicht merklich vorgeschoben (ganz flache Anwachspyramiden entziehen sich natürlich der Beobachtung), während das Wachstum nach vorne und nach links durch die Keile ABRPIK und APODMI gegeben ist. Diese Konstruktion ergibt sich aus den Beobachtungen, daß an einer Kante (*CG*) kein helles Dreieck erscheint, daß die Grenze *KR* bei Beobachtung von rechts und *OM* bei Beobachtung von hinten an der Oberfläche liegen, die Grenze *IP* aber sowohl von vorne wie von hinten gesehen in der Tiefe verläuft. Das Prisma war mit dem Ende *ABCD* im Gestein (Salzton) eingewachsen und zeigte nach dem Ausbrechen hier unregelmäßige Begrenzung und erdige Einschlüsse, so daß das Wachstum sich nicht bis ins Anfangsstadium zurückverfolgen läßt. Einige Farbstreifen nach den Rhombendodekaeder müssen, da es sich hier um einen *auf-gewachsenen* Kristall handelt, einer Gleitung zugeschrieben werden, die beim Ausbrechen des Prismas aus der Unterlage aufgetreten ist.

Mehrere andere Prismen zeigten nach Röntgen- oder Radiumbestrahlung ganz ähnlichen Aufbau. Nur eines der untersuchten Prismen färbte sich so gleichförmig, ohne eine Spur von Streifung auch nach dem Blauumschlag, daß über seinen Aufbau nichts ausgesagt werden konnte.

### γ) Fasersalz, Tonwürfelsalz

Die violette Farbe des Fasersalzes von Hallein und Hallstatt dürfte wohl mit dem gestörten Wachstum dieses Vorkommens zusammenhängen. Das Fasersalz ist durch Ausblühen des Steinsalzes aus den Poren des Salztons in Spalten in demselben entstanden [R. SCHMIDT (728), K.

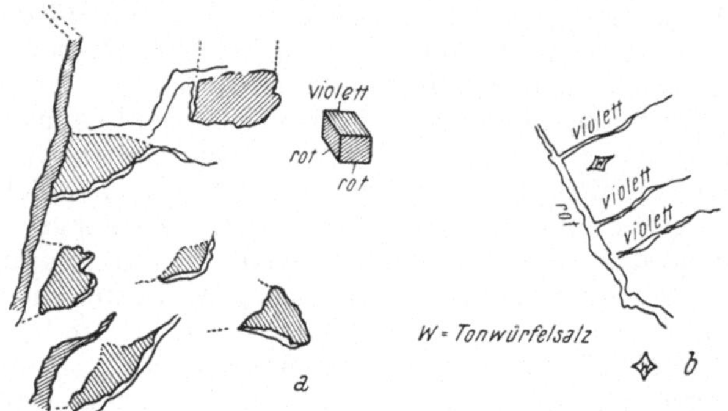


Abb. 48. Verteilung der violetten Farbe in parallelen, mit Fasersalz gefüllten Spalten. *a*) nach einem größeren Handstück; das rechts oben gezeichnete Prisma gibt Farbe und Orientierung der Schichten. *b*) nach einer an Ort und Stelle angefertigten Skizze. Beides stark verkleinert.

SCHULTZE (746)] und zeigt häufig, aber durchaus nicht immer eine von zartlila bis tiefblauviolett gehende Färbung. Die Betrachtung großer Handstücke des Halleiner Salztons und dann eine Begehung an Ort und Stelle haben den Verfasser zur Erkenntnis geführt, daß die Violettfärbung an parallele Spaltensysteme gebunden ist, während das Fasersalz in Spalten, welche die Spalten mit dem violetten Salz kreuzen, weiß oder rötlich gefärbt ist. Dasselbe konnte dann auch im Hallstätter Salzberg festgestellt werden. Abb. 48 zeigt eine nach einem Handstück (a) und eine an Ort und Stelle (b) angefertigte Skizze.

Der Verfasser war der Meinung, die Spalten mit violettem Salz seien jene, die nahezu normal zur Hauptrichtung des Bergdruckes verlaufen, so daß die Färbung als Wirkung von Störungen durch Druck zu verstehen wäre; die einander kreuzenden Spaltensysteme deutete er sich in Analogie zu den polygonalen Sprungsystemen, die man an austrocknenden Schlammoberflächen beobachtet. Indessen ist Bergrat SCHAUBERGER der Ansicht, daß die einzelnen Spaltsysteme verschiedenen Alters sind. Dafür spricht wohl auch die Tatsache, daß rotgefärbte und weiße Fasersalzausfüllungen einander kreuzen, was verständlich ist, wenn die Mutterlauge zur Zeit der Bildung des einen Spaltsystems mehr Eisen enthalten hätte (Rotfärbung). Zu bemerken ist noch, daß besonders dünne Kluftfüllungen (Bruchteile von mm) stets weiß sind und daß dickere (bis zu mehreren cm) häufig parallel zu den Begrenzungsflächen heller und dunkler gebändert sind.

Ein anderes eigenartiges Steinsalz ist das sogenannte Tonwürfelsalz, im Salzton eingebettete Steinsalzkristalle, die aber keine normalen Würfel bilden, sondern an den Ecken langgestreckte Zipfel zeigen, so daß sie eine kissenförmige Gestalt aufweisen. Die von MÜGGE (560) aufgeworfene Frage, ob diese Formen durch äußeren Druck entstanden seien und daher ein stark gestörtes Gitter zeigen könnten, veranlaßte den Verfasser, Tonwürfelsalz zu bestrahlen. Es wurde dabei rein gelb und im Lichte nicht blau, so daß, falls einmal eine starke Verformung stattgefunden haben sollte, diese jedenfalls durch Rekristallisation schon weitgehend ausgeheilt ist.

# III. Andere Halogenide (außer Fluorit)

## 1. Sylvin (KCl)

Man findet gelegentlich in der Literatur eine Angabe über blauen Sylvin. Der Verfasser hat trotz eifrigen Nachforschens diese Angabe nicht bestätigen können. In allen ihm zu Gesicht gekommenen Fällen handelte es sich um Einschlüsse von blauem Steinsalz in Sylvin. Der Sylvin selbst war stets farblos bis schwach rötlich (Eisen), fast immer getrübt. So ist es z. B. beim Sylvinit von Staßfurt, einem grobkörnigen Gemenge von Steinsalz und Sylvin, das auf den ersten Blick im Ganzen violett gefärbt erscheint, während eine nähere Betrachtung die violette Farbe auf die Steinsalzkörner beschränkt. Es sei hier darauf aufmerksam gemacht, daß nach unseren Erfahrungen in den Sammlungen vielfach nicht hinreichend zwischen Steinsalz und Sylvin unterschieden wird. Es hat sich ereignet, daß ein sehr angesehenes Institut dem Verfasser auf sein Ansuchen Sylvinstücke übersandte, die sich sehr bald als Steinsalz entpuppten, während umgekehrt ein als Steinsalz erstandenes, im Inneres blaues Stück (aus Bad Ischl) sich als Sylvin mit einem Einschluß von blauem Steinsalz erwies.

Daß auch farblose Steinsalzeinschlüsse im Sylvin vorkommen, hat sich bei der Untersuchung eines Sylvins von Wilhelmshall gezeigt. Ein Stück davon wurde gepreßt und mit Radium bestrahlt. Bei Belichtung zeigten sich blaue Flecken von großer Stabilität, die noch nach Wochen, nachdem sich die anderen Teile längst entfärbt hatten, kaum abgeblaßt waren. Die blaue Farbe und ihre große Stabilität erweckten den Verdacht, daß es sich hier um Steinsalzeinschlüsse handle. In der Tat konnte an einem ungepreßten Stück nach Bestrahlung gelbe würfel- bis bläschenförmige Einschlüsse bei mäßiger Vergrößerung festgestellt werden. Nachdem die Aufmerksamkeit einmal auf sie gelenkt war, konnten sie auch im unverfärbten Stück am geringen Unterschied des Brechungsexponenten aufgefunden werden. Ob hier noch eine Bedingung zur Blaufärbung (Druck, Verunreinigung) gefehlt hat, ob das Stück zu alt ist, so daß sich die Farbe durch Rekristallisation wieder zurückgebildet haben kann, oder zu jung, so daß sie noch nicht entstanden ist, läßt sich vorläufig nicht entscheiden. Jedenfalls zeigen aber diese Beobachtungen, daß die schon 1914 von St. Meyer und dem Verfasser (525) vorgeschlagene Bestrahlungsmethode zur Untersuchung von Salzmineralien auch zur Aufdeckung feinerer mineralogischer Details geeignet ist.

So wurden auch zuerst durch Bestrahlung die Einschlüsse im Inneren der blauen Säume (S. 148) im Steinsalz als Sylvin bestimmt, da sie sich violett färbten. Im Naturzustand sind diese Sylvineinschlüsse selbst farblos bzw. gelblich-trübe, obwohl, wie die blauen Säume im Steinsalz zeigen, die Bedingungen für eine Verfärbung gegeben waren.

Eine Bestrahlungsfarbe des Sylvins in der Natur ist wegen der Labilität seiner Färbung höchst unwahrscheinlich und auch nie einwandfrei festgestellt worden.

## 2. Villiaumit (NaF)

Barth und Lunde (29) haben eine interessante Studie über das natürliche Natriumfluorid Villiaumit veröffentlicht, der das Folgende entnommen ist. Das Mineral kommt in Form roter Kriställchen im Nephelinsyenit des Los-Archipels (Französisch-Guinea) zusammen mit anderen seltenen fluorhaltigen Mineralien vor. Obwohl die Röntgenstrukturbestimmung kubische Symmetrie oder höchstens eine minimale Abweichung von derselben ergibt, sind die Kristalle negativ optisch einachsig, doppelbrechend, mit starkem Pleochroismus: karmin-gelb. Der Pleochroismus kann durch bloßes Drücken mit der Pinzette verstärkt bzw. kompensiert werden. Durch Erhitzen auf etwa $300^0$ C verschwindet die Doppelbrechung und die Farbe. Durch 40stündige Bestrahlung mit weicher Röntgenstrahlung konnten die genannten Autoren NaF stark rosa färben; die Kristalle erwiesen sich dann auch als doppelbrechend und zeigten Pleochroismus im selben Sinne wie die natürlich gefärbten, nur waren sie gegen Druck nicht so empfindlich. Barth und Lunde nehmen an, daß sich der Villiaumit nur durch eine sensibilisierende Beimengung von reinem NaF unterscheidet, die auch einen kleinen Dichteunterschied erklären könnte. Als Träger der Radioaktivität kämen mit dem Villiaumit zusammen vorkommende Zirkonmineralien in Betracht.

Zu den Ausführungen Barth und Lundes wäre nur hinzuzufügen, daß nach den Göttinger Untersuchungen die primäre Bestrahlungsfarbe des NaF hellgelb ist. Die von Goldstein mit Kathodenstrahlen und von

BARTH und LUNDE mit weichen Röntgenstrahlen erhaltene rosa Farbe
[s. a. (121)] ist offenbar eine stabilere sekundäre Färbung, die sich in der
Natur entsprechend dem Prinzip der natürlichen Auslese des Stabilsten
bevorzugt ausbildet. Der rote Villiaumit entspricht in dieser Hinsicht dem
blauen Steinsalz. Daß es sich um eine Bestrahlungsfarbe handelt, ist hier
wohl zweifellos. Ob das Mineral eine natürliche Thermolumineszenz
zeigt, ist nicht bekannt.

## 3. Silberhalogenide

Bezüglich der Wirkung von Strahlungen auf künstlich hergestellte
Silberhalogenide muß auf die umfangreiche photographische Literatur
hingewiesen werden. Hervorgehoben sei nur, daß nach POHL reine, gut
gewachsene Silberhalogenidkristalle gegen Licht sehr unempfindlich
sind und erst bei Störung des Gitters durch mechanische Beanspruchung
oder durch Verunreinigungen ihre bekannte Lichtempfindlichkeit annehmen. S. a. (610a). Über natürliche Silberhalogenide liegen nur wenige
Angaben vor.

Hornsilber, natürliches AgCl, färbt sich nach DOELTER (161) durch
Radiumbestrahlung ein wenig mehr braun, im UV kräftiger. Natürliches
gelbbraunes AgBr wird durch Radium wenig verändert; natürliches AgJ
von Andreasberg wurde schwarzgrau.

Das natürliche chlorsilberhaltige NaCl Huantajayit färbt sich bei
Radiumbestrahlung bräunlich wie gewöhnliches Steinsalz; nach dem
Pressen zeigte sich aber kein Farbumschlag; K- und Ba-Ag-Chloride
färben sich blau, Cs-Ag-Chloride labil grün [J. HOFFMANN].

# IV. Fluorit (CaF$_2$)
## 1. Die Farben des Fluorits

Wohl kein anderes Mineral zeigt eine so verwirrende Fülle der verschiedensten Färbungen und glänzendsten Lumineszenzerscheinungen wie
der Fluorit. Nicht nur verschiedene Vorkommen unterscheiden sich durch
Farbe und Lumineszenz, sondern häufig auch verschiedene Schichten
ein und desselben Kristalls, so daß dieser, sei es bei Tageslicht durch
die reizvolle Verteilung der Eigenfarbe, sei es im Dunkeln durch die ab-
wechselnde, geradezu magisch anmutende Lumineszenz einen prächtigen
Anblick gewährt. Schon KENNGOTT (428) betont „die mannigfache,
aber meist in ihrer Art regelmäßige Verteilung der Farbe... welche
kaum bei irgendeinem anderen Mineral so scharfe Grenzen und so verschiedene Farben in so geringen Differenzen des Raumes darbietet".
Insbesondere der violette gebänderte Fluorit von Derbyshire, von den
Bergleuten „Blue John" genannt, weist eine so hübsche Zeichnung auf,
daß er vielfach zu Ziergegenständen verarbeitet worden ist. Ein besonders
schönes Beispiel hierfür ist eine ganz aus Blue John geformte Vase von
2,5 Fuß Höhe im Geological Survey Museum in London. Daß STOKES

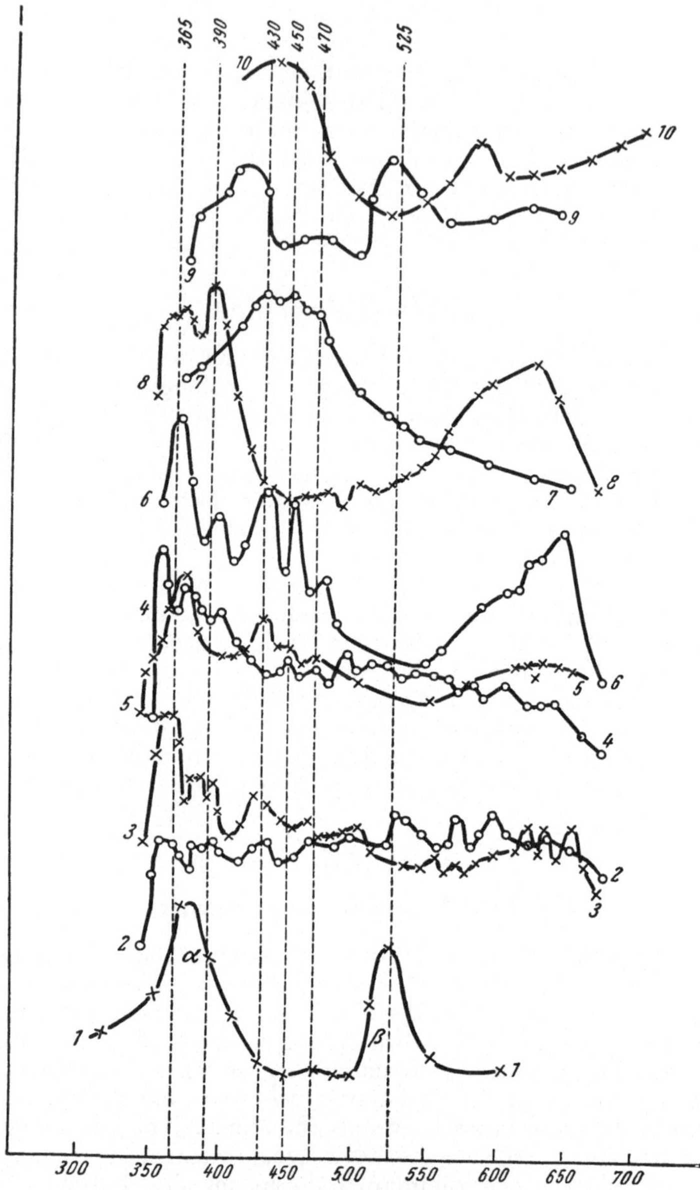


Abb. 49. Absorptionsspektren von Fluoriten.

Kurve 1. Durch Elektroneneinwanderung gefärbter Fluorit, rosa, nach E. Mollwo.
Kurve 2. Fluorit von Schlaggenwald, natürlich, violett, rot fluoreszierend, nach M. Belar.
Kurve 3. Fluorit von Brandberg, Südafrika, grün, nach M. Belar.
Kurve 4. Fluorit von Weardale, lila, nach M. Belar.
Kurve 5. Fluorit von New South Wales, grün, nach M. Belar.
Kurve 6. Fluorit von Weardale, grün, nach M. Belar.
Kurve 7. Fluorit von Wölsendorf, gelbbraun, rot fluoreszierend, nach E. W. Kellermann.
Kurve 8. Fluorit von Derbyshire, nach Radiumbestrahlung, blau, nach M. Belar.
Kurve 9. Fluorit von Ost-Turkestan, grün, nach E. W. Kellermann.
Kurve 10. Fluorit von Hodatsu, Japan, grün, nach Yoshimura.
Die Abszissenachsen der einzelnen Kurven sind der Übersichtlichkeit halber gegeneinander verschoben, ihre Ordinaten untereinander nicht vergleichbar; es soll nur die Lage der Maxima veranschaulicht werden.

durch das glänzende blaue Leuchten mancher englischer Fluorite zur Bezeichnung „Fluoreszenz" geführt worden ist, ist wohl bekannt.

Im folgenden werden zuerst die Farben des Fluorits, ihre Verteilung und Deutung behandelt und dann die Lumineszenzerscheinungen, besonders soweit sie mit der Radioaktivität in der Natur zusammenhängen.

Die wichtigsten Farben des Fluorits, mit Angabe charakteristischer Vorkommen, sind die folgenden:

| | |
|---|---|
| Farblos | Sarntal |
| Hellgelb | Derbyshire |
| Braungelb | Wölsendorf |
| Grün | Weardale |
| Blau | Schwarzwald |
| Violett | Wölsendorf |
| Rosa | St. Gotthard |

Häufige Kombinationen von Farben in einzelnen Kristallen sind:

Gelb und Blau, nach Würfelanwachszonen abwechselnd, besonders in englischen Fluoriten; Blau und Violett; Violett und farblos.

Derbkristalline Stücke zeigen häufig Bänderungen in parallelen Schichten: Violett und farblos, Derbyshire; Violett und Grün, Wölsendorf.

Diesen verschiedenen Färbungen entsprechen selbstverständlich auch sehr verschiedene Absorptionsspektren, von denen einige in Abb. 49 abgebildet sind. Fast alle zeigen ein Absorptionsmaximum oder mehrere solche im nahen UV und, meist deutlich davon getrennt, eine verstärkte Absorption für Gelb und Rot.

## 2. Die Verteilung der Farbe

Ähnlich wie bei Steinsalz, nur in noch mannigfaltigerer Weise, hängt die Verteilung der Farben im Fluorit mit dem Kristallbau zusammen. Solche Verteilungen sind von STEINMETZ (806, 807) beschrieben und abgebildet worden. Bei der Betrachtung der oft sehr regelmäßigen Farbstreifen in Fluoriten, deren Breite bisweilen weniger als $1\,\mu$ beträgt, weist STEINMETZ mit Recht darauf hin, daß derartige Färbungen nicht durch regelmäßige Ablagerung einer $\alpha$-strahlenden Substanz allein erklärt werden können, da ja sonst die Breite der Streifen mindestens gleich der doppelten Reichweite der $\alpha$-Strahlen im Fluorit sein müßten, also von der Größenordnung einiger Zehner $\mu$. Er nimmt deshalb eine „sensibilisierende" Substanz in den gefärbten Schichten an und macht es sehr wahrscheinlich, daß als solche sulfidische Einschlüsse in Betracht kommen. Siehe hierzu HENGLEIN (325), über Farbstreifen in französischen Fluoriten ARSANDAUX (16). Für eine für die Färbung maßgebende Verunreinigung spricht auch die von REXER (682) festgestellte außergewöhnliche Festigkeit dunkelgefärbter Fluoritkristalle.

Eine eingehende Studie der Farbverteilung in Fluoriten haben H. HABERLANDT und A. SCHIENER (297) geliefert und gelangten dabei zu folgenden Ergebnissen:

„Trotz der großen Mannigfaltigkeit der Fluoritfärbungen ist die Farbverteilung bei den dunkleren Kristallen auf bestimmte Haupttypen gesetzmäßig eingeschränkt, wobei alle Kristalle einer Stufe, einer Lagerstätte und im weiteren Sinne eines minero- und paragenetisch ähnlichen Bildungsbereiches (z. B. Fluoritvorkommen im Guttensteiner Kalk) ein eigentümliches Gepräge erkennen lassen. In bezug auf die Beschaffenheit der Diagonalzonen lassen sich zwei Gruppen von Fluoritvorkommen unterscheiden. Die eine Gruppe zeigt stärkere Färbung dieser Zonen, welche Erscheinung vielleicht mit einer bevorzugten Absorption von Fremdstoffen an den Kristallkanten in mittelbarem Zusammenhang steht, während die andere Gruppe farblose Diagonalzonen aufweist, die möglicherweise ärmer an Verunreinigungen sind oder dieselben in einer für die Färbung ungünstigeren Verteilung oder Teilchengröße enthalten als die angrenzenden stärker gefärbten Würfelflächen.

Bei beiden Gruppen sind rhythmisch sich wiederholende Zonarfärbungen parallel (100) und eine normal zu (100) stehende Farbfaserung sehr häufig zu erkennen. Allen Fluoritvorkommen gemeinsam ist eine weitgehende Abhängigkeit der Farbverteilung vom Kristallaufbau aus Anwachspyramiden.

In Übereinstimmung mit Beobachtungen von STEINMETZ konnten in der Umgebung bestimmter Sulfideinschlüsse eine Verfärbung des Fluorits festgestellt werden. In der Nähe solcher Einlagerungen finden sich auch sehr eigenartige faden- bis haarförmige Farbschläuche, welche sich um gelartig abgeschiedene Sulfide oder Oxyde gebildet haben dürften.

Ferner kommen Mikrozonarfärbungen mit Abständen von zirka 1 $\mu$ vor. Das sind Bereiche, wie sie der von MARK abgeschätzten Kantenlänge der Gitterblöcke verschiedener regulärer Mosaikkristalle entsprechen.

Aus den Farbverteilungen ist weiter ersichtlich, daß sehr viele, nach der äußeren Form einheitliche Fluoritkristalle aus

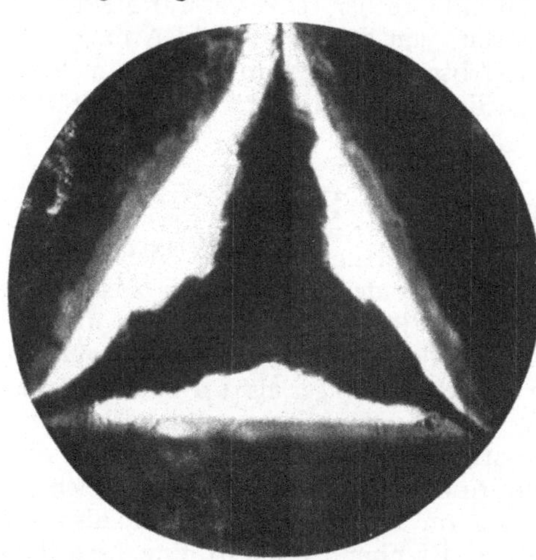

Abb. 50. Mikrophotographie eines Fluoritschliffes nach HABERLANDT und SCHIENER (Wölsendorf).

zahlreichen, untereinander gleichorientierten Subindividuen bestehen. Mit dieser Subindividuenbildung dürften lineare Inhomogenitäten (Lockerstellen), welche normal zu den Anwachsflächen (100) orientiert sind und eine gleichorientierte Farbfaserung in einem ursächlichen Zusammenhang stehen. Abschließend kann gesagt werden, daß die Farbverteilung beim Fluorit durch Fremdstoffe (aktive Verunreinigungen, sulfidische Einlagerungen, seltene Erden) bedingt sind, welche entsprechend dem Kristallbau während des Wachstums gesetzmäßig eingelagert werden."

Abb. 50 zeigt, nach HABERLANDT und SCHIENER, 69mal vergrößert, ein Spaltstück eines Fluorits von Wölsendorf, von der Oktaederfläche aus gesehen; die dunkelgefärbten Diagonalzonen sind hier als dreistrahliger Stern sichtbar. Abb. 51, derselben Arbeit entnommen, zeigt eine ähnliche Aufnahme, nur offenbart sich hier die Zusammensetzung des Kristalls aus einer großen Zahl von Subindividuen. Interessant ist auch Abb. 52, ein Kristall von der Carn Brae Mine, Redruth, Cornwall, von der Würfelfläche aus gesehen, nach einer unveröffentlichten Mikroaufnahme von HABERLANDT und SCHIENER.

Abb. 51. Mikrophotographie eines Fluoritschliffes, nach HABERLANDT und SCHIENER (Zinnwald).

Bemerkenswert ist hier, daß in den schwächer gefärbten Gebieten die Diagonalzonen dunkler als der Grund erscheinen, in den dunklen Gebieten aber heller. Wie bei den Gleitstreifen des Steinsalzes, S. 140, dürfte sich dieses Verhalten aus der Existenz eines optimalen Fremdstoffgehaltes für die Verfärbung erklären lassen: die Diagonalzonen nehmen entsprechend ihrem rascheren Wachstum mehr Verunreinigungen auf als die Würfelanwachszonen; wo die Konzentration in letzteren schon sehr groß ist (tiefe Verfärbung), wird dann in der Diagonalzone das Optimum schon überschritten sein, die Färbung daher wieder abnehmen.

Abb. 52. Mikrophotographie eines Fluorits von Carn Brae Mine, Redruth, Cornwall, nach HABERLANDT.

Nach einer freundlichen brieflichen Mitteilung des Herrn STEINMETZ (812) finden sich auch in Fluoriten wie im Steinsalz farblose Höfe um Einschlüsse (Sulfide); diese werden wohl auch auf Grund des Optimums der Fremdstoffkonzentration zu erklären sein. Dasselbe gilt wohl für die farbigen Ringe, die nach STEINMETZ ebenfalls in Fluoriten vorkommen. Man muß mit Spannung der Publikation der neuesten Beobachtungen STEINMETZ' entgegensehen, die manche Details enthalten, die noch unerklärt sind.

Bezüglich der oft zu beobachtenden Bevorzugung der Färbung der Ecken gilt das schon für den Fall des Steinsalzes Gesagte, S. 137.

## 3. Die Fluoritfärbung als Bestrahlungswirkung

### a) Die Verfärbung durch Radiumstrahlen

Auf die Möglichkeit, daß die natürlichen Fluorite durch eine radioaktive Einwirkung gefärbt sein könnten, hat zuerst M. BERTHELOT (51) hingewiesen. Zu den Vertretern dieser Ansicht gehört auch F. HENRICH (327), der insbesondere auch das Auftreten von freiem Fluor beim Zerschlagen des Wölsendorfer „Stinkflusses" hervorhebt als Zeichen einer Reduktion des CaF$_2$ in Fluor und Calcium; siehe daselbst auch eine eingehende Darstellung der Geschichte dieser Frage. Vergleiche hierzu auch NAGAOKA (569), J. HOFFMANN (366).

Die Kriterien für eine Bestrahlungsfarbe treffen beim Fluorit durchwegs zu. Erhitzen auf 200° bis 300° C bringt die Farbe zum Verschwinden, wie schon DE SAUSSURE bekannt war. Während der Entfärbung tritt die am Fluorit zuerst beobachtete, oft sehr glänzende Thermolumineszenz auf, die, wie ebenfalls schon DE SAUSSURE festgestellt hat, ziemlich gleichzeitig mit der Farbe verschwindet. Und schließlich läßt sich farbloser Fluorit durch Radiumbestrahlung künstlich färben, wobei unter Umständen dieselben Farben auftreten wie in der Natur. Auch die Farbverteilung von Natur aus ungleichförmig gefärbter und durch Erhitzen entfärbter Fluoritkristalle stellt sich durch Bestrahlung wieder her, wie schon PEARSALL (593) angegeben und in neuerer Zeit JIMORI (382) eingehender festgestellt hat.

Verschiedene farblose Fluorite färben sich unter Radiumbestrahlung blau, aber mit sehr verschiedener Geschwindigkeit. Während manche englische Fluorite (Derbyshire, Cumberland) sich sehr rasch, in 1 cm Abstand vom 610-mg-Präparat des Instituts für Radiumforschung etwa in Stunden tief saphirblau färben, nimmt ein farbloser Fluorit vom Sarntal erst nach Tagen oder Wochen einen bläulichen Ton an. Auch der Fluorit von Sembrancher (Wallis), den HIRSCHI (356) mit Radium nicht färben konnte, färbte sich unter der Wirkung unseres starken Präparates langsam bläulich. Der Unterschied in der Färbungsgeschwindigkeit ist sicher auf einen verschiedenen Gehalt an Verunreinigungen zurückzuführen.

M. BELAR (46) hat als erste die Ver- und Entfärbung eines farblosen Fluorits von Cumberland messend verfolgt. Der Sattwert der Färbung hängt auch hier wie beim Steinsalz von der Strahlungsintensität ab. Die Farbe zeigt Dunkelreaktion, der Absorptionskoeffizient sinkt bei

Zimmertemperatur in etwa 17 Tagen auf die Hälfte, doch wird in etwa 30 Tagen ein sehr stabiler Endwert erreicht. Im elektrischen Ofen entfärbte sich der Fluorit innerhalb 28 Stunden zwischen 100° und 180° C. Auch durch Belichtung wird die Farbe zerstört. Sowohl bei der Dunkelreaktion wie bei Belichtung treten aber dunkle Streifen auf, die erst bei Erwärmung verschwinden. Auch gibt es hier Streifen, die sich bei der Radiumbestrahlung viel langsamer und mehr violett färben als die übrigen Teile (Maximum der Absorption bei 570 $\mu$ statt bei 600 $\mu$). Diese Färbung ist stabiler als das Blau des übrigen Stückes; sie überlebt die oben angegebene Wärmebehandlung und verschwindet erst nach weiterem einstündigem Erhitzen auf 250° C.

Eingehend ist die Verfärbung durch Radiumstrahlen von E. Eysank (192) an einem blaßgelben Fluorit von Derbyshire studiert worden, siehe Abb. 53. Wie man aus der Figur ersieht, steigt das Maximum im Rot weit rascher als das im nahen UV. Ferner bildet sich mit der Zeit ein weiteres Maximum im Gelb aus, das allmählich etwas gegen kürzere Wellen rückt. Bei tiefster Verfärbung durch monatelange Bestrahlung konnte die Absorption des jetzt leicht zerkrümmelnden Kristalls nur mehr so gemessen werden, daß eine fein pulverisierte Probe davon in einem Flüssigkeitsgemisch von gleichem Brechungsindex in einem ganz engen Glastrog benützt wurde. Das Ergebnis zeigt Abb. 53, Kurve 6. Das Maximum dieser Kurve gibt offenbar die Grenze an, der das eben erwähnte neu aufgetretene Maximum zustrebt. Die Änderung im Absorptionsspektrum mit zunehmender Bestrahlungsdauer gibt sich in der Farbe durch eine Veränderung von Blau in Violett zu erkennen. Abb. 53, Kurve 5, zeigt auch, daß das Maximum im Gelb gegen Dunkelreaktion stabiler ist als das im Rot (Violett stabiler als Blau).

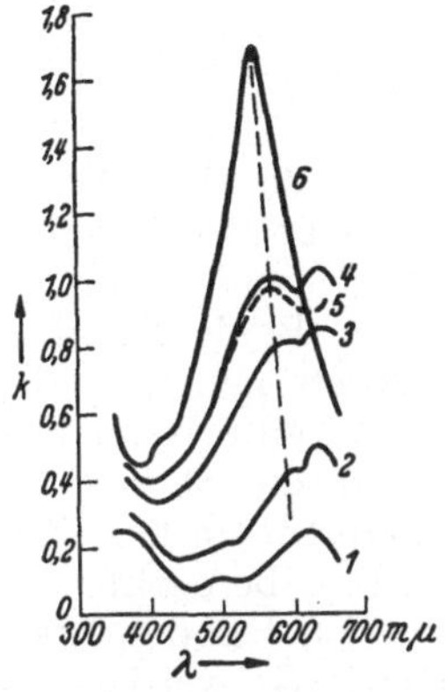

Abb. 53. Absorptionsspektrum eines Fluorits von Derbyshire (pulverisiert).
1. nach 1 Tag Radiumbestrahlung.
2. nach 4 Tagen Radiumbestrahlung.
3. nach 13 Tagen Radiumbestrahlung.
4. nach 21 Tagen Radiumbestrahlung.
5. nach 8tägiger Pause (Dunkelreaktion).
6. nach mehrmonatiger Bestrahlung und längerer Dunkelpause.

Meßpunkte von 10 zu 10 m$\mu$, $k$ in willkürlichen Einheiten (nach E. Eysank).

## b) Additive Färbung

Durch Erhitzen in Calciumdampf hat L. Wöhler (917) Fluorit blau gefärbt. Neuerdings hat dies auch H. Haberlandt (278) getan. Eine ausführliche Untersuchung über die Färbung des Fluorits durch einwandernde Elektronen — es ist hier wieder gleichgültig, ob dies durch Erhitzen im Metalldampf oder durch Aufsetzen einer spitzen Kathode auf den erhitzten Kristall (850° C, 50 Volt) geschieht — hat Mollwo (541) angestellt. Als Material diente ein farbloser Fluorit von leider nicht angegebenem Fundort. Am verfärbten Fluorit konnte Elektrizitätsleitung mit

Transport der Farbe bei höheren Temperaturen nachgewiesen werden. Hier interessieren in erster Linie die Absorptionsspektren. Bei 600⁰ C bekommt man ein Absorptionsspektrum mit zwei schlecht aufgelösten Banden. Die Maxima werden mit $\alpha$ und $\beta$ bezeichnet. Der Kristall sieht orangefarben aus. Nach raschem Abschrecken auf Zimmertemperatur ist der Kristall rosa und es ergibt sich das Absorptionsspektrum Abb. 49, Kurve 1. Eine weitere Abkühlung auf —186⁰ C verbessert die Trennung noch weiter. Die Maxima rücken, wie bei den Alkalihalogeniden, mit sinkender Temperatur nach kürzeren Wellen. Die Träger der Bande $\alpha$ wandern im elektrischen Feld und diese Bande verhält sich also wie die F-Bande der Alkalihalogenide. Über die Bande $\beta$ sagt MOLLWO: ,,Sie tritt stets zugleich mit der Bande $\alpha$ auf. Ihre Halbwertsbreite ist viel geringer als die der $\alpha$-Bande. Ihr Absorptionsmaximum verschiebt sich mit steigender Temperatur nur wenig in Richtung längerer Wellen. Die Träger der Bande $\beta$ wandern im elektrischen Feld stets gleichzeitig mit denen der Bande $\alpha$. Beide Banden entstehen also durch irgendwelche Anlagerung von Elektronen. Bei dieser Sachlage bleiben zwei Möglichkeiten offen: Entweder gibt es im Flußspat zwei Sorten Farbzentren, die eine mit der Bande $\alpha$, die andere mit der Bande $\beta$. Oder das Absorptionsspektrum der Farbzentren des Flußspates besteht aus den beiden Banden $\alpha$ und $\beta$.'' Dazu wird bemerkt: ,,Nach vorläufigen Versuchen zur Isolierung einer der beiden Banden erscheint die erste Möglichkeit als die wahrscheinlichere.'' Wir werden später sehen, daß wir uns dieser Auffassung anzuschließen haben, ja, daß es anscheinend eine ganze Reihe verschiedener färbender Zentren im Fluorit gibt.

## c) Die Absorption durch zweiwertige Seltene Erden im Fluorit

Die Untersuchung der Fluoreszenz der Fluorite hat, wie in einem späteren Absatz, S. 188, gezeigt werden wird, die Anwesenheit zweiwertiger Seltene-Erdionen ergeben, die im Gegensatz zu den oft ebenfalls anwesenden normalen dreiwertigen, einen großen absorbierenden Querschnitt besitzen. Es lag daher nahe, zu prüfen, ob sich die zweiwertigen Seltene-Erdionen nicht auch im Absorptionsspektrum des Fluorits bemerkbar machen [K. PRZIBRAM (658)].

Es wurde schon des Absorptionsgebietes der Fluorite im nahen UV Erwähnung getan. NICHOLS und MERRITT (572) fanden bei einem Fluorit von Derbyshire ein Absorptionsmaximum bei 385 m$\mu$. YOSHIMURA (923) erhielt bei japanischen Fluoriten in diesem Gebiet ein Maximum bei 365 m$\mu$. Der von MOLLWO (541) additiv gefärbte Fluorit zeigt ein starkes Maximum $\alpha$ bei 375 m$\mu$. Nach den Messungen von E. EYSANK (192) an einem gelblichen Fluorit von Derbyshire scheint es sich hier um einen Doppelgipfel zu handeln, und dies zeigt auch eine größere Zahl von M. BELAR (658) untersuchter Fluorite, teils im Naturzustand, teils nach Radiumbestrahlung: 365 und 385 m$\mu$, siehe Tabelle 21.

Dafür, daß es sich hier um Absorption durch zweiwertige Europiumionen handelt, sprach der Vergleich mit der Erregungsverteilung der blauen $Eu^{++}$-Fluoreszenzbande. Nach W. DE GROOT (260) hat diese ein Erregungsgebiet zwischen 340 und 385 m$\mu$. H. PH. ECKSTEIN (176) hat zwei Erregungsmaxima gefunden, bei 350 und 385 m$\mu$.

Als der Verfasser diese Frage zuerst prüfte, lag über die Absorption des zweiwertigen Europiums nur eine Angabe McCoys (518) vor, daß $EuCl_2$-Lösungen gelblich gefärbt sind und alles Licht unterhalb 448 m$\mu$ absorbieren. In neuerer Zeit haben FREED und KATCOFF (213) das Absorptionsspektrum von $Eu^{++}$ in $SrCl_2$-Kristallen aufgenommen. Sie finden zwar nicht bei Zimmertemperatur, aber bei —78° C eine diffuse Absorptionsbande bei 389 m$\mu$, und bei —188° C noch solche bei 378 und 360 m$\mu$ sowie scharfe Linien, deren stärkste bei 370,7, 373,7 und zwischen 381 und 399 m$\mu$ liegen. Da bei $SrCl_2$ und $CaF_2$ kein sehr verschiedener Einfluß des Grundmaterials auf die Lage der Absorptionsmaxima zu erwarten ist [wie auch die später zu erwähnenden Messungen von BUTEMENT (99) am $Sm^{++}$-Spektrum zeigen], ist das an Fluoriten erhaltene Absorptionsmaximum bei 385 m$\mu$ durchaus mit den für $Eu^{++}$ erhaltenen verträglich. Das erwähnte Maximum im Fluorit wächst bei Radiumbestrahlung, was auf fortschreitende Reduktion der $Eu^{+++}$-Ionen zur zweiwertigen Form zurückgeführt werden kann. Auf ein Absorptionsgebiet im nahen UV dürfte auch die gelbliche Färbung zurückzuführen sein, die eine etwa ein paar Prozent Europium enthaltende Boraxperle annimmt, wenn sie nach passender Erwärmung die blaue $Eu^{++}$-Fluoreszenz (S. 188) vor der Analysenlampe zeigt.

Ähnlich weit verbreitet wie die dem $Eu^{++}$ zugeschriebenen Maxima ist in den Fluoriten ein Absorptionsgebiet um 450 m$\mu$, das anscheinend aus drei Maximis, 430, 450 und 470 m$\mu$ besteht. Diese wurden dem zweiwertigen Samarium zugeschrieben, weil nach BUTEMENT und TERRY (100) die sehr labilen wässerigen $Sm^{++}$-Lösungen außer bei 559,3 m$\mu$ ein Absorptionsmaximum bei 473,1 m$\mu$ zeigen und weil die Fluorite, die jene Maxima deutlich aufweisen, nach dem Fluoreszenzbefund relativ reich an Samarium sind. Das Maximum bei 470 m$\mu$ ist auch in MOLLWOS Messungen (541) angedeutet, siehe Abb. 49, Kurve 1; sein Fluorit enthielt auch Samarium, wie die Erwähnung seiner roten Fluoreszenz wahrscheinlich macht. In neuerer Zeit hat BUTEMENT (99) das Absorptionsspektrum des $Sm^{++}$ in $SrCl_2$ aufgenommen und folgende Maxima gefunden: 356, 377, 412, 480 und 586 m$\mu$, und in NaCl 357, 380, 410, 470 und 587 m$\mu$ und ganz ähnliche Zahlen in $BaCl_2$, also keine wesentliche Abhängigkeit vom Grundmaterial. Zumindest das Maximum bei 470 m$\mu$ in den Fluoriten kann also mit großer Wahrscheinlichkeit dem $Sm^{++}$ zugeschrieben werden. Dies könnte aber auch für das MOLLWOsche Maximum bei 375 m$\mu$ gelten.

Bezüglich des zweiwertigen Ytterbiums war angegeben worden, daß seine Absorption im Fluorit sich irgendwo jener des $Eu^{++}$ und des $Sm^{++}$ unterlagern dürfte. Auch dies findet eine gewisse Bestätigung durch BUTEMENT (99), der angibt, daß die Absorption einer wässerigen Lösung von $Yb^{++}$ der einer $Eu^{++}$-Lösung ganz ähnlich ist.

Tabelle 21. *Absorptionsmaxima*

| Nr. | Material | Fundort | Naturfarbe | Behandlung | Autor |
|---|---|---|---|---|---|
| 1 | Eu$^{++}$ in SrCl$_2$ bei —78° C | | | | FREED und KATCOFF (213) |
| 2 | bei —188° C | | | | FREED und KATCOFF (213) |
| 3 | Sm$^{++}$ in SrCl$_2$ | | | | BUTEMENT (99) |
| 4 | Sm$^{++}$ in NaCl | | | | BUTEMENT (99) |
| 5 | CaF$_2$ synth. rein | | | röntgenbestrahlt | SMAKULA (779) |
| | natürl. Fluorite | | | | |
| 6 | | ? | violett | — | HERMAN und SILVERMAN (330) |
| 7 | | ? | bernsteingelb | — | HERMAN und SILVERMAN (330) |
| 8 | | ? | — | Elektroneneinwanderung | MOLLWO (541) |
| 9 | | Sarntal | farblos | radiumbestrahlt | URBANEK (861) |
| 10 | | Derbyshire | ,, | — | NICHOLS und MERRIT (572) |
| 11 | | ,, | grün | — | NICHOLS und MERRITT (572) |
| 12 | | ,, | gelblich | radiumbestrahlt | EYSANK (192) |
| 13 | | ,, | ,, | ,, | BELAR (658) |
| 14 | | Weardale | farblos | ,, | EYSANK (192) |
| 15 | | ,, | lila | — | BELAR (658) |
| 16 | | ,, | grün | — | BELAR (658) |
| 17 | | St. Gotthard | rosa | radiumbestrahlt | EYSANK (192) |
| 18 | | Schlaggenwald | violett | — | BELAR (658) |
| 19 | | Wölsendorf | gelbbraun | — | KELLERMANN (425) |
| 20 | | Ost-Turkestan (ähnlich auch Eastpool) | farblos | Ra und UV bei Tieftemperatur | KELLERMANN (425) |
| 21 | | Ost-Turkestan | grün | — | KELLERMANN (425) |
| 22 | | Hodatsu | ,, | — | YOSHIMURA (923) |
| 23 | | Obira | hell gelbgrün | — | YOSHIMURA (923) |
| 24 | | ,, | rosa | — | YOSHIMURA (923) |
| 25 | | Brandberg Südafrika | grün | — | BELAR (658) |
| 26 | | New South Wales | ,, | — | BELAR (658) |

[1] Diese Maxima sind nicht in die geglätteten Kurven der Abbildungen aufneten Meßpunkte, siehe Abb. 2 und 3 bei EYSANK (192) und Abb. 19 bei KELLER-

Absorptionsmaxima in mμ

| Absorptionsmaxima in mμ |  |  |  |  |  |  |  |  |  |  |  |  |  |  |  |  |  |
|---|---|---|---|---|---|---|---|---|---|---|---|---|---|---|---|---|---|
|  |  |  | 389 |  |  |  |  |  |  |  |  |  |  |  |  |  |  |
|  | 360 | 378 | 391 |  |  |  |  |  |  |  |  |  |  |  |  |  |  |
|  | 356 | 377 |  |  | 412 |  |  | 480 |  |  |  |  | 586 |  |  |  |  |
|  | 357 | 378 |  |  | 412 |  |  | 470 |  |  |  |  | 587 |  |  |  |  |
| 335 |  |  |  | 400 |  |  |  |  |  |  |  | 580 |  |  |  |  |  |
| 335 |  |  |  | 395 |  |  |  |  |  |  |  | 580 |  |  |  |  |  |
|  |  |  |  |  |  | 430 |  |  |  |  |  |  |  |  |  |  |  |
|  |  | 375 |  |  |  |  |  | 470 |  | 525 |  |  |  |  |  |  |  |
| 313—334 |  |  | 385 | 400 |  |  |  |  |  |  |  |  |  |  |  |  |  |
|  |  |  | 385 |  | Knick bei 420 |  |  |  |  |  | 550 |  |  |  |  |  |  |
|  |  | 370 | 385 |  |  |  |  | 470[1] | 500 |  |  |  |  |  | 620 |  |  |
|  | 365 |  | 380 |  |  |  |  | 480 | 500 |  |  |  |  |  | 625 |  |  |
|  | 360? |  |  | 400 |  |  |  |  |  |  |  | 580 |  |  |  |  |  |
|  | 360 | 370 |  | 400 |  |  | 450 | 470 | 500 | 520 | 550 | 580 |  | 600 |  | 640 |  |
|  | 365 |  |  | 400 |  | 430 | 450 | 475 |  |  |  |  |  | 600 | 625 |  | 650 |
|  |  |  |  | 400 |  |  |  |  |  |  |  | 580 |  |  |  |  |  |
|  | 360 |  | 380 | 395 |  | 430 |  | 470 | 500 | 525 |  | 575 |  | 600 |  | 640 |  |
|  |  |  |  |  |  | 430[1] | 450[1] | 470[1] |  |  |  |  |  |  |  |  |  |
|  |  |  |  |  | 410 |  |  |  |  | 525 |  | 570 |  |  | 625 |  |  |
|  |  |  |  |  | 415 |  |  | 470 |  | 525 |  |  |  |  |  |  |  |
|  | 364 |  |  |  |  | 430 |  |  |  |  |  | 580 |  |  |  |  |  |
| 337 | 364 |  |  |  |  |  |  |  |  |  |  |  |  |  |  |  |  |
|  | 365 |  | 380 | 395 |  | 430 |  | 470 | 500 |  | 555 | 575 |  |  | 620 | 640 | 660 |
|  |  |  | 380 |  |  | 430 | 450 | 470 |  |  |  |  |  |  | 630 |  |  |

genommen worden, ergeben sich aber bei genauerer Verfolgung der eingezeich-
MANN (425).

## d) Die Farbzentren des CaF$_2$

Die bisher genannten Arbeiten über die Verfärbung in Fluoriten litten an dem Übelstand, daß sie an natürlichem Material von mangelhaftem und meist nicht quantitativ bekanntem Reinheitsgrad angestellt werden mußten, da es nicht möglich war, synthetisch reine CaF$_2$-Kristalle brauchbarer Größe herzustellen. Dies ist erst in neuerer Zeit gelungen, siehe STOCKBARGER (817, 818), und heute werden solche schon industriell hergestellt (Harshaw Chemical Co., Cleveland, Ohio). An solchen Kristallen hat A. SMAKULA (779) das Absorptionsspektrum nach Verfärbung durch Röntgenstrahlen aufgenommen, Abb. 54, und Maxima bei 335, 400 und

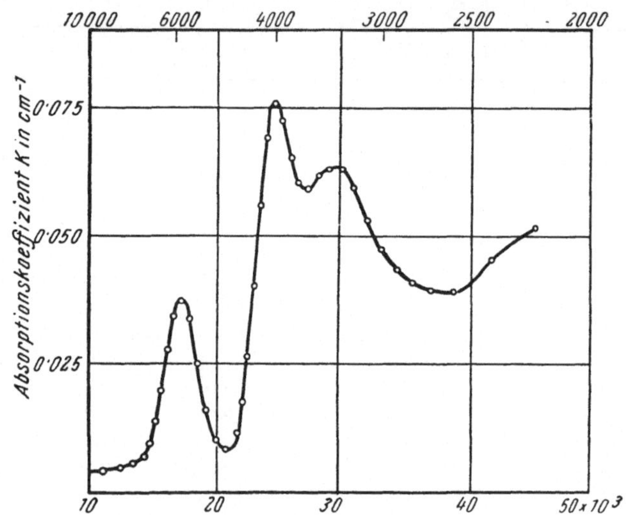


Abb. 54. Absorptionsspektrum der Farbzentren in CaF$_2$ (nach SMAKULA).

580 m$\mu$ sowie einen Anstieg der Absorption unterhalb 220 m$\mu$ gefunden. Nach einer freundlichen brieflichen Mitteilung Herrn SMAKULAS wird der Fremdstoffgehalt seiner Kristalle auf 1 in 10$^6$ geschätzt; es sind jedenfalls die reinsten, die bisher untersucht werden konnten. Man wird daher das beobachtete Spektrum wohl Zentren des CaF$_2$ zuschreiben können. SMAKULA weist auf Ähnlichkeiten und Verschiedenheiten im Vergleich mit den Zentrenspektren der Alkalihalogenide und hält weitere Versuche für notwendig. Eine Komplikation gegenüber den Alkalihalogeniden könnte die Zweiwertigkeit des Ca bedingen.

Jedenfalls zeigen die SMAKULAschen Messungen, daß die weiter oben besprochenen Absorptionsmaxima in Fluoriten nicht von den Zentren des reinen CaF$_2$ herrühren. Die dem Eu$^{++}$ zugeschriebenen Maxima um 385 m$\mu$ fallen gerade zwischen die SMAKULAschen Maxima 335 und 400 m$\mu$, was ein weiterer Hinweis auf die Richtigkeit jener Zuordnung ist.

Ehe die Versuche SMAKULAS an synthetischen CaF$_2$-Kristallen bekannt wurden, hat J. URBANEK (861) an einem farblosen, anscheinend recht reinen Fluorit vom Sarntal nach Röntgen- oder Radiumbestrahlung ein Absorptionsspektrum gefunden, das sich mit den SMAKULASchen Angaben ziemlich deckt, nur sind die Messungen unvollständig, da im UV nur mit den starken Linien einer Quecksilberlampe gearbeitet werden konnte. Denselben Verlauf zeigt nach URBANEK auch die lichtelektrische Leitfähigkeit dieses Fluorits nach der Bestrahlung. Es konnten nur Sekundärströme beobachtet werden. Solche traten auch bei anderen Fluoriten, wenn auch schwächer, auf, bei manchen auch im Naturzustand. Das dem $Eu^{++}$ zugeschriebene Absorptionsgebiet scheint, soweit man nach den URBANEKschen Messungen schließen kann, lichtelektrisch nicht besonders wirksam zu sein, was verständlich wäre, wenn es sich bei dieser Absorption um Übergänge im Ion handelte.

Unerklärt bleibt noch das von MOLLWO gefundene Maximum bei 525 m$\mu$, das von KELLERMANN (425) auch in einem Fluorit von Ost-Turkestan erhalten wurde sowie die Maxima bei 430 und 450 m$\mu$.

Wie Tabelle 21 zeigt, ist das von SMAKULA gefundene Zentrenmaximum bei 335 m$\mu$ auch in dem natürlichen japanischen Fluorit Nr. 23 enthalten, jenes bei 400 m$\mu$ in den Fluoriten Nr. 9, 14, 15, 16, 17, 18, 25, jenes bei 580 m$\mu$ in den Fluoriten Nr. 6, 14, 15, 17, 18, 20, 22, 25.

Daß unter Umständen Fluorite durch Bestrahlung eine rosa Farbe annehmen können, entsprechend etwa der Absorption bei 580 m$\mu$ hat schon DOELTER (164) angegeben.

## e) Kolloide im Fluorit

Bei längerwelligen Maxima besteht wie bei Steinsalz auch beim Fluorit prinzipiell die Möglichkeit, sie durch Kolloide zu erklären. Die Kolloidbildung ist von MOLLWO (541) studiert worden.

Bei *langsamer* Abkühlung des durch Elektroneneinwanderung gefärbten Fluoritkristalls erhielt MOLLWO bei Zimmertemperatur einen ganz anderen Befund als den durch Abschrecken erhaltenen, siehe S. 163. Der Kristall sieht schmutziggrau aus und absorbiert im ganzen Spektralbereich von 300 bis 1000 m$\mu$ ziemlich gleichmäßig. Durch geeignete Wahl der Abkühlungsgeschwindigkeit kann man Übergangstypen erhalten, Abb. 55. Ein solcher Kristall sieht bei Zimmertemperatur blau aus, ein leichter Stich ins Violette verschwindet bei —186° C. Diese Art der Färbung erinnert stark an die kolloidale Färbung der Alkalihalogenide. Lage und

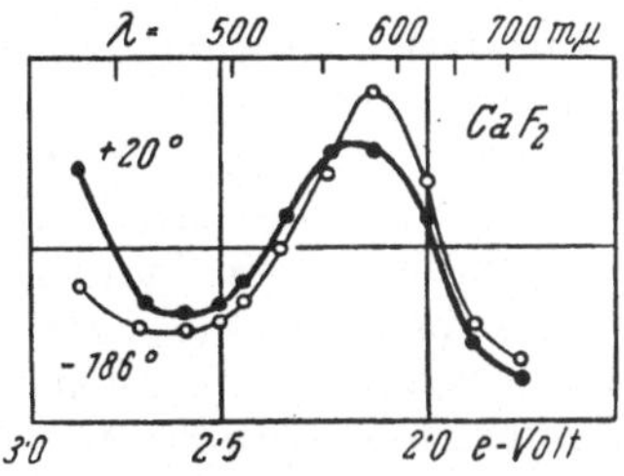

Abb. 55. Absorptionsspektren der Kolloide in Fluorit (nach MOLLWO).

Gestalt der Absorptionsbande hängen weitgehend von der thermischen Vorbehandlung ab. Die Banden lassen sich durch Erwärmen des Kristalls zum Verschwinden bringen, treten aber bei langsamem Abkühlen wieder auf. Solche Kristalle zerstreuen das Licht. Sie zeigen einen Tyndallkegel, dessen Farbe komplementär zu der des durchgelassenen Lichtes ist.

Hingegen weichen die Banden in einem Punkte von den Kolloidbanden der Alkalihalogenide ab. In den Alkalihalogeniden ist die Lage und Gestalt der Kolloidbanden von der Temperatur nahezu unabhängig, in Fluorit hingegen verbreitern sich diese Banden mit wachsender Temperatur und gleichzeitig verschiebt sich ihr Maximum nach *kürzeren* Wellen. „Trotz dieser einen Abweichung scheint aber die Zuordnung der Absorptionsbanden ... zu irgendwelchen Kolloiden im Flußspat so gut wie sicher."

Wenn somit durch die Versuche von MOLLWO eine Blaufärbung von Fluorit durch Kolloide bewiesen zu sein scheint, wofür insbesondere der zur Farbe des Kristalls komplementär gefärbte Tyndallkegel spricht, so erheben sich doch noch zwei Fragen: ist jede Blaufärbung des Fluorits auf Kolloide zurückzuführen und ist eine Kolloidfärbung des Fluorits in der Natur nachgewiesen?

Die erste Frage ist sicher mit nein zu beantworten. Die blaue Farbe, die die meisten Fluorite unter Radiumbestrahlung annehmen, ist sicher nicht kolloidalen Ursprungs. Wir konnten in so gefärbten Fluoriten niemals einen Tyndallkegel nachweisen, und es ist auch kein Fall bekannt, daß sich bei irgendeinem Kristall während der Bestrahlung bei Zimmertemperatur im Laufe von Stunden oder auch Tagen Kolloide gebildet hätten, von den leicht zersetzlichen Silbersalzen abgesehen. Auch ein von H. HABERLANDT durch Kalziumdampf bläulich gefärbter Fluorit erwies sich im Ultramikroskop als optisch leer. Es ist also wie beim Steinsalz auch beim Fluorit nicht jede blaue oder violette Farbe kolloidalen Ursprungs, sondern bisweilen auch durch irgendwelche Zentren bedingt, man denke etwa an das SMAKULAsche Maximum bei 580 m$\mu$.

Was die zweite Frage betrifft, so weisen zwei Arbeiten auf färbende Kolloide in natürlich gefärbten Fluoriten hin. A. SCHILLING (720) hat möglichst einschlußfreie Stücke eines blauen Fluorits ultramikroskopisch untersucht und einen nicht auflösbaren Tyndallkegel beobachtet, in dem zahlreiche Ultramikronen verschiedener Helligkeit liegen. Die Färbung in parallelen Anwachszonen kann man auch aus der Verteilung der Ultramikronen gut erkennen. Beim Erwärmen verschwindet mit der Färbung auch der unauflösbare Tyndallkegel, gleichzeitig wächst die Zahl und „Größe" der sichtbaren Ultramikronen. Auffallend ist nur, daß SCHILLING von einem *blauen* Tyndallkegel spricht. Entweder es liegt ein Schreibfehler vor oder eine Verwechslung mit der Fluoreszenz, die ja beim Erwärmen größtenteils auch mit der Farbe verschwindet. Über die Farbe der sichtbaren Ultramikronen wird nichts gesagt, so daß es offen bleiben muß, ob diese für die blaue Farbe verantwortlich sind.

Bei Untersuchung von Fluoritdünnschliffen mit dem Dunkelfeldkondensor hat L. GÖBEL (241) die Anwesenheit kolloider Teilchen beobachtet. Diesen schreibt sie die Farbe der untersuchten Fluorite zu, und zwar soll die grüne Farbe von den kleinsten, die blaue und violette Farbe von größeren Teilchen herrühren. Dies ist aber theoretisch unmöglich, wie die Anwendung der MIEschen Theorie auf das System Ca in CaF$_2$ zeigt. Die Rechnung ist von M. MAYERL (517) durchgeführt worden, wobei sie erst auch die optischen Konstanten des Calciums bestimmen mußte. Die folgende Tabelle 22 gibt das Resultat ihrer Berechnungen:

Tabelle 22. *Lage des Absorptionsmaximums von Kolloiden in $CaF_2$ in mµ in Abhängigkeit von der Teilchengröße, ebenfalls in mµ, nach der Mieschen Theorie*

| Lage des Maximums | Teilchengröße | Farbe des Kristalls |
| --- | --- | --- |
| 525 bis 540 | 0 bis 50 | purpur |
| 540 ,, 580 | 50 ,, 80 | violett |
| 580 ,, 640 | 80 ,, 100 | blau |

Die Tabelle lehrt, daß eine Blau- oder Violettfärbung des Fluorits durch Kolloide, wie Mollwo sie beobachtet hat, auf Grund der Mieschen Theorie durchaus verständlich ist, daß aber die von L. Göbel beobachteten Teilchen wahrscheinlich nichts mit der Farbe des Stückes zu tun hatten; keinesfalls könnte die grüne Farbe durch die kleineren Kolloide bewirkt sein. Schon früher haben Sakao und Hirose (707) natürliche färbige Fluorite ultramikroskopisch untersucht; sie fanden nur vereinzelte Ultramikronen, denen sie keine Bedeutung für die Farbe zuschrieben.

## f) Deutung der verschiedenen Farben des Fluorits und ihrer Verwandlungen

Die verschiedenen Färbungen der natürlichen Fluorite können nun durch das Zusammenwirken der zweiwertigen Seltenen Erden und der Zentren des $CaF_2$ oder der Kolloide erklärt werden. Überwiegen der Absorption der zweiwertigen Seltenen Erden gibt eine gelbe Farbe, während Überwiegen der längerwelligen Zentrenmaxima oder der Kolloide blaue und violette Farben bewirkt. Das Zusammenwirken beider Gruppen von Maxima gibt eine grüne Farbe.

Durch Elektronendiffusion von einer Zentrenart zu einer andersgearteten Störstelle unter Bildung einer anderen Zentrenart lassen sich nun auch die unter verschiedenen Umständen auftretenden Farbänderungen bei Fluoriten erklären.

Solche Farbänderungen können durch Belichtung bewirkt werden, wobei nicht immer ein Verblassen der Farbe eintritt. So setzen englische Bergleute Fluorite dem Sonnenlichte aus, um ihre Farbe zu „verbessern", d. h. von grünlich in violett überzuführen, siehe Miss Sweet (832).

Lehrreich ist hier eine von H. Haberlandt und dem Verfasser (295) gefundene und von Kellermann (425) genauer untersuchte labile Umfärbung gelber und grüner Fluorite bei Tieftemperatur. Diese wurde zuerst an einem Fluorit von Ost-Turkestan beobachtet, und zwar an der fast farblosen, rosastichigen Randzone des im Inneren grünen Stückes. Durch die Radiumbestrahlung nahmen die farblosen Teile eine gelbe Farbe an. In flüssiger Luft mit Filter-UV belichtet, geht die Farbe in wenigen Minuten von Gelb in Violett über. Bei Erwärmung auf Zimmertemperatur geht sie wieder binnen Minutenfrist in das ursprüngliche Gelb über. Kontrollversuche zeigten, daß die Violettfärbung weder durch Tieftemperatur allein noch durch UV-Belichtung allein hervorgerufen wird. Die Rückführung des Violett in Gelb kann außer durch Temperaturerhöhung auch durch Belichtung mit gelbem, zum Violett komplementären Lichte bewirkt werden. Die reversible Farbänderung konnte bei einer größeren Zahl grünlicher und bläulicher Fluorite teils im Naturzustand, teils nach Radiumbestrahlung beobachtet werden, besonders bei einem grünen Fluorit der East Pool Mine, Camborne, Cornwall.

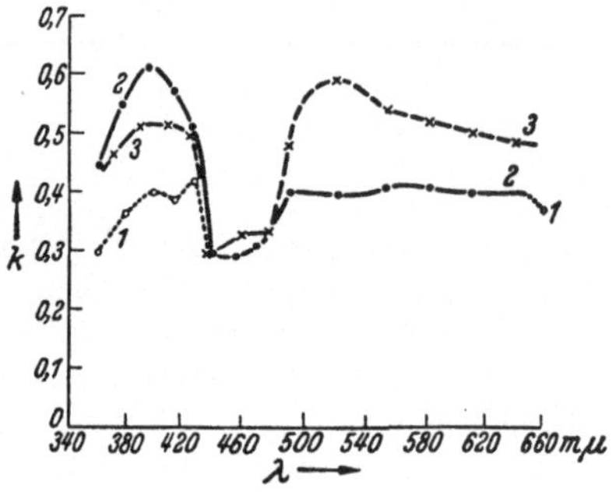

Der Verfasser hat diese Erscheinung erst durch Überführung von Elektronen von den zweiwertigen Seltenen Erdionen zu den Calciumionen und zurück zu erklären versucht; nun stimmt aber das gelbfärbende Maximum, nach KELLERMANN, Abb. 56, bei 400 bis 410 m$\mu$ besser mit dem von SMAKULA in reinem CaF$_2$ gefundenen bei 400 m$\mu$ überein, so daß es sich hier wohl um Zentren des CaF$_2$ handeln wird, während das violettfärbende Maximum nach KELLERMANN bei 525 m$\mu$ liegt, also mit dem noch nicht gedeuteten MOLLWOSCHEN Maximum $\beta$ zusammenfällt. Jedenfalls handelt es sich um eine reversible Elektronenüberführung zwischen verschiedenen Zentren, wobei aber noch nicht ausgeschlossen ist, daß die eine Zentrenart mit dem Maximum zwischen 400 und 410 m$\mu$ dem Sm$^{++}$, Maximum bei 412 nach BUTEMENT, zukommt. Die sicherere Identifizierung der Absorptionsmaxima der Seltenen Erdionen im Fluorit wird erst nach weiteren Versuchen möglich sein, aber auch von ihnen abgesehen, wird das Zentrenspektrum des reinen CaF$_2$ noch komplizierter sein als jenes des Steinsalzes und ebenso vom Störgrad (plastische Deformation, thermische Vorgeschichte) abhängen.

Durch Elektronendiffusion ließen sich auch die von DOELTER (167) an manchen Fluoriten, z. B. von Silberberg, Schwarzwald, beschriebenen Erscheinungen erklären. Der Fluorit wurde durch Radiumbestrahlung tiefblau verfärbt und dann durch Erwärmen entfärbt. Im Dunkeln aufbewahrt, zeigte er eine zunehmende violette Farbe, die sich nach Monaten in ein intensives Nelkenbraun verwandelt hatte. Es könnte bei der Entfärbung noch eines der Maxima im nahen UV übriggeblieben sein; dieses könnte durch thermische Elektronendiffusion die Elektronen für die violettfärbenden Zentren liefern. Leider konnte der Verfasser mit dem ihm zur Verfügung gestandenen Material die Erscheinung nicht reproduzieren.

Abb. 56. Absorptionsspektrum des Fluorits von Ostturkestan.

Kurve 1: vor der Ra-Bestrahlung.
Kurve 2: nach der Ra-Bestrahlung, von etwa 440 m$\mu$ an mit 1 zusammenfallend (grünlich-gelb).
Kurve 3: nach Belichtung mit Filterultraviolett bei etwa −60° C (Farbumschlag in Violett wegen Abbaues des kurzwelligen und Anstieg des langwelligen Maximums).

Durch Erwärmung auf Zimmertemperatur wird die Kurve 2 wieder hergestellt, die sich ohne UV-Belichtung auch bei Abkühlung auf tiefe Temperatur nicht merklich ändert (nach KELLERMANN).

## g) Piezochromie

Wie bei der Besprechung der Druckfarben radiumbestrahlter Salze bemerkt worden ist, S. 41, wird ursprünglich farbloser, durch Radiumbestrahlung blau gefärbter Fluorit durch Druck violett. Die Reihenfolge von Pressen und Bestrahlung ist hier, wie beim Steinsalz, gleichgültig. Da, wie oben besprochen, eine ganze Reihe von Umständen dafür spricht, daß wenigstens manche Fluoritfärbungen in der Natur durch eine radioaktive Einwirkung zustande gekommen sind, so konnte erwartet werden, daß auch natürliche, unbeeinflußte Fluorite beim Pressen eine entsprechende Farbänderung zeigen könnten. Dies trifft auch tatsächlich zu. Der Verfasser hat dies die Piezochromie des Fluorits genannt (646).

Die Versuche wurden so angestellt, daß die zu untersuchende Probe pulverisiert und dann unter einem Stahlstempel mittels einer hydraulischen Presse bis gegen 20000 kg/cm² gepreßt wurde. Es bildet sich ein zwar leicht zerbröckelndes, aber bei vorsichtiger Behandlung doch zusammenhaltendes Plättchen, das im allgemeinen lebhafter gefärbt erscheint als das Pulver, aus dem es gepreßt ist. Die folgende Tabelle 23 gibt eine Übersicht über die Piezochromie der bisher untersuchten Fluorite.

Die Betrachtung der Tabelle lehrt folgendes: während manche Stücke, namentlich die gelben und roten, Nr. 4, 5, 7a, 16, 19, ihre Farbe durch Druck nicht wesentlich ändern, zeigen andere, und zwar im allgemeinen die grünen und blauen Stücke, eine auffallende Farbänderung in Violett, Nr. 1, 2b, c, d, 3, 6, 7b, 9, 10, 12, 15, 17, 20. Häufig kommt dieselbe Farbe am gleichen Stück schon im Naturzustande vor, Nr. 1, 2, 3, 6, 9, 12, 20, wobei insbesondere zu beachten ist, daß bei Nr. 9 die Druckfarbe graublau ist, wie die Spitzen der Kristalle im Naturzustand, während z. B. grüner Fluorit von Wölsendorf das mehr rötliche Violett annimmt, das an diesem Vorkommen so häufig ist. Bei einer dritten Gruppe schließlich bewirkt der Druck nur eine Farbänderung in Grau, Nr. 11, 13, 14, 18, wobei nicht ohne weiteres zu entscheiden ist, ob es sich hier um wirkliche Änderung des Farbtones oder nur um den Einfluß ungünstigerer optischer Verhältnisse in den gepreßten Stücken — Abnahme der Farbsättigung infolge innerer Reflexionen — handelt.

Am Beispiel des grünen Wölsendorfer Fluorits wurde die Abhängigkeit der Farbe von der Größe des Druckes untersucht: Während bei 2000 kg/cm² das Pulver noch kaum zuammenhält und grün bleibt, machen sich bei 5000 kg/cm² schon violette Stellen bemerkbar, und bei 10000 kg/cm² ist die Farbe schon im ganzen violett.

Ferner mußte im Hinblick auf die Druckfarben der Lenard-Phosphore und die mit gepreßtem Steinsalz gemachten Erfahrungen untersucht werden, ob nach dem Pressen nicht erst eine Belichtung erforderlich sei, um die Farbänderung zu bewirken. Es wurden deshalb Druckversuche im Dunkeln unternommen oder bei schwachem rotem Licht, und die gepreßten Blättchen dann beim Lichte einer stark abgeblendeten Taschenlampe betrachtet. Sowie das Licht hell genug war, um eine Farbe unterscheiden zu können, war der Farbumschlag auch schon eingetreten.

Tabelle 23. *Piezochromie des Fluorits*

| Nr. | Fundort | Beschreibung | Farbe der Probe vor dem Pressen | nach dem Pressen |
|---|---|---|---|---|
| 1 | Wölsendorf .... | stengelig, violett und grün gebändert | grün | violett |
| 2 | Wölsendorf .... | stengelig, Bänder weiß, violett und grün | a) weiß<br>b) olivgrün<br>c) bläulichgrün<br>d) gelbgrün | weißlich<br>grauviolett<br>grauviolett<br>grauviolett, neutraler als obige |
| 3 | Wölsendorf .... | olivgrüne Kristalle auf graulila Unterlage | olivgrün | graulila, rötlicher als obige |
| 4 | Wölsendorf .... | Druse von goldgelben bis violetten Würfeln | a) gelb<br><br>b) fleischfarben | gelb, mit lilagrauen Punkten<br>weißlich |
| 5 | Wölsendorf .... | gelbe Kristalle, hie und da lila Stellen | gelb | graugelb |
| 6 | Lissenthan .... (Bayern) | dunkelviolette Würfel mit gelben und graugrünen Partien | gelblich bis grünlich | vorwiegend rötlichviolett |
| 7 | Annaberg ..... (Sachsen) | gelblichgraugrüne Kristalle mit regelmäßigen blauen Anwachszonen | a) gelblich<br>b) blau | gelblichgrau<br>violett |
| 8 | Annaberg ..... | graugrüne Kristalle mit gelbem Kern | graugrün | weiß bis grau |
| 9 | Schwarzenberg . (Sachsen) | klar hellgrün mit graublauen Spitzen | grün | graublau |
| 10 | Münstertal .... (Baden) | spätiges, bläulichgrünes Stück | bläulich-grün | violett |
| 11 | Oberkirch ..... (Baden) | spätiges, türkisblaues Stück | türkisblau | grau |
| 12 | Wald (Pinzgau) | hell- bis dunkelgrüne Druse, stellenweise schwarzviolett | a) hell grünlichblau<br>b) dunkel grünlichblau | lila<br>dunkelviolett |
| 13 | Cumberland ... | hellila mit graugelben Spitzen | graugelb | grau |
| 14 | Cumberland ... | grüne, stark fluoreszierende Kristalle | grün | grau |
| 15 | Cornwall ...... | smaragdgrüne Kristalle | grün | lilagrau |
| 16 | Weardale ..... | gelbe Kristalle | gelb | weißlichgelb |
| 17 | Gibbisbach .... (Kant. Wallis) | grüne Druse | grün | grauviolett |
| 18 | Sarntal ....... | schwach grünliche Kristalle | grünlich | grau |
| 19 | Schweiz ( ?) ... | rosa Kristalle | rosa | fleischfarben |
| 20 | Oitikanga ..... (Südwestafrika) | bläulichgrüne Druse mit violetten Stellen | bläulichgrün | grauviolett |

Dasselbe war schon für den durch Radium künstlich gefärbten Fluorit gefunden worden. Damit ist aber noch nicht gesagt, daß der Farbumschlag überhaupt ohne Licht eintreten kann, denn erstens folgt aus den Versuchen nur, daß die zum Farbumschlag erforderliche Lichtmenge kleiner ist als die zur Farbwahrnehmung nötige, und zweitens läßt sich Belichten überhaupt nicht ganz ausschließen, da der Fluorit beim Pressen aufleuchtet (Triboluminszenz, S. 108).

Die violette Farbe ändert sich beim Pressen im Ganzen nicht wesentlich. Daß aber auch bei violetten Fluoriten gewisse Veränderungen vor sich gehen, zeigt sich, wenn man statt pulverisierten Materials einen Dünnschliff preßt. Zur Verfügung standen unbedeckte, auf Objektträger aufgekittete Dünnschliffe von violettem Fluorit von Wölsendorf, die der Verfasser Frl. L. Göbel, damals am Mineralogisch-Petrographischen Institut der Universität Wien, verdankte. Derartige Präparate lassen sich zwischen ebenen Stahlplatten Drucken von mehreren Tausend kg/cm$^2$ aussetzen, wobei allerdings der Objektträger und der Dünnschliff zerspringt, doch bleiben stets hinreichend große Bereiche intakt, welche die durch den Druck bewirkte Farbänderung erkennen lassen. Diese besteht erstens in einer Verschiebung des Farbtones im Ganzen von Blauviolett nach Rotviolett, wie man am besten sieht, wenn man den Schliff vor dem Pressen in zwei Teile zerschneidet, nur einen preßt und dann beide Teile nebeneinander unter dem Mikroskop betrachtet. Zweitens verstärkt sich der Kontrast zwischen den rötlichvioletten Verfärbungshöfen, die in diesen Präparaten massenhaft vorkommen, und ihrem manchmal tief indigoblauen Untergrund. Letzteres ist überraschend, denn an künstlich durch Radiumbestrahlung ($\beta$-$\gamma$-Strahlung) blaugefärbten Fluoriten verwandelt sich das Blau beim Pressen in Violett, während hier das Blau der Farbänderung zu entgehen scheint. Hierauf sei hier nachdrücklich hingewiesen in der Hoffnung, daß die Fortsetzung derartiger Versuche zur Aufklärung des Mechanismus der Hofbildung werde beitragen können.

Durch Einbetten von gepulvertem Material in ein Flüssigkeitsgemisch von gleichem Brechungsexponenten konnte E. Eysank (192) die Änderung des Absorptionsspektrums feststellen, die der Farbänderung des grünen Wölsendorfer Fluorits durch Pressen in Violett entspricht. Es handelt sich um einen Übergang des Absorptionsmaximums bei 580 m$\mu$, das nach Smakula dem Zentrenspektrum des reinen CaF$_2$ zukommt, in das noch nicht identifizierte Maximum bei 525 m$\mu$. Es wird sich wohl um Elektronendiffusion zu stärker gestörten Stellen handeln, wobei wohl die Vorgänge bei der Verformung den Übergang der Elektronen von einer Zentrenart zur anderen erleichtern bzw. die Zentren selbst, und zwar die Farb- oder die Verfärbungszentren, verändern.

## h) Der Gehalt der Fluorite an radioaktiven Substanzen

Alles spricht dafür, daß die Fluorite zumindest einen Teil ihrer Farben einer radioaktiven Einwirkung in der Natur verdanken. Es frägt sich nun wieder, ob der Gehalt an radioaktiven Substanzen in den Fluoriten zur

Färbung innerhalb geologisch zulässiger Zeiträume hinreicht. Es liegen hierüber nur wenige Angaben vor; die vorhandenen lassen aber wohl die Frage bejahen.

G. Hoffmann (358) hat mit seinem hochempfindlichen Duantenelektrometer den Radiumgehalt von drei verschiedenen Fluoriten gemessen und folgende Ergebnisse erhalten:

Tabelle 24

| Fluorit von | Farbe | Radiumgehalt in g Ra/g Fluorit |
|---|---|---|
| Harz . . . . . . . . . . . . . . . . . . | schwach hellgrün | $0{,}27 \cdot 10^{-12}$ |
| Cumberland . . . . . . . . . . . . . . | hellgrün | $0{,}38 \cdot 10^{-12}$ |
| Böhmen . . . . . . . . . . . . . . | dunkelviolett (Stinkfluß) | $2{,}24 \cdot 10^{-12}$ |

Unter der Annahme, das Radium befinde sich im Fluorit im radioaktiven Gleichgewicht mit dem Uran, errechnet sich aus diesen Zahlen der Urangehalt der drei genannten Fluorite zu 0,8, 1,1 und $6{,}6 \cdot 10^{-6}$ g U/g Fluorit. Die Zahl der Messungen ist natürlich zu klein, um entscheiden zu können, ob die Tiefe der Verfärbung mit dem Gehalt an radioaktiven Substanzen zusammenhängt; daß es in dieser Meßreihe diesen Anschein hat, kann Zufall sein, zumal man ja mit verschiedener Sensibilisierung zu rechnen haben wird.

Der Urangehalt mancher Fluorite konnte auch aus ihrer Fluoreszenz nach dem Glühen, siehe S. 181, erschlossen werden (293). So ergab sich für einen Fluorit von Weardale ein Urangehalt von $1{,}8 \cdot 10^{-6}$, für einen von Wölsendorf von $7{,}5 \cdot 10^{-6}$, Werte, die sich gut an jene von G. Hoffmann anschließen. Der Größenordnung nach stimmen sie mit dem mittleren Urangehalt der Erdrinde zusammen.

Nimmt man an, die Färbung des Fluorits beanspruche etwa dieselbe Energie wie jene des Steinsalzes, was größenordnungsmäßig wohl stimmen wird, und berechnet wie bei Steinsalz (S. 133) die Dauer, während der der Uran-Radium-Gehalt des Fluorits gewirkt haben muß, um die zur Färbung nötige Energie aufzubringen, so gelangt man zu der Größenordnung von einigen tausend Jahren, d. i. eine, geologisch gesprochen, sehr kurze Zeit, so daß sich da der Deutung kaum Schwierigkeiten bieten (660).

### i) Sensibilisierung

Wie schon erwähnt, hat Steinmetz (806, 807) auf den Zusammenhang gewisser Fluoritfärbungen mit Sulfideinschlüssen hingewiesen und eine Sensibilisierung durch diese angenommen. Eine derartige Sensibilisierung scheinen aber auch die zweiwertigen Seltenen Erdionen auszuüben, insbesondere die des Samariums. Schon vor längerer Zeit war bemerkt worden (668, II), daß jene Fluoritkristalle bzw. Teile von solchen sich bei der Radiumbestrahlung besonders rasch blau färben, die nach der Bestrahlung vor der Analysenlampe rot fluoreszieren (Cumberland, Derbyshire). Da, wie später, S. 189, gezeigt werden wird, die rote Fluoreszenz vom $Sm^{++}$ herrührt, läßt sich diese Beobachtung nun so deuten, daß durch die Radiumbestrahlung das Samarium im Fluorit zur zweiwertigen Form reduziert wird, die ihrerseits, um zunächst noch bei der älteren Deutung der Strahlungsverfärbung zu bleiben, reduzierend auf die Ca-Ionen wirkt. Nach der derzeitigen Auffassung der Verfärbung wird man sagen, daß ein Teil der $Sm^{++}$-Ionen ihr überschüssiges, nur locker gebundenes Valenzelektron wieder verliert, das nun in einer Fehlstelle des $CaF_2$ unter Bildung eines Absorptionszentrums gefangen wird. Die älteren Beobachtungen sind später (659) an einem Fluorit von Namèche bei Namur bestätigt worden, den der Verfasser dank dem Entgegenkommen von Herrn Prof. H. BUTTGENBACH in Brüssel untersuchen konnte. Es ist dies ein 7 cm langes, 5 cm breites und 3 cm dickes Spaltstück, das zur Hälfte farblos, zur Hälfte violett gefärbt ist; diese Hälfte fluoresziert schon im Naturzustand purpurrot, die farblose rein blau, ein Zeichen, daß letztere nur $Eu^{++}$, erstere auch $Sm^{++}$ enthält. Neuerdings hat BUTEMENT (99) an den von ihm synthetisch hergestellten $SrCl_2$-Präparaten mit $Sm^{++}$-Zusatz die reduzierende Wirkung des $Sm^{++}$ an ihrer Blaufärbung erkannt.

## 4. Färbung durch Schwermetallionen

Neben der Färbung durch Bestrahlung können auch Schwermetallionen, andere als jene der zweiwertigen Seltenen Erden, zur Farbe der natürlichen Fluorite beitragen. Schon KENNGOTT (428) erwähnt den durch Glühen herbeigeführten Verlust der Farbe der Fluorite, „wovon nur äußerst wenige, schon durch die Art ihrer Farbe kenntliche Flußspate ausgenommen sind, welche durch Malachit oder Kupferlasur oder Eisenoxyd gefärbt sind".

In neuerer Zeit haben CHUDOBA, KLEBER und SIEBEL (112) [s. auch SIEBEL (767)] durch Schmelzen von reinem $CaF_2$ mit Spuren von Schwermetallsalzen poröse, mehr oder weniger inhomogen gefärbte Massen erhalten, deren Farbe von der chemischen Natur und der Konzentration des Zusatzes sowie von der thermischen Vorgeschichte und Nachbehandlung des Präparates abhängt. Grünfärbung konnte in erster Linie den Ferroionen zugeschrieben werden; daneben kommen auch $Mn^{++}$-Ionen, Chrom, Nickel und Kupfer in Frage. Blaufärbung kann auf Ferri-Ferrokomplexe zurückgeführt werden; auch Co und Cu können das $CaF_2$ blau färben. Gelbfärbung kann durch Eisen oder auch Seltene Erden (Cer) hervorgerufen werden. Violettfärbung deutet auf $Mn^{4+}$, Rotfärbung auf Ferrioxyd oder Chrom; $Mn^{3+}$-Ionen erzeugen mehr rosa Farbtöne. Während an diesen Resultaten der synthetischen Versuche nicht gezweifelt werden soll, bleibt es noch fraglich, inwieweit diese „Schwermetall-Chromophore" in natürlichen Fluoriten eine Rolle spielen. Ohne weiteres wird man den genannten Autoren zustimmen können, wenn sie die Farbe einiger weniger Fluorite, die sich selbst bei 1000° C nicht entfärben, auf diese Schwermetallionen zurückführen (siehe die obige Bemerkung KENNGOTTs). Hingegen scheint es mehr als zweifelhaft, ob die niedrige Entfärbungstemperatur der meisten natürlichen Fluorite, die die Genannten selbst als zwischen 220 und 240° C gelegen angeben, wie sie meinen, auf die Anwesenheit von Feuchtigkeitsspuren in den hydrothermalen Bildungen zurückgeführt werden kann. Eine derartige Deutung hat sich schon zur Erklärung des Unterschiedes zwischen der Entfärbungstemperatur des natürlichen blauen Steinsalzes und des durch Na-Dampf gefärbten [SIEDENTOPF (768)] als hinfällig erwiesen, siehe S. 129. Es besteht kein Grund zu bezweifeln, daß ein überwiegender Teil der natürlichen Fluoritfärbungen auf Bestrahlung zurückzuführen ist, die sich schon in der Thermolumineszenz äußert und neuerdings im Auftreten der Maxima der CaF$_2$-Farbzentren im Absorptionsspektrum natürlicher Fluorite. Die durch Bestrahlung bewirkten Farben mögen wohl fallweise durch Schwermetallionen modifiziert sein, die wohl auch zur Sensibilisierung beitragen können.

# 5. Die Lumineszenz des Fluorits

## a) Kathodolumineszenz

Von den mannigfachen Lumineszenzerscheinungen des Fluorits ist die Kathodolumineszenz wohl die glänzendste. Sie gehört nicht eigentlich in den Rahmen dieser Schrift, da sie ja mit einer radioaktiven Einwirkung nichts zu tun hat, muß aber doch hier behandelt werden, weil sie den Schlüssel zum Verständnis der Lumineszenz des Fluorits geliefert hat.

Das Spektrum der Kathodolumineszenz des Fluorits ist meist ein reiches Linienspektrum. Als Träger dieses Spektrums konnten Spuren von Seltenen Erden festgestellt werden. Daß Seltene Erden nach Einbau in verschiedene Grundmaterialien unter dem Einflusse der Kathodenstrahlen ein Linienspektrum geben, haben schon CROOKES (128) und LECOQ DE BOISBAUDRAN (473) gefunden. In einer glänzenden Arbeit hat dann URBAIN (860) den Anteil der einzelnen Seltenen Erden an diesen Spektren unterscheiden und das Spektrum des Fluorits weitgehend deuten können. Die URBAINsche Methode ist eine synthetische. Es wird das Grundmaterial so lange gereinigt, bis es keine wesentliche Kathodolumineszenz mehr zeigt. Dann werden ihm geringe Mengen der verschiedenen Seltenen Erden zugesetzt und das Kathodolumineszenzspektrum beobachtet. So konnten die einzelnen Linien bestimmten Seltenen Erden zugeordnet werden. Schließlich gelang es durch gleichzeitigen Zusatz von mehreren Seltenen Erden zu reinem CaF$_2$, das Spektrum des natürlichen Fluorits zu reproduzieren. Siehe hiezu auch MUKHERJEE (561), YOSHIMURA (924).

## b) Unabhängigkeit der Bandenlage von der Erregungsart

Dieselben Linien treten bei Erregung des Fluorits mittels verschiedener Mittel auf. Röntgen-, Kathoden-, Kanal- und Radiumstrahlen (ODEN-CRANTZ (583)] bringen sie während der Bestrahlung zur Emission. Auch im Nachleuchten und der Thermolumineszenz treten sie innerhalb der Meßgenauigkeit mit denselben Wellenlängen auf. Bisweilen sind sie auch mit Funken-UV anzuregen [STOKES (821)]. In diesem Falle glaubte MORSE (550, 551) eine Abhängigkeit der Wellenlänge der Linien von jener des erregenden Lichtes gefunden zu haben; dies scheint aber durch eine Arbeit von NISI und MIAMOTO (575) widerlegt. Mit SCHUMANN-UV haben LAU und REICHENHEIM (471) linienartige Banden beobachtet, ebenso LYMANN (498), siehe S. 182. Auch mit Filter-UV lassen sich manchmal in der Fluoreszenz dieselben Linien anregen (292). In der Phosphoreszenz hat schon E. BECQUEREL die diskontinuierliche Natur des Fluoritspektrums erkannt (42).

Der Vergleich mit den synthetischen Versuchen URBAINS (860) zeigt, daß es sich eben in allen Fällen um die Emission der Seltenen Erden handelt. Insbesondere nach den Untersuchungen TOMASCHEKS und seiner Mitarbeiter (844) ist nicht daran zu zweifeln, daß es die *drei*wertigen Ionen der Seltenen Erden sind, die hier als Emissionsträger dienen. Die Schärfe der Linien wird bekanntlich dadurch erklärt, daß es sich bei dieser Emission um Übergänge in der nach außen weitgehend geschützten unvollständigen 4f-Schale handelt. Dagegen sind gewisse breite Fluoreszenzbanden des Fluorits, wie noch gezeigt werden wird (S. 188), den *zwei*wertigen Seltenen Erdionen zuzuschreiben.

Im Gegensatze zu der oben betonten Unabhängigkeit der Lage der Banden von der Art ihrer Anregung ist diese oft ausschlaggebend für die relativen Intensitäten der Banden, worauf die abweichenden Resultate MORSES vielleicht zurückzuführen sind.

## c) Photolumineszenz

Bei der Erregung der Lumineszenz durch Licht ist zu unterscheiden, ob zu ihrem Zustandekommen eine Vorbehandlung mit Radium- oder ähnlichen Strahlen erforderlich ist oder nicht. Zunächst sei letzterer Fall behandelt, also die reine Photolumineszenz, zum Unterschiede von der Radio-Photo-Lumineszenz. Als echte Photolumineszenz ist die Linienfluoreszenz mancher Fluorite bei Belichtung mit Filter-UV zu betrachten. Diese ist nämlich durch Erhitzen nicht zu vernichten; ja, häufig tritt sie erst auf, nachdem der Fluorit erhitzt worden war. Es handelt sich da jedenfalls um einen günstigeren Einbau der Zentren. Die Tabelle 25 gibt das durch Filter-UV erregte Fluoreszenzspektrum einiger Fluorite; die meisten Linien lassen sich eindeutig zu gewissen Seltenen Erden zuordnen (292).

Tabelle 25

| 1 | 2 | 3 | 4 | 5 | 6 |
|---|---|---|---|---|---|
| Weardale, violett | New South Wales, farblos | Shinden, Japan, grünlich | Florissant, Kolorado, farblos | St. Gotthard, geglüht | St. Gotthard, rosa |
| blaue Eu-Bande | blaue Eu-Bande | blaue Eu-Bande fehlt<br>473·5 (0?)<br>477·5 (3)<br>478·5 (3)<br>483·5 (1) | blaue Eu-Bande | Eu-Bande<br>478·0 ⎫<br>489·0 ⎬ (10)<br>492·5 ⎭ | Eu-Bande<br><br>489·5 (1) |
| | 490·0 (3) | 492·0 (0?) | | | |
| | 496·5 (3) | 496·0 (2) | | | |
| | 522·3 (0) | 523·0 (9) | | | 517·5 (00) |
| | 531·0 (00) | | | | |
| | 539·0 (6) | 540·0 (2) | 539·5 (5) | 538·7 (4) | 538·0 (7) |
| | 546·0 (5) | 547·0 (5) | 546·0 (4) | 545·0 (3) | 545·5 (5) |
| | | | 550? (1) | | |
| | 554·5 (5) | 554·5 (5) | 554·5 (3) | 552·0 (3) | 552·0 (5) |
| | 562·0 (1) | | | | |
| | 567·0 ⎫ (8) | 567·0 ⎫ | | | 567·0 ⎫ (3) |
| 571·5 (0) | | ⎬ (8) | 571·5 (1) | 570·0 (3) | |
| 576·5 (00) | 574·5 ⎭ (10) | 575·0 ⎭ | 574·5 (4) | 575·0 (8) | 574·5 ⎭ (7) |
| | 583·0 (6) | 583·5 (4) | 582·5 (1) | 584·5 (4) | 583·5 (5) |
| | 591·5 (4) | 591·0 (2) | | | |
| | 592·0 (3) | | | | |
| | 595·5 (0) | | | | |
| 601·5 (1) | 600·0 (3) | | | | |
| 607·5 (00) | 605·0 (3) | 608·0 (1) | | | |
| 613·0 (00) | länger exp.: | | | | |
| 618·5 (0) | 616·0 (2) | | | | |
| | 621·0 (5) | | | | |
| 626·0 (00) | | | | | |
| | 638·0 (2) | | | | |
| 646·5 (2) | (Kante) | | | | |
| | | 651·5 ⎫ | | | |
| 655·0 (2) | | 656·0 ⎬ (4) | | 659·0 ⎫ (9) | |
| 663·0 (2) | | 662·5 ⎭ | | 672·0 ⎭ | |

Zweifelhaft ist, ob die von STOKES (821) entdeckte, durch Funken-UV erregte rötliche Linienfluoreszenz mancher englischer Fluorite (Alstone Moore) als reine Photolumineszenz aufzufassen ist. Sie tritt nämlich nach starkem Glühen der Stücke nicht mehr auf. Ob sie durch Radium-bestrahlung regeneriert werden kann, ist nicht bekannt. Diese rötliche Fluoreszenz ist auf gewisse Schichten der Kristalle beschränkt, während andere nur die bekannte blaue zeigen.

| 7 | 8 | 9 | 10 | 11 | 12 |
|---|---|---|---|---|---|
| East Pool, Cornwall, grünlich | | | Ost-turkestan, farblos | Synth. Präp. vor der Ana-lysenlampe | Synth. Präp. Kathodolum. nach URBAIN |
| länger expon. | kürzer exponiert | | | | |
| unbestrahlt | unbestrahlt | Ra-bestrahlt | | | |
| blaue Eu-Bande | blaue Eu-Bande | 435·0 (0)<br>439·0 (0)<br>bl. Eu-Bande schwächer<br>478·0 (3) | blaue Eu-Bande | 434·7 (3) Tb<br>437·0 (4) Tb | 435 } Tb<br>438 }<br>475<br>481 } Dy<br>493·5 } |
| | | | | | 520 Er<br>531 Er |
| 539·0 (5) | 539·0 (1) | | 538·0 (3) | 541·5(10)Tb | 541 Tb |
| 546·0 (3) | | | 545·0 (2) | 547·0 (6) Tb | 548 Tb |
| | | | 551·0 (0) | 553·0 (5) Er | 551 Er |
| 553·0 (3) | | | | 554·3 (4) Tb | 552·5 Tb |
| | | | | 562·0(2) Sm | |
| | | | | 568·0(3) Sm | 567·5 Sm |
| | | | | 572·7(10) Sm | 572·5 Sm |
| 574·5 (6) | 574·5 (2) | 574·5 (7) | 573·5 (4) | 574·0(4)Dy,Eu | 576·4 Dy, Eu |
| 579·5 (2) | | | | | |
| 583·5 (4) | | | | 583·3(2)Tb,Dy | 584·5 Tb, Dy |
| | | | | | 590 Dy |
| | | | | 593·0 (4) Sm | 593 } Tb<br>598·5 } |
| | | | | 602·0 (2) Sm | |
| | | | | 606·0 (8) Sm | 604·2 Sm |
| | | | | 613·0 (0) Eu | 612 Eu |
| | | | | 618·0 (4) Eu | 617·5 Eu |
| | | | | | 622 Sm |
| | | | | 629·0 (5) Eu | |
| | | | | | 655 Dy |
| | | | | | 672·0 Dy |

Eine echte Photolumineszenz ist eine grüne Fluoreszenz, die bei fast allen Fluoriten vor der Analysenlampe erhalten wird, wenn die Stücke vorher heftig geglüht worden sind (280, 293). Im Spektrum zeigt sich eine Reihe äquidistanter Banden mit einem Intensitätsmaximum im Grün. Der Bau des Spektrums stimmt weitgehend mit jenem überein, das NICHOLS und SLATTERY (573, 773) an einer uranhaltigen $CaF_2$-Probe erhalten hatten, und konnte auch mit synthetischem $CaF_2$ mit 1 $^0/_{00}$ Uranzusatz durch passende Wahl der Expositionszeit vollkommen reproduziert werden. Durch Vergleich mit synthetischem Material konnte auch so der Urangehalt einiger natürlicher geglühter Fluorite bestimmt werden, siehe S. 176. Über den Einbau von Uran in CaF$_2$ siehe auch Kröger (456).

Das kurzwellige UV einer Wasserstofflampe erregte nach Lau und Reichenheim (471) am Fluoritfenster, das sich dabei an der Innenseite mit einer Schichte metallischen Calciums überzog (extreme Verfärbung!), zu heller grüner Fluoreszenz mit einem Linienspektrum, dessen Wellenlängen in der Tabelle 26 in m$\mu$ angegeben sind, zusammen mit den aus den Messungen von Urbain (860) und Chatterjee (108) bekannten Linien bestimmter Seltener Erden. Danach scheint die Zuordnung der von Lau und Reichenheim beobachteten Linien zu den dreiwertigen Ionen des Tb und Er zumindest recht wahrscheinlich.

Tabelle 26. *Fluoreszenzlinien des Fluorits nach Lau und Reichenheim nebst Zuordnung,*
*in m$\mu$*

| Lau und Reichenheim ..... | | | | | |
|---|---|---|---|---|---|
| 585 | 575 | 551 | 538 | 479 | 472 |
| Urbain ..... 584,5 Dy, Tb | 576 Dy | 551 Er | 541 Tb | 482,5 Tb | 475 Dy |
| Chatterjee . 583,8 Tb | 576,5 Tb | 551,4 Er | 538,7 Tb | 479,8 Tb | 472,0 Tb |

Lyman (498) beobachtete unter ähnlichen Bedingungen an einem bestimmten Fluorit Linien bei 313,3 und 314 m$\mu$, die dem Gd zukommen, sowie ein Kontinuum zwischen 245 und 381 m$\mu$ und eine Linie bei 381,2 m$\mu$ unbekannten Ursprungs.

Fluorite zeigen nach Belichtung oft Phosphoreszenz und bei Temperaturerhöhung Thermolumineszenz, die aber nur zum Teil reine Photolumineszenz ist, meist aber schon eine radioaktive Einwirkung voraussetzt.

Es ist möglich, daß die Phosphoreszenz des Fluorits schon im Altertum bekannt war, denn abgesehen von den märchenhaften Erzählungen über Steine, die im Dunkeln leuchten, findet sich auch bei Plinius (614) die Bemerkung: „Der Stein Chrysolampsis kommt in Äthiopien vor, ist sonst blaß, bei Nacht aber feurig[1]". Es ist wahrscheinlich, daß dieser Chrysolampsis ein phosphoreszierender Fluorit war. Nach Gmelins Handbuch der anorganischen Chemie erwähnt Elsholtz (182) 1677 die Thermolumineszenz des Fluorits. In neuerer Zeit wurden die verschiedensten Hypothesen zur Erklärung der Phosphoreszenz des Fluorits aufgestellt. Fromhals vermutete Oxydation von Schwefelarsen, das er in Fluoriten gefunden hatte, doch wendete sich Balló (26) mit guten Gründen gegen diese Auffassung, die Fromhals dann auch aufgab. Heute ist die Erscheinung ebenso zu deuten, wie die Phosphoreszenz der Alkalihalogenidphosphore.

---

[1] „Chrysolampsis in Äthiopia nascitur, pallida alias, sed noctu ignea." Der Verfasser verdankt die Angabe der Originalstelle Herrn Prof. Dr. K. Mras.

## d) Radiolumineszenz

Mittels eines einfachen visuellen Photometers mit grün filtriertem Vergleichslicht wurde die Lumineszenzhelligkeit einiger Fluorite während der $\beta$-$\gamma$-Bestrahlung in ihrer Abhängigkeit von der Bestrahlungsdauer messend verfolgt. Es handelt sich hier im wesentlichen um die Linienemission im Grün (Terbium). [K. Przibram und E. Kara-Michailova (668, II.)].

In der Abb. 27 (S. 104) ist für einen farblosen, sich blau verfärbenden Fluorit von Cumberland zunächst die beobachtete Helligkeit des Lumineszenzlichtes bei Bestrahlung mit 73 mg Radiumelement in zirka 8 mm Ab-

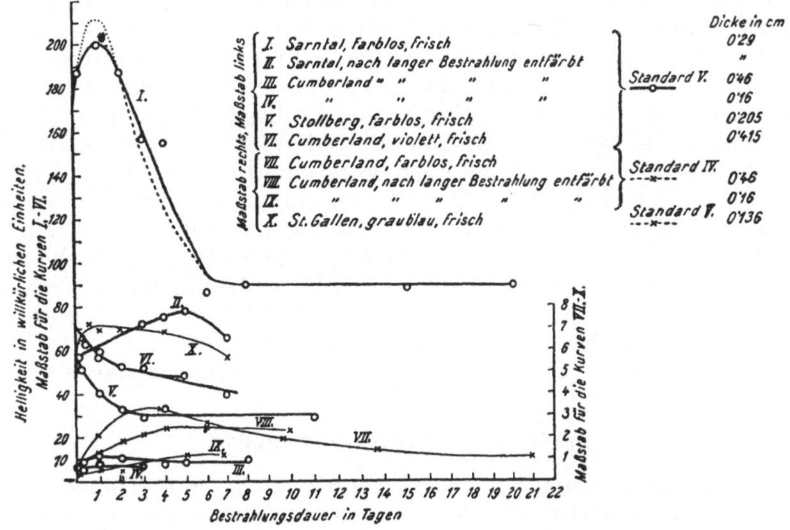


Abb. 57. Radiolumineszenz der Fluorite, auf Absorption korrigiert.

stand von der Präparatachse als Funktion der Bestrahlungsdauer aufgetragen, Kurve I. Mittels des von Zeit zu Zeit bestimmten Absorptionskoeffizienten $\mu$ für grünes Licht wurde die beobachtete Helligkeit durch Division mit

$$\frac{1}{\mu d}(1 - e^{-\mu d})$$ auf Absorption des Lumineszenzlichtes korrigiert,

Kurve II. Wie man sieht, genügt die Berücksichtigung der Absorption nicht, um die schon aus älteren qualitativen Beobachtungen bekannte Abnahme der Lumineszenzhelligkeit mit wachsender Dosis zu erklären (siehe dasselbe bei Steinsalz, S. 103); es findet wirklich eine Schwächung des Fluoreszenzvermögens statt, das aber nach einiger Zeit nahezu konstant zu werden scheint. Die Theorie des An- und Abstieges der Helligkeit ist schon früher, S. 104, gegeben worden. Mit $\lambda_1 = \lambda_3 = 0{,}39$ Tag$^{-1}$ ergibt sich die punktierte Kurve III, die nur im Maximum von II etwas abweicht. Für einen Fluorit vom Sarntal ergab sich Kurve I in Abb. 57 bei Bestrahlung mit Standard V (610 mg Ra), die sich mit $\lambda_1 = 0{,}92$,

$\lambda_3 = 5$ und $\mu = 0{,}092$ cm$^{-1}$ für den Absorptionskoeffizienten für das Lumineszenzlicht darstellen läßt, siehe die punktierte Kurve.

Eine vollständige Regenerierung der zerstörten Zentren scheint nicht stattzufinden: nach Entfärbung des Fluorits vom Sarntal durch Erhitzen und Sonnenbelichtung, wobei allerdings noch ein bläulicher Farbton verblieb, ergab eine Wiederholung des Versuches die Kurve II, Abb. 57, also ein viel niedrigeres und flacheres Maximum. Ähnlich verhielt sich der Fluorit von Cumberland, Kurve VIII, die auch flacher verläuft als die mit dem frischen Stück erhaltene Kurve VII. Dieses Verhalten legt die Frage nahe, wie sich natürlich gefärbte Fluorite verhalten. Ein grünblauer Fluorit von St. Gallen in Steiermark, dessen Farbe der des mit Radium bestrahlten und dann wieder teilweise entfärbten Fluorits vom Sarntal sehr ähnlich war, ergab die Kurve X, die ebenfalls recht flach verläuft. Ein hellvioletter Fluorit von Cumberland gab, mit Standard V bestrahlt, die Kurve VI, also ebenfalls einen geringeren Abfall als ein farbloser Fluorit von Stollberg, Kurve V, oder gar der vom Sarntal. Aus Abb. 57 sind die individuellen Unterschiede, die Fluorite nicht nur von verschiedenen Vorkommen sondern sogar Bruchstücke desselben Kristalls zeigen können, deutlich ersichtlich. Verallgemeinerungen sind unter diesen Umständen nur mit Vorsicht auszusprechen. Wenn auch weitere Versuche nötig sind, so deuten die bisherigen doch darauf hin, daß frische farblose Stücke steilere Kurven liefern als stark vorbestrahlte und daß natürlich gefärbte Fluorite sich mehr wie letztere verhalten. Es wäre dies ein weiteres Argument zu Gunsten der Auffassung der natürlichen Fluoritfärbung als Bestrahlungsfarbe.

## e) Radio-Thermolumineszenz

Bei der Thermolumineszenz des Fluorits sind, wie überhaupt, zwei Anteile zu unterscheiden: ein schon bei niedriger Temperatur auftretender, der eine künstliche Einwirkung voraussetzt, und ein erst bei höherer Temperatur einsetzender, der keine weitere als die in der Natur stattfindende Einwirkung erfordert. GROTTHUS (261) hat schon 1815 beobachtet, daß die Chlorophan genannte Varietät des Fluorits von Nertschinsk (Sibirien) aufleuchtet, wenn man ihn in die warme Hand nimmt, aber nur dann, wenn er vorher einige Minuten dem Tages- oder Kerzenlicht ausgesetzt worden ist. Nach einer monatelangen Dunkelpause zeigte sich die Erscheinung nicht. Hingegen kann wohl jeder natürliche, nicht weiter beeinflußte, also auch nicht belichtete Fluorit durch stärkeres Erhitzen zur Aussendung seines charakteristischen Lumineszenzlichtes gebracht werden. Aus der Tatsache, daß Fluoritproben, die im Dunkeln aus der Mitte undurchsichtiger Stücke herausgebrochen und daher nie belichtet worden waren, doch Thermolumineszenz zeigen, schloß E. WIEDEMANN wohl als erster auf einen radioaktiven Ursprung derselben, siehe TRENKLE (850). H. BECQUEREL (44, 44a), der als einer der ersten die Regeneration der Thermolumineszenz des Fluorits durch Radiumbestrahlung beobachtet hat, spricht wohl davon, daß der natürliche Fluorit im Laufe geologischer Zeiträume Energie aufgespeichert haben müsse, die beim Erwärmen als Licht emittiert wird, sagt aber nichts über die Natur dieser Energie und konnte wohl auch nicht auf die Radioaktivität verfallen, da damals, 1899, die weite Verbreitung dieser Erscheinung ja noch nicht bekannt war.

Die Erklärung für das oben geschilderte Verhalten der Thermolumineszenz ist die folgende: Es ist früher, S. 107, zwischen der Emission angeregter Zentren und dem Entfärbungsleuchten unterschieden worden. Im Naturzustand zeigen die Fluorite nur das letztere, da der Anregungszustand zu labil ist, als daß er sich bei den in der Natur herrschenden geringen Strahlungsintensitäten halten könnte — siehe das Prinzip der natürlichen Auslese des Stabilsten. Durch die weit stärkere künstliche Radiumbestrahlung oder durch Licht können die durch die natürliche Radiumbestrahlung gebildeten Zentren erregt werden und strahlen dann schon bei niedrigeren Temperaturen, eventuell schon bei Zimmertemperatur (Nachleuchten). Bei höherer Temperatur tritt Entfärbungsleuchten auf, das die Fluorite auch im Naturzustand zeigen. Mit der Unterscheidung zwischen dem Leuchten angeregter Zentren und Entfärbungsleuchten sind aber noch nicht alle Möglichkeiten erschöpft; die Farbzentren selbst können verschiedene

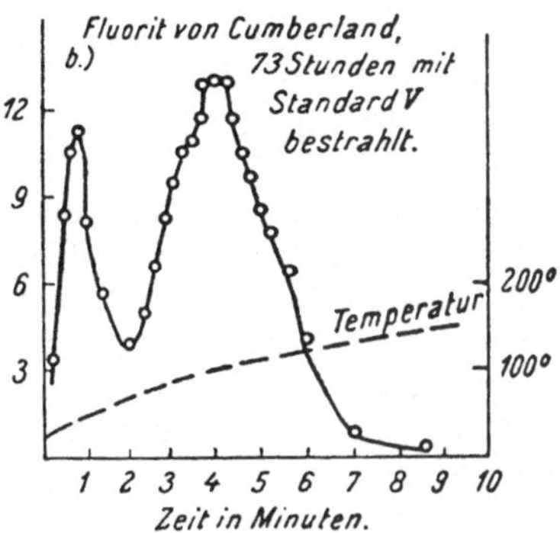


Abb. 58. Thermolumineszenz eines Fluorits (nach K. Przibram und E. Kara-Michailova).

Stabilität besitzen und daher können im Entfärbungsleuchten noch verschiedene Stufen, Buckel der Thermolumineszenz-Zeit-Kurven, auftreten, siehe S. 107. Auch da werden im Naturzustand immer die Stabileren bevorzugt sein. Schließlich können auch die angeregten Zentren verschiedene Stabilität aufweisen, verschiedene Tiefe der „Traps". Eine Thermolumineszenzkurve mit zwei Maximis zeigt Abb. 58 nach K. Przibram und E. Kara-Michailova (668, II.), eine solche mit vier Buckeln hat Miß Wick (888) in anderen Fällen gefunden. In letzterem Falle konnte gezeigt werden, daß in den einzelnen Maximis die verschiedenen Seltenen Erden zugeordneten Linien vorherrschen, siehe Tabelle 27.

Tabelle 27. *Linien in den Thermolumineszenzmaximis eines Fluorits*

| Nummer des Maximums bei ansteigender Temperatur | Vorherrschende Linie in mμ | Element |
|---|---|---|
| 1 | 570 | Sm |
| 2 | 580 bis 590 | Dy |
| 3 | 555 | Tb |
| 4 | 538 | Tb |

Synthetische CaF$_2$-Präparate mit Zusatz von Sm, Eu, Dy, Tb und Er zeigen nach Radiumbestrahlung eine glänzende Thermolumineszenz mit den entsprechenden Linien im Spektrum. Eine größere Zahl von Thermolumineszenzspektren von Fluoriten, teils im Naturzustand, teils nach Ausheizung und Regenerierung durch Bestrahlung, ist von IwASE (391) aufgenommen worden. In den beiden Fällen treten meist dieselben Linien bei demselben Vorkommen auf, manchmal aber auch andere, was mit der Erregung labilerer Zentren bei künstlicher Bestrahlung erklärt werden kann. Neuerdings haben HILL und ARON (337) im Thermolumineszenzspektrum des mit Röntgenstrahlen verfärbten CaF$_2$ Linien beobachtet, die nur zum Teil mit bekannten Linien der Seltenen Erden identifiziert werden können.

Bei der Thermolumineszenz des Fluorits von Weardale, der besonders reich an Europium ist, dominiert die blaue Bande des zweiwertigen Europiums (S. 188).

Eine sehr eingehende Untersuchung der Thermolumineszenz natürlicher Fluorite verdankt man H. STEINMETZ (811, 813, 814), der auf Grund eines reichen Beobachtungsmaterials die Fluoritvorkommen nach ihren Thermolumineszenzspektren in Typen einzuteilen sucht. Während die meisten Banden den Seltenen Erden zuzuschreiben sind, tritt bei manchen Vorkommen eine breite grüne Bande auf, die auf Grund der Paragenese und insbesondere auch synthetischer Versuche dem Mangan zukommt [siehe auch HABERLANDT (280 III.) sowie IwASE (391)]. Ältere qualitative Angaben über die Thermolumineszenz des Fluorits stammen von CZUDNOCHOWSKI (138), DOELTER und NAGLER (170), neuere Spektralbeobachtungen von RWATSCHEW (706).

## f) Radio=Photo=Lumineszenz

### α) Radio=Photo=Phosphoreszenz

Fluorit war, nach dem Kunzit, das nächste Mineral, an dem Radio-Photo-Lumineszenz als verstärktes, lange andauerndes Nachleuchten beobachtet wurde (636). An Stücken, welche diese Erscheinung besonders stark zeigen, können die bekannten Emissionslinien der dreiwertigen Seltene-Erdionen festgestellt werden. Abb. 59 (668) zeigt die Abhängigkeit der Radio-Photo-Lumineszenzhelligkeit von der Wellenlänge des erregenden Lichtes, also die Erregungsverteilung. Berücksichtigung der Absorption bringt die Selektivität nicht zum Verschwinden, was dahin zu verstehen ist, daß nicht die ganze Absorption als erregende Absorption wirkt. Das Herausschälen der letzteren ist zunächst nicht möglich. Die punktierten Kurven sind auf gleiche einfallende Energie bezogen, die ausgezogenen auf gleiche absorbierte. Die mit Ringen bzw. mit Punkten bezeichneten Messungen wurden von Violett nach Rot fortschreitend durchgeführt, die mit Kreuzen bezeichneten in der umgekehrten Richtung. Diese Messungen wurden mit künstlich radiumbestrahlten Fluoriten ausgeführt.

Da die farbigen Fluorite auch in der Natur einer wenn auch schwachen Bestrahlung unterworfen waren, könnte auch schon im Naturzustand Radio-Photo-Phosphoreszenz an ihnen auftreten. In der Tat sind Beobachtungen von EDGAR MEYER (522) so zu verstehen, der photographisch eine Phosphoreszenzemission im nahen UV an natürlichen, belichteten Fluoriten festgestellt hat, die durch Erhitzen zerstört wird, ohne durch neuerliches Belichten regeneriert werden zu können. UV-Emission ist dann von KATZ (422) auch mit dem photoelektrischen Zählrohr gemessen worden. Die Wellenlänge konnte durch Absorptionsversuche zwischen 295 und 240 m$\mu$ eingeschlossen werden, während die Hg-Linie 404,7 und 407,8 m$\mu$ erregend wirken. KATZ bezeichnet dies als eine „äußerst charakteristisch ausgeprägte anti-STOKESsche Erscheinung" und wollte untersuchen, ob es sich um das Zusammenwirken zweier Lichtquanten handle. Die Deutung als Radio-Photo-Lumineszenz liefert eine vollständige Erklärung, da ja die aus radioaktiver Quelle aufgespeicherte Energie zur Verfügung steht.

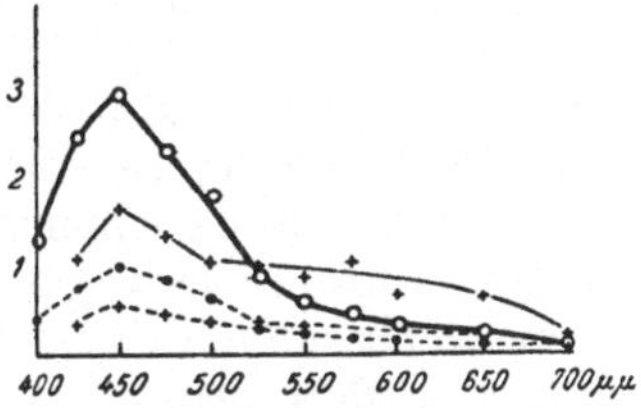



Abb. 59. Erregungsverteilung der Radio-Photo-Lumineszenz des Fluorits (nach K. PRZIBRAM und E. KARA-MICHAILOVA).

IIMORI (386) hat nachgewiesen, daß die Lichtsumme der durch Filter-UV erregten Phosphoreszenz des Fluorits bei längerer Belichtung wieder abnimmt, eine Erscheinung, die er mit der photographischen Solarisation vergleicht. Es dürfte sich auch hier um Zerstörung der in der Natur durch Radiumbestrahlung gebildeten Zentren handeln. In der Tat tritt diese „Solarisation" bei Bestrahlung mit Röntgenstrahlen, die selbst solche Zentren bilden, nicht auf, siehe IWASE (394).

### β) Radio=Photo=Fluoreszenz

In den oben genannten Fällen handelt es sich um ein Nachleuchten radiumbestrahlter Fluorite nach Belichtung. Weiterreichend waren Beobachtungen über eine momentane Radio-Photo-Lumineszenz, also einer Radio-Photo-Fluoreszenz, die zuerst an einigen englischen Fluoriten auffiel.

Farblose oder nahezu farblose Fluorite von Cumberland und Derbyshire, die im Naturzustand vor der Analysenlampe blau fluoreszieren, fluoreszieren nach Radiumbestrahlung, die sie blau färbt, schön purpurn. Im Spektrum zeigt sich außer der weitverbreiteten blauen Bande eine rote ohne merkliche Struktur. Sie verschwindet bei längerer UV-belichtung und bei mäßiger Erwärmung, kann aber durch Radiumbestrahlung stets regeneriert werden. Manche Fluorite zeigen diese rote Radio-Photo-Fluoreszenz erst, wenn sie vor der Radiumbestrahlung geglüht worden waren. Die rote Bande ist sehr temperaturempfindlich und wird schon oberhalb 40 bis 50° C nicht mehr emittiert; dies ist nicht zu verwechseln mit der Zerstörung ihrer Emissionsfähigkeit bei stärkerem

Erhitzen. Zu große Radiumdosis bringt manchmal eine Schwächung der roten Bande (Ermüdung, Überbestrahlung nach HABERLANDT). H. HABERLANDT (277, 280, I) hat zu den schon bekannten Fällen schon im Naturzustand rot fluoreszierender Fluorite eine größere Zahl anderer gefunden, mit allen Merkmalen einer natürlichen Radio-Photo-Fluoreszenz.

Weitere Versuche haben überraschenderweise ergeben, daß auch die altbekannte blaue Fluoreszenz vieler Fluorite, mit dem Maximum bei 429 m$\mu$, als Radio-Photo-Fluoreszenz anzusprechen ist (289). Daß sie nach intensivem Glühen nicht mehr auftritt, war schon E. BECQUEREL bekannt. Es ließ sich aber auch zeigen, daß sie nach Radiumbestrahlung wieder auftritt. Ebenso verhält es sich mit einer von MAURICE CURIE (131) gefundenen, nur bei tieferen Temperaturen (unter —60° C) zur Emission gelangenden gelbgrünen Bande (290, 293), Maximum bei 570 m$\mu$, die nur bei Fluoriten aus der Nähe saurer Eruptivgesteine dominiert. Auch sie tritt nach dem Ausglühen nicht mehr auf, ihre Emissionsfähigkeit wird aber durch Radiumbestrahlung regeneriert.

Da die Rolle der Seltenen Erden bei der Linienlumineszenz des Fluorits seit den Untersuchungen URBAINS (860) wohl bekannt war, lag es nahe, zu untersuchen, ob nicht auch die eben besprochenen breiten Fluoreszenzbanden in synthetischen CaF$_2$-Präparaten durch Zusatz von Seltenen Erden reproduziert werden könnten. Diese Versuche, denen der Verfasser gemeinsam mit H. HABERLANDT und B. KARLIK eine Reihe von Arbeiten (289—293) widmete, hatten vollen Erfolg. Die Präparate, reines CaF$_2$ mit im allgemeinen 1 $^0/_{00}$ Zusatz der einzelnen Seltenen Erden, wurden von Frau Dr. E. RONA, damals am Institut für Radiumforschung (heute in USA), durch gemeinsames Ausfällen aus der Lösung hergestellt. Die Präparate wurden der Radiumbestrahlung ausgesetzt und dann vor der Analysenlampe untersucht. So konnte mit aller Sicherheit bewiesen werden, daß die blaue Bande dem Europium, die gelbgrüne dem Ytterbium zukommt. Zusatz von Eu bringt die blaue, Zusatz von Yb die grüne Bande am stärksten hervor; Zusatz der Nachbarelemente um so schwächer, je weiter sie von den beiden genannten Elementen abstehen, entsprechend dem abnehmenden Gehalt an diesen Verunreinigungen.

### $\gamma$) Die Fluoreszenz der zweiwertigen Seltenen Erdionen

Es war auffallend, daß die Radio-Photo-Fluoreszenzbanden gerade bei jenen Seltenen Erden, Eu und Yb, auftraten, die relativ stabile zweiwertige Ionen bilden [siehe hierzu insbesondere die Arbeiten von JANTSCH und KLEMM (401, 402), ferner DÖLL (171)], und da die reduzierende Wirkung der Radiumstrahlen bekannt ist — man denke nur an die Reduktion der Na-Ionen im Steinsalz zu metallischen Natriumkolloiden — und da ferner, wie eigene Versuche zeigten, die blaue Europiumbande auch durch *reduzierendes* Erhitzen von Eu-haltigem CaF$_2$ erhalten werden kann, lag die Annahme nahe, jene breiten Fluoreszenzbanden kämen den zweiwertigen Ionen des Eu und des Yb zu, im Gegensatz zu den schmalen

Linien, deren Zuordnung zu den dreiwertigen Ionen nach TOMASCHEK als gesichert zu betrachten ist. Die Zuordnung der blauen Bande zum $Eu^{++}$ konnte tatsächlich bewiesen werden, als Prof. G. JANTSCH in Graz die Freundlichkeit hatte, dem Verfasser weitgehend reines Europiumdichlorid nebst anderen Seltene-Erdpräparaten zur Verfügung zu stellen (654).

Dieses $EuCl_2$ leuchtete, wie JANTSCH schon bemerkt hatte, vor der Analysenlampe intensiv purpurn. Das Spektrum zeigt die blaue und die rote Bande des Fluorits, Abb. 60, erstere mit dem Maximum bei 429 m$\mu$, letztere bei 630 m$\mu$, und außerdem eine schmale Bande weiter im Rot, bei 690 m$\mu$. Die Zuordnung der blauen Bande zum $Eu^{++}$ war damit bewiesen; es konnte aber jetzt auch scheinen, daß die rote Bande ebenfalls dieser Substanz zukomme, doch sprach eine Reihe von Gründen dafür, daß die rote Bande nicht dem $Eu^{++}$, sondern dem $Sm^{++}$ zuzuschreiben sei. In der Tat zeigte ein von JANTSCH aus einem spektroskopisch reinem Europiumpräparat von H. N. MacCoy hergestelltes $EuCl_2$ eine rein blaue Fluoreszenz mit der blauen Bande allein. Die Gründe, die für $Sm^{++}$ als Träger der roten Bande sprachen, waren die folgenden:

Reines Samariumdichlorid (JANTSCH) fluoresziert allerdings nicht, es ist aber fast schwarz gefärbt, was die Emission verhindern könnte. Ein stärker samariumhältiges $EuCl_2$-Präparat, das rotbraun gefärbt war, zeigte aber nur die rote und nicht die blaue Bande.

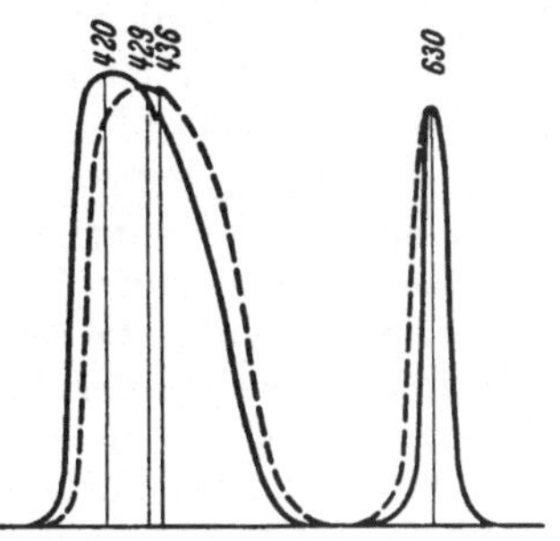



Abb. 60. Photometerkurven des Fluoreszenzspektrums von Eu Cl$_2$ (ausgezogen) und eines Eu-haltigen CaF$_2$-Präparates nach Glühen und Ra-Bestrahlung (gestrichelt), nach der Registrierung durchgezeichnet und übereinandergelegt. Die schmale Bande bei 690 m$\mu$ ist nicht mit aufgenommen. Der kleine Zacken bei 436 m$\mu$ in beiden Kurven entspricht einer Hg-Linie. Das blaue Maximum zeigt eine Verschiebung um 9 m$\mu$ durch den Einbau in CaF$_2$, das rote keine merkliche.

Samarium steht, was die Stabilität der zweiwertigen Form betrifft, nach dem Eu und Yb an dritter Stelle. Das schwach samariumhaltige $EuCl_2$ von JANTSCH ist durch einen minimalen Gehalt von $SmCl_2$ schwach rosa gefärbt und leuchtet, wie oben gesagt, purpurn. Setzt man das für gewöhnlich zum Schutze gegen Oxydation in eine Stickstoffatmosphäre eingeschlossene Präparat vor der Analysenlampe kurze Zeit der Luft aus, so verschwindet die rote Bande, während die blaue noch bleibt. Gleichzeitig wird die Farbe des Präparates rein weiß, ein Beweis, daß das labilere $Sm^{++}$ zu $Sm^{+++}$ oxydiert worden ist.

In einem Zylinderphosphoroskop untersucht, zeigt die rote Bande des nicht ganz reinen $EuCl_2$ (nicht jene der Fluorite) ein Nachleuchten von einigen $10^{-3}$ sec., die blaue nicht. Bei Abkühlung verschwindet die rote Bande zwischen —10 und —20° C, während die blaue noch bei —180° C bestehen bleibt. Auch dies gilt nur für die rote Bande des $EuCl_2$-Präparates, während bei den Fluoriden auch die rote Bande noch bei —180° C bestehen bleibt. Es dürfte sich in ersterem Falle um eine Phosphoreszenzbande eines $EuCl_2$-Sm$^{++}$-Phosphors handeln, obwohl eine Aufspeicherung bei tiefer Temperatur bisher nicht festgestellt werden konnte. Vielleicht handelt es sich um einen optisch verbotenen Übergang.

Mit der Zuordnung der roten Bande zum Sm$^{++}$ stimmt die, verglichen mit der blauen Bande des stabileren Eu$^{++}$, leichtere Zerstörbarkeit ihrer Emissionsfähigkeit durch Erhitzen und Belichten, wie dies an synthetischen Präparaten und an natürlichen Fluoriten festgestellt ist. Die Tatsache, daß die rote Bande bei CaF$_2$-Präparaten erst nach dem Glühen auftritt, nicht nach bloßen gemeinsamen Ausfällen aus der Lösung wie bei Eu und Yb, deutet auf die Bildung besonderer Phosphoreszenzzentren hin.

Um bei CaF$_2$-Präparaten die rote Bande zu erhalten, ist ein absichtlicher Zusatz von Samarium nicht nötig. Jedes, auch das reinste uns zur Verfügung gestandene CaF$_2$ zeigt nach Glühen und Radiumbestrahlung vor der Analysenlampe die rote Bande. Durch Zusatz keines Elementes — es wurden etwa 30 versucht —, auch nicht durch Zusatz von Sm, läßt sich die rote Bande ohne Glühen erhalten oder nach dem Glühen verstärken, ein Umstand, der die Zuordnung dieser Bande außerordentlich erschwerte, der aber darauf zurückzuführen sein kann, daß die optimale Sm-Konzentration für die rote Bande so niedrig liegt, daß sie auch in unserem reinsten CaF$_2$ schon gegeben war. Dies erscheint nicht unmöglich, wenn man bedenkt, daß der mittlere Gehalt der Erdrinde an Sm nach V. M. GOLDSCHMIDT von der Größenordnung $10^{-6}$ und die Trennung der Seltenen Erden vom Calcium nicht ganz einfach ist.

Die Zuordnung der roten Bande zum Sm$^{++}$ konnte schließlich durch Wahl eines anderen Grundmaterials sichergestellt werden (655, 420). Reines $CaSO_4$ fluoresziert vor der Analysenlampe auch nach Radiumbestrahlung nicht wesentlich. Bei Zusatz von $10^{-3}$ Gewichtsteilen Sm leuchtet es aber nach der reduzierenden Radiumbestrahlung intensiv rot mit einer Bande, die bei etwa 619 m$\mu$ der oben erwähnten bei 630 m$\mu$ nahe liegt. An diese Bande schließt sich das von R. TOMASCHEK (843, 845, 240) entdeckte langwellige Linienfluoreszenzspektrum des Samariums an. Über dieses wird weiter unten gesprochen werden.

Beim Einbau von Sm in $SrSO_4$ und in $BaSO_4$ tritt es nach Radiumbestrahlung ebenfalls auf, die rote Bande bei 619 m$\mu$ ist hier viel undeutlicher, wenn überhaupt vorhanden.

Da die verwaschenen, nach der Radiumbestrahlung auftretenden Fluoreszenzbanden gerade mit jenen Seltenen Erden erhalten wurden, bei denen zweiwertige Ionen bekannt sind, so konnte vermutet werden, daß auch das Thulium eine derartige Bande zeigen könnte, da JANTSCH (401) bei dieser Seltenen Erde wenigstens Anzeichen einer spurenweisen Reduktion zur zweiwertigen Form beobachtet hat. Es wurde deshalb $10^{-3}$ Thulium in $CaSO_4$ eingebaut und das Präparat der Radiumbestrahlung ausgesetzt. Bei Zimmertemperatur zeigte sich vor der Analysenlampe nichts, bei Abkühlung mit flüssiger Luft aber trat ein glänzendes rotes Leuchten auf. Die Bande liegt innerhalb der Fehlergrenze an derselben Stelle wie die des $Sm^{++}$; sie zeigt aber eine entgegengesetzte Temperaturabhängigkeit, indem sie erst unterhalb —$10^0$ C erscheint und bei —$180^0$ C sehr hell ist, während die $Sm^{++}$-Bande bei dieser Temperatur verschwindet. Auch ist die $Tu^{++}$-Bande, bei derselben Temperatur aufgenommen wie die $Sm^{++}$-Bande, schmäler als letztere. Bei den tiefsten Temperaturen zeigt sich die Andeutung einer Struktur (420).

Es zeigen also tatsächlich gerade jene Seltenen Erden charakteristische Radio-Photo-Fluoreszenzbanden, von denen zweiwertige Formen, wenigstens spurenweise, bekannt sind. Entsprechend der bekannten Zweiteilung der Seltenen Erden kann man auch hier die genannten in zwei Paare scheiden: das Paar Eu und Sm vor dem Gadolinium, und das Paar Yb und Tu vor dem Cassiopeium, und zwar leuchtet das erste Paar schon bei Zimmertemperatur, das zweite erst bei tieferen Temperaturen. In beiden Paaren gibt die labilere zweiwertige Form (Sm, Tu) die längerwellige Bande, entsprechend einer lockereren Bindung des Leuchtelektrons.

Bei den natürlichen Fluoriten sind die Banden der zweiwertigen Eu-, Yb- und Sm-Ionen sichergestellt, die des Thuliums nicht. Möglicherweise ist aber auf das Auftreten der roten Thuliumbande der Unterschied zurückzuführen, daß bei rot fluoreszierenden Fluoriten das rote Leuchten auch noch in flüssiger Luft fortbesteht, während sonst die $Sm^{++}$-Bande bei tiefer Temperatur verschwindet. Es könnte hier die Sm-Bande durch die fast gleich gelegene Tu-Tieftemperaturbande abgelöst werden, doch ließ sich die Struktur, die letztere zeigt, bei Fluoriten nicht nachweisen; auch zeigte sich bei synthetischen Versuchen die rote Thuliumbande in $CaF_2$ nicht, so daß die Frage noch offen bleiben muß.

Wie ein Valenzwechsel des Aktivators die Fluoreszenz beeinflußt, ist z. B. bei Mangan als Aktivator bekannt, siehe neuerdings TRAVNIČEK, KRÖGER, BOTDEN und ZALM (849), die bei manganaktiviertem Magnesiumarsenat eine breite Fluoreszenzbande im Grün, Maximum bei 505 m$\mu$, dem zweiwertigen Manganion, dem vierwertigen fünf schmale Banden im Rot bei 620, 630, 640, 650 und 658 m$\mu$ zuschreiben.

In neuerer Zeit haben FREED und KATCOFF sowie BUTEMENT die Fluoreszenz in $Eu^{++}$-haltigen $SrCl_2$ untersucht. Erstere (213) finden eine intensive violette Fluoreszenz mit dem Maximum bei 406 m$\mu$; bei tiefen Temperaturen zeigt die bei Zimmertemperatur verwaschene Bande einen deutlichen Zerfall in Teilbanden. Die von den Genannten angegebenen Linien in Rot und Infrarot dürften Spuren von $Sm^{++}$ zuzuschreiben sein, wie später noch besprochen werden wird. BUTEMENT (99) gibt das Maximum der violetten Fluoreszenzbande bei 409 m$\mu$ an; keine Infrarot-Fluoreszenz. Mit $Yb^{++}$-Zusatz findet BUTEMENT in $SrCl_2$ und $BaCl_2$ eine violette Fluoreszenz bei Zimmertemperatur; bei tieferen Temperaturen wurden keine Beobachtungen gemacht. RWATSCHEW (706) erhielt in der Thermolumineszenz gewisser Fluorite eine grüne Bande von ähnlicher Lage wie die $Yb^{++}$-Bande und möchte sie mit dieser identifizieren; indessen erscheint dies kaum angängig, da es sich da um eine ausgesprochene Tieftemperaturbande handelt.

### $\delta$) Die atomtheoretische Deutung der Fluoreszenz der zweiwertigen Seltenen Erden

Im Hinblick auf den außerordentlich komplizierten Bau der Seltene Erdatome erscheint es verfrüht, eine eingehende atomtheoretische Deutung der Fluoreszenzbanden der zweiwertigen Seltenen Erdionen zu geben. Immerhin wird man berechtigt sein, diese verwaschenen Banden Übergängen des überschüssigen Valenzelektrons zuzuschreiben, Übergängen nach weiter außen gelegenen und daher äußeren Einflüssen wie jenen der umgebenden Gitterionen mehr ausgesetzten Bahnen. Die scharfen Linien der dreiwertigen Seltenen Erdionen verdanken ja ihre Schärfe gerade ihrer Zuordnung zu Übergängen in der weitgehend geschützten 4f-Schale. Für diese Übergänge haben TOMASCHEK und seine Schüler Termschemata aufgestellt, die den Beobachtungen weitgehend gerecht werden.

Nach einer neueren Zusammenstellung von MEGGERS (519) können die Besetzungen der einzelnen Elektronenschalen der Seltenen Erdatome wie folgt angesetzt werden:

Tabelle 28. *Besetzungszahlen der Seltenen Erdatome*

| Ordnungszahl | Symbol | 4f | 5d | 6s |
|---|---|---|---|---|
| 58 | Ce | (2) | — | (2) |
| 59 | Pr | (3) | — | (2) |
| 60 | Nd | 4 | — | 2 |
| 61 | Pm | (5) | — | (2) |
| 62 | Sm | 6 | — | 2 |
| 63 | Eu | 7 | — | 2 |
| 64 | Gd | 7 | 1 | 2 |
| 65 | Tb | (9) | — | (2) |
| 66 | Dy | (10) | — | (2) |
| 67 | Ho | (11) | — | (2) |
| 68 | Er | (12) | — | (2) |
| 69 | Tm | 13 | — | 2 |
| 70 | Yb | 14 | — | 2 |
| 71 | Cp | 14 | 1 | 2 |

Die eingeklammerten Besetzungszahlen sind nur vermutet, die anderen aus der Termanalyse der Spektren gewonnen. Weggelassen sind die innersten, vollbesetzten Schalen und 5s- und 5p-Schalen mit den konstanten Besetzungszahlen 2 bzw. 6.

Bei den zweiwertigen Ionen fehlen die zwei 6s-Elektronen, bei den dreiwertigen auch noch das sonst am lockersten gebundene 4f- bzw. 5d-Elektron. Mit 7 Elektronen ist nach dem PAULI-Prinzip die 4f-Schale halb besetzt, mit 14 Elektronen vollständig besetzt. Da voll besetzte Schalen besonders stabil sind, erklärt dies die Existenz zweiwertiger Yb-Ionen, da das dritte Elektron, ein 4f-Elektron, nicht so leicht abgegeben wird. Nach

Klemm (434) wäre auch die halbbesetzte Schale besonders stabil, und deshalb wäre auch das $Eu^{++}$ besonders beständig; eine atomtheoretische Begründung hiefür scheint aber nicht vorzuliegen. Sicherlich muß aber der aus der experimentellen Untersuchung einer großen Zahl von Eigenschaften der Seltenen Erden sich ergebende Zerfall der ganzen Reihe der Seltenen Erden in zwei Hälften mit sich analog wiederholenden Charakteristiken eine atomtheoretische Begründung haben. Wie schon erwähnt, S. 191, zeigt sich diese Zweiteilung auch in der Fluoreszenz der zweiwertigen Ionen.

Die Anregung der Fluoreszenzbanden der zweiwertigen Seltenen Erdionen beruht wahrscheinlich in der Hebung eines 4f-Elektrons in die 5d-Schale oder eine höhere Schale, eine Anschauung, die auch von Freed und Katcoff und von Butement ausgesprochen wird.

### ε) Das infrarote Linienspektrum des zweiwertigen Samariums

Während die Zuordnung der breiten blauen Bande zum $Eu^{++}$ seitens Tomascheks Schüler Gobrecht (240) bestätigt wird [eine Berichtigung einiger mißverständlicher Angaben daselbst siehe K. Przibram (656)], bestand noch eine Meinungsverschiedenheit über die Zuordnung des infraroten Emissionsspektrums des Samariums. Tomaschek schreibt die Infrarotlinien auch dem dreiwertigen Samariumion zu, während unsere Versuche eher für das zweiwertige Samarium als Träger dieser Emission sprachen. Wir erhielten nämlich das langwellige Linienspektrum vor der Analysenlampe mit einem schwach Sm-haltigen $EuCl_2$-Präparat und nicht mit einem entsprechenden $EuCl_3$-Präparat, und beim Einbau von Sm in $CaSO_4$ nur nach der reduzierenden Radiumbestrahlung, dann aber sehr intensiv. Aus der Arbeit des Herrn Gobrecht geht hervor, daß seine Fluoreszenzspektren mit einer Kohlenbogenlampe bei 75 Amp. Belastung, lichtstarker Quarzoptik und $CuSO_4$-Filter aufgenommen wurden; wir möchten vermuten, daß unter diesen Bedingungen kürzerwelliges Licht in größerer Intensität zur Wirkung gelangt als bei der Analysenlampe, das bei hinreichendem Samariumgehalt sowie die Radiumbestrahlung fluoreszenzfähige Spuren von $Sm^{++}$ erzeugen und so zum Auftreten des langwelligen Linienspektrums Anlaß geben könnte. In der Tat konnte H. Ph. Eckstein nach längerer Belichtung Sm-haltigen $CaSO_4$ mit dem Lichte einer Eisenbogenlampe auch vor der Analysenlampe dieses Spektrum erhalten. Der Verfasser schrieb damals: „Wenn wir Bedenken tragen, dieses Infrarotspektrum *mit Bestimmtheit* dem $Sm^{++}$ zuzuschreiben, so geschieht es nur im Hinblick auf die gute Übereinstimmung, die Tomaschek und Gobrecht bei der theoretischen Berechnung der Terme des $Sm^{+++}$ erhalten haben. Es bleibt abzuwarten, ob die recht komplizierten theoretischen Argumente oder die uns unmittelbarer erscheinenden experimentellen die Oberhand behalten. Man könnte unsere Versuche bei Zuordnung des Infrarotspektrums zum $Sm^{+++}$ auf dem Umwege über eine Sensibilisierung der $Sm^{+++}$-Fluoreszenz durch Spuren von $Sm^{++}$ erklären, doch schiene uns diese Deutung recht gezwungen."

Die Entscheidung ist seither durch die Versuche von Butement (99) gefallen: seine synthetischen $BaCl_2$-Präparate mit $Sm^{++}$-Zusatz zeigen ohne weiteres das fragliche Infrarotspektrum, das also zweifellos dem $Sm^{++}$ und nicht dem $Sm^{+++}$ zuzuschreiben ist. Daß FREED und KATCOFF (213) dasselbe Spektrum auch mit ihrem $SrCl_2$-Präparaten mit $Eu^{++}$-Zusatz finden, zeigt nur, daß ihr Europium doch noch Spuren von Samarium enthielt.

Tabelle 29. *Das langwellige Fluoreszenzspektrum des Samariums in:*

| $EuCl_2$ | | $CaSO_4$ | | $CaSO_4$ | | $SrCl_2+EuCl_2$ | | $BaCl_2+SmCl_2$ | |
| --- | --- | --- | --- | --- | --- | --- | --- | --- | --- |
| KARLIK—PRZIBRAM | | | | TOMASCHEK—DEUTSCHBEIN | | FREED—KATCOFF | | BUTEMENT | |
| Å | Int. | Å | Int. | Å | Int. | Å | Int. | Å | Int. |
| 6890 | 10 | 6890 | 10 | 6888,5 | 6 | 6896,8 | 3 | 6890 | sehr stark |
| — | — | 6985 | 12 | 6985 | 3 | 6971,9 | 4 | — | — |
| 7030 | 10 | 7025 | 12 | 7032 | 3 | 7004,9 | 10 | 7020 | mittel |
| — | — | 7080 | 12 | 7079 | 3 | 7070,8 | 3 | — | — |
| — | — | 7140 | 3 | 7131 | 2 | 7136,8 | 2 | — | — |
| — | — | 7220 | 1 | — | — | — | — | — | — |
| — | — | 7275 | 15 | 7271 | 5 | 7279,6 | 4 | 7290 | mittel |
| 7310 | 15 | — | — | 7306 | 1 | 7307,9 | 4 | — | — |
| — | — | 7340 | 15 | 7343 | 6 | 7349,1 | 5 | 7330 | stark |
| — | — | — | — | 7405 | 2 | 7408,7 | 3 | — | — |
| — | — | 7480 | 9 | 7466 | — | — | — | — | — |
| — | — | — | — | — | — | — | — | 7680 | mittel |
| — | — | — | — | — | — | — | — | 8165 | mittel |
| — | — | — | — | — | — | — | — | 8205 | stark |

# 6. Die Verteilung der Seltenen Erden in Fluoriten

## a) In verschiedenen Vorkommen

Daß die Fluorite stets Seltene Erden enthalten, wie die Lumineszenzanalyse immer wieder ergeben hat, steht in vollem Einklang mit den geochemischen Grundsätzen V. M. GOLDSCHMIDTS (245, 246) [s. auch RANKAMA und SAHAMA (676)], nach denen in erster Linie die Übereinstimmung der Ionengrößen für die Aufnahme einer Verunreinigung durch ein Mineral maßgebend ist. Die dreiwertigen Ionen der Seltenen Erden haben annähernd denselben, nach GOLDSCHMIDT bestimmten Radius wie das zweiwertige Calcium: $Ca^{++}$ 1,06, $Sm^{+++}$ 1,13, $Eu^{+++}$ 1,13, $Yb^{+++}$ 1,00 Ionenradius in $10^{-8}$ cm. Dasselbe gilt übrigens auch für das vierwertige Uranion, $1,05 \cdot 10^{-8}$ cm, so daß auch der Eintritt dieses Elementes in Fluorit erklärlich ist.

Ist also die Aufnahme der Seltenen Erden überhaupt seitens des Fluorits verständlich, so muß anderseits die außerordentlich verschiedene relative Konzentration einzelner Seltener Erden in verschiedenen Fluoritvorkommen, ja sogar in verschiedenen Schichten desselben Kristalls bei der großen chemischen Ähnlichkeit dieser Elemente untereinander Wunder nehmen. Diese Unterschiede der Konzentration sind nicht nur aus der Lumineszenz ersichtlich, sondern auch spektralanalytisch festgestellt, u. zw. auf beiden Wegen in übereinstimmender Weise.

So hat HUMPHREYS (378) in gewissen Fluoritvorkommen, und zwar gerade in solchen, die die gelbgrüne Tieftemperaturfluoreszenz des $Yb^{++}$ zeigen, spektralanalytisch Ytterbium nachweisen können, in anderen nicht. Frl. G. WILD (906), die eine eingehende Untersuchung über den spektral-analytischen Nachweis der Seltenen Erden in Fluorit durchgeführt hat, hat durch Vergleich mit synthetischem Material in dem lebhaft blau fluoreszierenden Fluorit von Weardale Eu in einer Konzentration von der Größenordnung $10^{-4}$ festgestellt, Yb nur in geringen Spuren; im Fluorit vom St. Gotthard, der die gelbgrüne Tieftemperaturfluoreszenz besonders schön zeigt, konnte Eu nicht mit Sicherheit nachgewiesen werden, Yb hingegen in der Konzentration von $10^{-4}$. Die folgende Tabelle gibt die von Frl. WILD gewonnenen Resultate:

Tabelle 30. *Konzentration der Seltenen Erden und des Mangans in Fluoriten nach G. Wild*

| Fluorit von | Yb | Eu | Y | Er | Mn |
|---|---|---|---|---|---|
| St. Gotthard ......... | $10^{-4}$ | — | geringe Spuren | — | geringe Spuren |
| Weardale ........... | — | bis zu $10^{-3}$ | Spuren | — | — |
| Shinden (Japan) ..... | $10^{-3}$ | geringe Spuren | $10^{-2}$ | — | $10^{-5}$ |
| Hundholmen (Yttro-fluorit) ........... | $10^{-3}$ | geringe Spuren | $10^{-1}$ | geringe Spuren | $10^{-5}$ |
| Wilberforce .......... | — | — | — | — | $10^{-3}—10^{-2}$ |

Frl. S. MERKADER (520) konnte den Europiumgehalt verschiedener Fluorite durch den Vergleich ihrer Radio-Photo-Fluoreszenz mit jener synthetischer Präparate bekannten Europiumgehaltes nach gleicher Vorbehandlung bestimmen und fand so folgende Werte: Weardale $4 \cdot 10^{-4}$, Val Sugana $7 \cdot 10^{-5}$, Derbyshire $2,5 \cdot 10^{-5}$, Turkestan $4 \cdot 10^{-5}$, St. Gotthard weniger als $3 \cdot 10^{-7}$. Der Fluorit von Weardale zeigt auch blaues Flammenleuchten.

Einen Hinweis zur Deutung der verschiedenen Verteilung der Seltenen Erden in den Fluoritvorkommen liefert eine Statistik über das Auftreten der gelbgrünen Tieftemperaturfluoreszenz ($Yb^{++}$) in ihrer Abhängigkeit vom geologischen Charakter des Vorkommens. H. HABERLANDT (280) hat über 200 verschiedene Vorkommen untersucht. Von diesen zweihundert Fluoriten leuchteten in flüssiger Luft vor der Analysenlampe ohne weitere Vorbehandlung: 116 gelbgrün, 20 teils gelbgrün, teils lavendel (blaulila), 35 bläulichlila, 29 rötlich oder schwach bläulich oder gar nicht (indifferentes Verhalten). Von den 116 gelbgrün leuchtenden Stücken sind 92 pegmatitisch-pneumatolytischer Entstehung oder zumindest in der Nachbarschaft eines sauren Eruptivgesteins oder Orthogneises, 24 sind fraglicher Bildung, wobei bei zweien davon kein saures Eruptivgestein in der Nähe aufgeschlossen ist. Von den 20 teils gelbgrün, teils lila leuchtenden sind 5 in Verbindung mit saurem Eruptivgestein, 7 kommen auf hydrothermalen Erzgängen vor und 8 sind fraglicher Entstehung. Von den 35 blaulila leuchtenden kommen 26 auf Erzgängen zum Teil in der Nachbarschaft basischer oder intermediärer Eruptivgesteine vor, 6 sind in Kalken gelegen, 2 sind fraglicher Bildung und ein Fluorit ist angeblich pegmatitischer Entstehung (North-Carolina, USA). Endlich kommen von den 29 indifferenten Fluoriten 14 in Kalken ohne Verbindung mit einem Eruptivgestein und 9 auf Erzgängen vor, 1 Stück ist fraglicher Bildung, eines ist vom Vesuv und 4 sind pegmatitisch-pneumatolytischer Entstehung. Die letzteren können aber nach entsprechender Behandlung (Erhitzen und Radiumbestrahlung) zur gelbgrünen Tieftemperaturfluoreszenz gebracht werden.

Fast ohne Ausnahme sind also die Vorkommen in der Nähe saurer Eruptivgesteine (Granit, Gneis usw.) diejenigen, welche jenes gelbgrüne Yb-Leuchten zeigen, während es bei Vorkommen ferne von sauren Gesteinen, insbesondere in den sedimentären Bildungen, fehlt oder jedenfalls nicht vorherrscht. Da die Seltenen Erden am Ende der Reihe, also auch das Yb, mehr sauren Charakter haben als jene am Anfang, so ist hier eine naheliegende Deutung des Zusammenhanges von Yb-Konzentration und saurem Eruptivgestein gegeben. Das Auftreten basischer Eruptivgesteine in den nordenglischen Fluoritlagern deutet vielleicht auf eine Bevorzugung des Europiums in diesen basischen Intrusionen.

Die folgenden Beispiele mögen das Gesagte bekräftigen. Die Fluorite aus dem Urgestein der Zentralalpen verhalten sich fast durchwegs so wie die vom St. Gotthard; in denen aus den nördlichen Kalkalpen (Gutensteiner Kalk) fehlt das gelbgrüne Leuchten. Bei den Fluoriten von Nordengland und Nordwales aus dem Karbonkalk ohne saure Intrusionen fehlt ausnahmslos das gelbgrüne Leuchten; hingegen tritt es an allen Stücken aus Cornwall (Granit) auf, mit Ausnahme von einzelnen Stücken von den Menheniot Mines, Liskeard District, die nicht in unmittelbarer Nähe der Granitstöcke liegen. Daß bei einzelnen Fluoriten aus dem Kalk von Laurion (Griechenland) das gelbgrüne Leuchten gefunden wird, erklärt sich durch die Anwesenheit granitischer Intrusionen in diesem Gebiet. An einer Reihe ostasiatischer Fluorite hat sich die Regel bestätigt, weitgehend auch an Fluoriten von Nordamerika, wie folgende Tabelle zeigt.

Der oben angeführte Fluorit von Rosiclaire ist vielleicht neben jenem von Weardale ein Beispiel dafür, daß die Nähe *basischen* Eruptivgesteins das blaue Europiumleuchten begünstigt.

Je nachdem, ob bei tiefer Temperatur die gelbgrüne Yb-Bande oder die blaue Eu-Bande überwiegt, läßt sich — immer mit Vorbehalt etwaiger die Lumineszenz beeinflussender Beimengungen — ein Schluß auf das Verhältnis der Konzentrationen dieser beiden Elemente ziehen. Versuche mit synthetischem CaF$_2$ mit gleichzeitigem Zusatz von Eu und Yb in

Tabelle 31. *Tieftemperaturfluoreszenz nordamerikanischer Fluorite*

| Fundort | Tieftemperatur Fluoreszenz | Art des Vorkommens |
|---|---|---|
| Alcorn, Illinois ....... | hell weißlichlila | Fern von saurem Eruptivgestein (nach A. C. LANE). |
| Rosiclaire .......... | blauviolett | Fern von saurem Eruptivgestein (nach LANE); in der Nähe von Peridotiten und lamprophyrischem Ganggestein, basisch (nach J. P. MARBLE). |
| Clay Centre, Ohio .... | weiß, aber auch schon bei Zimmertemperatur, von organischen Einschlüssen herrührend | Fern von saurem Eruptivgestein. |
| Westmoreland ....... | grün | Quarzgang, pegmatitisch (nach MARBLE). |
| Florissant, Col. ...... | grün | Im Pikes Peak Granit (nach MARBLE). |
| Cripple Creek, Col. (derb) | stumpf weißlich | Nahe saurem Eruptivgestein (nach LANE); mit Gold-Telur-Erzen in den Phonolithen und andesitischen Breccien des Cripple-Creek-Vulkans, vielleicht miozänen Alters (nach MARBLE). |
| El Paso County, Col. | grün, nur stellenweise blau | Wahrscheinlich nahe saurem Eruptivgestein (nach LANE); wahrscheinlich pegmatitisch (nach MARBLE). |
| Huntington Township, Ontario, Kanada ... | grünlichweiß | Nahe saurem Eruptivgestein (nach LANE); in paläozoischem Kalkstein mit präkambrischen Eruptivgestein in der Nähe (nach MARBLE). |
| Madoc, Ontario ...... | grün | ebenso. |

verschiedenen Verhältnissen haben nämlich ergeben, daß bei Zusatz von $10^{-3}$ Yb und $0{,}2 \cdot 10^{-3}$ Eu die gelbgrüne Tieftemperaturfluoreszenz noch überwiegt, bei $10^{-3}$ Eu und $0{,}2 \cdot 10^{-3}$ Yb aber durch das blaue Europiumleuchten unterdrückt wird. Man kann daher schließen, daß in einem Fluorit wie dem von Weardale, bei dem die Tieftemperaturfluoreszenz violett ist, das Verhältnis Yb zu Eu eher dem zweitgenannten Falle als dem erstgenannten entspricht, in Übereinstimmung mit den oben gemachten Angaben. Der relativ hohe Eu-Gehalt dieses Fluorits von Weardale geht auch daraus hervor, daß bei ihm die $Eu^{+++}$-Linien in der Fluoreszenz vor der Analysenlampe sowie nach MissWICK in der Kathodolumineszenz stark hervortreten, bei anderen Fluoriten nicht.

## b) Ungleiche Verteilung der Seltenen Erden in verschiedenen Schichten desselben Fluoritkristalls

Es ist schon mehrmals auf die streifenweise Färbung des Fluorits hingewiesen worden, der auch eine schichtenweise wechselnde Lumineszenz entspricht. Die verschiedenen Schichten desselben Kristalls zukommenden Eigenschaften sind eingehend an dem im Naturzustand hellgelben Fluorit von Derbyshire studiert worden [K. PRZIBRAM, E. EYSANK (192)]. In diesem Kristall konnten zwei Arten von Schichten unterschieden werden, die hier mit a und b bezeichnet seien. In der folgenden Tabelle sind die verschiedenen Eigenschaften dieser Schichten einander gegenübergestellt.

Tabelle 32. *Die a- und b-Schichten des gelben Fluorits von Derbyshire*

| Eigenschaft | a | b |
|---|---|---|
| Färbung durch Radiumstrahlen | tiefblau | auch blau, aber bei Tageslicht mehr grünlich, bei Lampenlicht violett |
| Wirkung von Erwärmung und Belichtung auf die Radiumverfärbung | Farbe weniger stabil als in b, wird violett und rosa | bleibt grünlichblau |
| Farbänderung durch UV-Belichtung bei Tieftemperatur | keine wesentliche Änderung | von blau nach violett |
| Radio-Photo-Fluoreszenz | purpur (Eu$^{++}$ und Sm$^{++}$) | rein blau (nur Eu$^{++}$) |
| Radio-Photo-Phosphoreszenz, Thermolumineszenz | kurzes Nachleuchten rötlichgelb, Linien von Sm und Dy dominieren | langes Nachleuchten grün, Tb-Linien dominieren |

Es hat auch den Anschein, daß in den stärker Sm-haltigen a-Gebieten im Absorptionsspektrum der radiumverfärbten Stücke ein Maximum bei 470 m$\mu$ (Sm$^{++}$) und ein nicht zugeordnetes bei 500 m$\mu$ angedeutet sind, in den b-Gebieten nicht.

Jedenfalls zeigen die mitgeteilten Daten sowie andere Beobachtungen, daß die Verteilung der Seltenen Erden in ein und demselben Fluoritkristall eine sehr ungleichförmige sein kann.

Noch unveröffentlichte Beobachtungen des Verfassers haben ergeben, daß bei manchen Fluoriten, die zum Teil grün, zum Teil lila gefärbt sind, die grünen Teile vor der Analysenlampe heller blau leuchten als die lilafarbigen, so bei einem derben Fluorit von Weardale und einem besser kristallisierten, durchscheinenden chinesischen, von Pe-shan, Provinz Che-Chian (eine Spende von Prof. IIMORI, TOKIO). An letzterem konnte gezeigt werden, daß der Helligkeitsunterschied nicht auf der verschiedenen Absorption des emittierten Lichtes beruht: wird ein vor der Analysenlampe hellblau leuchtender Fluorit durch jenen chinesischen hindurch betrachtet, so erscheinen die lila gefärbten Streifen des letzteren hell auf dunklem Grunde, sie absorbieren also das blaue Licht weniger als die grünen Streifen. Man wird wohl dasselbe für die anderen Fluorite annehmen können. Es wäre möglich, daß die lila Streifen weniger Europium enthalten als die grünen; wahrscheinlicher ist es aber, daß in den letzteren das Europium weitgehender zur zweiwertigen Form reduziert ist, während in den lilafarbenen Streifen das zunächst gebildete zweiwertige Europium sein überschüssiges Elektron zum größeren Teile zur Bildung von $CaF_2$-Farbzentren abgegeben hat; weshalb dies erfolgt, läßt sich allerdings noch nicht angeben.

### c) Der Einbau von zweiwertigem Europium in Fluorit und anderen Substanzen

Wie oben gezeigt worden ist, rührt die blaue Fluoreszenzbande des Fluorits von Spuren zweiwertigen Europiums her. Es ist mehr als wahrscheinlich, daß das Europium in der dreiwertigen Form in den sich bildenden Fluorit eingebaut und durch die in der Erde stets tätige Radioaktivität in die zweiwertige Form übergeführt worden ist. Es ist aber noch eine zweite Möglichkeit in Betracht zu ziehen, nämlich die, daß das Europium schon in der zweiwertigen Form eingebaut worden ist. Diese Möglichkeit ist deshalb nicht von vorneherein abzulehnen, da das Europium durch bloßes Zusammenerhitzen mit einer ganzen Reihe von Substanzen in die zweiwertige Form übergeführt werden kann (654). Besonders geeignet hiezu ist $CaCl_2$ (657, 658).

Wenn man $CaCl_2$ mit Zusatz von etwas Eu-Oxalat durch Erwärmen im Kristallwasser zerfließen läßt, dann das Gemisch zur Trockene eindampft und auf 300 bis 400° C erhitzt, so erhält man Präparate, die zum Teil ebenso hellblau leuchten wie das von Jantsch hergestellte $EuCl_2$; es muß also eine teilweise Reduktion des $Eu^{+++}$ zu $Eu^{++}$ stattgefunden haben, vermutlich auf dem Wege über irgendeine Komplexbildung, die häufig zur Stabilisierung einer anormalen Wertigkeit führt. Das Optimum scheint bei einigen Prozent Eu-Zusatz zu liegen. Präparate mit einigen Promille Eu leuchten etwas schwächer, solche mit über 50 % Eu wesentlich schwächer, wobei in letzterem Falle auch die roten Linien des dreiwertigen Europiums auftreten. Bei Tageslicht besehen, zeigen diese Präparate mit einigen Prozent Eu eine hellila Farbe, die beiläufig der Intensität der blauen Fluoreszenz parallel geht und im Tone ganz an den Weardaler Fluorit erinnert, in dem ein relativ hoher Gehalt an Eu nachgewiesen ist. Bei starkem Glühen verschwindet die Lilafärbung wieder. Wahrscheinlich handelt es sich bei der Färbung um Bildung von Farbzentren im $CaCl_2$.

Die Oxalsäure spielt bei Fluoreszenz und Färbung keine wesentliche Rolle; die Versuche gelingen in gleicher Weise mit Eu-*Sulfat*. Mit Eu-Chlorid in $CaCl_2$ erhält man wohl auch starke blaue Fluoreszenz, aber kaum sichtbare Violettfärbung. Hingegen gibt Kalziumnitrat auch mit Eu-Chlorid und Oxyd eine schöne Purpurfarbe, während Eu-Nitrat mit

Ca-Nitrat nur wesentlich schwächere Lilafärbung bewirkt. Die Fluoreszenz ist im letztgenannten Falle orangerot, nicht purpur. Man gewinnt den Eindruck, daß für die Reduktion und die mit ihr verbundene Färbung die Anwesenheit eines anderen Anions als jenes des Grundmaterials förderlich ist, und wird an die Göttinger Erfahrungen über die Sensibilisierung der Alkalihalogenide durch Fremdanionen erinnert. Dagegen gibt Eu-Sulfat mit Ca-Nitrat weder Lilafärbung noch die blaue Fluoreszenz; es werden wohl auch die Löslichkeitsverhältnisse in der Schmelze von Bedeutung sein.

In den Alkalihalogeniden läßt sich Eu schon durch mäßiges Erwärmen zur zweiwertigen Form reduzieren, mit Ausnahme der Fluoride. So genügen in NaCl 5 Minuten bei 260 bis 280° C, in KBr gar 5 Minuten bei 150 bis 170° C. Aus der Schmelze erstarrt zeigen solche Eu-haltige NaCl-Präparate ebenfalls Lilafärbung; es könnte sich hier um die Bildung von R-Zentren handeln.

Auch in der Eu-haltigen Boraxperle tritt das Europium nach passender Erhitzung in der zweiwertigen Form auf, wie die blaue Fluoreszenz vor der Analysenlampe beweist. Auch während des Erhitzens in der Gebläseflamme und auch noch Bruchteile einer Sekunde nach der Entfernung aus derselben leuchtet eine solche Perle türkisblau mit demselben Farbton wie vor der Analysenlampe. Es ließ sich noch nicht entscheiden, ob es sich hier um eine Flammenerregung der blauen Eu$^{++}$-Bande handelt oder um einen extremen Fall von selektiver Temperaturstrahlung; letzteres wäre wegen der starken Absorption des Eu$^{++}$ im nahen UV denkbar (659a, 662).   .

In einer größeren Anzahl von Grundsubstanzen hat F. Weger (662) die Reduktion von Eu-Spuren zur zweiwertigen Form erhalten, wie am Auftreten der blauen Fluoreszenz ersichtlich war.

Für die Erdalkalioxyde und -sulfide hat Brauer (75) auf Grund von Energiebetrachtungen geschlossen, in welchen von ihnen eine Reduktion des Eu zur zweiwertigen Form vor sich gehen sollte, und die Schlüsse mit seinen Beobachtungen im Einklang gefunden. Indessen ist zu bemerken, daß die von ihm für Eu$^{++}$ angegebenen Banden wesentlich längerwellig liegen als nach den Versuchen von Weger, wo diese dasselbe Grundmaterial betreffen.

Nach all dem Gesagten wäre es wohl denkbar, daß das Eu schon zweiwertig in die natürlichen Fluorite eingebaut worden ist, zumal da in synthetischen Eu-haltigen CaF$_2$-Präparaten das blaue Leuchten auch ohne Radiumbestrahlung, nur durch reduzierendes Erhitzen, erhalten werden kann. Gegen diese Auffassung spricht, daß der Radius des Eu$^{++}$, $1,24 \cdot 10^{-8}$ cm nach G. Beck und W. Nowacki (40), weniger gut zu dem des Ca$^{++}$, $1,06 \cdot 10^{-8}$, paßt als der des Eu$^{+++}$, $1,13$. Allerdings paßt dafür die Valenz besser. Daß aber eine radioaktive Einwirkung stattgefunden hat, folgt jedoch schon aus der Thermolumineszenz, und es liegt daher näher, dieser Einwirkung auch die Reduktion des Europiums zuzuschreiben.

# 7. Yttrofluorit (Gemisch von CaF$_2$ und Seltene=Erdfluoriden bis zu 20%)

Durch Glühen verliert der Yttrofluorit seine grünlich-gelbe Eigenfarbe; durch Radiumbestrahlung wird sie wieder hergestellt. Es liegt hier wieder ein Fall von Bestrahlungsfarbe vor. Nach starkem Glühen im Gebläse färbt sich Yttrofluorit durch Bestrahlung nicht mehr gelb, sondern lila, wieder ein Fall, in dem Violettfärbung anscheinend durch stärkere Störungen bedingt ist.

Vor der Analysenlampe zeigt der Yttrofluorit, wie viele Fluorite, im Fluoreszenzspektrum die Linien der dreiwertigen Seltenen Erdionen, bisweilen auch die blaue Bande des zweiwertigen Europiums. Die folgende Tabelle 32 zeigt die für eine norwegische Yttrofluoritprobe beobachteten Linien (292), verglichen mit den von URBAIN (860) an synthetischem CaF$_2$ mit Seltenen Erdzusätzen in der Kathodolumineszenz erhaltenen und den von CHATTERJEE (108) in einer genaueren Untersuchung in der Fluoreszenz

Tabelle 33. *Fluoreszenzspektrum des Yttrofluorits, Wellenlängen in m$\mu$*

| HABERLANDT, KARLIK (292) und PRZIBRAM | Intensität | URBAIN (860) | CHATTERJEE (108) |
|---|---|---|---|
| 412,0 | o bis 1 | 413,5 Tb | — |
| 415,0 | o bis 1 | | |
| 434,0 | oo | 435,0 Tb | — |
| 440,0 | oo | 440,5 Tb | — |
| 452,0 | 1 | 455,0 Tb | — |
| 457,0 | 1 | 465,0 Tb | — |
| 475,0 | 10 | 475,0 Dy | 475,3 Dy |
| 485,5 | 6 | 482,5 Tb | |
| 488,5 | 4 | 489,5 Tb | 489,7 Tb |
| 495,5 | 10 | 493,5 Dy | 494,7 Dy |
| 522,2 | 5 | 520,0 Er | — |
| 530,0 | 1 | 531,0 Er | 535,8 Er |
| 539,0 | 20 | 541,0 Tb | 541,2 Tb |
| 545,5 | 10 | 548,0 Tb | 547,3 Tb |
| 550,0 | 10 | 551,0 Er | 550,0 Er |
| 554,0 | 10 | 552,5 Tb | — |
| 567,5 | 10 | 567,5 Sm | 565,8 Sm |
| 570,5 | 10 | 572,5 Sm | 572,2 Sm |
| 574,5 | 10 | 576,9 Dy | 577,7 Dy |
| 583,0 | 10 | 584,5 Tb, Dy | 584,1 Sm |
| | | | 584,6 Dy |
| 589,5 | 9 | 589,3 Eu | 589,5 Eu |
| 599,0 | 2 | 599,0 Tb, Dy | 599,1 Eu |
| | | | 599,2 Dy |
| 606,5 | 1 | 604,2 Sm | 606,4 Sm |

Ein ähnliches Linienspektrum zeigen auch Yttrocerite.

gefundenen. Im Hinblick darauf, daß die ersten beiden Meßreihen mit geringer Dispersion ausgeführt wurden, ist die Übereinstimmung mit der genaueren von CHATTERJEE sowie die Zuordnung der einzelnen Linien zu bestimmten Seltenen Erden im allgemeinen befriedigend. Daß die kürzerwelligen Linien des Tb bei CHATTERJEE fehlen, mag daher rühren, daß es sich da, wie die zweite Spalte der Tabelle zeigt, um sehr schwache Linien handelt.

# V. Oxyde und Sulfide

## 1. Quarz ($SiO_2$)

Quarz kommt farblos, gelb, graubraun bis schwarz, violett und rosa vor und wird dann jeweils als Bergkristall bzw. als gewöhnlicher Quarz (derb), als Zitrin, Rauchquarz (Morion), Amethyst und Rosenquarz bezeichnet. Der Amethyst unterscheidet sich von den anderen Quarzvarietäten nicht nur durch seine Farbe, sondern auch durch seine Struktur, da er einen schichtenartigen Aufbau von Rechts- und Linksquarz aufweist; es kann daher auch farblosen Amethyst geben, und manche Zitrine sind durch Erhitzen (Brennen) gelb gewordene Amethyste. Es fragt sich nun, welche Farben des Quarzes als Bestrahlungsfarben aufzufassen sind.

*Rauchquarz* wird bei Temperaturen zwischen 200 und 300° C farblos. Höhere Erhitzung führt zu keiner weiteren Veränderung, auch nicht zu Trübung. Beim Entfärben tritt Thermolumineszenz auf. Eine eingehende Studie über die Thermolumineszenz des Quarzes hat V. M. GOLD-SCHMIDT (243) ausgeführt, siehe auch ALT und STEINMETZ (9), VEDE-NEJEVA und CHENTZOVA (865). Nach einem umfangreichen Material von KÖHLER und LEITMEIER (442) ist es zwar nicht so, daß jeder Rauchquarz thermoluminesziert, jeder farblose Bergkristall nicht; wohl aber zeigt die Übersicht, daß im allgemeinen die Thermolumineszenz bei ersterem stärker ist als bei letzterem. Künstlich durch Radiumbestrahlung rauchig gewordener Quarz zeigt intensive meist blaue Thermolumineszenz. In diesem Falle tritt sie bei wesentlich tieferen Temperaturen, schon bei 100° C, auf als die natürliche Thermolumineszenz [FRONDEL (222)]. Über Thermolumineszenz des Quarzes nach Röntgenbestrahlung siehe FUTAGAMI (226), über Kathodolumineszenz SAKSEMA und PANT (708).

Durch Erhitzen entfärbter Rauchquarz erhält durch Bestrahlung seine Farbe wieder. Auch Bergkristalle werden durch Radiumbestrahlung zu Rauchquarz, doch ist die Geschwindigkeit der Verfärbung für ververschiedene Stücke eine sehr verschiedene. Es sind somit beim Rauchquarz alle Kriterien einer Bestrahlungsfarbe gegeben.

Es ist die Vermutung ausgesprochen worden, daß die Färbung einer Einwirkung der Strahlung nicht auf den Quarz selbst, sondern auf Einschlüsse von Natriumsilikat zuzuschreiben sei. LEITMEIER (476) fand aber, daß eine Vorerhitzung des Quarzes auf Temperaturen, bei denen das Natriumsilikat sich verflüchtigt haben müßte, auf die Verfärbung ohne

Einfluß blieb. Auch Eisen und Titan scheinen, wie J. Hoffmann (360) angibt, für die Verfärbung nicht maßgebend, so daß er auf reduziertes Silizium als Farbträger schließen zu müssen glaubt; eine Stütze dafür erblickt er darin, daß er bei Behandlung von stark braun verfärbten Quarzgläsern mit Lauge mikrochemisch Wasserstoffentwicklung nachweisen konnte. Da heute auch ein braunes Siliziummonoxyd bekannt ist [der Verfasser verdankt eine Probe dieses interessanten Stoffes Herrn Dr. Hiesinger (336) von der Firma Heraeus], so könnte auch diese Reduktionsstufe für die Färbung in Betracht kommen. Über Lumineszenz im Zusammenhang mit Siliziummonoxyd siehe Ewles und Jouell (190).

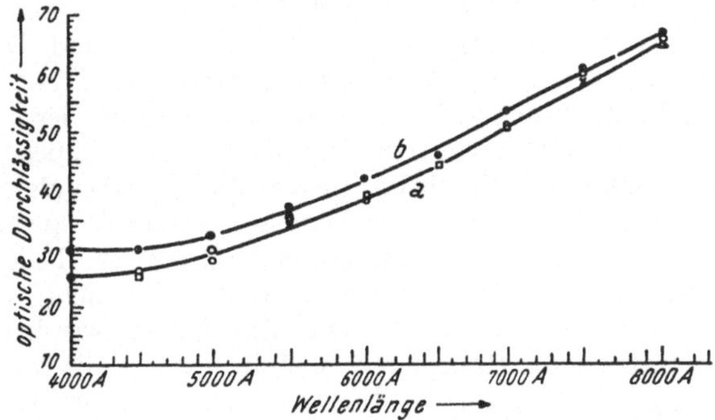


Abb. 61. Transmissionsspektrum des röntgenverfärbten Quarzes (nach Forman) im Sattzustand. Kurve *a* 44,5 kV Scheitelspannung und 20 mA; Kurve *b*: 30 kV und 20 mA. Die verschieden bezeichneten Punkte geben die Durchlässigkeit nach einer verschiedenen Anzahl von Ver- und Entfärbungszyklen an.

Indessen wird man heute die Strahlungsverfärbung des Quarzes, ähnlich wie jene der Alkalihalogenide und des Fluorits, Farbzentren, also an Gitterfehlstellen gebundenen Elektronen zuschreiben wollen. Von diesem Standpunkte aus hat Forman (205) die Verfärbung des Quarzes studiert. Er hat die Absorptionsspektren (Transmissionsspektren) röntgenverfärbten Quarzes aufgenommen (Abb. 61). Im Bereiche von 400 bis 800 m$\mu$ zeigt sich eine glatte Absorptionskurve mit einem flachen Maximum bei den kürzesten Wellen. Der Sattwert der Verfärbung ist unabhängig von der Zahl der Ver- und Entfärbungen (letztere durch Erhitzen bewirkt), nur bei einem Stück, das vorher der Strahlung einer Uranbatterie ausgesetzt worden war, wobei es sich ebenso verfärbte, wie unter Röntgenbestrahlung, nahm der Sattwert mit der Zahl der Ver- und Entfärbungen zu.

N. M. Mohler (536) findet bei Rauchquarz im Naturzustand und nach Entfärbung durch Erhitzen und Wiederfärbung durch Röntgenstrahlen im Absorptionsspektrum dieselben Maxima bei 606, 484, 400, 294 und 265 m$\mu$ und einen Anstieg der Absorption unterhalb 233 m$\mu$. Der Vergleich mit den glatten Kurven Formans muß wohl an das Mitwirken von Verunreinigungen bei dem von Miss Mohler untersuchten Quarz denken lassen. Jedenfalls sprechen aber ihre Versuche auch für den radioaktiven Ursprung der Rauchquarzfärbung.

G. Mayer und Guéron (516) finden im Absorptionsspektrum von Quarzkristallen, die in der Uranbatterie von Chatillon verfärbt worden waren, außer einem Maximum in der Gegend von 190 m$\mu$ nur noch eines bei 440 m$\mu$, was mit den Beobachtungen Formans übereinzustimmen scheint.

Nach Raman (671) zeigt Rauchquarz Lichtzerstreuung an kleinen Teilchen, die nach längeren Wellen zu abnimmt, so daß der Rauchquarz im Infrarot vollkommen durchlässig ist.

Beim Rauchquarz wie bei dem künstlich durch Bestrahlung gefärbten Bergkristall erscheint die rauchige Farbe oft ungleichförmig verteilt, bisweilen unregelmäßig, wie eine Marmorierung, bisweilen aber in entzückender Regelmäßigkeit in Anwachszonen parallel den Prismen- und Pyramidenflächen angeordnet [Doelter (161), Salomonsen und Dryer (709), Ito (389), Frondel (222)]. Nach Glover und Van Dyke (239) geben sich die durch Bestrahlung gefärbten Streifen auch bei der Ätzung zu erkennen. Nach Frondel färben sich im natürlichen Rauchquarz hellere bzw. farblose Streifen bei künstlicher Bestrahlung stärker als die im Naturzustand dünkleren; dies möchte der Verfasser als ein Beispiel zum Prinzip der natürlichen Auslese des Stabilsten betrachten: die helleren Streifen enthalten mehr labile Zentren, die sich in der Natur nicht, wohl aber bei der weit intensiveren künstlichen Bestrahlung färben, wie denn auch nach Frondel die natürliche Rauchfarbe stabiler ist als die künstliche.

Egoroff (179) beschreibt die Bildung dichroitischer Streifen, ebenso Doelter (161).

Audubert, Bonnemay und Lautout (21) [s. auch Lautout (472)] haben neuerdings am Quarz nach Röntgenbestrahlung Radio-Photo-Phosphoreszenz beobachtet.

Anomalien im elastischen Verhalten von natürlichem und künstlichem Rauchquarz gibt Frondel (222, 223) an. Über die Beeinflussung der piezoelektrischen Konstante des Quarzes durch Radium- und Röntgenbestrahlung siehe Laimböck (469), F. Seidl u. a. (752, 753), Thomas (837).

Quarz zeigt häufig Zwillingsbildung (Dauphiné- oder ,,elektrische'' Zwillinge). Beim Erhitzen auf 573° C geht der Quarz in die Hochtemperaturform über; beim Wiederabkühlen tritt dann manchmal eine Wiederherstellung der ursprünglichen Zwillingsgrenzen — und Orientierungen ein, in anderen Fällen tritt aber eine Änderung ein. E. Armstrong (17) hat nun gefunden, daß Quarze, deren Anfangszustand beim Erhitzen und Wiederabkühlen wiederhergestellt wird, sich bei Röntgenbestrahlung stärker färben als jene, bei denen dies nicht der Fall ist. Sie erklärt dies damit, daß beide, Verfärbung und Beständigkeit der Verzwillingung, eine Verunreinigung oder Defektbildung zur Voraussetzung haben.

Brown und Thomas (78) haben künstliche Quarzkristalle der Röntgenbestrahlung unterworfen. Waren die Kristalle nach der Temperaturgradientmethode [s. Buckley (82)] gezogen worden und fehlerfrei, so färbten sie sich gar nicht, wohl aber, wenn ihnen Fremdionen, z. B. Kupfer, zugesetzt worden waren. Nach einer anderen Methode gezogene, weniger vollkommene Kristalle färbten sich so rasch wie natürliche, aber nicht rauchbraun, sondern violett wie Amethyst. Dies sind wieder Beispiele für die Abhängigkeit der Färbbarkeit von der Kristallbeschaffenheit.

*Amethyst.* Auch violette Amethyste werden durch Erhitzen entfärbt, doch verläuft der Vorgang hier nicht so einfach wie beim Rauchquarz. Nach R. KLEMM und G. O. Wild (433) verliert Amethyst bei zirka 290⁰ C seine Farbe, aber sie erscheint, wenn auch schwächer als vorher, beim Abkühlen wieder. Bei rund 320⁰ C bleibt sie endgültig verschwunden. Steigert man nun vorsichtig auf 470⁰ C, so erscheint das Stück nach dem Abkühlen hellgelb. Eine Temperatursteigerung auf 550 bis 560⁰ C hat zur Folge, daß die Farbe nach der Abkühlung dunkelgelb bis hellbernsteinbraun ist. Über 570⁰ C verliert der Amethyst seine Farbe vollständig und wird opalartig trübe, und zwar anscheinend um so trüber, je dunkler seine Farbe war. Amethyst zeigt beim Entfärben Thermolumineszenz. Durch Radiumbestrahlung wird entfärbter Amethyst wieder violett. Es liegt also eine Bestrahlungsfarbe vor, wie schon BERTHELOT (51) erkannt hatte. Siehe auch BAPPU (28a).

Die violette Farbe des Amethysts legte die Vermutung nahe, daß sie von Mangan herrühren könnte. Indessen konnten KLEMM und WILD (433) spektroskopisch kein Mangan nachweisen. Auch nach J. HOFFMANN (360) ist der Amethyst manganfrei; er führt die Farbe auf Ferro-Ferriionen in Verbindung mit Titan (und vielleicht auch mit Zirkon) zurück. A. NABL (568) hatte schon Rhodaneisen vermutet und Eisen und Schwefel nachgewiesen. Die Wirkung der Bestrahlung ist als eine Valenzänderung zu betrachten.

*Zitrin* und *Rosenquarz.* Während nach obigem die Farben des Rauchquarzes und des Amethysts sicher als Bestrahlungswirkung zu betrachten sind, gilt dies nicht für jene des Zitrins und des Rosenquarzes.

Nach den chemischen Untersuchungen HOLDENS (369) rührt die gelbe Farbe des Zitrins von einer submikroskopischen Verteilung von Ferrihydroxyd her, womit Angaben von A. NABL (568) über das Absorptionsspektrum des Zitrins übereinstimmen, das jenem des Eisenoxyds gleichen soll. Durch Erhitzen wird auch der Zitrin farblos, was vermutlich auf Wasserabgabe zurückzuführen ist. Durch Radiumbestrahlung erhält er die gelbe Farbe nicht zurück, sondern er verwandelt sich in Rauchquarz. Im Naturzustand zeigt er keine Thermolumineszenz.

Der derbe Rosenquarz ist nach HOLDEN (370) durch Mangan gefärbt. Seine beim Erhitzen eintretende Entfärbung ist auf einen Valenzwechsel des Mn zurückzuführen. Durch Radiumbestrahlung erhält er seine ursprüngliche Farbe nicht wieder. Das Absorptionsspektrum des Rosenquarzes ist ähnlich jenem von Mn‴-Gläsern und -Lösungen. Gleichgefärbte Präparate erhält man durch Zusatz von 0,01 % MnO zu amorphem Siliziumhydroxyd. Hingegen fand HOLDEN rosagefärbte *Quarzkristalle,* die durch mikroskopische Hämatiteinschlüsse gefärbt sind, und einen mehr bläulichen Kristall von Deering, N. H., der durch Rutileinschlüsse gefärbt ist.

Bemerkt sei noch, daß DOELTER die verschiedenen Farben des Quarzes durch Änderungen des Dispersitätsgrades eines kolloidalen Färbemittels erklären wollte, wogegen sich aber schon G. O. WILD und LIESEGANG ausgesprochen haben.

## 2. Zirkon $(SiO_2 \cdot ZrO_2)$

Zirkon kommt in brauner, roter (Hyazinth) und blauer Farbe in den Handel. Letztere Farbe ist aber kein Naturprodukt, sondern durch reduzierendes Erhitzen andersfarbiger Steine erzeugt; siehe etwa SIMON (770).

Die braunen bis roten Färbungen können durch Erhitzen beseitigt werden, wobei Thermolumineszenz auftritt; durch Radiumbestrahlung können sie regeneriert werden. Man hat also alle Ursache, diese Farbe einer natürlichen Bestrahlung zuzuschreiben.

R. STRUTT (Lord RAYLEIGH) hebt hervor (826), daß Hyazinthe aus Laven rotbraune Farbe zeigen, obwohl sie sich bei 300° C entfärben; sie müssen sich daher seit der Abkühlung der Lava gefärbt haben. Sie zeigen auch Thermolumineszenz. Beides setzt eine ziemlich kräftige radioaktive Einwirkung voraus. In der Tat sind Zirkone nach STRUTT hundertmal so radioaktiv wie gewöhnliche Gesteine. Die Farbe dieser Zirkone hat ihren Sattwert erreicht, wenigstens erhielt STRUTT bei Bestrahlung mit 5 mg Radium während eines Monats keine Vertiefung der Färbung. Durch Erhitzen entfärbt, wurden sie, mit demselben Präparat bestrahlt, in 4 Tagen bis zur Sättigung gefärbt.

Über die Thermolumineszenz siehe auch HENNEBERG (326), SPEZIA (795), KÖHLER und LEITMEIER (442).

Ein Zusammenhang der Verfärbung mit dem Kristallbau (Störungen) äußert sich bisweilen in einer streifigen Verfärbung, die einer oberflächlichen Riefelung parallel geht [H. MICHEL und K. PRZIBRAM (529)].

Kompliziert sind die Wirkungen einer Belichtung mit sichtbarem Licht. Nach G. F. RICHTER (691) wird roter Hyazinth mit Diamantglanz im Sonnenlichte mehr bräunlich rot, der Glanz mehr glasig; die Farbe nähert sich jener der braunen Zirkone von Norwegen. Im Dunkeln wird die Farbe und der Glanz in 14 Tagen wieder lebhafter.

Es kann beim Belichten auch Entfärbung eintreten, unter Umständen aber auch eine Farbänderung nach Bleigrau [CHUDOBA und DREISCH (111)]. Erhitzen auf etwa 110° C im Dunkeln läßt die ursprüngliche rote Farbe wieder erscheinen. Erhitzen auf etwa 300° C bringt sie endgültig zum verschwinden. Beim Aufbewahren der durch Belichtung grau gewordenen Steine im Dunkeln tritt auch die ursprüngliche rote Farbe wieder auf, es bleibt aber ein mehr bräunlicher Ton.

Durch eine Untersuchung von J. LIETZ (484) mit photoelektrischer Ausmessung der Absorptionsspektren scheinen die Verhältnisse weitgehend aufgeklärt. Die durch oxydierendes bzw. reduzierendes Erhitzen erzielten braunen und blauen Farben sind einem oft unregelmäßig verteilten Farbstoff noch nicht sichergestellter Art zuzuschreiben. Unabhängig von diesem bewirkt Bestrahlung (Radium oder UV) das Auftreten des in Abb. 62 mit 1 bezeichneten Spektrums, entsprechend einer graubraunen

Farbe. Erhitzen auf 100 bis 120° C führt dieses Spektrum in 2 über, der starke Abfall bei langen Wellen verursacht die rote Farbe. Bei weiterer Erhitzung fällt die Absorption im ganzen untersuchten Gebiet gleichmäßig ab (Kurve 3). Nach LIETZ kann die Absorptionskurve in drei, verschiedenen Maxima entsprechenden Teilkurven zerlegt werden: Die das Maximum $a$ bedingende Kurve schreibt LIETZ den F-Zentren des Zirkons zu, das Maximum $b$ erregten Zentren, da dieses Maximum bei Belichtung mit sichtbarem Licht auf Kosten von $a$ ansteigt, während er für $c$ keine Deutung angibt. LIETZ stellt seine Ergebnisse in Parallele mit dem Verhalten des Fluorits von Ostturkestan (S. 171); die Parallele läßt sich aber vielleicht noch weiter führen, da auch beim Fluorit, wie übrigens ja auch bei den Alkalihalogeniden, mehr als zwei Arten von Zentren vorkommen.

Die Farbänderungen des Zirkons wären folgendermaßen zu verstehen: Abgesehen von einer relativ stabilen braunen und blauen Farbe, die der Bestrahlungsfarbe unterlagert bleibt, färbt sich der Zirkon durch hinreichend große Quanten rot bzw. wegen gleichzeitigem Auftreten des $b$-Maximums (der Erregung) grau, letzteres besonders bei Einwirkung von sichtbarem Licht. Liegen im Dunkeln führt wegen großer thermischer Labilität der Erregung wieder zur roten Farbe, ebenso Ra-oder UV-Bestrahlung, da dann anscheinend mehr $a$- als $b$-Zentren gebildet werden, die Farbe bleibt aber mehr bräunlich, da immer noch $b$-Zentren vorhanden sind, während passendes Erhitzen diese ganz zum Verschwinden bringt und daher die rote Farbe rein hervortreten läßt.

Durch Erhitzen auf Rotglut wird auch die blaue Farbe mancher Zirkone zerstört und an ihre Stelle tritt eine schmutzig rötlichbraune, ähnlich der durch Radiumbestrahlung erhaltenen. Es wäre zu erwägen, ob nicht bei der Zerstörung der blauen Farbe Elektronen frei werden, die dann ähnlich wie die durch Strahlung befreiten, zur Bildung der rötlich färbenden

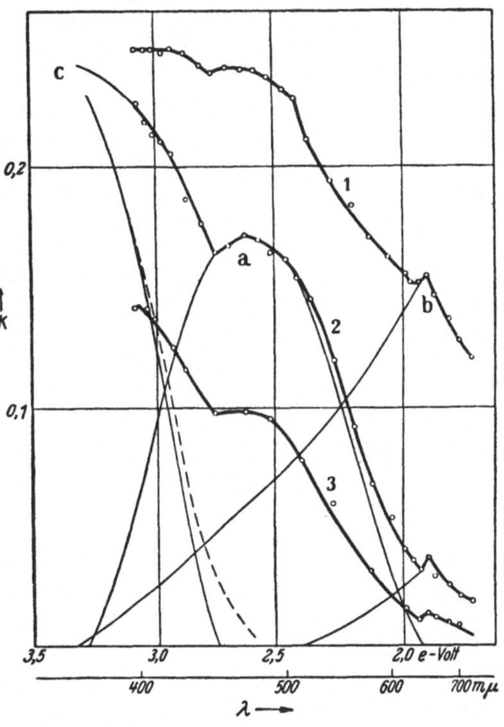


Abb. 62. Durch Einstrahlung und Erhitzung entstandene Absorptionsbanden eines farblosen Zirkons von Mongka. (Ordentl. Strahl.) (Nach LIETZ.)

Farbzentren führen. Auch ob die blaue Farbe nicht stärker gestörten Zentren oder kleineren koagulierten Komplexen zuzuschreiben wäre, bleibt noch zu untersuchen.

Als Farbstoff für die „chemische" Färbung des Zirkons kommt nach spektroskopischen Untersuchungen von G. O. WILD (907) Chrom nicht in Betracht; auch konnte WILD keinen Unterschied in der Zusammensetzung brauner, rotbrauner und blauer Varietäten feststellen. CHUDOBA und DREISCH (111) haben im Infrarotspektrum des Zirkons eine Erniedrigung der Bande bei 0,8 $\mu$ durch Belichtung gefunden und in Analogie zum Verhalten von Eisensalzen und Eisenoxydgläsern auf eine Reduktion der im Zirkon vorhandenen Ferriverbindungen zurückgeführt.

O. WEIGEL (881) hat eine eingehende Untersuchung der Zirkone von Mogok (Oberbirma) und einen Vergleich derselben mit jenen von Ceylon durchgeführt. Die wichtigsten Ergebnisse sind die folgenden: Sowohl in Mogok, als auch in Ceylon besitzen farblose und hell gefärbte Zirkone nur sehr geringe Radioaktivität. Für Mogok sind die Farben Braun, Rot, Gelb und ihre Mischungen mit niedrigen Beträgen der Radioaktivität verbunden, die grünen dagegen mit hoher. In Ceylon ist eine solche Verknüpfung nicht zu erkennen, doch sind dort die ganz dunklen Zirkone, die zugleich ausgeprägte Zonarstruktur zeigen, die stärkst radioaktiven. Die Zonarstruktur äußert sich in einer auf Radiogrammen sichtbar gemachten ungleichen Verteilung der radioaktiven Elemente. Die Anwesenheit von Uran ist in manchen Fällen auch durch das Auftreten der charakteristischen Absorptionsbanden nachgewiesen. Bei den Zirkonen von Ceylon nimmt mit zunehmender Radioaktivität die Dichte und die Doppelbrechung ab, was als eine Folge der Zerstörung des Gitterbaues durch die Radioaktivität gedeutet wird, wie sie auch röntgenographisch festgestellt ist. Bei den Zirkonen von Mogok zeigt sich dieses Verhalten nicht; es wird vermutet, daß sie geologisch jüngeren Alters sind.

J. H. MORGAN und M. L. AUER (548) haben eine Reihe von Zirkonen aus kanadischen Graniten auf Brechungsindex und Radioaktivität untersucht. Sie teilen das Material in drei Gruppen: normale Zirkone, farblos, klar, mit starker Doppelbrechung, Hyazinthe, rosa bis purpurn, etwas geringere Doppelbrechung, und Malacone, von schmutzigem, verändertem Aussehen und geringer Doppelbrechung. Letztere zeigen die stärkste Radioaktivität, während die Hyazinthe im allgemeinen stärker radioaktiv sind als die normalen Zirkone, obwohl die Bereiche der Radioaktivität in diesen beiden Gruppen einander überlappen. Die Verfasser schließen sich CHUDOBA und STACKELBURG (113) in der Ansicht an, daß die stärkere Radioaktivität ein Metamiktwerden verursacht, und meinen, die Verschiedenheit in der Radioaktivität rühre von einer verschiedenen Urankonzentration in verschieden alten Magmen her.

Im Hinblick auf die Wichtigkeit der Seltenen Erden für die Färbung und Lumineszenz mancher Mineralien (Fluorit) ist auch die Feststellung von Interesse, daß auch in Zirkonen Seltene Erden nachweisbar sind. Nach H. HABERLANDT (279) fluoreszieren Zirkone von Miask im Ural gelblichbraun. Ihre Fluoreszenzfähigkeit kann durch vorhergehendes

Glühen verstärkt werden, wobei die den Seltenen Erden eigentümlichen Linien im Fluoreszenzspektrum hervortreten; dies ist auch bei den durch reduzierendes Erhitzen blau gefärbten Zirkonen von Siam der Fall. Über die Fluoreszenz des Zirkons siehe auch FOSTER (207).

An künstlich mit Radium bestrahlten Zirkonen ist auch Radio-Photo-Lumineszenz beobachtet worden (529).

## 3. Korund (Al$_2$O$_3$)

Von den glänzenden Farben gewisser Korundvarietäten (Rubin, Saphir) könnte höchstens die der gelben Saphire radioaktiven Ursprungs sein, da blauer Saphir durch Radiumbestrahlung gelb wird [F. BORDA (66), MEYERE (528), von ST. MEYER im Institut für Radiumforschung bestätigt], und ebenso weißer Saphir nach DOELTER, doch scheinen weitere Versuche nötig, insbesondere betreffs einer etwaigen natürlichen Thermolumineszenz; die von KÖHLER und LEITMEIER untersuchten Kcrunde verhielten sich negativ. Über Farbänderung mit der Temperatur siehe WEIGEL (880).

## 4. Zinkblende (ZnS)

Von einer Einwirkung der Radioaktivität auf Farbe und Lumineszenz der Zinkblende (Sphalerit, Wurtzit) in der Natur ist bisher nichts bekannt. Es mögen hier aber einige Bemerkungen über die Wirkung künstlicher Bestrahlung eingeschaltet werden.

Es ist bekannt, daß sich ZnS unter dem Einflusse von Licht und Korpuskularstrahlen schwärzt. Die ältere Literatur hierüber ist in dem LENARDschen Handbuchartikel (478) zusammengestellt. Neuere Beiträge lieferten WOLF und RIEHL (919) und STRECK (825). Die beobachtete Schwärzung tritt nur in feuchter Luft auf, ist also nicht identisch mit der sonstigen Kristallverfärbung; wohl aber liegt ihr eine solche zugrunde. Der Primärprozeß ist auch hier die Abspaltung eines Elektrons vom Anion. Nach GORDON, SEITZ und QUINLAN (254) wandern die befreiten Elektronen und die dazugehörigen positiven Löcher an die Oberfläche des Kristalls, wo sie unter Mitwirkung der Luftfeuchtigkeit eine Elektrolyse veranlassen, die zu weiterer Zinkausscheidung führt; diese ist chemisch nachgewiesen.

Mit der Zinkausscheidung hängt auch die Schwächung des Leuchtvermögens der ZnS-Leuchtfarben durch fortgesetzte $\alpha$-Bestrahlung zusammen. Die Theorie dieses „Alterns" der radioaktiven Leuchtfarben hat WALSH (873, 874) entwickelt. Er findet für den Zusammenhang der Helligkeit $H$ mit der Bestrahlungszeit die Beziehung

$$H = \frac{h_0\, e^{-kt}}{\alpha + \beta\,(1 - e^{-kt})},$$

wo $h_0$ und $k$ dem Radiumgehalt der Leuchtfarbe proportional, die Größen $\alpha$ und $\beta$ von diesem unabhängig sind. $\alpha$ ist der Absorptionskoeffizient der frischen Leuchtfarbe für das Lumineszenzlicht, $\beta$ die durch die Zinkausscheidung in $\infty$-langer Zeit bewirkte zusätzliche Absorption. Diese Beziehung fand WALSH mit Beobachtungen, die sich über 10 Jahre erstreckten, gut bestätigt. Ein schwacher Punkt in der Theorie von WALSH ist die aus der Theorie von RUTHERFORD (705) übernommene Annahme, die Zerstörung der Leuchtzentren erfolge bei jedem Emissionsprozeß, was sicher nicht der Fall ist, da ein Zentrum sehr oft erregt werden und emittieren kann, ohne zerstört zu werden. Indessen ist diese Annahme gar nicht notwendig. Man muß nur annehmen, daß die Zahl der in der Zeiteinheit zerstörten Zentren gleich der Zahl der ausgeschiedenen Zinkatome sei, was plausibel erscheint, wenn man weiter annimmt, daß gerade jene Zn-Ionen dazu neigen, durch die Strahlung neutralisiert zu werden, die an den durch den Aktivator gestörten Stellen des Gitters sitzen.

Über die Lumineszenz des künstlichen ZnS liegt eine umfangreiche Literatur vor, siehe LENARD u. a. (478), RIEHL (693), PRINGSHEIM (632). Hingegen finden sich verhältnismäßig wenige Angaben über die Lumineszenz der natürlichen Zinkblende. Hingewiesen sei auf die Arbeit von RIEHL (692) über die manganaktivierte Zinkblende von Tsumeb (Südwestafrika) und die Beobachtungen von HABERLANDT und SCHROLL (298) an einer Zinkblende von Bleiberg (Kärnten) mit Schichten verschiedenfarbiger Fluoreszenz (blau: Ag, grün: Cu, gelblichgrünlich: Mn), ein schönes Beispiel für die schichtenweise Abscheidung verschiedener Elemente.

# VI. Karbonate

## 1. Kalkspat (CaCO₃)

### a) Die Farben des Kalkspates

Von den in der Natur vorkommenden Farben des Kalkspates: farblos, gelb, rot, violett, bläulich, ist die gelbe Farbe in manchen Fällen sicher eine Bestrahlungsfarbe. Während viele gelbliche bis braune Kalzite durch Eisen gefärbt sind, zeigen die gelben von Niederrabenstein in Sachsen und von Joplin, USA, alle Kriterien einer Bestrahlungsfarbe: sie verlieren ihre Farbe bei mäßigem Erhitzen unter Thermolumineszenz; durch Radiumbestrahlung erhalten sie dieselbe Farbe wieder. Auch im Naturzustande farbloser Doppelspat wird durch Radiumbestrahlung gelb; sein Absorptionsspektrum zeigt dann ein Maximum bei 375 m$\mu$ (639).

Kalzit kann aber durch Bestrahlung auch eine lila- bis blaugraue Färbung annehmen. Dies ist der Fall bei intensiver Kathodenbestrahlung [Miss WICK (892), COOLIDGE (120)] oder bei Radiumbestrahlung gepreßter Stücke. Es ist also die blaugraue Farbe jedenfalls an stärkere Gitterstörungen geknüpft, ebenso wie die blaue des Steinsalzes. Interessanterweise ist die Bildung der bekannten Umklappzwillinge des Kalkspates durch „einfache Schiebung" (MÜGGE) nicht mit einer Änderung der Be-

strahlungsfarbe verbunden. Stellt man durch Aufdrücken einer Messer-
schneide auf eine stumpfe Kante eines Kalkspatrhomboeders nach BAUM-
HAUER einen derartigen Umklappzwilling her und setzt ihn der Radiumbestrahlung aus, so färbt sich das ganze Stück, der umgeklappte wie der
unbeeinflußte Teil, gleichmäßig gelb. Während bei Steinsalz Gleitung zur
Blaufärbung führt, also größere Gitterstörungen zur Folge hat, ist dies
bei der einfachen Schiebung des Kalkspates nicht der Fall.

Auch natürliche gelbe Kalzite der oben genannten Fundorte, insbesondere jene von Joplin, zeigen, wenn sie stark genug gefärbt sind, Piezochromie, eine Änderung der Farbe durch Pressen von gelb in bläulichgrau.
Der Effekt ist hier lange nicht so auffallend wie bei Fluoriten, aber bei
Vergleich mit gepreßtem, farblosem Kalzit unverkennbar (646).

Die natürliche violette Farbe mancher Kalzite, z. B. von Joplin,
dürfte auch eine Bestrahlungsfarbe und mit jener an gepreßten Stücken
künstlich erhaltenen identisch sein, doch werden die Störungen der oft
schön kristallisierten violetten Stücke nicht von einer Druckwirkung,
sondern von Verunreinigungen herrühren.

Vergleicht man das Verhalten des Kalzits mit dem des Fluorits, so
muß sich einem die Frage aufdrängen, ob nicht auch bei ersterem eine
Färbung durch Seltene Erden und durch Zentren des Grundmaterials
zu unterscheiden ist. Das oben erwähnte Maximum bei 375 m$\mu$ findet
sich auch in Fluoriten und konnte da den zweiwertigen Seltenen Erdionen
zugeschrieben werden; es findet sich nicht in dem von SMAKULA aufge-
nommenen Verfärbungsspektrum des reinen CaF$_2$. Das Absorptionsspektrum des reinen, verfärbten CaCO$_3$ ist noch nicht bekannt, so daß
noch nicht zu entscheiden ist, ob jenes Maximum nicht auch diesem zugeschrieben werden kann, also den Farbzentren der Grundsubstanz zugehört.
Seltene Erden sind in Kalziten nachgewiesen. So fand HEADDEN (312 bis
315) im gelben Kalzit von Joplin auf chemischem Wege: 0,007% Ce$_2$O$_3$,
0,012% (Pr$_2$O$_3$, Nd$_2$O$_3$, La$_2$O$_3$) und 0,013% (Yb$_2$O$_3$, Er$_2$O$_3$). S. HATA (308)
fand in einem Kalzit von Nabeto (Japan): 0,0084% Ce$_2$O$_3$, 0,0035% La$_2$O$_3$,
0,0416% (Pr, Nd, Sm)$_2$O$_3$, 0,0124% Yb$_2$O$_3$ usw., zusammen 0,0661%
Seltene Erdoxyde. Bemerkenswert ist ein Gehalt des Kalzits an Thorium.

## b) Die Lumineszenz des Kalzits

Die Anwesenheit der Seltenen Erden im Kalzit gibt sich auch in
seiner Lumineszenz zu erkennen. „Während farbloser" (Doppelspat
von Island) „erst nach vorhergehender Radiumbestrahlung eine helle
gelbe Thermolumineszenz zeigt, mit deutlicher Ausprägung von Helligkeitsmaxima bei steigender Temperatur, wobei die bekannte rötlichgelbe
Bande ohne Linien in Erscheinung tritt, leuchtet der gelbe schon im Naturzustand beim Erhitzen rötlichgelb und zeigt im zweiten Maximum neben
der Bande Linien der Seltenen Erden in Rot und Grün" [HABERLANDT].
Ähnlich verhalten sich auch andere gelbe Kalzite und der violette
von Joplin. Die rotgelbe Bande möchten wir eher einem Mangangehalt

zuschreiben als der Oxydation des durch Bestrahlung reduzierten Kalziums, wie IIMORI meinte (383). Vgl. hiezu auch BROWN (79), SCHULMAN u. a. (743), DÉRIBÉRÉ (150), KÖHLER und LEITMEIER (442), PISANI (613).

Das schon erwähnte Auftreten von zwei Helligkeitsmaxima beim allmählichen Anheizen eines thermolumineszenzfähigen Kalzits wurde zuerst wohl von HEADDEN (312—315) am gelben Kalzit von Joplin beobachtet, dann auch von L. GRÖGER (259) und von H. STEINMETZ. L. GRÖGER stellte auch einen angenäherten Parallelismus zwischen ausheizbarer Lichtsumme und Verfärbung des bestrahlten Doppelspates fest.

HEADDEN beobachtete das erste Thermolumineszenzmaximum des Kalzits zwischen 60 und 180⁰ C, das zweite bei 300⁰ C. Dabei hat sich folgender Zusammenhang mit der Erregbarkeit der Phosphoreszenz des Kalzits durch Sonnenlicht ergeben: den erstgenannten Temperaturen kann der Kalzit stundenlang ausgesetzt bleiben, ohne daß seine Erregbarkeit durch Sonnenlicht (natürliche Radio-Photo-Phosphoreszenz) schwindet, bei 300⁰ C wird diese Erregbarkeit binnen 20 Minuten vernichtet. In erstem Falle hat man es mit der Emission erregter und durch Licht erregbarer Zentren zu tun, im zweiten Fall mit Entfärbungsleuchten.

Die Phosphoreszenz des stark thermolumineszenten Kalzits von Nabeto hat IIMORI (384, 385) derart untersucht, daß er gepulverte Proben in Öffnungen eines Rahmens einfüllte, jede Probe verschieden lange dem ungefilterten Lichte einer Hg-Lampe aussetzte und dann das Nachleuchten auf eine aufgelegte photographische Platte einwirken ließ. Es zeigte sich, daß die Schwärzung der Platte und daher die emittierte Lichtmenge mit zunehmender Belichtungszeit bis zu einem Maximum zunimmt, um dann wieder abzunehmen, eine Erscheinung, die IIMORI hier wie bei Fluorit, S. 187, als ,,Solarisation" bezeichnet. Bei Bestrahlung mit Röntgenstrahlen statt des Lichtes der Hg-Lampe tritt dieser Effekt nicht auf [IWASE (395)]. Es wird sich hier wohl wie beim Fluorit um eine Zerstörung der durch die Radioaktivität in der Natur gebildeten Zentren durch das Licht und um ihre Wiederbildung durch Röntgenstrahlen handeln.

In der Fluoreszenz vor der Analysenlampe werden Seltene Erdlinien nicht beobachtet. BHAGAVANTAM und PURANIK (52) finden bei der Untersuchung des Ramaneffektes in Kalzit drei Linien, bei 283, 8, 288,3 und 290,5 m$\mu$, die den Charakter von Fluoreszenzlinien zeigen; sie stimmen jedoch mit keinen der bisher bekannten Linien der Seltenen Erden überein. Eine karminrote Fluoreszenz mancher Kalzite, z. B. von Deutsch-Altenburg, ist von HABERLANDT (285, 286) auf den organischen Farbstoff Porphyrin zurückgeführt worden, der auch für die rote Farbe dieser Vorkommen verantwortlich ist, beides, Farbe wie Lumineszenz, hat hier also nichts mit Radioaktivität zu tun; siehe hiezu auch NEUMANN und ROSENQUIST (570). Über die Fluoreszenz von Kalziten siehe ferner DÉRIBÉRÉ (151), über die künstliche Herstellung von $CaCO_3$-Phosphoren FONDA (204).

## 2. Aragonit (CaCO₃, rhombisch)

Eine Bestrahlungsfarbe des Aragonits scheint nicht bekannt zu sein, wohl aber natürliche Thermolumineszenz, je nach dem Vorkommen, aber auch bei Stücken des selben Vorkommens und gleichen Alters und gleicher Bildungsweise sehr verschieden. Die manchmal sehr glänzende Fluoreszenz vor der Analysenlampe ist nach HABERLANDT z. B. bei dem Aragonit von Girgenti (leuchtendrosa mit grünlichem Nachleuchten) organischen Ursprungs.

## 3. Dolomit (CaCO₃ · MgCO₃)

Ein interessantes Handstück von Dolomit aus Shinkolobwe (Belgisch-Kongo), das erst irrtümlicherweise für Kalzit gehalten worden war, konnte der Verfasser (659) dank dem Entgegenkommen des Chef-Geologen der Union Minière du Haut Katanga in Brüssel, M. DU TRIEUX DE TERDONCK, untersuchen. Die Eigenfarbe des Stückes ist violett und vor der Analysenlampe zeigt es eine prächtige hellblaue Fluoreszenz. Die Ähnlichkeit der Eigenfarbe und der Fluoreszenz mit jenen englischer Fluorite ließ die Vermutung aufkommen, es könnte sich auch hier um Spuren durch radioaktive Einwirkung in die zweiwertige Form übergeführten Europiums handeln. Indessen hat sich diese Vermutung nicht bewahrheitet. Wohl schwindet Farbe und Fluoreszenzvermögen bei hinreichend starkem Erhitzen, aber jedenfalls viel schwerer als bei Fluorit; durch künstliche Radiumbestrahlung wird der ursprüngliche Zustand nicht wieder hergestellt, und es gelingt auch nicht, synthetisch europiumhaltige Präparate mit den gleichen Eigenschaften herzustellen. Die Ähnlichkeit mit Fluorit ist also eine rein zufällige. Nach HABERLANDT dürfte es sich um einen Phosphor mit Vanadium als Aktivator handeln. Thermolumineszenz im Naturzustand ist vorhanden, aber sehr schwach.

## 4. Strontianit (SrCO₃)

wird durch Radiumstrahlen nach DOELTER nicht verfärbt, nach J. HOFFMANN (359) bräunlichgelb. Natürliche Thermolumineszenz ist vorhanden, aber meist schwach.

## 5. Whitherit (BaCO₃)

Thermolumineszenz meist noch schwächer als bei Strontianit.

## 6. Cerussit (PbCO₃)

wird durch Radiumstrahlen nach J. HOFFMANN (359) parallel zur optischen Achse betrachtet bläulich, senkrecht dazu blauschwarz. Natürliche Thermolumineszenz fehlt nach KÖHLER und LEITMEIER (442).

# VII. Sulfate

## 1. Thenardit ($Na_2SO_4$)

Ein bläulichgrauer Thenardit von Toledo (Spanien), den der Verfasser von H. HABERLANDT zur Untersuchung erhielt, zeigte folgendes Verhalten: er entfärbt sich beim Erhitzen. Beim Aufstreuen von gepulvertem Material auf ein bis nahe zur Rotglut erhitztes Eisenblech erscheint eine Thermolumineszenz in Form von hell aufleuchtenden, rasch verschwindenden Fünkchen. Nach Bestrahlung des durch Erhitzen entfärbten Thenardits während einer Woche mit einem Radonröhrchen von etwa 900 Millicurie Anfangsgehalt war er stellenweise deutlich bläulich geworden. Es scheint sich also um eine Bestrahlungsfarbe zu handeln.

## 2. Langbeinit ($K_2SO_4 \cdot 2\,MgSO_4$)

Violetter Langbeinit kommt meist mit farblosem gemischt körnigkristallin vor. Die Berliner Kali-Forschungsanstalt besitzt jedoch ein klares, gut kristallisiertes Stück, das teilweise violett gefärbt ist. Wir verdanken Herrn Prof. Dr. J. D'ANS Proben davon. Die violette Farbe kann hier mit einem Gehalt an NaCl in Zusammenhang gebracht werden. Die Farbe verschwindet beim Erwärmen auf $200^0$ C. Der Langbeinit wird dabei trüb weiß, während farblose Stücke dabei klar bleiben. Farbloser Langbeinit färbt sich bei Radiumbestrahlung nicht, violetter wird dabei grau und unter der Lupe erscheinen gelbe Stellen. Die violetten Stücke geben eine starke Na-Flammenfärbung, und Frau Dr. RONA konnte in ihnen einen meßbaren Gehalt an Chlor, etwa 0,5% NaCl entsprechend nachweisen, in den farblosen Stücken nicht. Auch bei der Behandlung mit Wasser verhalten sich die Stücke verschieden: die farblosen sind nur wenig löslich, die violetten zerfallen sofort, offenbar infolge Weglösens einer leichtlöslichen Bindesubstanz. So weist alles auf einen höheren NaCl-Gehalt im violetten Langbeinit. Ob er seine Farbe lediglich dem sich verfärbenden NaCl verdankt oder ob auch Farbzentren der Grundsubstanz mitspielen und das beigemengte NaCl nur sensibilisierend wirkt, muß noch dahingestellt bleiben.

## 3. Kainit ($MgSO_4 \cdot KCl \cdot 3H_2O$)

Kainit kommt ebenfalls bisweilen zart lila gefärbt vor. Hier ließ sich der Nachweis, daß es sich um eine Bestrahlungsfarbe handelt, noch nicht erbringen. Es sei nur erwähnt, daß sich farbloser und lila Kainit durch Radiumbestrahlung grünlichgelb färbt und bei etwa $200^0$ C trüb und dabei im unbestrahlten Zustand rein weiß, im bestrahlten zart türkisblau wird. Vgl. hiezu LEONHARD und KÜHN (479). Über Pleochroismus bei blauem Kainit siehe BAUMGÄRTL (35).

## 4. Anhydrit (CaSO$_4$)

Blauer (violetter) Anhydrit kommt in den deutschen Salzlagern manchmal auch mit blauem Steinsalz zusammen vor. Durch Erhitzen wird der violette Anhydrit entfärbt, durch Radiumbestrahlung wieder blau, so daß es sich wohl auch hier um eine natürliche Bestrahlungsfarbe handelt. Ein Anhydrit von Bleiberg (Kärnten) verhält sich ganz so. Ein Anhydrit von Aussee wurde nach DOELTER durch Radiumbestrahlung gelb. Das Auftreten natürlicher Thermolumineszenz bei Anhydrit ist bekannt.

In der roten Fluoreszenz eines Anhydrits von Celle ist die Bande des zweiwertigen Samariums nachgewiesen, es handelt sich also da um eine natürliche Radio-Photofluoreszenz. Das Vorkommen von Seltenen Erden in manchen Anhydriten ist auch am Auftreten ihrer Linien im Thermolumineszenzspektrum kenntlich.

## 5. Gips (CaSO$_4 \cdot 2H_2O$)

Gips verfärbt sich unter Radiumbestrahlung nur sehr wenig, das Fehlen einer Bestrahlungsfarbe in der Natur ist daher nicht verwunderlich. Thermolumineszenz ist vorhanden, bemerkenswerterweise nach KÖHLER und LEITMEIER (442) auch bei rezenten Bildungen in einem Brunnenrohr; es wäre hier wohl darauf zu achten, ob nicht eine Erregung durch Tageslicht stattgefunden hat.

## 6. Zölestin (SrSO$_4$)

Die blaue Farbe des Zölestins verhält sich durchaus wie eine Bestrahlungsfarbe. Durch Erhitzen wird sie zerstört, die Thermolumineszenz dabei ist schwach aber merklich. Durch Radiumbestrahlung färbt sich entfärbter sowie farblos gewesener bläulich. J. N. FRIEND und J. P. ALLCHIN (217) finden in einigen Zölestinproben Spuren von Gold, auf deren kolloidale Ausscheidung sie die Farbe zurückführen möchten, halten aber selbst eine Ausdehnung der Versuche für nötig (vgl. S. 128).

## 7. Baryt (BaSO$_4$)

Baryt färbt sich unter Radiumbestrahlung im allgemeinen blau. Es liegt daher nahe, die blaue Farbe mancher natürlicher Baryte einer radioaktiven Einwirkung zuzuschreiben, zumal ja Baryt wegen der nahen Verwandtschaft des Bariums zum Radium oft recht stark aktiv ist (284). Natürliche Thermolumineszenz ist vorhanden, wenn auch recht schwach. Bei rezenten Bildungen (Absatz aus Grubenwässern in hölzernen Röhren) fehlt sie nach HEGEMANN und STEINMETZ (317), wie zu erwarten, ganz.

Die Fluoreszenz vor der Analysenlampe ist je nach dem Vorkommen weiß, gelb bis orange. Durch Erhitzen wird die Fluoreszenzfähigkeit vernichtet, tritt aber bei manchen Vorkommen nach stärkerem Erhitzen, wie auch bei Zölestin, wieder auf.

Interessant ist das von Miss SWEET (832) beschriebene Blauwerden gelber englischer Baryte am Tageslicht, analog der Farbänderung der Fluorite. Zweifellos handelt es sich um eine photoelektrische Elektronendiffusion. Über eine zonare Verteilung der Farbe in Baryten siehe ebenfalls die zitierte Arbeit von Miss SWEET.

## 8. Anglesit (PbSO$_4$)

färbt sich durch Radiumbestrahlung nach DOELTER bläulich, nach J. HOFFMANN stellenweise leicht grau. Erwärmen stellt den Ausgangszustand wieder her.

# VIII. Nitrate und Phosphate

## 1. Salpeter (NaNO$_3$)

Am chilenischen Rohsalpeter, der „Caliche", wird bisweilen eine Blaufärbung beobachtet. Herr Dr. A. KÜPPER, Direktor der chilenischen Salpeterforschungsanstalt, hatte die Freundlichkeit, den Verfasser auf dieses interessante Material aufmerksam zu machen und ihm eine Probe durch Vermittlung des Komitees für Chilisalpeter in Berlin (Direktor Dr. P. BERTRAM) zukommen zu lassen.

Die blaue Caliche bildet fein kristalline Massen, deren hellviolette Farbe an jene des Halleiner Fasersalzes oder mancher Sylvinite erinnert. Die Caliche enthält einen beträchtlichen Prozentsatz an NaCl, bis zu einigen 30 %. Es liegt daher nahe, die blaue Farbe auch hier dem NaCl zuzuschreiben, das hier durch gestörtes Wachstum zur Verfärbung prädestiniert ist. Für NaCl als Träger der Farbe spricht das Verhalten der Caliche gegen Radiumbestrahlung: Durch Erhitzen entfärbte Caliche nimmt bei Bestrahlung eine gelbliche Farbe an und zeigt dann die blaue Druckfarbe ganz so wie Steinsalz. Zwingend ist der Schluß aber nicht, da reines Natriumnitrat von KAHLBAUM, zur Analyse mit Garantieschein (in 10 g Substanz chemisch kein Chlor nachweisbar) bei Radiumbestrahlung deutlich bläulich wird, und zwar schon ohne Pressen. Merkwürdigerweise unterbleibt in diesem Falle die Färbung, auch die Druckfarbe, wenn die Substanz aus der Schmelze erstarrt ist. Dies könnte seine Erklärung entweder in einer zu geringen Stabilität der Färbung der Schmelzflußkristalle, wie sie bei NaCl zutrifft, oder in einer Selbstreinigung der Schmelze finden.

Über die Möglichkeit der Färbung der Caliche durch das UV des Sonnenlichtes oder durch atmosphärische elektrische Entladungen siehe S. 112.

Es wäre interessant, das Alter der blauen Caliche zu wissen. Dieses ließe sich möglicherweise nach der Radiokohlenstoffmethode bestimmen, doch macht BARTLETT (31) auf die schwerwiegenden Fehlerquellen dieser Methode, speziell bei ihrer Anwendung auf Caliche, aufmerksam.

## 2. Apatit [FCa$_5$(PO$_4$) bzw. ClCa$_5$(PO$_4$)$_3$]

Apatite lassen eine radioaktive Einwirkung in der Natur schon durch ihre, im allgemeinen starke Thermolumineszenz erkennen [KÖHLER und LEITMEIER (442)]. Auch die natürliche Radio-Photo-Lumineszenz ist oft sehr ausgeprägt. Insbesondere bringen KÖHLER und HABERLANDT (440) die starke gelbe Fluoreszenz der Apatite des Erz- und Fichtelgebirges mit dem Reichtum jener Gebiete an radioaktiven Substanzen in Verbindung, eine Fluoreszenz, die auch bei manchen alpinen Vorkommen, aber nur nach Radiumbestrahlung, zu beobachten ist. HABERLANDT (283) hat eine Beziehung zwischen der gelben Fluoreszenzbande und dem Mangangehalt der Apatite festgestellt. Anderseits treten im Fluoreszenzspektrum und in dem der Thermolumineszenz auch häufig die Seltene Erdlinien auf, siehe hiezu auch IWASE (392).

Manche Apatite zeigen bei Radiumbestrahlung eine auffallende Farbänderung. Der violette Apatit von Auburne, Maine, wird grün. Auch er zeigt gelbe Fluoreszenz und lebhafte Radio-Photo-Lumineszenz. Sein Verhalten erinnert sehr an das des später zu besprechenden Kunzits. Violette Apatite von Schlaggenwald, die durch Erwärmen unter Thermolumineszenz entfärbt worden sind, nehmen bei Radiumbestrahlung zum Teil wieder violette, zum Teil eine grüne Farbe an. Die violette Farbe dürfte daher eine natürliche Bestrahlungsfarbe sein. Ob bei den natürlichen grünen Apatiten auch Bestrahlung mitgewirkt hat, bleibe noch dahingestellt; auch beim Spodumen gibt es eine natürliche grüne Varietät, den Hiddenit, dessen Farbe ganz jener des durch Radiumbestrahlung grün gewordenen Kunzits gleicht, ohne indessen die Charakteristika einer Bestrahlungsfarbe aufzuweisen. Wie im Kunzit ist auch im Apatit von Schlaggenwald Mangan nachgewiesen, auf das die Farbänderung von Violett in Grün durch Valenzänderung zurückgeführt werden könnte. Nach J. HOFFMANNS (367) Untersuchungen an natürlichen und synthetischen Apatiten geben Ferri- und Ferroionen grüne Töne, Manganionen grüne bis blaue; rosa und rotbraune Farbe konnte nicht mit Mangan erzeugt werden, Ce gibt gelbgrüne, Pr und Nd verschiedene braune Töne.

## 3. Pyromorphit (3Pb$_2$P$_2$O$_8$ · PbCl$_2$)

Nach vereinzelten Beobachtungen verschiedener Autoren über die Fluoreszenz und das Fehlen der Thermolumineszenz bei Pyromorphit haben KÖHLER und HABERLANDT (440) seine Fluoreszenz vor der Analysenlampe untersucht. Es leuchten, mit vereinzelten Ausnahmen unter den grünen Pyromorphiten, nur die braunen Kristalle, von diesen wieder die hellbraunen weit besser als die dunkelbraunen. Da die Pyromorphite meist von einer trüben Schichte umkrustet sind, muß man frische Bruchflächen betrachten. Dunkelbraune Stücke leuchten aber auch dann nur schwach oder gar nicht. Die Fluoreszenzfarbe ist stets gelb bis bräunlichgelb. KÖHLER und HABERLANDT sind der Meinung, daß die braune Farbe des Pyromorphits durch eine radioaktive Einwirkung entstanden ist und

daß bei den stark gefärbten die Fluoreszenz eben durch die dunkle Farbe
geschwächt ist, wie etwa beim dunkelvioletten Fluorit von Wölsendorf.
Die dunklen Partien sind stets auch die älteren. Diese Auffassung wird
durch die Beobachtung gestützt, daß die Fluoreszenz der Kristalle durch
Erhitzen, wobei sie heller werden, an Intensität zunimmt, hellbraune
Kristalle anderseits durch Radiumbestrahlung dunkler werden, unter
Schwächung der Fluoreszenz. Es erscheint also sehr wahrscheinlich, daß
die braune Farbe radioaktiven Ursprungs ist. Auffallend ist das Fehlen
der Thermolumineszenz, die auch nach Radiumbestrahlung nicht auftritt.
Man muß wohl eine Vergiftung annehmen. Man könnte auch daran denken,
daß das Grundmaterial selbst zur Aufspeicherung von Strahlungsenergie
ungeeignet wäre, doch spricht das Auftreten einer Bestrahlungsfarbe
dagegen.

# IX. Silikate

## 1. Spodumen (LiAlSi$_2$O$_6$)

### a) Die Farben des Spodumens

Die Farben des Spodumens sind: farblos, gelb, rosa bis lila und grün.
Es gibt auch eine seltene ultramarinblaue Varietät (Brasilien). Rosa
bis lila gefärbte Spodumene werden Kunzit genannt, grüne Hiddenit.
G. O. WILD und R. KLEMM (908) haben verschiedene Spodumene spektral-
analytisch untersucht. Gelbe Stücke zeigen einen stärkeren Eisengehalt
als andere, so daß man die gelbe Farbe wohl diesem zuschreiben kann.
Hingegen kann die lila Farbe des Kunzits nicht auf die Anwesenheit von
Mangan *allein* zurückgeführt werden, da WILD und KLEMM ähnliche
Manganspuren auch in anders gefärbten Spodumenen fanden. Für nicht
ausgeschlossen halten sie eine Mitwirkung von Gallium bei der Färbung
des Kunzits. Der Hiddenit ist vor den anderen Varietäten durch seinen
Gehalt an Chrom ausgezeichnet, auf den man die grüne Farbe zurückführen
könnte, doch ergeben sich da Schwierigkeiten, wie weiter unten gezeigt
wird.

### b) Die Färbung des Kunzits

Dieses Mineral ist vor den anderen Varietäten des Spodumens sowie der
meisten anderen Mineralien ausgezeichnet durch seine auffallende Farbänderung bei Bestrahlung sowie durch den Glanz seiner Lumineszenzerscheinungen, der nur bei wenigen anderen Mineralien erreicht, aber kaum
übertroffen wird.

ST. MEYER (523) hat als erster beobachtet, daß der im Naturzustande rosa oder lila gefärbte Kunzit von Pala, Kalifornien, durch Radiumbestrahlung smaragdgrün wird. Es tritt dabei während der Bestrahlung
erst eine Abschwächung der rosa Farbe bis zur Farblosigkeit ein, und
hierauf zunehmende Grünfärbung bis zu einem Sattwert. Messend ist dies

von M. Belar (46) und von B. Zekert (926) verfolgt worden. Es zeigt
sich (Abb. 63), daß die Verfärbung in zwei Stufen vor sich geht, die durch
das Vorhandensein von zwei verschiedenen Zentrensorten gedeutet werden

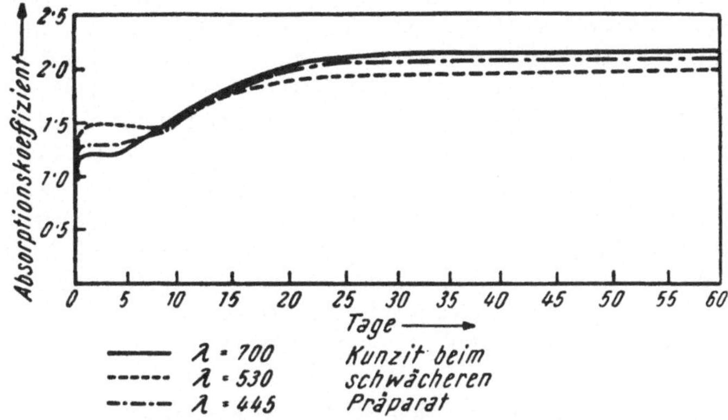


Abb. 63. Verfärbungsanstieg bei Kunzit (nach M. Belar).

können, von denen die eine durch die Bestrahlung wieder zerstört wird
(s. S. 88). Eine genaue Aufnahme des Absorptionsspektrums des unbestrahlten und des bestrahlten Kunzits ist von P. L. Bayley (37 bis 39)
im Bereiche von 300 bis 4500 m$\mu$ vorgenommen worden, Abb. 64.

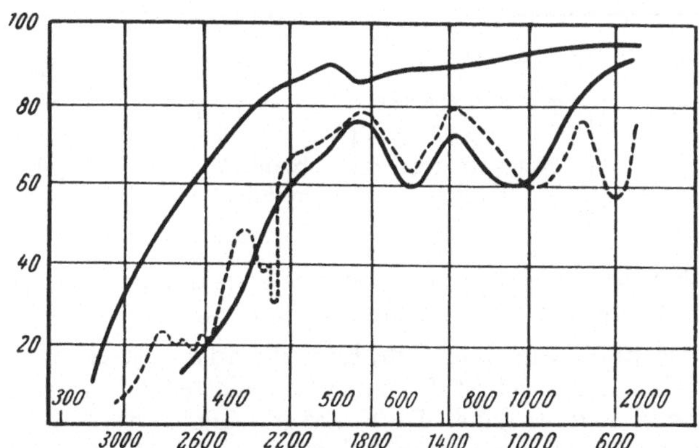


Abb. 64. Transmissionsspektrum des unbestrahlten und bestrahlten Kunzits (ausgezogene Kurven) und des
Hiddenits (punktierte Kurve). (Nach Bayley.)

Durch Erwärmung und durch Belichtung wird der grün verfärbte
Kunzit wieder rosa. Dabei wird bisweilen die Farbe intensiver, als sie im
Naturzustande war [Zekert (926)]. Dies weckte die Vermutung, daß
auch die natürliche Rosafarbe eine Bestrahlungsfarbe sei, was durch
folgende Versuche (649) bestätigt wurde. Rosa Kunzit wird durch Erhitzen
auf 500° C vollständig entfärbt. Wird er nun der Radiumbestrahlung
ausgesetzt, so färbt er sich grün, aber bei nachfolgender Erwärmung auf

etwa 200⁰ C oder bei Belichtung mit Sonnenlicht rosa. Diese künstliche
Rosafarbe bleibt noch bestehen, wenn das Stück einen Tag lang auf 250⁰ C
gehalten wird, sie ist also viel stabiler als die grüne Farbe. Da Kunzit auch
im Naturzustand Thermolumineszenz zeigt, sind alle Kriterien einer
natürlichen Bestrahlungsfarbe gegeben. Daß sich in der Natur die rosa
Farbe und nicht die labilere grüne des Kunzits bildet, ist wieder ein Beispiel der natürlichen Auslese des Stabilsten. In diesem Zusammenhang
ist es wohl bemerkenswert, daß die Färbung am Fundorte mit der Tiefe
unter der Erdoberfläche zunehmen soll, siehe BAUER-SCHLOSSMACHER (34).

Der Kunzit von Madagaskar [ST. MEYER und K. PRZIBRAM (526)]
verhält sich insoferne anders als der von Kalifornien, als er durch Radiumbestrahlung nicht grün, sondern braun wird. Durch Belichtung oder
Erwärmung auf etwa 80⁰ C wird auch er grün, bei Erhitzung auf 250⁰ C
rosa. Hier überlagert sich also noch eine labilere Zentrenart, welche die
braune Farbe bewirkt, so daß man drei Stadien der Färbung zu unterscheiden hat.

Durch Bestrahlung ändert sich auch der Pleochroismus des Kunzits
(637). Wird in der üblichen Weise die Richtung der größten Lichtgeschwindigkeit im Kristall mit $\alpha$, die mittlere mit $\beta$ und die kleinste mit
$\gamma$ bezeichnet, so läßt sich der Pleochroismus durch folgende Tabelle 34
darstellen:

Tabelle 34. Pleochroismus des Kunzits

| Richtung | unverfärbt | verfärbt, Kalifornien | verfärbt, Madagaskar |
|:---:|:---:|:---:|:---:|
| $\alpha$ | rosa | blau | braun |
| $\beta$ | schwach rosa | bläulich grün | gelblich grün |
| $\gamma$ | farblos | gelblich grün | bläulich grün |

Die Bestrahlung erfolgte hiebei mit $\beta$-$\gamma$-Strahlung. $\alpha$-Strahlen zeigen
ihren Einfluß auf den Pleochroismus in den pleochroitischen Höfen.

Die Anwesenheit von Mangan im Kunzit und die Tatsache, daß Mangan
je nach seiner Oxydationsstufe rote bis violette und grüne Färbungen
bewirken kann, legt es nahe, die Farbänderungen des Kunzits bei Bestrahlung auf eine Änderung der Wertigkeit der Manganionen zurückzuführen, wie dies STUHLMAN und DANIEL (827, 828) auch schon getan
haben. Indessen erscheint der Mechanismus damit noch nicht restlos
aufgeklärt, da, wie oben gesagt, auch andere Spodumenvarietäten Mangan
enthalten, und ferner der weitgehende Parallelismus der Absorptionsspektren des grün verfärbten Kunzits und des natürlichen grünen Hiddenits
[BAYLEY (37, 38)], Abb. 64, zu berücksichtigen ist, für welch letzteren
nach WILD und KLEMM (908) eher das Chrom als Farbträger in Betracht
kommt.

Über die Farbzentren des reinen Spodumens ist noch nichts bekannt.

### c) Die Lumineszenz des Kunzits

Der Kunzit ist durch eine gelbrote Emissionsbande charakterisiert, die bei allen seinen Lumineszenzerscheinungen auftritt und nur je nach der Temperatur und vielleicht noch anderen Umständen bald mehr rot, bald mehr gelb ist. Über eine blaue Bande siehe NICHOLS und HOWES (571). Kunzit zeigt Fluoreszenz vor der Analysenlampe, Radiofluoreszenz und Radiophosphoreszenz, und vor allem die stärkste bisher bekannt gewordene Radio-Photo-Phosphoreszenz, das erste Beispiel dieser Erscheinung. Der durch Radiumbestrahlung grün verfärbte Kunzit leuchtet nach Belichtung lange und intensiv nach, während er im rosafarbenen Naturzustande nach Belichtung nur unbedeutend nachleuchtet. Unter Benutzung konzentrierten Bogenlichtes kann die Radio-Photo-Phosphoreszenz des Kunzits einem großen Auditorium vorgeführt werden.

Die Erregungsverteilung dieser Radio-Photo-Phosphoreszenz zeigt Abb. 65 (668 II). Die scheinbare Verschiebung des Erregungsmaximums bei Umkehrung der Meßfolge rührt von der Ermüdung bzw. Entfärbung durch das Meßlicht her. Um dies zu eliminieren, müßte nach jeder Messung der Kunzit neuerlich ganz entfärbt und derselben Bestrahlungsdosis unterworfen werden, ehe eine Messung bei Erregung mit einer anderen Wellenlänge vorgenommen wird. Die Erregung ist, wie Abb. 65 zeigt, selektiv, auch wenn man auf gleiche absorbierte Energie reduziert; ja, da das Erregungsmaximum im Grün liegt, grünes Licht aber von grün verfärbtem Kunzit besonders wenig absorbiert wird, so steigt das Maximum durch diese Reduktion noch mehr an. Offenbar wird nicht das ganze absorbierte Licht zur Erregung der Radio-Photo-Lumineszenz verwendet. Nun ist aber gezeigt worden, daß die Radiumbestrahlung nicht nur die grüne, sondern auch die rosa Farbe erzeugt. Nimmt man an, daß die rosa Farbzentren für die Radio-Photo-Lumineszenz verantwortlich sind, und reduziert auf gleiche, von diesen Zentren absorbierte Energie, so müßte sich das Maximum zumindest stark verflachen, da ja die rosa Färbung durch ein Absorptions*maximum* im Grün bedingt ist.

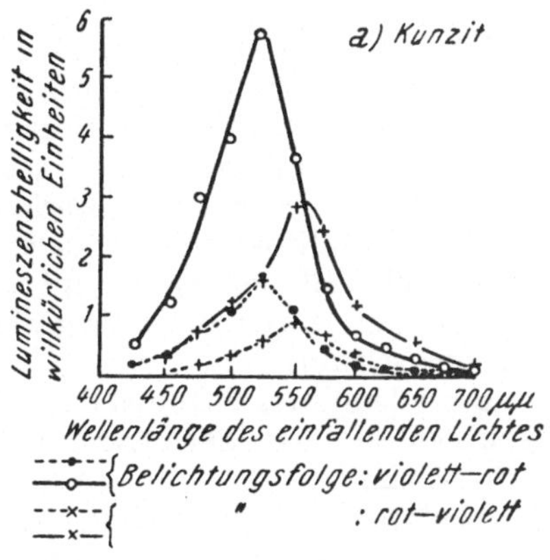


Abb. 65. Erregungsverteilung der Radio-Photo-Lumineszenz des Kunzits.

·············· gleiche einfallende, ——— gleiche absorbierte Energie.

Der braun verfärbte Kunzit von Madagaskar leuchtet nach Belichtung noch heller als der von Pala, doch nur solange die labile braune Farbe besteht; ist diese der grünen Farbe gewichen, so gleicht auch die Lumineszenz jener des kalifornischen Kunzits (526).

Die Radio-Thermolumineszenz des Kunzits ist auch sehr intensiv und tritt bei so niedrigen Temperaturen auf, daß sie in siedendem Wasser demonstriert werden kann, im Gegensatze zu der relativ schwachen natürlichen Thermolumineszenz des rosa Kunzits. Die ausheizbare Lichtsumme verläuft auch hier, wie bei Steinsalz usw., der Verfärbung annähernd parallel, Abb. 24.

Die Emissionsbande des Kunzits dürfte dem Mangan zuzuschreiben sein, der Mechanismus der Leuchterscheinungen ist aber ebensowenig ganz geklärt wie jener der Färbung.

## 2. Sodalit ($3\,\mathrm{NaAlSiO_4 \cdot NaCl}$)

Die blaue Farbe des Sodalits dürfte radioaktiven Ursprungs sein. Die Farbe wird durch Erwärmen zerstört, durch Radiumbestrahlung regeneriert. Die natürliche Thermolumineszenz ist allerdings nur schwach. KÖHLER und LEITMEIER (442) geben für ein hellblau durchscheinendes Stück von Bolivien ein schwaches, rasch vergehendes Aufleuchten an. Farbloser Sodalit wird durch Radiumbestrahlung blau bis violett [J. HOFFMANN (359)]. Blauer Hauyn wird nach DOELTER durch Radiumbestrahlung dunkler blau, durch Belichtung wieder heller; durch Erhitzen entfärbt er sich nur schwer.

Besonders interessant ist das Verhalten des im Naturzustande purpurn gefärbten Sodalits, der bisweilen als Hackmanit bezeichnet wird; er entfärbt sich im Lichte, färbt sich aber im Dunkeln wieder und erinnert so an die phototropen organischen Substanzen MARCKWALDS (511) mit ihrer umkehrbaren Farbänderung im Lichte.

Eingehend studiert wurde der Hackmanit von O. I. LEE (474, 475), dessen Arbeit das Folgende entnommen ist. Der von GIESECKE zwischen 1806 und 1808 in Grönland gesammelte, ursprünglich rosafarbene Sodalit wird von ALLAN so beschrieben: „Seine Farbe ist grün, außer wenn frisch gebrochen; dann zeigt er eine leuchtende rosa Farbe, die aber bei Belichtung in wenigen Stunden verschwindet." VREDENBURG, der gewisse Gesteine, die Sodalit und Nephelin enthalten, aus dem Staate Koshengar in Rajputana beschreibt, äußert sich über einen merkwürdigen Sodalit folgendermaßen: „Ferner zeigt mancher Sodalit eine außerordentliche Erscheinung, die bisher noch an keinem Mineral beschrieben worden ist. Während einige Stücke von hellblauer Farbe sind, ähnlich jener des Minerals von anderen Orten, erscheinen andere unter gewöhnlichen Umständen durchsichtig und farblos. Manche von diesen farblosen Stücken nehmen aber beim Aufbewahren im Dunkeln in vierzehn Tagen bis drei Wochen eine rosa Farbe an, welche im hellen Tageslichte rasch und im direkten Sonnenlichte fast augenblicklich verschwindet. Die Erscheinung ist besonders glänzend, wenn das Gestein zuerst im Felde gebrochen wird, und die großen Blöcke von Eläolit (von welchen manche über ein Yard breit sind) erscheinen beim Bruch wie mit Blut unterlaufen. Die Farbe scheint in manchen Stücken vollständiger wiederaufzutreten als in anderen, denn während das Verschwinden der Farbe sehr rasch erfolgt, ist die Wiederkehr, die der merkwürdigste Zug dieser Veränderung ist, sehr langsam. Die genaue Natur und Ursache dieser merkwürdigen Erscheinung sind bisher unbekannt." BERGSTRÖM beschreibt diese Varietät des Sodalits aus dem Nephelingestein, genannt Tawit, in Lugaur-Urt auf der Kola-Halbinsel, als Hackmanit und bemerkt, daß sie von rotvioletter Farbe ist, im Tageslichte rasch ausbleicht und 0,39 % Schwefel enthält, äquivalent 6,23 % Ultramarin. Ferner bemerken WALKER und PARSONS über den Hackmanit von Dungannon Township bei Bancroft, Hastings County, Ontario: „An frisch gebrochenen Oberflächen des Gesteins sieht man häufig Flecken von roter Farbe, welche zumeist vollständig in zehn bis dreißig Sekunden im direkten Sonnenlichte verschwinden. Ins Dunkle gebracht kehrt die Farbe allmählich zurück, aber nach unseren Beobachtungen wird sie nie so leuchtend wie anfangs, selbst nach einer Woche im Dunkeln." Sie finden Spuren von Mangan, aber keinen Schwefel und schließen: „Nichts fundamentales in bezug auf die Farbänderung ist bisher festgestellt worden, außer daß sie von einem Teil des sichtbaren Spektrums bewirkt wird. Röntgenbestrahlung bewirkt keine Farbänderung." LEE findet, daß am Hackmanit durch Filterultraviolett eine purpurrote Farbe erzeugt, durch sichtbares Licht zerstört wird.

Nach IWASE (397), der seine Beobachtungen an einem Sodalit von Kishu, Korea, angestellt hat, muß die Wellenlänge des färbenden Lichtes kürzer als 420 m$\mu$ sein. Dieser Sodalit enthält auch Schwefel. Wie Hackmanit leuchtet er vor der Analysenlampe intensiv orangegelb, während einem blauen Sodalit von Fukushizam sowohl der Schwefelgehalt wie die intensive Fluoreszenz fehlt.

Nach eigenen Versuchen des Verfassers färbt sich entfärbter Hackmanit durch Radiumbestrahlung und durch Filter-UV tief purpurn. Die Verfärbbarkeit durch Filter-UV kann durch stärkeres Erhitzen vernichtet werden, während die Verfärbbarkeit durch Radiumstrahlen erhalten bleibt. Nach der Radiumbestrahlung zeigt der Hackmanit kein merkliches Nachleuchten aber deutliche Radio-Photo-Phosphoreszenz nach Glühlampenbelichtung.

Da die rote Farbe des entfärbten Hackmanits durch Radiumbestrahlung wiederhergestellt wird, könnte man meinen, sie rühre auch in der Natur von einer solchen her. Damit ist aber ihre rasche Wiederkehr im Dunkeln nicht recht vereinbar. Eine direkte Bestimmung der Radioaktivität des Hackmanits scheint nicht vorzuliegen, doch scheint eine von H. HABERLANDT beobachtete Bandenstruktur im Fluoreszenzspektrum des ausgeglühten Hackmanits auf Uran hinzuweisen. Allein es muß als höchst unwahrscheinlich betrachtet werden, daß der Hackmanit so aktiv sei, daß er sich von selbst in einigen Wochen färben könnte. Wahrscheinlicher ist folgende Deutung. Wir haben zwei Zustände des Hackmanits zu unterscheiden, den roten ($r$) und den farblosen, weißen ($w$). Ersterer ist bei Zimmertemperatur der stabilere. Er bildet sich aus $w$ durch Elektronenaufnahme. Es muß angenommen werden, daß schon bei Zimmertemperatur sowohl von $w$ wie von $r$ Elektronen frei werden, die aber von $r$ stärker gebunden werden als von $w$, so daß im Gleichgewicht ein Überschuß von $r$ bleibt. Es müßte dann im Zustande $w$ ein Absorptionsmaximum bei längeren Wellen als in $r$ (grün!) liegen, etwa im Infrarot, was mit dem farblosen Zustand vereinbar wäre. Daß durch Bestrahlung mit größeren Quanten (UV, Radium) die Herstellung von $r$ beschleunigt wird, würde davon herrühren, daß diese Strahlungen auch noch fester gebundene Elektronen des Zustandes $w$ befreien können, entsprechend etwa Absorptionsmaxima im UV. Auf den hier postulierten Absorptionsmaxima im Infrarot und im UV könnte, wenn sie sich besonders stark in das Sichtbare verbreitern, vielleicht auch die oben nach ALLAN erwähnte grüne Farbe des Hackmanits beruhen. Es würde sich bei der Farbänderung des Hackmanits um eine Verschiebung eines elektronischen Gleichgewichtes handeln. Einstrahlung von sichtbarem Licht — am wirksamsten sollte das zur Purpurfarbe komplementäre grüne Licht sein — spaltet die Elektronen von $r$ rascher ab, als sie thermisch von $w$ nachgeliefert werden, daher die Entfärbung. Im Dunkeln stellt sich der Zustand $r$ durch Elektronendiffusion wieder her, was durch Einstrahlung größerer Quanten, die nicht vorzugsweise von $r$ absorbiert werden, durch Vermehrung der Zahl der freien Elektronen beschleunigt wird. Vielleicht ist die Bildung des im Infrarot angenommenen Maximums als eine Art Erregung aufzufassen.

Nach dieser Auffassung wäre die rote Farbe des Hackmanits in der Natur nicht durch Radioaktivität bedingt. Wohl ist es aber möglich, daß jenes Absorptionsmaximum, unterhalb 420 m$\mu$, das zur Rotfärbung durch UV führt, seine Entstehung einer radioaktiven Einwirkung verdankt, da es durch Erhitzen zerstört wird.

# 3. Andere Silikate

## a) Topas [(F, OH)$_2$Al$_2$SiO$_4$]

Farbloser Topas wird durch Radiumbestrahlung orange, durch Licht und auch durch Glühen wieder entfärbt (DOELTER). LIND und BARDWELL (488) erhielten bei Bestrahlung von farblosen Topasen eine bräunliche Bernsteinfarbe; Rauchtopas vertiefte seine Farbe. Topas zeigt natürliche Thermolumineszenz. Die natürliche gelbe Farbe könnte demnach von einer radioaktiven Einwirkung herrühren. Bemerkenswert ist der Farbumschlag eines Topases von Cairngorm, Banffshire. Der Kristall war ursprünglich teils hellblau, teils zimtfarben. Viele Jahrzehnte lang dem Tageslicht ausgesetzt, ist er jetzt zur Gänze blau [Miss SWEET (832)]. Dies erinnert ganz an das Verhalten mancher Fluorite und Baryte und spricht auch für eine Bestrahlungsfarbe. HABERLANDT (279) hat an einigen Topasen Radio-Photo-Lumineszenz beobachtet.

## b) Feldspat (KAlSi$_3$O$_8$)

Für Orthoklas, Sanidin und Eisspat finden sich Angaben über Braunfärbung durch Radiumbestrahlung [BRAUNS (76)]. Nach G. KIRSCH (431) ist die rote Farbe des Feldspates in Pechblende führenden Pegmatiten vielleicht radioaktiven Ursprungs. Kalifeldspate zeigen meist beträchtliche

Thermolumineszenz. Während HIRSCHI (357) an Anregung durch die Kaliumstrahlen denkt, bringen KÖHLER und LEITMEIER (442) die Thermolumineszenz mit einem Bariumgehalt in Verbindung, mit Anregung durch die Strahlungen von Uran (Thorium). Die blaue Fluoreszenz mancher Feldspate und von Datolit ($HCaBSiO_5$) ist von KÖHLER und HABERLANDT (296, 441) auf zweiwertiges Europium zurückgeführt worden, was auch für eine radioaktive Einwirkung spricht. Über die Phosphoreszenz von Feldspaten siehe ROTHSCHILD (702), über Thermolumineszenz DÉRIBÉRÉ (152), IIMORI und IWASE (387).

### c) Glimmer

färbt sich durch Radiumbestrahlung braun bis schwärzlich. Die Verfärbung soll nach POOLE (624) auf Wasserverlust des eisenhaltigen Materials beruhen, da sich Glimmer von Ballyellen, Arendal und Ytterby beim Erhitzen auf Rotglut schwärzen, wobei ein Gewichtsverlust zu konstatieren ist. Die Verfärbung der Glimmer ist für die pleochroitischen Höfe von Bedeutung, siehe S. 228.

### d) Beryll ($Be_3Al_2Si_6O_{18}$)

MUKHERJEE (562) findet, daß langandauernde Röntgenbestrahlung einen blaßblauen Beryll grün, einen farblosen blaßbraun färbt. Er weist Chrom und Scandium (S. A. BOROVIK) als Farbursache ab und meint, daß Radioaktivität bei der Färbung mancher Berylle mitgewirkt haben könnte. Eine eingehendere Untersuchung scheint noch zu fehlen.

### e) Turmalin

Während farbige Turmaline durch Becquerelstrahlen nicht merklich beeinflußt zu werden scheinen, hat MIETHE (533) eine Beobachtung gemacht, die doch auf einen radioaktiven Ursprung der Färbung hinweist: zwei Turmaline mit einem farblosen Ende, von denen einer am anderen Ende rosa, der andere hellgrün war, wurden der Radiumstrahlung ausgesetzt; das farblose Ende des ersten wurde dabei rosenrot, das des anderen dunkelgrün. Die Farblosigkeit dürfte hier wieder auf Instabilität der Zentren zurückzuführen sein (S. 115).

# X. Diamant

Als Kristall mit reinem Atomgitter ist wohl kaum zu erwarten, daß der Diamant sich in bezug auf Färbung und Lumineszenz ganz so verhalten wird wie die am eingehendsten untersuchten Alkalihalogenide mit ihrem reinen Ionengitter, und so ist auch das Verhalten des Diamanten experimentell und theoretisch noch wenig geklärt.

Die natürlichen Farben des Diamanten — es kommen außer den meist verwendeten farblosen Kristallen solche in den verschiedensten Tönen vor — sind recht stabil. DOELTER konnte einen gelben Diamanten in Wasserstoff bei 1500⁰ C entfärben, wobei der Kristall trüb wurde. Unter Kathodenbestrahlung verwandelt sich der Diamant oberflächlich in

Graphit [CROOKES (129)]. Gegen die durchdringende Radiumstrahlung ist Diamant sehr widerstandsfähig. CROOKES (129) gibt an, daß ein gelblicher Diamant sich unter der Einwirkung eines radiumhältigen Röhrchens nicht merklich änderte und erst in das Röhrchen hineingebracht bläulichgrün wurde. MIETHE (533) erhielt an einem Diamanten von Borneo mit Radium eine geringe Gelbfärbung. Eine eingehendere Untersuchung der Verfärbung des Diamanten hat LIND (486) angestellt. Danach verfärbt sich Diamant unter $\beta$-$\gamma$-Strahlung gar nicht, wohl aber durch $\alpha$-Strahlen. Die der Radiumemanation unmittelbar ausgesetzten Diamanten wurden grün, aber, der geringen Eindringungstiefe der $\alpha$-Strahlen entsprechend, nur oberflächlich, wie sich durch Abschleifen feststellen ließ. Erhitzen der Kristalle auf 450° C entfärbt sie wieder in einer Stunde. Grünfärbung durch Deuteronen s. Cook (121). Merkwürdig ist, daß sich bei der $\alpha$-Bestrahlung bisweilen jenseits der Reichweite der Strahlen sogenannte „carbon spots" bilden, schwarze Flecken, die, an einem Punkte beginnend, allmählich bis zur Sichtbarkeit mit freiem Auge anwachsen. Sie liegen bis 2 mm von der Oberfläche; eine direkte Wirkung der $\alpha$-Strahlen ist daher ausgeschlossen. Man könnte an eine Wirkung der $\beta$- oder $\gamma$-Strahlen auf besonders gestörte Stellen im Kristall (Verunreinigungen) denken, doch gibt LIND nicht an, daß solche carbon spots bei Bestrahlung mit $\beta$-$\gamma$-Strahlen allein aufgetreten wären. Vielleicht handelt es sich um eine Wirkung von Neutronen, die von den $\alpha$-Strahlen ausgelöst werden bzw. von Atomkernen, die durch diese Neutronen beschleunigt werden. Durch wiederholtes Erhitzen auf Rotglut und Wiederabkühlen verschwinden die carbon spots.

Über die Lumineszenz des Diamanten liegt bereits eine umfangreiche Literatur vor, die jedoch hier nicht behandelt werden soll, da ein Mitspielen der Radioaktivität ebensowenig erwiesen ist wie bei den Farben der natürlichen Diamanten, und PRINGSHEIM diesem Gegenstande einen eigenen Abschnitt widmet. Es sei hier nur erwähnt, daß ROBERTSON (696) die Diamanten nach ihrem ganzen physikalischen Verhalten in zwei Klassen, die Typen I. und II., einteilt und von den Arbeiten, die seit dem Erscheinen des Buches von PRINGSHEIM bekannt geworden sind, die folgenden angeführt: BISHUI (54, 54a), BULL und GARLICK (84), CHANDRA-SEKHARAN (106), CUSTERS (137), GRENVILLE-WELLS (257a), PEARL-STEIN und SUTTON (592), PRINGLE und PEACE (629), RAMAN und JAYA-RAMAN (672), G. R. RENDALL (679) TAYLOR (836).

# XI. Die pleochroitischen oder Verfärbungshöfe

## 1. Wesen und Vorkommen der Höfe

Zu den reizvollsten Verfärbungserscheinungen gehören zweifellos die pleochroitischen oder Verfärbungshöfe, auch radioaktive Höfe genannt. Diese Höfe, durch die Färbung von ihrer Unterlage differenzierte kugelige Gebilde von einigen Hundertstel mm Halbmesser, waren insbesondere in Glimmern den Mineralogen schon lange bekannt. O. MÜGGE (556—558) und J. JOLY (406, 407) teilen sich in das Verdienst, den radioaktiven

Ursprung dieser Höfe erkannt zu haben. Diese ließen sich auch durch
Auflegen von Körnchen eines Radiumsalzes auf gewisse Mineralien künstlich erzeugen. Im Mittelpunkt eines voll ausgebildeten Hofes befindet
sich ein winziger Einschluß eines stärker radioaktiven Minerals, im
Glimmer meist Zirkon, im Fluorit (Wölsendorf, Striegau) wahrscheinlich
eine Uranverbindung. Über die Kerne der Höfe siehe auch HUTTON (381).
Die vom Kern ausgehenden $\alpha$-Strahlen verändern das Wirtsmineral innerhalb einer Kugel, deren Radius — bei Vernachlässigung der Kerndimen-
sionen — gleich der der Reichweite der $\alpha$-Strahlen im betreffenden Material ist. Da der Kern im allgemeinen verschiedene $\alpha$-Strahler enthält,
etwa alle Glieder der Uran-Radiumreihe, so werden sich meist mehrere
konzentrische Kugeln bilden. Der Querschnitt durch das Zentrum liefert
ein System von konzentrischen Kreisen. Größere Kerne umgeben sich
mit Säumen, deren Breite gleich der Reichweite ist. So liefern längliche
Kerne ovale Höfe, nach allgemein morphologischen Prinzipien. Spalten

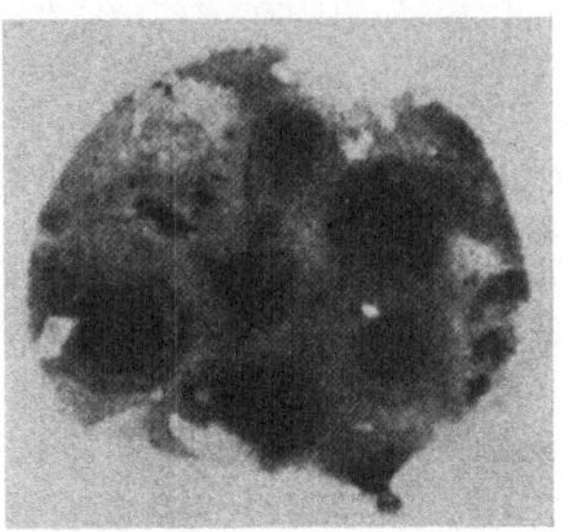

Abb. 66. Pleochroitische Höfe in
Hornblende (nach GUDDEN).

und Risse, in denen sich radioaktive Substanzen abgelagert haben, erscheinen manchmal der ganzen Länge nach von parallelen
Säumen begleitet. Die Farbe der Höfe
richtet sich nach der Bestrahlungsfarbe des
betreffenden Wirtsminerals; sie ist braun im
Glimmer, violett im Fluorit. Manchmal ist
die Farbe der Höfe auch heller als der Untergrund: ausgebleichte Höfe, siehe hiezu auch
WEBER (879), VAN DER LINGEN (489). Eine
derartige Ausbleichung ist auch künstlich
durch starke $\alpha$-Strahlendosen erhalten worden
[JENRZEJOWSKI (403)]. Verfärbungshöfe bilden
sich nur da, wo das Grundmaterial entsprechend sensibilisiert ist. Wo sich
ein Kern an der Grenze eines zart getönten und eines farblosen Gebietes
befindet, bildet sich der Hof nur in ersterem aus, siehe Abb. 69.

Höfe sind bisher beobachtet worden in: Glimmer (Biotit, Lithion-
glimmer, Muskowit), Hornblende, Abb. 66 (Strahlstein, Grünerit, gemeine
Hornblende, Glaukophan, Artvedsonit), Chlorit, Ainigmatit, Cordierit,
Turmalin, Fluorit, Spinell, Granat. Alle diese Mineralien sind also durch
$\alpha$-Strahlen verfärbbar. MÜGGE hält ihr Auftreten auf Grund künstlicher
Färbungsversuche noch in Steinsalz, Karpholit und basaltischer Horn-
blende für möglich; fraglich erscheinen ihm Angaben über Höfe in Stauro-
lith, Zyanit, Andalusit, Augit, Titanit und Ottrelith. RAMDOHR (673)
beschreibt Höfe in Quarz, Yttrofluorit und Zinnstein; über Höfe in Biotit,
Hornblende und Cordierit siehe HÖVERMANN (375), in Biotit auch BATE-
SON (32). M. STARK (797) hat eine eingehende Untersuchung über das
Vorkommen von pleochroitischen Höfen in verschiedenen Gesteinen
angestellt und findet, daß sie am häufigsten in solchen Gesteinen sind,
die bei hohen Temperaturen und starken Drucken entstanden sind.
Sollte dies mit einem größeren Gehalt an radioaktiven Stoffen zusammenhängen oder mit einem höheren Störgrad?

Unscharf begrenzte Verfärbungshöfe von 0,5—6 mm Durchmesser um Monazitkerne in Quarz hat LAEMMLEIN (467) beobachtet und auf die $\beta$-Strahlung der Thorzerfallsprodukte zurückgeführt.

## 2. Die Entstehungsgeschichte der Höfe

Die Theorie und Entwicklungsgeschichte der Höfe in dunklen Glimmern, Chloriten, Hornblenden und Turmalinen ist insbesondere von B. GUDDEN (262) behandelt worden. In der Theorie wird Verfärbung und Entfärbung durch die Strahlung sowie eine Dunkelreaktion (spontane Abnahme der Färbung) in einfachster Weise in Rechnung gesetzt, vgl. S. 83. Die Dunkelreaktion wird bei höheren Temperaturen experimentell untersucht und in Abhängigkeit von der Zeit im Bereich von 600 bis 800° C für Cordierit, Hornblende und Turmalin der Formel $k = k_0 e^{-\delta t}$ entsprechend gefunden, wobei $\delta$ mit der Temperatur rasch ansteigt. Bei Biotit konnte keine Entfärbung bei Temperaturerhöhung beobachtet werden, da sich dabei der Untergrund schwärzt, vgl. POOLE, S. 225.

Die Höfe bestehen, wenn voll entwickelt, meist aus einer gleichmäßig dunklen Kreisscheibe, umgeben von einem oder mehreren aneinander anschließenden Kreisringen, jeder für sich wieder gleichmäßig gefärbt, aber von Ring zu Ring nach außen hin immer heller werdend. Es sieht so aus, als seien durchscheinende Kreisscheiben von verschiedener Größe konzentrisch aufeinandergelegt, Abb. 66. Bei unvollständiger Entwicklung zeigt sich erst unmittelbar am Kern eine nach außen diffus abnehmende Schwärzung. Die Erklärung ist folgende: Von der Ionisierung der Gase ist bekannt, daß sie längs der Bahn eines einzelnen $\alpha$-Teilchens bis gegen das Ende der Reichweite zunimmt (BRAGGsche Kurve). Dasselbe nimmt GUDDEN für die Ionisation fester Körper an. Dies ist später von G. KÜRTI (462) experimentell bewiesen worden, indem er Polonium-$\alpha$-Strahlen durch übereinandergelegte Glimmerblättchen sandte und mittels einer Mikrophotometeranordnung zeigen konnte, daß die Schwärzung innerhalb der Reichweite mit zunehmendem Abstand des Blättchens vom Poloniumträger zunimmt. Die Verfärbung hat also gegen Ende der Reichweite ein Maximum. Bei der Bildung der Höfe hat man es aber nicht mit angenähert parallelen $\alpha$-Strahlen, sondern mit einem vom Kerne aus divergierenden Büschel zu tun, so daß die Strahlungsintensität mit dem Quadrat des Abstandes vom Kernmittelpunkt abnehmen wird. Diese Abnahme überkompensiert die Zunahme der Ionisation nach der BRAGGschen Kurve. Bei Beginn der Verfärbung wird diese daher zuerst unmittelbar am Kern merklich werden und sich allmählich ausbreiten bis zum Ende der Reichweite; sie nimmt dann längs der ganzen Reichweite erst rasch, dann langsamer zu, bis ein Sattwert der Färbung erreicht ist und eine annähernd gleichförmig geschwärzte Scheibe gebildet ist. Dasselbe gilt für $\alpha$-Strahlen größerer Reichweite. Der Ring, dessen Breite durch die Differenz der beiden Reichweiten gegeben ist, wird aber heller sein, da ja in ihm nur die $\alpha$-Strahlen größerer Reichweite wirken, die innere Kreisscheibe aber von den Strahlen beider Reichweiten getroffen wird und erfahrungsgemäß und der Theorie entsprechend der Sattwert der Färbung mit der Intensität der Bestrahlung ansteigt. Daß sich diese Abhängigkeit der Sattfärbung von der Bestrahlungsintensität nicht auch in dem nur von einer Strahlenart getroffenen Ring bemerkbar macht, wird wohl daher rühren, daß die Abnahme der Intensität der Strahlung nach außen durch die Zunahme der Ionisation gegen Ende der Reichweite einigermaßen kompensiert wird.

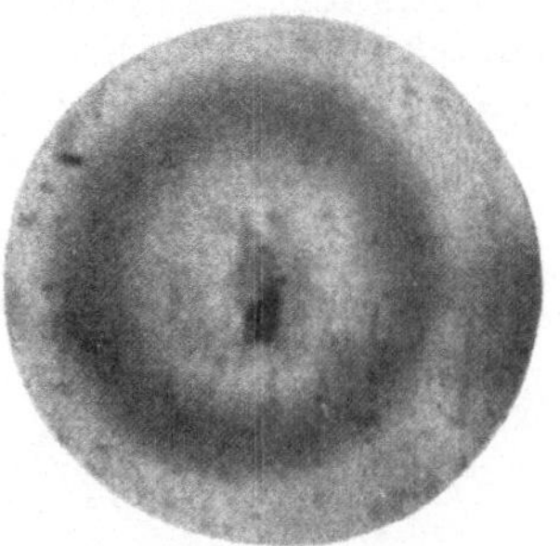

Abb. 67. Pleochroitischer Hof in Cordierit (nach GUDDEN).

GUDDEN hat auf Grund seiner Theorie die verschiedenen Entwicklungsstadien der Höfe berechnet und für alle Stadien Beispiele beobachtet. Die verschiedenen Entwicklungsstadien sind deshalb gleichzeitig in ein und demselben Glimmerstück zu finden, weil die Radioaktivität der Kerne sehr verschieden ist und zu einer gegebenen Zeit der Hof um einen schwach aktiven Kern einem früheren Stadium entspricht als einer um einen stark aktiven Kern. Die Höfe zeigen bisweilen ein etwas dünkleres Aussehen am Ende der Reichweite. Es lag nahe, dies mit der BRAGGschen Kurve in Beziehung zu setzen. GUDDEN fand aber, daß diese Erklärung nicht ausreicht, und führte die „Randverstärkung" auf eine optische Täuschung (MACHsche Täuschung) zurück. Allein HENDERSON (321—324) hat mittels eines sehr feinen Mikrophotometers die Randverstärkung in Biotit als reell nachweisen können. Die Erklärung wird bei Besprechung der Höfe in Fluorit gegeben werden, S. 230.

Einen anderen Typus von Höfen stellte GUDDEN im Cordierit fest, Abb. 67.

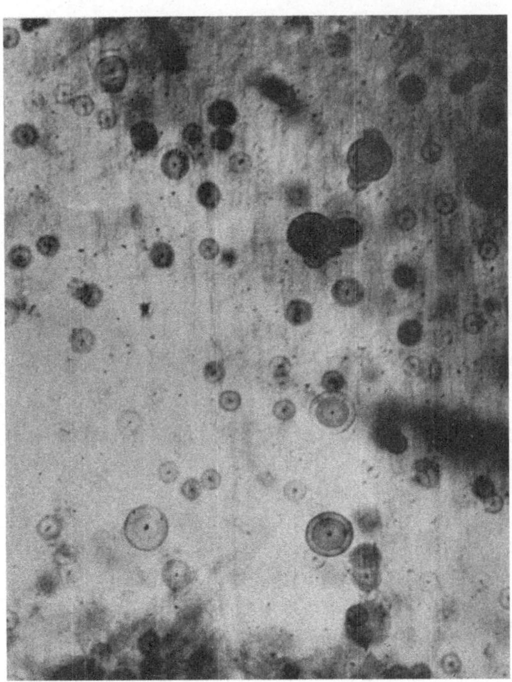

Abb. 68. Pleochroitische Höfe im Fluorit von Striegau (nach H. HABERLANDT).

Hier breitet sich die Färbung als ein verschwommener Ring bzw. eine Kugelschale vom Kern bis zur vollen Reichweite aus, indem im Innern wieder Aufhellung

eintritt. GUDDEN vergleicht dies sehr treffend mit der Ausbreitung der
·sogenannten Hexenringe auf unseren Wiesen.

Einen dritten Typus bilden die von MÜGGE im Fluorit von Wölsendorf
entdeckten Höfe, die insbesondere von A. SCHILLING (720) eingehend
untersucht worden sind. Hier bestehen die embryonalen Höfe wieder aus
einer diffusen nach außen abnehmenden Färbung um den Kern. Dann

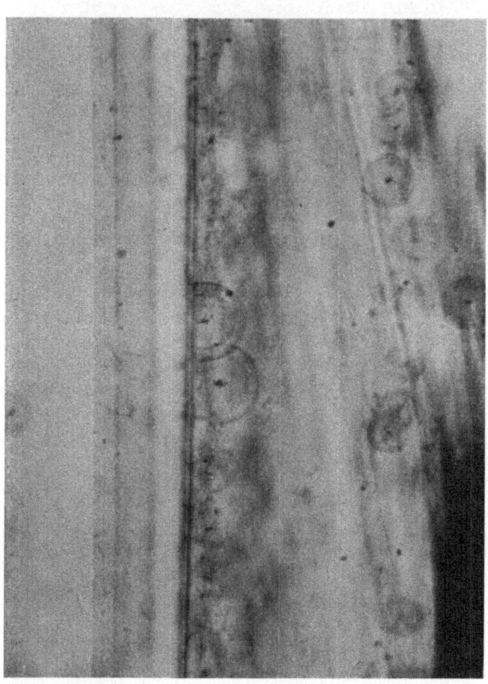

Abb. 69. Pleochroitische Höfe im Fluorit von Striegau (nach
H. HABERLANDT).

aber bilden sich die Enden der Reichweiten als violette Ringe auf hellem Grunde weiter draußen ab, während im Inneren die Färbung tiefer wird und sich weiter ausbreitet, bis schließlich von innen heraus wieder ein Ausbleichen stattfindet.

SCHILLING gibt für dieses Verhalten die folgende Erklärung: Damit eine stabile Färbung des Fluorits eintritt, soll die Ionisierungsdichte einen gewissen Betrag übersteigen müssen, was mit der Bildung größerer Calciumkomplexe erklärt wird. Dies wird zuerst in der Nähe des Kernes wegen der hohen Strahlungsintensität, dann aber auch im Maximum der BRAGGschen Kurve, also gegen Ende der Reichweiten eintreten. Die Tiefe der Färbung hängt von der Zahl, aber auch von der Größe der Ca-Teilchen ab. Steigt letztere mit der Zeit durch Koagulation über einen gewissen Wert, so wird die Färbung wieder abnehmen. Dadurch erklärt sich das Ausbleichen im Inneren, aber auch eine merkwürdige bisweilen beobachtete Verdoppelung der Ringe, die von einem Ausbleichen im Maximum der BRAGGschen Kurve herrührt. SCHILLING hat auch versucht, diese an sich plausible Deutung durch ultramikroskopische Beobachtungen zu kontrollieren, die indessen sehr heikler Natur sind. Bedenken gegen die Deutung der Fluoritfärbung durch Ca-Kolloide sind schon an einer früheren Stelle, S. 170, vorgebracht worden. Wenn es sich beim Ausbleichen um eine Zunahme der Ca-Teilchengröße handelte, wäre überdies eine kontinuierliche Farbtonänderung der Höfe mit fortschreitender Ausbleichung zu erwarten, worüber nichts bekannt ist. Es kommt aber noch ein anderer Gesichtspunkt in Betracht. G. KIRSCH (431) hat hervorgehoben, daß an den Enden der Reichweiten infolge des Steckenbleibens der α-Teilchen, also von Helium-Kernen, mit der Zeit eine Ansammlung von Helium auf engem Raume stattfinden muß, die zu Gitterstörungen führen könnte. Diese begünstigen aber bis zu einem gewissen Grade die Verfärbung, während bei weitergehender Störung die Färbbarkeit wieder abnimmt. Daß sich in den dunklen Ringen die Verfärbbarkeit tatsächlich geändert hat, geht aus einer Beobachtung G. KÜRTIS (462) hervor, nach welcher sich ein Fluorit von Striegau unter künstlicher α-Bestrahlung nicht merklich verfärbt, die violetten Ringe der Verfärbungshöfe aber dabei ihre Farbe von Blauviolett in Rotviolett ändern (vgl. die Piezochromie der Fluoritdünnschliffe, S. 175). Der Fluorit von Striegau unterscheidet sich von dem Wölsendorfer dadurch, daß, während bei letzterem die Höfe nur in krümelig zerstörten Stücken und nicht in gut kristallisierten Teilen auftreten, bei ersterem die Höfe massenhaft in manchen Schichten klarer Kristalle erscheinen, so daß sie ohne Dünnschliff zu beobachten sind [H. HABERLANDT (282)], Abb. 68 und 69.

Wie der Name schon besagt, sind die zuerst im doppelbrechenden Glimmer bekanntgewordenen Höfe pleochroitisch. Als dann solche Höfe auch im isotropen Fluorit gefunden wurden, hat man die allgemeinere Bezeichnung Verfärbungshöfe oder radioaktive Höfe vorgeschlagen. Indessen zeigen auch die Höfe im Fluorit meist schwachen Pleochroismus. Durch die α-Strahlen treten eben Störungen des regulären Fluoritgitters und damit Spannungen auf, die eine schwache Doppelbrechung zur Folge haben. Die Störung kann sich aber bis zur vollständigen *Zer*störung des Gitters steigern, so daß das doppelbrechende Medium isotropisiert wird. In die zerstörten kugelförmigen Gebiete können andere Substanzen eindringen, so daß es förmlich zu Pseudomorphosen nach den Höfen kommt (Ferrithöfe (257)].

## 3. Hofradien und Reichweite der α-Strahlen

Die Radien der voll entwickelten Höfe stimmen meist gut mit den Reichweiten der verschiedenen α-Strahler überein. Zur Messung müssen

Tabelle 35. *Hofradien in Fluorit, Uranreihe*

| Element | Gemessener Ring-halbmesser in $\mu$ | Daraus berechnete Reich-weite in Luft, in cm | Gemessene Reichweite in Luft, 0 °C, nach H. GEIGER |
|---|---|---|---|
| RaC′ .............. | 34,5 | 6,61 | 6,61 |
| RaA.............. | 23,5 | 4,50 | 4,48 |
| Rn .............. | 20,5 | 3,93 | 3,91 |
| Po .............. | 19,3 | 3,695 | 3,72 |
| Ra .............. | 16,9 | 3,24 | 3,21 |
| Io .............. | 15,8 | 3,03 | 3,03 |
| U II .............. | 14,4 | 2,76 | 2,91 |
| U I .............. | 14,0 | 2,68 | 2,53 |

Höfe herangezogen werden, bei denen der Schliff durch den möglichst kleinen Kern im Zentrum hindurchgeht. Die Reichweite der $\alpha$-Strahlen im Mineral ist aus der in Luft gemessenen unter Berücksichtigung des Bremsvermögens des betreffenden Minerals zu berechnen, worüber in den Lehrbüchern der Radioaktivität das Nötige zu finden ist. So fand SCHILLING (720) für die Höfe der Uranreihe in Fluorit die Zahlen der Tabelle 35.

Auf $\alpha$-Strahler der Actiniumreihe sind Ringe in Glimmer mit dem Radius 27,1 $\mu$ zurückzuführen, Luftäquivalent 5,50 cm, gemessene Reichweiten in Luft: Actinon 5,79 cm, AcC 5,51 cm.

Für Thoriumhöfe in Glimmer ergaben sich folgende Zahlen:

Tab. 36. *Hofradien in Glimmer, Thoriumreihe*

| Element | Gemessener Ring-halbmesser in $\mu$ | Luftäquivalent in cm | Gemessene Reich-weite in Luft |
|---|---|---|---|
| ThC′ .............. | 41,80 | 8,55 | 8,62 |
| ThA .............. | 27,77 | 5,68 | 5,68 |
| Tn ............... | 23,86 | 4,88 | 5,06 |
| ThC .............. | | | 4,78 |
| ThX .............. | 20,00 | 4,09 | 4,35 |
| RdTh ............. | | | 4,02 |
| Th ............... | 12,38 | 2,53 | 2,6 |

Ein bisweilen auftretender Ring von 5,2 $\mu$ Radius, Luftäquivalent 1,05 cm, konnte in neuerer Zeit von POOLE (625) auf Samarium, Reichweite in Luft 1,15 cm, zurückgeführt werden, während ein anderer von 8,6 $\mu$ Radius, Luftäquivalent 1,74 cm, noch unaufgeklärt ist. Es liegen auch noch andere Andeutungen dafür vor, daß es noch unbekannte $\alpha$-Strahler gibt [POOLE u. a. (627), BRUCKL u. a. (80)].

Als interessante Folgerung der Übereinstimmung der Hofradien in alten Mineralien mit den heute bestimmten Reichweiten ergibt sich die Konstanz dieser Reichweiten und damit auch der mit ihnen eindeutig verknüpften Zerfallswahrscheinlichkeiten der $\alpha$-strahlenden Elemente über einen Zeitraum von mehr als einer Milliarde Jahren. Dies gilt allerdings nur, wenn man, was durchaus nicht selbstverständlich ist, eine absolute Unveränderlichkeit der einmal gebildeten Höfe annehmen darf; anderenfalls könnten sich die Höfe den sich jeweils ändernden Reichweiten anpassen. Bei einer Verkleinerung der Reichweite im Verlaufe geologischer Zeiträume könnten sich die Höfe infolge einer Dunkelreaktion auf den neuen Wert der Reichweite zusammengezogen haben. JOLY hat einmal aus Unstimmigkeiten in den Dimensionen von Uranhöfen auf eine Zunahme der Zerfallskonstante des Urans schließen zu können geglaubt, LOTZE (493) macht aber darauf aufmerksam, daß es sich um eine fortschreitende Auflockerung des Grundmaterials durch die $\alpha$-Strahlung und daraus resultierender Verlängerung der Reichweite handeln wird.

# 4. Altersbestimmungen von Mineralien an Hand der Höfe

JOLY und RUTHERFORD (408) haben versucht, die pleochroitischen Höfe zur Bestimmung des Alters der Wirtsmineralien heranzuziehen. Es wurde Glimmer künstlich mit $\alpha$-Strahlen in steigender Dosis verfärbt. Durch Vergleich der Färbung der Höfe mit der so erhaltenen Skala wurde die Dosis ermittelt, welche die natürliche Färbung der Höfe erzeugt haben sollte. Die Radioaktivität des Kernes wurde aus der mittleren Aktivität der Kernsubstanz (Zirkon) geschätzt und so ein angenäherter Wert für die Intensität der $\alpha$-Strahlung gewonnen. Division der Dosis durch die Intensität sollte die Dauer der Einwirkung, also das Alter des Minerals ergeben, seit seiner Abkühlung bis zu einer Temperatur, bei der die Entfärbung vernachlässigt werden kann. So geistreich diese Methode auch ist, so ist sie doch schweren Bedenken ausgesetzt. So ist ein Vergleich mit den anderen Altersbestimmungen auf Grund radioaktiver Daten (Blei- und Heliummethode) nicht möglich, weil diese das Alter des Minerals vom Zeitpunkte seiner Erstarrung angeben, jene aber von einem viel späteren, nämlich von der letztmaligen Abkühlung auf eine ziemlich niedrige Temperatur. Letztmalig ist hinzuzufügen, weil Erhitzen und Abkühlung wiederholt abgewechselt haben dürften. In der Tat ergibt sich aus den Höfen ein geringeres „Alter". Schwerwiegender ist aber der Umstand, daß diese Methode die Verfärbung als Funktion der Dosis betrachtet, Intensität und Zeitdauer also als gleichberechtigte Faktoren in Rechnung setzt, was aber, wie GUDDEN mit Recht hervorhebt, sicherlich nicht zutreffend ist. Dazu kommt die Unsicherheit in der Abschätzung der Radioaktivität der Kerne. Diese ist allerdings durch GUDDEN verbessert worden: auf den unbedeckten, die Höfe enthaltenden Dünnschliff wird eine photographische Emulsion aufgegossen. Nach einiger Zeit — selbstverständlich im Dunkeln aufbewahrt — entwickelt, zeigt sie unter dem Mikroskop von den Hofkernen ausgehende, durch die einzelnen $\alpha$-Strahlen gebildete Punktreihen, aus deren Zahl pro Zeiteinheit die Aktivität der Kerne bestimmt werden kann. Auf diesem Wege lassen sich Uranmengen bis herab zu $10^{-11}$ g nachweisen. Durch Benützung der heute so sehr vervollkommneten „nuclear emulsions" läßt sich diese Methode noch verfeinern, man vergleiche etwa die Untersuchungen PICCIOTTOS (606, 607) über die Verteilung der Radioaktivität in Mineralien und Gesteinen. Obwohl nun auf diese Weise die Bestimmung der Radioaktivität der Kerne sicher durchführbar ist, so scheitert die Altersbestimmung nach der besprochenen Methode an dem allzukomplizierten Zusammenhang der Verfärbung mit der Strahlungsintensität, Dauer, Temperatur und etwaigen Gitterstörungen.

Mehr verspricht eine von HENDERSON (321) angegebene Methode der Altersbestimmung aus dem Verhältnis der Schwärzung der Ringe der Actiniumreihe zu jener der Uranreihe. Da der Stammvater des Actiniums, das Actinuran 235, kurzlebiger ist als U I 238, so sollten die Ringe der Actiniumreihe um so mehr gegen jene der Uranreihe hervortreten, je älter das Mineral ist, da wegen der kürzeren Halbwertszeit des Actinurans in den älteren Mineralien ursprünglich mehr von diesem Isotop vorhanden war. HENDERSON benützt zur Berechnung des Alters $t$ die Beziehung:

$$\frac{n_4}{n_1} = \frac{\lambda_1\, B\, (e^{\lambda_4 t} - 1)}{\lambda_4\, (e^{\lambda_1 t} - 1)}\,,$$

wo $n_1$ und $n_4$ die Zahl der RaC'- oder RaG-Atome und jene der AcC oder AcD-Atome bedeuten, die sich im Laufe der Zeit gebildet haben, $\lambda_1$ und $\lambda_4$ der Zerfallskonstanten von UI und AcU, und $B = \lambda_4 N_4 / \lambda_1 N_1$, wo $N_1$ und $N_4$ die Zahl der gegenwärtig vorhandenen UI - und AcU-Atome sind. Der Quotient $n_4/n_1$ läßt sich nach HENDERSON aus der relativen Schwärzung der AcC- und der RaC'-Ringe ermitteln.

Die Schwärzungen werden mittels eines eigens konstruierten Mikrophotometers gemessen. Die genaue Photometrierung der Ringe ist recht heikler Natur und ferner sind die Actiniumringe ziemlich selten, so daß auch diese Methode kaum sehr ausgedehnte Anwendung finden wird.

# XII. Schlußwort

Während im ersten Teil dieser Schrift versucht worden ist, eine Übersicht über den derzeitigen Stand der Forschung über Farbzentren und die damit zusammenhängende Lumineszenz zu geben, ist im zweiten Teil gezeigt worden, daß die auf S. 127 aufgestellten Kriterien für eine natürliche Bestrahlungsfarbe für eine ganze Reihe von Mineralien erfüllt sind sowie auch die Lumineszenzerscheinungen vielfach auf eine radioaktive Einwirkung in der Natur hinweisen. Die Liste der sicher oder doch möglicherweise durch Bestrahlung in der Natur gefärbten Mineralien ist die folgende:

Steinsalz, Villiaumit, Fluorit, Rauchquarz, Amethyst, Zirkon, Kalkspat, Langbeinit, Thenardit, Anhydrit, Cölestin, Baryt, Salpeter (Caliche), Apatit, Pyromorphit, Kunzit, Sodalith, Topas, Feldspat, Glimmer, Beryll, Turmalin sowie die auf S. 227 angeführten Mineralien, in denen pleochroitische Höfe gefunden worden sind.

Ausführlich, aber auch noch nicht ganz vollständig behandelt sind indessen bisher nur Steinsalz und Fluorit. Nur in diesen Fällen ist der Nachweis geführt, daß das Spektrum der natürlichen Färbung mit dem der künstlich durch Bestrahlung erzeugten übereinstimmt und daß die in der Natur gegebenen Strahlenquellen auch zur Erzeugung der natürlichen Färbung genügen. Was auch hier fehlt, ist noch die Bestimmung aller in Betracht kommender Größen: Radioaktivität, Spektrum, Stabilität der Färbung, Sensibilisierung durch Verunreinigungen und Verformung an ein und demselben Stück, woraus sich erst ergeben wird, weshalb gewisse Stücke gefärbt sind und andere nicht. Ferner fehlt noch die Festlegung des Ortes der Stücke an der Fundstelle, zum Zwecke etwaiger Rückschlüsse aus dem Verhalten der Stücke auf die Geschichte der Lagerstätte.

Indessen hofft der Verfasser, daß auch das Vorliegende genügen wird, um das Interesse an solchen weiteren Untersuchungen wachzurufen.

# Literaturverzeichnis

*(Die Kursiv gedruckten Ziffern bedeuten die Seiten, auf denen die betreffende Arbeit zitiert ist.)*



1. ABEGG, R.: Über die Natur der durch Kathodenstrahlung veränderten Salze, Wied. Ann. **62**, 425, 1897. *55.*

2. ADIROWITSCH, E. J: Elektronenzustände in gestörter Kristallstruktur, Abh. a. d. Sowjet. Phys. **1**, 71, 1951. *95.*

3. — Strahlungslose Elektronenübergänge in einer gestörten Kristallstruktur, Abh. a. d. Sowjet. Phys. **1**, 77, 1951. *95.*

4. — Bändertheorie der Kristalle und die Erscheinung des kalten Aufleuchtens, Abh. a. d. Sowjet. Phys. **1**, 83, 1951. *95.*

5. ADLER, N.: Über die Entfärbung natürlicher blauer und violetter Steinsalzkristalle, Acta Phys. Austriaca **4**, 71, 1950. *28, 123, 125.*

5a. ADLER, H.: Über ein schnellregistrierendes Absorptionsspektrometer, Diss. Wien, 1952. *15.*

6. ALBURGER, D. E.: Heat production in potassium, Phys. Rev. **81**, 888, 1951. *132.*

7. ALDRICH, L. T. und A. O. NIER: The occurence of $He^3$ in natural sources of helium, Phys. Rev. **74**, 1590, 1948. *135.*

8. ALEXANDER, J. und E. E. SCHNEIDER: Electron defect centres in alcali halides. Nature **164**, 653, 1949. *32, 70.*

8a. ALGER, R. S.: Integrating crystal detectors for high energy photons and particles, J. appl. Phys. **21**, 30, 1950. *8.*

8b. ALLEN, R. D.: Variations in chemical and physical properties of fluorite, Amer. Min. **37**, 910, 1952.

9. ALT, M. und H. STEINMETZ: Über die Thermolumineszenz von Quarz, Zs. f. angew. Min. **2**, 153, 1940. *202.*

10. AMELINCKX S.: Growth mechanism of carborundum crystals, Nature **168**, 431, 1951. *56.*

11. — Spiral growth patterns on Apatite-crystals, Nature, **169**, 841, 1952.

12. ANDRADE, E. N. da C.: Effect of $\alpha$-ray bombardment on glide in metal crystals, Nature **156**, 113, 1945. *43.*

13. ANDRÉ, K.: Über ein blaues Steinsalz, Kali **6**, 497, 1912. *141.*

14. APKER, L. und E. TAFT: Photoelectric emission from F-centers, Phys. Rev. **79**, 964, 1950. *49.*

15. APRODOV, V. A.: Blue halite from the Solikamsk potassium deposits, C. R. Acad. Sc. USSR. **48**, 346, 1945. *117, 119, 131.*

16. ARSANDAUX, A.: Observations sur quelques fluorines violettes, Bull. soc. franc. min. **58**, 268, 1935. *159.*

17. ARMSTRONG, ELIZABETH: Relation between secondary Dauphiné twinning and irradiation coloring in quartz, Amer. Min. **31**, 456, 1946, Phys. Rev. **68**, 282, 1945. *204.*

18. ARSENJEWA, A.: Über den Einfluß des Röntgenlichtes auf das Absorptionsspektrum der Alkalihalogenidphosphore, Zs. Phys. **57**, 163, 1929. *35.*

19. Arzybyzew, S. und A. Toporec: La nature du „chaperon" rouge se formant à la frontiére de la zone colorée dans certains cristaux des halogénures alcalins, J. phys. e. l. radium **5**, 619, 1934. *37*.

20. Aten, A. H. W. jr.: High energy ions in crystal lattices, Phys. Rev. **71**, 641, 1947. *10*.

21. Audubert, R., M. Bonnemay und Margueritte Lautout: Sur la phosphorescence des quartz, C. R. **230**, 1771, 1950. *204*.

22. Bach, F. und K. F. Bonhoeffer: Über den photographischen Elementarprozeß bei Lithiumhydrid, Naturwiss. **20**, 940, 1932. *23*.

23. — — Zur Photochemie des festen Lithiumhydrids, Zs. phys. Chem. B, **23**, 256, 1933. *23*.

24. Bailey, A. C. und J. W. Woodrow: The phosphorescence of fused quartz, Phil. Mag. **6**, 1104, 1928. *100*.

25. Baly, E. C. C.: Violettfärbung von Quarzglas durch UV. Spectroscopy **2**, 101, 1927. *73*.

26. Balló, R.: Die Ursachen der Phosphoreszenz des Flußspates, Chem. Ztg. **38**, 1266, 1914. *182*.

27. Ballczo, H.: Kaliumgehalt des Steinsalzes, persönliche Mitteilung. *132*.

27a. Bappu, M. K. W.: Spectroscopic study of amethyst quartz in the visible region, Indian J. Phys. **26**, 1, 1952. *205*.

28. Barnes, R. B.: The plasticity of rock salt and its dependence upon water, Phys. Rev. **43**, 82, 1933, **44**, 898, 1933, Naturwiss. **21**, 193, 1933. *145*.

29. Barth, T. und G. Lunde: Über das Mineral Villiaumit, Zentralbl. f. Min. usw., A, 1927, 57. *156*.

30. — — Der Unterschied der Gitterkonstanten von Steinsalz und von chemisch reinem Natriumchlorid, Zs. phys. Chem. **126**, 417, 1927. *131*.

31. Bartlett, H. H.: Radiocarbon datability of peat, marl, caliche and archaeological materials, Science **114**, Nr. 2951, 55, 1951. *216*.

32. Bateson, S.: Pleochroic haloes in biotite, Proc. Nova Scotia Inst. o. Sci. **18**, 73, 1933. *227*.

33. Bauer, G.: Absolutwerte der optischen Absorptionskonstanten von Alkalihalogenidkristallen im Gebiete ihrer ultravioletten Eigenfrequenzen, Ann. Phys., **19**, 434, 1934. *21*.

34. Bauer, M. und Schlossmacher: Edelsteinkunde, Leipzig, 1932. *220*.

35. Baumgärtel, B.: Blaue Kainitkristalle vom Kalisalzwerk Asse bei Wolfenbüttel, Zentralbl. f. Min. usw., 1905, 449. *214*.

36. Bayley, P. L.: Coloration of the alkali halides, Phys. Rev. **24**, 495, 1924. *4, 22, 23, 26, 48*.

37. — X-ray coloration of kunzite and hiddenite, Phys. Rev. **29**, 353, 1927. *219, 220*.

38. — The effect of x-rays on the infrared absorption of kunzite and hiddenite, Phys. Rev. **31**, 1132, 1928. *219, 220*.

39. — The coloration of kunzite and hiddenite by x-rays, J.O.S.A. **17**, 350, 1928.

40. Beck, G. und W. Nowacki: Herstellung und Kristallstruktur von EuS und EuF₂, Naturwiss. **26**, 495, 1938. *200*.

41. Becke, F.: Der Aufbau der Kristalle aus Anwachskegeln, Lotos (Prag) N. F. **14**, 1894. *148*.

42. Becquerel, E.: La lumière, Paris, 1867. *89, 92, 179*.

43. — Etude spectrale des corps rendus phosphorescents par l'action de la lumière ou par les decharges électriques, C. R. **101**, 205, 1885. *3*.

44. Becquerel, H.: Recherches sur les phénomènes de phosphorescence produits par le rayonnement du radium, C. R. **129**, 912, 1899. *184*.

44a. BECQUEREL, H.: Contribution à étude de la phosphorescence, C. R. **144,** 691, 1907. *184.*

45. BEILBY, G. T.: Phosphorescence caused by betha-gamma-rays of radium, Proc. Roy. Soc. **74,** 506, 1905. *74.*

46. BELAR, MARIA: Spektrophotometrische Untersuchungen der Verfärbungserscheinungen durch Becquerelstrahlen, Wien. Ber. IIa **132,** 45, 1923. *4, 24, 25, 29, 162, 219.*

47. — Über die Verfärbung des Steinsalzes durch Becquerelstrahlen, Wien. Ber. IIa **135,** 187, 1926. *24, 25, 83.*

48. BERGER, H. und W. PAUL: Verteilung der Ionisationsdichte in einem mit schnellen Elektronen bestrahlten KCl-Kristall. Zs. Phys. **126,** 422, 1949. *9.*

49. BERLINER, J. F. T.: Potash bibliography to 1928, Bureau of Mines Bulletin Nr. 327. *119.*

50. BERNDT, G.: Radioaktive Leuchtfarben, Braunschweig, 1920. *102.*

51. BERTHELOT, M.: Synthèse du quartz améthyste; recherches sur la teinture naturelle et artificielle de quelques pierres precieuses sous les influences radioactives, C. R. **143,** 477, 1906. *162, 205.*

52. BHAGAVANTAM, S. und P. G. PURANIK: Fluorescence lines in the spectrum of light scattered by calcite, Nature **169,** 37, 1952. *220.*

53. BIEGELMEIER, G.: Über den Einfluß der Diffusion bei der natürlichen Färbung von Kristallen, Diss. Wien, 1948, Auszug: Acta Phys. Austriaca, 4, 278, 1950. *137, 138. 148.*

54. BISHUI, B. M.: On the origines of fluorescence in diamond, Indian J. o. Phys. **24,** 441, 1950. *226.*

54a. — On the fluorescence of diamond excited by X-rays. Indian J. Phys. **25,** 575, 1951. *226.*

55. BLANK, F. und F. URBACH: Über Sole in Kristallen, II., Wien. Ber. IIa **138,** 701, 1929. *18, 80.*

56. BLAU, MARIETTA: Eine neue Fremdabsorption in Alkalihalogenidkristallen, Götting. Nachr. Math. Phys. Kl. 1933, 401. *35.*

57. BLOCHINZEW, D.: Bemerkungen zur Phosphoreszenztheorie, Sowjet Phys. **10,** 424, 1936. *94.*

58. — Zur Theorie der gefärbten Kristalle, Sowjet. Phys. **10,** 431, 1936. *94.*

59. — Die Kinetik der Phosphoreszenz, Sowjet. Phys. **12,** 586, 1937. *94.*

60. BLUMER, H.: Strahlungsdiagramme kleiner dielektrischer Kugeln, Zs. Phys. **32,** 119, 1925, **38,** 304, 920, 1926, **39,** 195, 1926. *80.*

61. BOER, J. H. de: Über die Natur der Farbzentren in Alkalihalogenidkristallen, Rec. Trav. Chim. Pays-Bas, **56,** 301, 1937. *4, 59.*

62. BÖHM, W.: Kolloide und Farbzentren in additiv gefärbtem Steinsalz, Diss., Wien, 1951, Wien. Ber. IIa, **160,** 79, 1951. *80.*

63. BONANOMI, J. und J. ROSSEL: Etudes par scintillations des halogènures d'alcalins, Helv. Phys. Acta. **24,** 310, 1951. *96.*

64. BOOTH, A. H.: Thickening of sodium chloride crystallization layers by specific adsorption of foreign ions, Nature **165,** 968, 1950. *139.*

65. BORCHERT, W.: Verfärbung von Steinsalz durch Röntgenstrahlen, Heidelberger Beiträge z. Min. u. Petr. **1,** 203, 1948. *30, 69, 71.*

66. BORDAS, F.: Contribution à la synthèse des pierres précieuses de la famile des aluminides, C. R. **145,** 710, 1907. *209.*

67. BORN, H. J.: Der Heliumgehalt nicht α-strahlender Mineralien und seine Deutung, Naturwiss. **24,** 73, 1936. *135.*

68. — Geochemische Zusammenhänge zwischen Helium-, Blei- und Radiumvorkommen in den deutschen Salzlagerstätten, Kali, 1936, 41. *135.*

238 Literaturverzeichnis

69. Born, M.: Zur Deutung der ultravioletten Absorptionsbanden der Akali-halogenide, Zs. Phys. **79**, 62, 1932. *58.*

70. Bose, H. N.: On the after-glow of sodium chloride and its decay, Indian J. Phys. **21**, 21, 1947. *96.*

71. Bose, H. N. und J. Sharma: Luminescence spectra of alkali-halides, Proc. Nat. Inst. Sci India **16** 47, 1950. *96.*

72. Bowden, F. P., M. A. Stone und G. K. Tudor: Hot spots on rubbing surfaces and the detonation of explosives by friction, Proc. Roy. Soc. A **188**, 329, 1947. *109.*

73. Boyd, C. A.: A kinetic study of thermoluminescence of lithium fluoride, J. chem. Phys. **17**, 1221, 1949. *96.*

74. Brauer, P.: Über den Einbau von Tl+ in NaCl und KCl, Zs. Naturforsch. 6a, 560, 1951. *95.*

75. — Über Eu in Erdalkali-Oxyden und -Sulfiden, Zs. Naturforsch. 6a, 561, 1951. *200.*

76. Brauns, R.: Der Einfluß von Radiumstrahlen auf die Färbung von Sanidin, Zirkon und Quarz. Kristallform des Zirkons aus Saniden vom Laacher See, Zentralbl. f. Min. usw., 1909, 721. *2, 224.*

77. — Die Ursachen der Färbung dilut gefärbter Mineralien und der Einfluß von Radiumstrahlen auf die Färbung, Fortschr. d. Min. **1**, 129, 1911. *2.*

78. Brown, C. S. und L. A. Thomas: Response of synthetic quartz to x-ray irradiation, Nature **169**, 35, 1952. *204.*

79. Brown, W. L.: Fluorescence of manganiferous calcites, Univ. Toronto Studies, geolog. Series, Nr. 35, 1933. *212.*

80. Bruckl, A., F. Hernegger und Hermine Hilbert: Zur Kenntnis neuer in der Natur vorkommender α-Strahler, Wien. Anz., 12. April 1951. *232.*

81. Brünninghaus, L.: La phosphorescence des composés calciques manganési-fères, Determination de l'optimum. C. R. **144**, 859, 1907. *97.*

82. Buckley, H. E.: Crystal Growth, New York und London 1951. *18, 204.*

83. — I. The commoner surface features of silicon carbide crystals.
II. A note on the difficulties associated with modern theories of crystal growth, Zs. Elektrochem. **56**, 275, 1952. Proc. Phys. Soc. London, B, **65**, 578, 1952. *153.*

84. Bull, C. und G. F. J. Garlick: The luminescence of diamonds, Proc. Phys. Soc. A, **58**, 1283, 1950. *226.*

85. Bull, C. und D. E. Mason: The determination of the distribution of electron trapping states in phosphors, J. O. S. A. **41**, 718, 1951. *96.*

85a. Bullock, B. W. und S. Silvermann: A rapid canning spectrometer for oscillographic presentation in the near infra-red, J. O. S. A. **40**, 608, 1950. *15.*

86. Bünger, W. und W. Flechsig: Über die Beeinflussung der Phosphoreszenz-emission durch Licht, Götting. Nachr. Math. Phys. Kl. 1930, 308. *96.*

87. — — Über die Abklingung eines KCl-Phosphors mit TlCl-Zusatz und ihre Temperaturabhängigkeit, Zs. Phys. **67**, 42, 1931. *96.*

88. Bunsen, R. und G. Kirchhoff: Chemische Analyse durch Spektralbeobach-tungen, Pogg. Ann. **113**, 345, 1861. *3, 11.*

89. Burbidge, P. W.: The action of β- and γ-rays on rock salt crystals, Proc. Cambr. Phil. Soc. **30**, 62, 1934. *54.*

90. Burbidge, P. W. und T. C. Moorcraft: Spectrum emitted by potassium bromide crystals under x-rays, Nature **137**, 278, 1936. *103.*

91. Burkart, E.: Blaues Steinsalz, Tschermaks Min. Petr. Mitt. **29**, 371, 1910. *120.*

92. Burstein, E. und J. J. Oberly: Infra-red color center bands in the alkali, halides, Phys. Rev. **76**, 1254, 1949. *30, 69.*

93. BURSTEIN. E. und J. J. OBERLY: The nature of trapped hole color centers in the alkali halides, Phys. Rev. **79**, 903, 1950. *71.*

94. — — A note on the distribution of impurities in alkali halides, Phys. Rev. **81**, 459, 1951. *34.*

94a. BURSTEIN, E., J. J. OBERLY, B. W. HENVIS und M. WITHE: Color center formation in NaCl containing $Ag^+$, Phys. Rev. **86**, 255, 1952.

95. BURSTEIN, E., P. L. SMITH und J. W. DAVISSON: Color center formation in plastically deformed KCl, Bull. Amer. phys. Soc. **27**, Nr. 2, 40. 1952. *40, 68.*

96. BURTON, W. K.: Theory of crystal growth, Science News **21**, 26, 1951. *56.*

97. BURTON, W. K., N. CABRERA und F. C. FRANK: Role of dislocations in crystal-growth Nature **163**, 398, 1949. *56.*

98. BUTKOW, K. und I. WOJCIECHOWSKA: Elementary photochemical process in halides of bivalent metals, Nature **159**, 570, 1947. *55.*

99. BUTEMENT, F. D. S.: Absorption and fluorescence spectra of bivalent samarium, europium and ytterbium, Trans. Farad. Soc. **44**, 617, 1948. *165, 177, 191, 193.*

100. BUTEMENT, F. D. S. und H. TERRY: The absorption spectra of bi-valent samarium, J. Chem. Soc. London 1937, 1112. *165.*


101. CASLER, RUTH, P. PRINGSHEIM und P. YUSTER: Stability of color centers in alcali halides, J. chem. Phys. **18**, 887, 1950. *25, 69, 135.*

102. — — — V-centers in alkali halides, J. chem. Phys. **18**, 1564, 1950. *69.*

103. CERENKOW, P.: Visible luminosity of pure fluids under the influence of $\gamma$-radiation, Nature **134**, 675, 1934. *103.*

104. — Sichtbares Leuchten der reinen Flüssigkeiten unter der Einwirkung von harten $\gamma$-Strahlen, C. R. Moskau **14**, 101, 1937. *103.*

105. — Visible radiation produced by electrons moving in a medium with velocities exceeding that of light. Phys. Rev. **52**, 378, 1937. *103.*

106. CHANDRASEKHARAN, V.: Fluorescence and phosphorescence of diamond at different temperatures. Proc. Indian Acad. Sci. A **27**, 316, 1948. *226.*

107. CHAPMAN, D. L. und L. J. DAVIES: The phosphorescence of fused transparent silica, Nature **113**, 309, 1924. *100.*

108. CHATTERJEE, N.: Über die Fluoreszenzspektren der seltenen Erden in künstlichen Fluoriten und ihre Deutung, Zs. Phys. **113**, 96, 1939. *182, 201.*

109. CHATTERJEE, A.: On the x-ray luminescence spectra of alkali halides, Indian J. Phys. **24**, 265, 1950. *103.*

110. — On the x-ray luminescence spectra of thallium activated alkali halide crystal, Indian J. Phys. **24**, 331, 1950. *103.*

111. CHUDOBA, K. und T. DREISCH: Farbänderung und Absorption des Zirkons von Monka, Hinterindien, Zentralbl. f. Min. usw. A, 1936, 65. *206, 208.*

112. CHUDOBA, K., W. KLEBER und J. SIEBEL; Über Schwermetallchromophore in synthetischen Fluoriten, Chem. d. Erde, **13**, 472, 1941. *177.*

113. CHUDOBA, K. und M. v. STACKELBURG: Dichte und Struktur des Zirkons, Zs. Krist. **95**, 230, 1936, **97**, 252, 1937. *208.*

114. CLARKE, J. R.: The fluorescence and coloration of glasses produced by x-rays, Phil. Mag. **45**, 735, 1923. *73.*

115. COHN, B. E.: Luminescence and crystalline structure, J. Americ. Chem. Soc. **55**, 953, 1933. *100.*

116. COHN, B. E. und W. D. HARKINS: Thermoluminescence in glasses which contain two activators, J. Amer. Chem. Soc. **52**, 12, 1930. *100.*

117. COHN, E. E. und S. C. LIND: Luminescence and colour excited by radium in zinc borate glasses which contain manganese, Phys. Rev. **52**, 254, 1937. *73.*

118. Cohn, E. E. und S. C. Lind: Luminescence and colour excited by radium in glasses, J. phys. Chem. **42**, 441, 1938. *73*.

119. Collins, G. und V. G. Reiling: Cerenkov radiation, Bull. Amer. Phys. Soc. **13**, 43, 1938. *103*.

120. Coolidge, W. D.: High voltage cathode rays outside the generating tube, J. Franklin Inst. **202**, 693, 1926. *9, 210*.

121. Cork, J. M.: Induced color in crystals by deuteron bombardement, note on induced color in diamonds, Phys. Rev. **62**, 80, 494, 1942. *10, 157*.

122. Cornu, F.: Über Pleochroismus, erzeugt durch orientierten Druck am blauen Steinsalz und Sylvin, Zentralbl. f. Min. usw. 1907, 166. *39, 79, 131*.

123. — Beiträge zur Kenntnis des blauen Steinsalzes, N. Jahrb. f. Min. usw. 1908, 32. *119, 126, 127, 137*.

124. — Noch einmal: zur Frage der Färbung des blauen Steinsalzes, Mitt. a. d. min. geolog. Inst. d. montan. Hochschule Leoben, III., Stuttgart, 1909.

125. Cottrell, A. H.: Effect of solute atoms on the behaviour of dislocations, Report o. a conference on strength of solids, Bristol 1947, The Phys. Soc. 1948, 30. *56*.

126. Coustal, R.: Sur la luminescence permanente de certains sels d'uranium crystallisés, C. R. **187**, 1139, 1928. *89*.

127. Croatto, U. und A. G. Maddock: Chemical identity of the sulfur formed by slow neutron bombardment of alkali chlorides, J. chem. Soc. Suppl. Nr. 2, 351, 1949. *10*.

128. Crookes, W.: On discontinuous phosphorescent spectra, Proc. Roy. Soc. **32**, 206, 1881. *178*.

129. — On the action of radium emanations on diamond, Proc. Roy. Soc. **74**, 47, 1904. *226*.

130. Curie, D.: Essais d'utilisation de la mécanique ondulatoire en phosphorescence, J. d. Phys. e. l. Radium **12**, 920, 1951. *94*.

131. Curie, Maurice: Recherches sur la photoluminescence, Thèse Paris 1923. *188*.

132. — Luminescence des corps solides, Paris 1934. *92*.

133. — Verres phosphorescents. Influence de la crystallisation, C. R. **203**, 996, 1936, **204**, 352, 1937. *100*.

134. — Fluorescence et phosphorescence, Paris 1946. *92*.

135. Curie, P. und Maria Curie: Effets chimiques produits par les rayons de Becquerel, C. R. **129**, 823, 1899. *3*.

136. Curtis, W. E.: The phosphorescence of fused transparent silica, Nature **113**, 495, 1924. *100*.

137. Custers, J. F. H.: Lamination in type II. diamonds, Research **4**, 131, 1951. *226*.

138. Czudnochowski, W. B. v.: Kathodokoloreszenz, Permutierende Lumineszenz und Thermoluminovariabilität, Elster-Geitel-Festschrift, Braunschweig 1915, 496. *186*.

139. Danckwortt, P. W.: Luminenszenzanalyse im filtrierten ultravioletten Licht, 3. Aufl., Leipzig 1934. *5*.

140. Daniels, F. und D. F. Saunders: The thermoluminescence of rocks, Science **111**, 462, 1950.

141. — — Glowing crystals, J. Franklin Inst. **252**, 371, 1951.

141a. D'Ans, J.: Über das blaue Steinsalz, briefl. Mitt. an Frau Prof. Karlik vom 21. 2. und 5. 8. 1939. *121, 136*.

142. Darapsky: Schwarzes Salz von Atacama, siehe 169, IV/2, 1396. *116*.

143. Dauvillier, A.: Sur le mécanisme des actions chimiques provoquées par les rayons x, C. R. **171**, 627, 1920. *4, 55*.

144. Dauzere, C.: Conductibilité électriques de l'air dans une mine de potasse de Catalogne, C. R. **204**, 38, 1937. *131*.

145. Dawson, J. M. und V. Vand: Observation of spiral growth-stages in n-paraffin single crystals in the electron microscop, Nature **167**, 476, 1951. *56*.

146. Debye, P. und J. O. Edwards: Long-lifetime phosphorescence and the diffusion process, J. chem. Phys. **20**, 236, 1952.

147. Dekker, A. J. und A. H. Morrish: Investigation of color centers by a single-photon counting method, Phys. Rev. **78**, 301, 1950. *104*.

148. De Ment, J.: Handbook of fluorescent gems and minerals; a practical guide for the gem and mineral collector, Portland, Oregon, 1949. *5*.

149. Delbecq, C. J., P. Pringsheim und P. Yuster: A new type of short wave length absorption band in alkali halides containing color centers, J. chem. Phys. **19**, 574, 1951. *70*.

150. Déribéré, M.: Thermoluminescence du marbre, Bull. Soc. franc. minéral. **61**, 295, 1938. *212*.

151. — Sur la fluorescence à grande persistence dans la groupe des calcaires naturelles, C. R. **207**, 222, 1938. *220*.

152. — Les minéraux luminescents : thermoluminescence de quelques feldspathoides et d'un scapolite, Ann. Soc. Géol. belge **61**, B, 175, 1938. *225*.

153. — Les phénomènes de luminescence dans le royaume minérale, Ann. chim. analyt. e. chim. appl. **21**, 119, 145, 1939. *5*.

154. Destriau, G.: The new phenomenon of electrophotoluminescence and its possibilities for the investigation of crystal lattice, Phil. Mag. **38**, 700, 774, 880, 1947. *101*.

155. Dexter, D. L: Note on the absorption spectra of pure and colored alkali halide crystals, Phys. Rev. **83**, 435, 1951. *60*.

155a. — University of Illinois Conference on Jonic Crystals, Science, **115**, Nr. 2982, 199, 1952. *69*.

156. Diatchenko, M. N.: The ultraviolet phosphorescence of x-rayed rock salt crystals, Sowjet. Phys. **13**, 55, 1938. *96*.

157. — Die ultraviolette Phosphoreszenz von Steinsalzkristallen (Russ.), J. exp. u. theor. Phys. **8**, 105, 1938. *96*.

158. Dieke, G. H. und A. B. F. Duncan: Spectroscopic properties of uranium compounds, New York, Toronto und London 1949. *89*.

159. Dienes, G. J.: Activation energy for the diffusion of coupled pairs of vacancies in alkali halide crystals, J. chem. Phys. **16**, 620, 1948. *60*.

160. Doelter, C.: Über die Stabilität der durch Radium erhaltenen Farben der Mineralien, Zentralbl. f. Min. usw. 1909, 232. *1*.

161. — Das Radium und die Farben, Dresden 1910. *1, 12, 128, 130, 157, 204*.

162. — Die Farben der Mineralien, insbesondere der Edelsteine, Braunschweig 1915. *128*.

163. — Neue Untersuchungen über die Farbenveränderungen von Mineralien durch Strahlung, Wien. Ber. I. **129**, 1, 1920. *1*.

164. — Erzeugung rosenroter Färbungen in Fluorit, Zentralbl. f. Min. usw. 1921, 479. *1, 169*.

165. — Über die Stabilität der durch Radiumstrahlen erzeugten Färbungen, Zentralbl. f. Min. usw. 1922, 161. *1*.

166. — Über Thermolumineszenz bei Flußspat, Zentralbl. f. Min. usw. 1924, 419. *1*.

167. — Beobachtungen über Verfärbung von Mineralien durch Bestrahlung, Tschermaks Min. Petr. Mitt. **38**, 456, 1925. *1, 172*.

168. — Das blaue Steinsalz, Wien. Ber. I. **138**, 113, 1929. *1, 119, 137, 143*.

169. DOELTER, C. und H. LEITMEIER: Handbuch der Mineralchemie, Dresden und Leipzig 1928. *1, 128.*

170. DOELTER, C. und J. NAGLER: Über Einwirkung von Radiumstrahlen auf Flußspat, Zentralbl. f. Min. usw. 1924, 673. *1, 186.*

171. DÖLL, W.: Über Halogenide des zweiwertigen Europiums, Zs. f. angew. Chem. 50, 912, 1937. *188.*

172. DORENDORF, H.: Ultraviolette Absorptionsbanden photochemisch behandelter KCl- und KBr-Kristalle, Zs. Phys. 129, 317, 1951 *69.*

173. DORENDORF, H. und H. PICK: Verfärbung von Alkalihalogenidkristallen durch energiereiche Strahlung, Zs. Phys. 128, 166, 1950. *69.*

173a. DREXLER O.: Die Farbzentrenausbeute in Steinsalz für $\beta$-Strahlen mittlerer Geschwindigkeit. Diss. Wien 1952. *65, 134, 135.*

173b. DUERIG, W. H. und J. J. MARKHAM: Color centers in alcali halides at 5° K, Phys. Rev. 88, 1043, 1952. *25.*

174. ECKERT, F.: Über einen besonderen Fall von Verfärbung und Lumineszenz von Glas, Zs. techn. Phys. 7, 300, 1926. *73.*

175. ECKERT, F. und K. SCHMIDT: Der Einfluß von Cer und Arsen auf das photochemische Verhalten von Silikatgläsern, Glastechn. Ber. 10, 80, 1932. *73.*

176. ECKSTEIN, H. P.: Distribution of fluorescence excitation of bivalent europium in calcium fluoride and of bivalent samarium in calcium sulphate, Nature 142, 256, 1938. *92, 165.*

177. EDNER, A.: Einfluß von Fremdzusätzen auf die Kohäsionsgrenzen und die ultramikroskopische Solbildung synthetischer Steinsalzkristalle, Zs. Phys. 73, 623, 1932. *122.*

178. EGGERT, J.: Zusammenfassender Bericht über die Vorgänge bei der Belichtung der Silberhalogenide, Zs. Elektrochem. 32, 496, 1926. *63.*

179. EGOROFF, N.: Sur le dichroisme produit par le radium dans le quartz incolore et sur un phénomène thermoelectrique observé dans le quartz enfumé à stries, C. R. 140, 1027, 1905. *204.*

180. ELLENBAAS, W.: Die Intensitätsverteilung und die Gesamtstrahlung der Super-Hochdruck-Quecksilberentladung, Physica 3, 859, 1936. *7.*

181. — Intensity measurements on watercooled high pressure mercury lamps with addition of Cd and Zn, Rev. d'Optique 27, 683, 1948. *7.*

182. ELSHOLTZ, J. F.: Thermolumineszenz des Fluorits (1677), zit. in Gmelins Handbuch der anorgan. Chemie, 8. Aufl., System-Nummer 28, Calcium, Teil A. Lieferung 1. p. 62. *182.*

183. ELSTER, J. und H. GEITEL: Über gefärbte Hydride der Alkalimetalle und ihre photoelektrische Empfindlichkeit, Phys. Zs. 11, 257, 1910. *22.*

184. — — Über eine lichtelektrische Nachwirkung der Kathodenstrahlen, Wied. Ann. 59, 487, 1896. *49, 55.*

185. — — Versuche über die Schirmwirkung des Steinsalzes gegen die allgemein auf der Erde verbreitete Becquerelstrahlung, Phys. Zs. 6, 733, 1905. *131.*

186. EMBIRIKOS, N.: Über die Einwirkung von Kanalstrahlen auf Alkalichloride, Ann. Phys. 3, 91, 1929. *10.*

187. ESTERMANN, J., W. J. LEIVO und O. STERN: Change in density of potassium chloride crystals upon irradiation with x-rays, Phys. Rev. 75, 627, 1949. *43, 59.*

187a. ETZEL, N. W., J. H. SCHULMAN, R. J. GINTHER und E. W. CLAFFY: Silver-activated alkali halides, Phys. Rev. 85, 1063, 1952.

188. EVANS, J.: Examination of colored alkali halides for photoelectric Halleffect, Phys. Rev. 57, 47, 1940. *54.*

189. EWLES, J.: Water as activator of luminescence, Nature **125**, 706, 1930. *98*.

190. EWLES, J. und R. F. JOUELL: Luminescence effects associated with the production of silicon monoxide and with oxygen deficit in silica, Trans. Farad. Soc. **47**, 1060, 1951. *203*.

191. EWLES, J. und W. E. MARTIN: Remarks on the luminescence of wetted solid bodies, Proc. Leeds phil. lit. Soc. **3**, 557, 1939. *98*.

192. EYSANK, ELFRIEDE: Zur Verfärbung der Fluorite und des Steinsalzes, Wien. Ber. IIa, **145**, 387, 1936. *38, 117, 136, 163, 164, 175, 198*.

193. FAESSLER, A.: Untersuchungen zum Problem des metamikten Zustandes, Zs. Kristall. **104**, 81, 1942. *43*.

194. FAJANS, K.: Beeinflussung der photochemischen Empfindlichkeit von Bromsilber durch Ionenadsorption, Zs. Elektrochem. **28**, 499, 1922. *4*.

195. FARNAU, E. H.: Sur la luminescence, Le Radium **11**, 168, 1914. *21*.

196. FEDENOV, N.: Über die ultraviolette Fluoreszenz von Steinsalzkristallen mit U-Zentren (russ.), J. exp. theoret. Phys. **8**, 404, 1938. *98*.

197. FERNAU, A.: Über das Austreten von Ionen aus Glas- und Bergkristallgefäßen unter dem Einfluß von Radiumstrahlen, Phys. Zs. **34**, 899, 1933. *76*.

198. FESEFELDT, H.: Der Einfluß der Temperatur auf die Absorptionsspektra der Alkalihalogenidkristalle, Zs. Phys. **64**, 623, 1930. *23*.

199. FIALKOVSKAJA, O. V.: Emissionsspektra von Gemischen phosphoreszierender Alkalihalogenide (russ.), Dokl. Acad. Nauk SSSR **60**, 575, 1948. *96*.

200. FISHER, E.: Energy levels in sodium chloride, Phys. Rev. **73**, 36, 1948.

201. FLECHSIG, W.: Zur Lichtabsorption in verfärbten Alkalihalogeniden, Zs. Phys. **36**, 605, 1926. *16*.

202. FLEISCHMANN, R.: Über den äußeren lichtelektrischen Effekt an Alkalihalogeniden, Zs. Phys. **84**, 717, 1933. *49*.

203. FOCKE, F. und J. BRUCKMOSER: Ein Beitrag zur Kenntnis des blaugefärbten Steinsalzes. Tschermaks Min. Petr. Mitt. **25**, 43, 1906. *139, 140, 143, 144, 146*.

204. FONDA, G. R.: The preparation of fluorescent calcite, J. phys. Chem. **44**, 435, 1940. *220*.

205. FORMAN, G.: A study of color centers produced in quartz by x-radiation, J. O. S. A. **41**, 377, 1951. *203*.

206. FORRÓ, MAGDALENE: Über die Absorptionsspektra einiger Alkalihalogenidphosphore bei hohen Temperaturen, Zs. Phys. **56**, 534, 1929. *34*.

207. FOSTER, W. R.: Useful aspects of the fluorescence of accessory minerals: zircon, Amer. Mineral. **33**, 724, 1948. *209*.

208. FRANCK, J.: Bemerkungen über Lumineszenz von Ionenkristallen, Ann. Phys. **3**, 62, 1948. *96*.

209. FRANCK, J. und E. TELLER: Migration and photochemical action of excitation energy in crystals, J. chem. Phys. **6**, 861, 1938. *96*.

210. FRANK, F. C.: On slip bands as a consequence of the dynamic behaviour of dislocations, Report of a conference on the strength of solids, Bristol 1947, The Phys. Soc. 1948. *56*.

211. — Note on the structure of a crystal surface, Phil. Mag. **41**, 200, 1950. *56*.

212. — The influence of dislocations on crystal growth, Discussion Farad. Soc. Nr. 5, Crystal growth, 48, 1949. *56, 153*.

212a. FREED, S.: Spectra of ions in fields of various symmetry in crystals and solutions, Rev. Mod. Phys. **14**, 105, 1942. *100*.

213. FREED, S. und S. KATCOFF: The absorption and fluorescence spectra of bivalent europium ion in crystals, Physica **14**, 17, 1948. *165, 191, 194*.

214. FRENKEL, J.: On the absorption of light and the trapping of electrons and positive holes in crystal dielectrics, Sowjet. Phys. 9, 158, 1936. *60*.
215. — Über die Wärmebewegung in festen und flüssigen Körpern, Zs. Phys. 35, 652, 1926. *56*.
216. FRIEDMAN, H. und C. P. GLOVER: The optical transmission of additively colored alkali halide crystals in the visible and near infra-red, J. O. S. A. 39, 795, 1949. *7*.
216a. — — Radiosensitivity of alkali-halide crystals. Nucleonics 10, Nr. 6, 24, 1952. *8, 36*.
217. FRIEND, J. N. und J. P. ALLCHIN: Colour of celestine, Nature 144, 633, 1939. *215*.
218. — — Blue rock salt, Nature 145, 266, 1940. *128*.
219. FRISCH, O. R.: Über die Wirkung von langsamen Kathodenstrahlen auf Steinsalz, Wien. Ber. IIa, 136, 57, 1927. *9, 21, 105*.
220. FRÖHLICH, H.: Über die Lage der Absorptionsspektra photochemisch verfärbter Alkalihalogenidkristalle, Zs. Phys. 80, 819, 1933. *58*.
221. FROMMHERZ, H.: Optische Beziehungen zwischen Alkalihalogenidphosphoren und Komplexsalzlösungen von Pb- und Thallohalogeniden, Zs. Phys. 68, 233, 1931. *34*.
222. FRONDEL, C.: Effect of radiation on the elasticity of quartz, Amer. Mineral. 30, 432, 1945. *202, 204*.
223. — Elastic deficiency and color of natural smoky quartz, Phys. Rev. 69, 543, 1946. *115, 204*.
224. FRUM, A.: Zur lichtelektrischen Leitung und Phosphoreszenz von NaCl-Kristallen, Diss. Göttingen 1925. *107*.
225. FULDA, E.: Über das blaue Steinsalz, briefl. Mitt. *120*.
226. FUTAGAMI, T.: On the thermoluminescence of quartz exposed to x-rays, Proc. Phys. Math. Soc. Japan 20, 458, 1938. *202*.

227. GANS, R.: Über die Form ultramikroskopischer Goldteilchen, Ann. Phys. 37, 881, 1912. *80*.
228. GARLICK, G. F. J.: Phosphors and phosphorescence, Rep. on Progress in Phys. 12, 34, 1949. *96*.
229. — Luminescent materials, Oxford 1949. *96*.
229a. — Recent researches on radio-luminescence, Brit. J. appl. Phys. 3, 169, 1952. *102*.
230. GAVIOLA, E.: Die Abklingungszeiten der Fluoreszenz von Farbstofflösungen. Zs. Phys. 35, 748, 1926. *92*.
231. GELLER, A.: Über das Verhalten verschiedener Mineralien der Salzlager bei hohen Drucken und wechselnden Temperaturen, Z. Kristall 60, 414, 1924. *143*.
232. — Zur Kenntnis des Fließdruckes fester Körper, Zs. Kristall 62, 395, 1925. *143*.
233. GIBSON, G. und H. L. ARGO: The absorption spectra of the blue solutions of sodium and magnesium in liquial ammonia, Phys. Rev. 7, 33, 1916. *75*.
234. GIESEL, F.: Einiges über Radium-Bariumsalze und deren Strahlen, Chem. Ber. 30, 156, 1897; V. d. D. Phys. Ges. 2, 9, 1900. *3*.
235. GINTHER, R. J.: Luminescence of $K_4MnCl_6$ and KCl(Pb+Mn), J. electrochem. Soc. 98, 74, 1951. *96*.
236. GISOLF, J. H.: The absorption spectrum of luminescent ZnS and Zn-CdS in connection with some optical, electrical and chemical properties, Physica 6, 84, 1939. *74*.
237. GLASER, G. and W. LEHFELDT: Der lichtelektrische Primärstrom in Alkalihalogenidkristallen in Abhängigkeit von der Temperatur und von der Konzentration der Farbzentren, Götting. Nachr. Math. Phys. Kl. 1936, 91. *82*.
238. GLEDITSCH, Ellen und T. GRÁF: Significance of the radioactivity of potassium in geophysics, Phys. Rev. 72, 641, 1947. *132*.

239. GLOVER, C. P. und K. S. VAN DYKE: Variation in crystal quartz, Phys. Rev. **72**, 175, 1947. *204.*

240. GOBRECHT, H.: Über die Absorptions- und Emissionsspektren der Ionen der Seltenen Erden im festen Zustand, Phys. Zs. **37**, 851, 1936. *190, 193.*

241. GOEBEL, LUISE: Radioaktive Umwandlungserscheinungen am Fluorit von Wölsendorf, Wien, Ber. I **139**. 373, 1930. *170.*

242. GOETHE, J. W.: Geschichte der Farbenlehre, sämtliche Werke in 40 Bänden, vollständige, neugeordnete Ausgaben, **39, 49**, Stuttgart und Augsburg 1858. *116.*

243. GOLDSCHMIDT, V. M.: Die Pyrolumineszenz des Quarzes, Christiania Vedensk. Selsk. Förh. 1906, Nr. 5. *202.*

244. — Über die Umwandlung kristallisierter Minerale in den metamikten Zustand (Isotropisierung). Geochemische Verteilungsgesetze der Elemente III., Anhang, Christiania 1924. *43.*

245. — Geochemische Verteilungsgesetze der Elemente IX, Oslo 1938. *194.*

246. GOLDSCHMIDT, V. M. und L. THOMASSEN: Röntgenographische Untersuchungen über die Verteilung der Seltenen Erdmetalle in Mineralien, Christiania Vidensk. Skrifter, Math. Nat. Kl. 5, 1924. *194.*

247. GOLDSTEIN, E.: Über die durch Kathodenstrahlen hervorgerufenen Färbungen einiger Salze, Berl. Ber. 1895, 1017, 1901, 222. *3.*

248. — Über die Einwirkung von Kathodenstrahlen auf einige Salze, Berl. Ber. 1894, 937. *3.*

249. — Über die Einwirkung von Kathodenstrahlen auf einige Salze, Wied. Ann. **54**, 371, 1895. *3, 27.*

250. — Tätigkeitsbericht der Phys. Techn. Reichsanstalt, Zs. f. Instrumentenkunde **16**, 211, 1896. *3, 21, 27.*

251. — Über die durch Strahlungen erzeugten Nachfarben, Phys. Zs. 3, 149, 1902. *3, 35, 41, 72.*

252. — On salts coloured by cathode rays, Nature **94**, 494, 1914. *106.*

253. GOLUSDA, G.: Zur Rekristallisationsfrage in der Petrographie nebst einem experimentellen Beitrag zur Rekristallisation von Steinsalz, Sylvin und Anhydrit, Diss., Kiel, 1939. *48.*

254. GORDON, N. T., F. SEITZ und F. QUINLAN: The blackening of phosphorescent zincsulphide, J. chem. Phys. **7**, 4, 1939. *209.*

255. GÖRGEY, R.: Zur Kenntnis der Kalisalzlager von Wittelsheim im Oberelsaß, Tschermaks Min. Petr. Mitt. **31**, 339, 1912. *151,*

256. GRÁF, T.: On the total half-life periode of $K^{40}$, Phys. Rev. **74**, 1199, 1948. *132.*

256a. GREENLAND, K. M.: Optische Interferenzfilter. Endeavour 11, 143, 1952. *6.*

257. GRENGG, R.: Über Ferrithöfe um Zirkon in Quarzporphyren und denselben nahestehenden Gesteinen, Zentralbl. f. Min. usw. 1914, 518. *231.*

257a. GRENVILLE-WEST, Miss H. J.: The texture of diamonds used for counting $\alpha$, $\beta$, or $\gamma$ particles, Proc. Phys. Soc. London, B, **65**, 313, 1952. *226.*

258. GRIFFIN, L. J.: Observation of unimolecular growth steps on crystal surfaces, Phil. Mag. **41**, 196, 1950. *56.*

259. GRÖGER, Luise: Verfärbung und Lumineszenz des mit Becquerelstrahlen vorbehandelten Doppelspats, Wien, Ber. IIa, **135**, 705, 1926. *220.*

260. GROOT, W. de: Recherches sur la fluorescence par raies de quelques cristaux de fluorine et en particulier sur les raies de fluorescence ultraviolettes, Arch. Néerland III A, **7**, 207, 1924. *165.*

261. GROTTHUS, Th. v.: Über einen neuen Lichtsauger nebst einigen allgemeinen Betrachtungen über die Phosphoreszenz und die Farbe, Schweiggers J. **14**, 133, 1815. *184.*

262. GUDDEN, B.: Pleochroitische Höfe, Zs. Kristall. **56**, 422, 1921. *83, 228.*

263. — Die lichtelektrischen Erscheinungen, Berlin 1928. *49.*

264. GUDDEN, B. und R. W. POHL: Zur lichtelektrischen Leitung bei tiefen Temperaturen, Zs. Phys. **34**, 249, 1925. *55.*

265. GUND, K. und W. PAUL: Experiments with a 6 MeV Betatron, Nucleonics **7**, Nr. 1, 36, 1950. *9.*

266. GUTHRIE, F. C.: Blue rock salt, Nature **123**, 130, 1929. *128.*

267. GYULAI, Z.: Zur lichtelektrischen Leitung in NaCl-Kristallen, Zs. Phys. **31**, 296, 1925. *22, 27.*

268. — Zum Quantenäquivalent bei der lichtelektrischen Leitung in NaCl-Kristallen, Zs. Phys. **32**, 103, 1925. *53.*

269. — Zum Absorptionsvorgang in lichtelektrisch leitenden NaCl-Kristallen, Zs. Phys. **33**, 251, 1925. *53.*

270. — Lichtelektrische und optische Messungen an blauen und gelben Steinsalzkristallen, Zs. Phys. **35**, 411, 1926. *53, 121.*

271. — Zur additiven Färbung von Alkalihalogenidkristallen, Zs. Phys. **37**, 889, 1926.

272. — Über den Vorgang der Erregung bei der Lichtabsorption in Kristallen, Zs. Phys. **39**, 636, 1926. *27.*

273. — Die elektrische Leitfähigkeit verformter NaCl-Kristalle und ihre kristalline Struktur, Zs. Phys. **96**, 210, 1935. *56.*

274. — Beobachtungen über Kristallwachstum an Alkalihalogeniden, Zs. Kristall. A, **91**, 142, 1935. *153.*

275. — Beiträge zur Kenntnis der Kristallwachstumsvorgänge, Zs. Phys. **125**, 1, 1948. *153.*


276. HABERFELD, MAGDALENA: Über die Verfärbung und Entfärbung gepreßter Steinsalzkristalle, Wien. Ber. IIa, **142**, 135, 1933. *27, 39, 40, 62, 69.*

277. HABERLANDT, H.: Lumineszenzuntersuchungen an Fluoriten, Wien. Ber. IIa, **141**, 441, 1932, **142**, 29, 1933. *188.*

278. — Über die additive Färbung von Fluorit mittels Kalziumdampf, Wien. Anz. 6. Juli 1933. *163,*

279. — Fluoreszenzanalyse an Mineralien, Wien. Ber. IIa, **143**, 11, 1934. *208, 224.*

280. — Lumineszenzuntersuchungen an Fluoriten und anderen Mineralien, I. Wien. Ber. IIa, **143**, 591, 1934, II. **144**, 663, 1935, III. **146**, 1, 1937, IV. **158**, 609, 1949. *5, 181, 186, 188, 195.*

281. — Über künstliche NaCl-Nadeln, persönliche Mitteilung. *153.*

282. — Radioaktive Höfe im Fluorit von Striegau, Wien. Ber. IIa, **145**, 341, 1936. *231.*

283. — Spektralanalytische Untersuchungen und Lumineszenzbeobachtungen an Fluoriten und Apatiten, Wien. Ber. IIa, **147**, 137, 1938. *217.*

284. — Über die sogenannten Radiobaryte von Teplitz und Karlsbad, Wien. Ber. IIa, **147**, 415, 1938. *215.*

285. — Neue Ergebnisse der Lumineszenzanalyse an Mineralien mit organischen Beimengungen in ihrer geochemischen Bedeutung, Chem. d. Erde **13**, 212, 1940. *220.*

286. — Porphyrinkomplexverbindungen als färbende Einlagerungen in hydrothermalen Kalkspatkristallbildungen, Wien. Chem. Ztg. **47**, Nr. 7/8, 1944. *220.*

287. — Neue geochemische Untersuchungen im Gebiet von Bad Gastein, Mikrochemie vereinigt mit Microchimica Acta, **39**, 92, 1952.

288. HABERLANDT, H., F. HERNEGGER und F. SCHEMINZKY: Die Fluoreszenzspektren von Uranmineralien im filtrierten ultravioletten Licht, Spectrochimica Acta **4**, 21, 1950.

289. HABERLANDT, H., BERTA KARLIK und K. PRZIBRAM: Synthese der blauen Fluoritfluoreszenz, Wien. Anz. 7. Dezember 1933. *188*.

290. — — — Synthese der grünen Tieftemperaturfluoreszenz des Fluorits, Wien. Anz. 11. Jänner 1934. *188*.

291. — — — Zur Fluoreszenz des Fluorits, II. Wien. Ber. IIa, **143**, 151, 1934. *188*.

292. — — — Zur Fluoreszenz des Fluorits III. Das Linienfluoreszenzspektrum, Wien. Ber. IIa, **144**, 77, 1935. *179*, *188*, *201*.

293. — — — Zur Fluoreszenz des Fluorits IV. Über einen Urannachweis in Fluoriten und über die Tieftemperaturfluoreszenz, Wien. Ber. IIa, **144**, 135, 1935. *176*, *181*. *188*.

294. HABERLANDT, H. und K. PRZIBRAM: Zur Fluoreszenz des Fluorits I. Wien. Ber. IIa, **142**, 235, 1933.

295. — — Über eine labile Färbung des Fluorits, Wien. Anz. 6. Dez. 1934. *171*.

296. HABERLANDT, H. und A. KÖHLER: Lumineszenzuntersuchungen an Feldspaten und anderen Mineralien mit seltenen Erden, Chem. d. Erde **13**, 363, 1940. *225*.

297. HABERLANDT, H. und A. SCHIENER: Über Farbverteilung beim Fluorit in ihrem Zusammenhang mit dem Kristallbau, Zs. Kristall. A. **90**, 193, 1935. *159*.

298. HABERLANDT, H. und E. SCHROLL: Lumineszierende Anwachszonen in der Zinkblende von Bleiberg-Kreuth (Kärnten), Experientia **6**, 91, 1950. *210*. Wulfenit, ebenda, *89*.

298a. HACSKAYLO, N. und G. GROETZINGER: Generation of color center precursors in alkali halides by electrolysis, Phys. Rev. **87**, 789, 1952. *43*.

299. HAHN, O.: Über Blei und Helium in ozeanischen Alkalihalogeniden, Naturwiss. **20**, 86, 1932 *114*, *131*.

300. HAHN, O.: Der Einfluß des Bleigehaltes auf die Verfärbungsvorgänge in Chlornatrium und Chlorkalium, Naturwiss. **22**, 137, 1934. *37*.

301. HAHN, O. und H. J. BORN: Das Vorkommen von Radium in nord- und mitteldeutschen Tiefenwässern, Naturwiss. **23**, 739, 1935. *114*, *115*, *121*, *131*.

302. HAISSINSKY, M. und M. LEFORT: Actions oxydants et reduisants des radiations α et x, C. R. **228**, 314, 1949. *72*.

303. HAITINGER, M.: Fluoreszenzmikroskopie und ihre Anwendung in der Histologie und Chemie, Leipzig 1938. *5*.

304. HARTEN, H. U.: Zur Wirkung von Röntgenlicht auf KCl-Kristalle, Zs. Phys. **126**, 619, 1949. *25*, *26*, *53*, *83*, *87*.

305. HASCHEK, E. und M. HAITINGER: Farbmessung; theoretische Grundlagen und Auswertung, Wien-Leipzig 1936. *12*.

306. HÄSING, J.: Die lichtelektrischen Eigenschaften der Lösungen von Natrium in flüssigem Ammoniak, Ann. Phys. **37**, 509, 1940. *75*.

307. HASSENFRATZ siehe BERLINER (49).

308. HATA, S.: On the minor constituents of thermoluminescent calcite, Sc. Pap. Inst. Phys. Chem. Res. Tokyo **20**, 163, 1933. *211*.

309. HAUER, F.: Die Lumineszenzerscheinungen der Sidotblende und ihr Vergleich mit den theoretischen Vorstellungen, Wien. Ber. IIa **127**, 369, 1918. *96*.

310. HAUER, F. und J. KOWALSKI: Zur Photometrierung der Lumineszenzerscheinungen, Phys. Zs. **15**, 322, 1914. *90*.

311. HAYNES, J. R. und W. SHOCKLEY: The mobility of electrons in silver chloride, Phys. Rev. **82**, 935, 1951. *54*.

312. HEADDEN, W. P.: Some phosphorescent calcites from Fort Collins, Colo. and Joplin, Mo, Amer. J. o. Science, **21**, 301, 1906. *211*, *212*.

313. — Phosphorescence and luminescence in calcites, Amer. J. o. Science **5**, 314, 1923. *211*, *212*.

314. HEADEEN, W. P.: Deportment of calcite towards radium radiation, Amer. J. o. Science **6**, 247, 1923. *211, 212*.

315. — The relation of composition, colour and radiation to luminescence in calcites, Proc. Colorado Scient. Soc. **11**, 399, 1923. *211, 212*.

316. HECHT, K.: Zum Mechanismus des lichtelektrischen Primärstromes in isolierenden Kristallen, Zs. Phys. **77**, 235, 1932. *53*.

316a. HEDVALL, A.: Reaktionsfähigkeit fester Stoffe, Leipzig 1938. *145*.

317. HEGEMANN, F. und H. STEINMETZ: Über die Thermolumineszenz der Mineralien in ihrer minerogenetischen Bedeutung, Zentralbl. f. Min. usw. A. 1933, 24. *215*.

318. HEILAND, G.: Die Verfärbung von Kaliumchlorid auf elektrischem Wege, Zs. Phys. **128**, 144, 1950. *11*.

319. HEILAND, G. und H. KELTING: Lichtabsorption in KCl-Kristallen mit überschüssigem K und Zusatz von $CaCl_2$, Zs. Phys. **126**, 689, 1949. *36*.

320. HELBIG, K.: Photochemische Eigenschaften synthetischer Steinsalzkristalle. Rotverschiebung der Färbungs-Absorptionsbande durch plastische Verformung, Zs. Phys. **91**, 573, 1934. *39*.

321. HENDERSON, G. H.: A new method of determining the age of certain minerals, Proc. Roy. Soc. A. **145**, 591, 1934. *229, 233*.

322. — Some new types of pleochroic haloes, Nature **140**, 191, 1937. *229*.

323. HENDERSON, G. H. und S. BATESON: Quantitative study of pleochroic haloes I. Proc. Roy. Soc. **145**, 563, 1934. *229*.

324. HENDERSON, G. H. und L. G. TURNBULL: Quantitative study of pleochroic haloes II., Proc. Roy. Soc. A. **145**, 582, 1934. *329*.

325. HENGLEIN, M.: Über orientierte Färbungen und Kieseinlagerungen in Fluorit und Verhalten bei Bestrahlung, Zentral. f. Min. A. 1926, **54**. *159*.

326. HENNEBERG, W.: Notiz über den Zirkon, J. f. prakt. Chem. **38**, 508, 1846.

327. HENRICH, F.: Über den Stand der Untersuchungen der Wässer und Gesteine Bayerns auf Radioaktivität und über den Flußspat von Wölsenberg, Zs. angew. Chem. **33**, 5, 13, 20, 1920. *162*.

328. HENRIOT, E., O. GOCHE und Mlle. F. DONY-HÉNAULT: Experiences sur l'engagement d'atomes dans un faiscau magneto-cathodique ou cathodique, J. d. Phys. e. l. Radium **2**, 1, 1931. *9*.

329. — — — Sur l'évaporation cathodique dans un champ magnétique, C. R. **194**, 169, 1932. *9*.

330. HERMAN, R. und S. SILVERMAN: Decoloration of natural fluorite crystals. J.O.S.A. **37**, 871, 1947. *166*.

331. HERODOT: IV. Buch, Kap. 185. *116*.

332. HERWELLY, A.: Über die Lumineszenz von Phosphoren in starken elektrischen Feldern, Acta Phys. Austriaca **5**, 30, 1952. *101*.

333. HEVESY, G.: Elektrizitätsleitung und Diffusion in festen Salzen, Wien. Ber. IIa, **129**, 552, 1920. *138*.

334. HEVESY, G. und F. A. PANETH: Manual of Radioactivity Oxford. 1938. *112*.

335. HIBBEN, J. H.: The reemission of visible light and the coloration by ultraviolet light of certain crystals, Phys. Rev. **51**, 530, 1937. *32*.

336. HIESINGER, L.: Silizium-Monoxyd, briefl. Mitt. *203*.

337. HILL, J. J. und J. ARON: Investigation of the thermoluminescence of calcium fluoride colored by x-radiation, Bull. Amer. Phys. Soc **27**, Nr. 1, 40, 1952. *186*.

338. HILSCH, R.: Die Absorptionsspektra einiger Alkali-Halogenid-Phosphore mit Tl- und Pb-Zusatz, Zs. Phys. **44**, 860, 1927. *34*.

339. — Über die ultraviolette Absorption einfach gebauter Kristalle, Zs. Phys. **44**, 421, 1927. *19*.

340. HILSCH, R.: Die Reflexion langsamer Elektronen an Ionenkristallschichten zum Nachweis optischer Energiestufen, Götting. Nachr. Math. Phys. Kl. 1931, 203. *21.*

341. — Der Elektronenstoß an Kristallschichten zum Nachweis optischer Energiestufen, Zs. Phys. **77**, 427, 1932. *21.*

342. — Thermische Bildung von Farbzentren und deren Lebensdauer, Zs. techn. Phys. **16**, 341, 1935. *26.*

343. — Über die Diffusion und Reaktion von Wasserstoff in KBr-Kristallen, Ann. Phys. **29**, 407, 1937. *36.*

344. HILSCH, R. und R. OTTMER: Zur lichtelektrischen Wirkung in natürlichem blauem Steinsalz, Zs. Phys. **39**, 644, 1926. *121.*

345. HILSCH, R. und R. W. POHL: Über die ersten ultravioletten Eigenfrequenzen einiger einfacher Kristalle, Zs. Phys. **48**, 384, 1928, Götting. Nachr. Math. Phys. Kl. 1929, 73. *19.*

346. — — Zur Photochemie der Alkali- und Silberhalogenidkristalle, Zs. Phys. **64**, 606, 1930. *55.*

347. — — Über die Lichtabsorption in einfachen Ionengittern und den elektrischen Nachweis des latenten Bildes, Zs. Phys. **68**, 721, 1931. *50.*

348. — — Vergleich des photographischen Elementarprozesses in Alkali- und Silbersalzen, Zs. Phys. **77**, 421, 1932. *50.*

349. — — Eine neue Lichtabsorption in Alkalihalogenidkristallen, Götting. Nachr. Math. Phys. Kl. 1933, 322. *30, 36.*

350. — — Zum photochemischen Elementarprozeß in Alkalihalogenidkristallen, Götting. Nachr. Math. Phys. Kl. 1934, 115. *25, 30.*

351. — — Die Quantenausbeute bei der Bildung von Farbzentren in KBr-Kristallen, Götting. Nachr. Math. Phys. Kl. 1935, 209. *62.*

352. — — Über die Natur der U-Zentren in Alkalihalogenidkristallen, Götting. Nachr. Math. Phys. Kl. **2**, 139, 1936. *36.*

353. — — Eine quantitative Behandlung der stationären lichtelektrischen Primär- und Sekundärströme in Kristallen, erläutert am KH-KBr-Mischkristall als Halbleitermodell, Zs. Phys. **108**, 55, 1938. *53.*

354. — — Steuerung von Elektronenströmen mit einem Dreielektrodenkristall und ein Modell einer Sperrschicht, Zs. Phys. **111**, 399, 1939. *54.*

355. HIPPEL, A. v.: Elektrolyse, Dendritenwachstum und Durchschlag der Alkalihalogenidkristalle, Zs. Phys. **98**, 580, 1936. *11.*

356. HIRSCHI, H.: Radiophosphoreszenz und Radio-Thermo-Phosphoreszenz des farblosen Fluorits von Sembrancher (Wallis), Schweiz. min.petr. Mitt. 1923. *162.*

357. — Thermolumineszenz der Kalifeldspate, Schweiz. min. petr. Mitt. **5**, 427, 1925. *225.*

358. HOFFMANN, G.: Über die Messung schwacher Radioaktivität und über die Radioaktivität der Alkalien und einiger anderer Substanzen, Zs. Phys. **25**, 177, 1924. *176.*

359. HOFFMANN, J.: Verfärbung von Gläsern und einiger Mineralien durch $\beta$- und $\gamma$-Strahlen, Wien. Ber. IIa, **139**, 203, 1930. *73, 213, 222.*

360. — Amethyst- und Rauchquarzfärbung, Zs. anorg. u. allg. Chem. **196**, 225, 1931. *73, 203, 205.*

361. — Über die Ursachen verschiedener Bestrahlungsfärbungen bei Gläsern, sowie Quarzgut- und Amethystfärbung, Wien. Ber. IIa **140**, 11, 1931. *73.*

362. — Über die Bestrahlungs- und Eigenfärbung sowie Fluoreszenzen verschiedener Gläser, Zs. f. anorg. u. allg. Chem. **205**, 193, 1932. *73.*

363. HOFFMANN, J.: Über das Verhalten Cl′, F′ und $SO_4''$ enthaltender alkali- sowie manganhaltiger Gläser mit und ohne Eisenzusatz gegen $\beta$- und $\gamma$-Strahlung, Wien. Ber. IIa **141**, 55, 1932. *73.*

364. — Wechselnde $\beta$-$\gamma$-Färbungen des $Na_2O \cdot 2SiO_2$-Glases und Ursachen rein violetter Färbungen in manganhaltigen Gläsern, Wien. Ber. IIa **142**, 437, 1933. *73.*

365. — Alkalidampffärbungen bei Gläsern und verschiedenen Verbindungen, Zs. f. anorg. u. allgem. Chem. **211**, 272, 1933. *73.*

366. — Über photolytisch neutralisierte Elementarstoffe der Fluorite, Chem. d. Erde, 1937, 368. *162.*

367. — Über Ionen- und Atomfärbungen künstlich hergestellter und natürlicher Apatite, Chem. d. Erde **11**, 552, 1938. *217.*

368. HOFSTADTER, R.: Alkali halide scintillation counters, Phys. Rev. **74**, 100, 628, 1948. *102.*

369. HOLDEN, E. F.: The colour of three varieties of quartz, Amer. Min. **8**, 117, 1923. *205.*

370. — The cause of colour in rose quartz, Amer. Min. **9**, 75, 1924. *205.*

371. HOLMES, A. und R. W. LAWSON: Potassium and the earths heat, Nature, **117**, 620, 1926. *113.*

372. HOLTZKNECHT, G.: Über die Erzeugung von Nachfarben durch Röntgen- strahlen, V. d. D. Phys. Ges. **4**, 25, 1902. *3.*

373. HONRATH, W.: Bandenfluoreszenz von sauerstoff- und von kohlenoxyd- haltigen Alkalihalogenidkristallen, Ann. Phys. **29**, 421, 1937. *96.*

374. HOUTERMANS, F. G.: Die Kernemulsionsplatte als Hilfsmittel der Mineralogie und Geologie, Naturwiss. **38**, 132, 1951. *114.*

375. HÖVERMANN, G.: Über pleochroitische Höfe in Biotit, Hornblende und Cor- dierit, und ihre Beziehungen zu den $\alpha$-Strahlen radioaktiver Elemente, N. Jahrb. f. Min. usw. Beil. Bd. **34**, 321, 1912. *227.*

376. HOWEY, J. H. : The anisotropic growth of silver crystals by condensation from vapour, Phys. Rev. **49**, 200, 1936. *153.*

377. HUGHES, A. L.: Photoconductivity in crystals, Rev. Mod. Phys. **8**, 294, 1936. *53.*

378. HUMPHREYS, W. J.: On the presence of Y and Yb in fluorspar, Astrophys. J. **20**, 266, 1904, **22**, 157, 1905. *195.*

379. HUTCHISON jr., C. A.: Paramagnetic resonance absorption in crystals colored by irradiation, Phys. Rev. **75**, 1769, 1949. *59.*

380. HUTTEN, E. H. und P. PRINGSHEIM: A new method of preparing strongly luminescent thallium activated alkali halides and some properties of these phosphors, J. chem. Phys. **16**, 241, 1948. *95.*

381. HUTTON, C. O.: The nuclei of pleochroitic haloes, Amer. J. o. Science **245**, 154, 1947. *227.*


382. IIMORI, S.: On the constitution of phosphorescent centres in fluorite, Sc. Pap. Inst. Phys. Chem. Res. Tokyo **20**, 189, 1933. *162.*

383. — The thermoluminescence spectrum of calcite, Sc. Pap. Inst. Phys. Chem. Res. Tokyo **20**, 274, 1933. *212.*

384. — Periodicity in the solarization of calcite, Nature **131**, 619, 1933. *104, 220.*

385. — The solarization of luminiferous calcite, Sc. Pap. Inst. Phys. Chem. Res. **21**, 220, 1933. *104, 220.*

386. IIMORI, S. und E. IWASE: The solarisation of fluorite and the law of lumino- transformation, Sc. Pap. Inst. Phys. Chem. Res. Tokyo **16**, 41, 1931. *104, 187.*

387. — — Spektrographische Untersuchung über Thermolumineszenz des Feld- spates, Sc. Pap. Inst. Phys. Chem. Res. **28**, 147, 1935. *225.*

388. INUI, T. und Y. UEMURA: Theory of color centers in ionic crystals, Progr. o. theoret. Phys. **5**, 252, 395, 1950. *60.*

389. ITO, S.: The phosphorescence and the coloration of natural quartz, Japan. J. o. Phys. **8**, (77), 1933. *204.*

390. IVEY, H. T.: Spectral location of the absorption due to color centers in alkali halide crystals, Phys. Rev. **72**, 341, 1947. *32.*

391. IWASE, E.: Studies on the thermo-luminescence spectra of fluorites, Sc. Pap. Inst. Phys. Chem. Res. Tokyo **22**, 233, 1933, **23**, 22, 1933, **23**, 153, 1934, **23**, 212, 1934. *186.*

392. — Über das Fluoreszenzspektrum des Apatits im ultravioletten Licht, Sc. Pap. Inst. Phys. Chem. Res. Tokyo **27**, 1, 1935. *217.*

393. — Zur Kenntnis der Fluoreszenz von japanischen Hyalithen im ultravioletten Lichte, Sc. Pap. Inst. Phys. Chem. Res. Tokyo **26**, 42, 1935.

394. — Über die durch Röntgenstrahlen erregte Lumineszenz in Mineralien, Sc. Pap. Inst. Phys. Chem. Res. Tokyo **26**, 258, 1935. *187.*

395. — Zur Lumineszenz des Calcits, Bull. Chem. Soc. Japan **11**, 513, 523, 528, 1936. *220.*

396. — Luminescence of scapolite from North Burgess, Canada, Sc. Pap. Inst. Phys. Chem. Res. Tokyo **33**, 299, 1937. *5.*

397. — Über die photochemischen Eigenschaften des Sodaliths von Kishu, Korea, Zs. Kristall. A **99**, 314, 1938. *223.*

398. JAFFE, H. und R.: Onthe color of solutions of alkali metals in ammonia, Phys. Rev. **58**, 207, 1940. *75.*

399. JAHODA, E.: Beiträge zur Lumineszenz und Verfärbung der mit Becquerel-strahlen behandelten Alkalichloride, Wien. Ber. IIa **135**, 675, 1926. *22, 23, 34, 37, 38, 48, 106.*

400. JAMES, H. M. und K. LARK-HOROVITZ: Localized electric states in bombarded semi-conductors, Zs. phys. Chem. **198**, 107, 1951. *10.*

401. JANTSCH, G.: Über elektrometrische Bestimmungsmethoden der Seltenen Erden, Österr. Chemiker-Ztg. **40**, 77, 1937. *188, 190.*

402. JANTSCH, G. und W. KLEMM: Über das Auftreten niederer Wertigkeitsstufen bei den Halogeniden der Seltenen Erden, Zs. anorgan. Chem. **216**, 80, 1933. *188.*

403. JENDRZEJOWSKI, H.: Sur le phenomène d'inversion dans la boitite soumise à l'action des rayons $\alpha$, C. R. **186**, 135, 1928. *88, 227.*

404. JENSEN, P.: Über den Magnetismus von Farbzentren, V. d. D. Phys. Ges. **19**, 87, 1938. *59.*

405. JOHNSON, R. P.: Zone theory and properties of phosphors, Phys. Rev. **56**, 213, 1939. *94.*

406. JOLY, J.: On pleochroic haloes, Phil. Mag. **13**, 381, 1907, **19**, 327, 1910. *226.*

407. — Pleochroic haloes of various geological ages, Proc. Roy. Soc. A **102**, 682, 1923. *226.*

408. JOLY, J. und E. RUTHERFORD: The age of pleochroic haloes, Phil. Mag. **25**, 644, 1913. *233.*

409. JOST, W.: Diffusion und chemische Reaktionen in festen Stoffen, Dresden und Leipzig 1937. *145.*

410. KABAKJIAN, D. H.: Luminescence due to radioactivity, Phys. Rev. **37**, 1120, 1931. *102.*

411. KAC, M. L.: Lumineszenz und Verteilung der lokalisierten Energieniveaus in photochemisch verfärbten Alkalihalogenidkristallen (russ.), Zs. exp. theoret. Phys. SSSR **18**, 501, 1948. *105.*

412. Kac. M. L.; Lumineszenz verfärbter Einkristalle der Alkalihalogenide (russ.), Izvest. Akad. Nauk SSSR **13**, 149, 1949. *105*.

413. — Lumineszenz thermisch behandelter NaCl-Kristalle (russ.), Zs. exp. theoret. Phys. USSR **20**, 166, 1050. *105*.

414. Kac, M. L. und A. S. Andrianov: Thermolumineszenz verfärbter KCl-Einkristalle im sichtbaren Teil des Spektrums (russ.), Dokl. Akad. Nauk SSSR **61**, 817, 1948. *105*.

415. Kahanowicz, Marya: Über die seitliche Strahlung und die Natur der färbenden Substanz in natürlichem blauen Steinsalz, Zs. Phys. **76**, 283, 1932. *79*.

416. Kailan A.: Über die chemische Wirkung der durchdringenden Radiumstrahlung. 3. Der Einfluß der durchdringenden Strahlung auf einige anorganische Verbindungen, Wien. Ber. IIa **121**, 1353, 1912. *72*.

417. Kallmann, H.: Luminescent counters, Research **2**, 62, 1949; Phys. Rev. **75**. 623, 1949. *102*.

418. Kallmann, H. und M. Fürst: Energystorage and light stimulated phosphorescence in activated NaCl-crystals, induced by $\gamma$-rays, Phys. Rev. **83**, 674, 1951. *106*.

419. Karlik, Berta und Fritzi Kropf-Duschek: Bestimmung des Heliumgehaltes von Steinsalzproben, Acta Phys. Austriaca **3**, 448, 1950. *132*.

420. — Karlik, Berta und K. Przibram: Über die Fluoreszenz der zweiwertigen Seltenen Erden, Wien. Ber. IIa **146**, 209, 1937. *190*, *191*.

421. Katz, J. J. und E. Rabinowitsch: The chemistry of uranium, New York, Toronto und London 1951. *89*.

422. Katz, M.: Untersuchung schwacher Phosphoreszenzen mit dem Lichtzählrohr, Sowjet. Phys. **9**, 254, 1936. *187*.

423. Kaye, W., C. Canon und R. G. Devaney: Modification of a Beckman model DU Spectrometer for automatic operation at 210—2700 m$\mu$, J. O. S. A. **41**, 658, 1951. *14*.

424. Kayser, H.: Handbuch der Spektroskopie, Bd. **4**, Leipzig 1908. *2*, *92*.

425. Kellermann, E. W.: Zur Verfärbung und Lumineszenz des Fluorits, Wien. Ber. IIa **146**, 115, 1937. *14*, *169*, *171*.

426. Kelting, H. und H. Witt: Über KCl-Kristalle mit Zusätzen von Erdalkalichloriden, Zs. Phys. **126**, 697, 1949. *33*.

427. Kemény, Etel: Uran- und Radiumgehalt von Steinsalz und Sylvin, Wien. Ber. IIa **150**, 193, 1941. *131*.

428. Kenngott, A.: Mineralogische Notizen, Wien. Ber. **11**, 12, 1853. *157*, *177*.

429. Kernohan, R. H. und G. M. McCammon: Fading charakteristics of $\gamma$-induced coloration in high density glass, Bull. Am. Phys. Soc. **27**, Nr. 2, 8, 1952. *73*.

430. Kinder, E.: Elektronenstrahlschäden an Kristallen, Naturwiss. **34**, 23, 1947. *43*.

431. Kirsch, G.: Geologie und Radioaktivität, Wien und Berlin 1928. *224*, *230*.

432. Kleinschrod, F. G.: Zur Messung der Zahl der Farbzentren in KCl-Kristallen, Ann. Phys. **27**, 97, 1936. *59*, *61*.

433. Klemm, A. und G. O. Wild: Über Färbung und Bildung des Quarzes, Zentralbl. f. Min. usw. A, 1925, 270. *205*.

434. Klemm, W.: Messungen an zwei- und vierwertigen Verbindungen der seltenen Erden, Zs. f. anorgan. Chem. **184**, 345, 1929, **187**, 29, 1930, **209**, 321, 1932. *193*.

435. Klick, C. C.: Luminescence of color centres in FLi, Bull. Am. Phys. Soc. **25**, 13, 1950. *105*.

436. — Luminescence of colour centres in alkali halides, Phys. Rev. **79**, 894, 1950. *105*.

437. Klick, C. C. und Maurer R. J.: Optical absorption bands in alkali halide crystals, Phys. Rev. **72**, 165, 1947. *30*.

438. KOCH, W. und R. W. POHL: Zur Lichtabsorption von Alkalihalogenidphosphoren, Götting. Nachr. Math. Phys. Kl. 1929. 6. *34.*

439. KOENIGSBERGER, J.: Über alpine Minerallagerstätten III. Abh. d. Bayer. Akad. Math. Phys. Kl. **28**, Nr. 12, 1919 *114.*

440. KÖHLER, A. und H. HABERLANDT: Lumineszenzanalyse von Apatit, Pyromorphit und einiger anderer Phosphate, Chem. d. Erde **9**, 88, 1934. *217.*

441. — — Über die blaue Fluoreszenz von natürlichen Silikaten im ultravioletten Licht und über synthetische Versuche an Silikatschmelzen mit eingebautem zweiwertigem Europium, Naturwiss. **27**, 275, 1939. *225.*

442. KÖHLER, A. und H. LEITMEIER: Die natürliche Thermolumineszenz bei Mineralien und Gesteinen, Zs. Kristall. A **87**, 146, 1934. *128, 202, 206, 212, 213, 215, 217, 222, 225.*

443. KOHLRAUSCH, K. W. F.: Radioaktivität, Handb. d. Experimentalphys., Bd. 15. *112.*

444. KOLBE, E.: Über die Färbung von Mineralien durch Mangan, Chrom und Eisen, N. Jahrb. f. Min. usw. Beil. Bd. **69**, 183, 1935. *73.*

445. KÖNIG, H. und G. HELWIG: Über dünne aus Kohlenwasserstoffen durch Elektronen- oder Ionenbeschuß gebildete Schichten, Zs. Phys. **129**, 491, 1951. *9.*

446. KORTH, K.: Dispersionsmessungen an Kaliumbromid und Kaliumjodid im Ultraroten, Zs. Phys. **84**, 677, 1933. *18, 34.*

447. — Ultrarote Absorptionsspektren photochemisch sensibilisierter Alkalihalogenidkristalle, Götting. Nachr. Math. Phys. Kl. 1935, 221. *34.*

448. KORTÜM, G. und B. FUICKH: Eine photographische Methode zur Aufnahme quantitativ vergleichbarer Fluoreszenzspektra, Spectrochim. Acta **2**, 137, 1942. *91.*

449. KRAATZ-KOCHLAU und L. WÖHLER: Die natürlichen Färbungen der Mineralien, Tschermaks Min. Petr. Mitt. **18**, 309, 1899. *127, 128.*

450. KRAMER, J.: Untersuchungen mit dem Geiger-Spitzenzähler an bestrahlten Kristallen, Zs. Phys. **129**, 34, 1951. *91.*

451. KREUTZ, F.: Über die Ursache der blauen Farbe des Kochsalzes, Verh. Akad. Krakau **4**, 193, 1893. *3, 128.*

452. — Steinsalz und Fluorit, ihre Farbe, Fluoreszenz und Phosphoreszenz, Krakau. Anz. 1895, 118. *3.*

453. — Über die Veränderung in einigen Mineralien und Salzen unter der Einwirkung von Kathodenstrahlen oder des Na-Dampfes, Verh. Akad. Krakau, II, **14**, 115, 1899. *3.*

454. KRISHNAMURTY, B.: Ultrasonic studies in amethyst and smoky quartz, Proc. Indian Acad. Sci. A, **27**, 132, 1948.

455. KRÖGER, F. A.: Some optical properties of zinc silicate phosphors, Physica, **6**, 764, 1939. *90.*

456. — The incorporation of uranium in calcium fluoride, Physica **14**, 488, 1948, *182.*

457. — The location of the activator in fluorescent ZnS-Cu, J. chem. Phys. **20**. 345, 1952.

458. KRÖGER, F. A. und J. E. HELLIGMAN: The blue luminescence of zinc sulfide, J. electrochem. Soc. **93**, 156, 1948. *90.*

459. — — Chemical proof of the presence of chlorine in blue fluorescent zinc sulfide, J. electrochem. Soc. **95**, 68, 1949. *90.*

460. KUDRJAWZEWA, W.: Über die ultraviolette Fluoreszenz der röntgenisierten Steinsalzkristalle, Zs. Phys. **90**, 489, 1934.

460a. KÜHN, R.: Zur Kenntnis des Werra-Kaligebietes, Fortschr. d. Min. 1950, 101. *121.*

461. KUNZ, G. F. und C. BASKERVILLE: The action of radium, actinium, Röntgen-rays and ultraviolet light on minerals and gems, Science **18**, 769, 1903. *2*.
462. KÜRTI, G.: Zur Verfärbung von Biotit durch $\alpha$-Strahlen, Wien. Ber. IIa **147**, 401, 1938. *228, 231*.
463. KURZKE, H. und J. ROTTGARDT: Über die Entfärbung verfärbter Alkali-halogenidkristalle, Naturwiss. **29**, 46, 1941, Ann. Phys. **39**, 619, 1941. *25*.
464. KUTZELNIGG, A.: Beziehungen zwischen Lumineszenzvermögen und Gitterbau, Zs. angew. Chem. **49**, 267, 1936. *99*.
465. — Einige neue Fluorophore vom Schichtgittertypus und ihre Eigenschaften, Zs. angew. Chem. **50**, 366, 1937. *99*.
466. KYROPOULOS, S.: Ein Verfahren zur Herstellung großer Kristalle, Zs. anorg. Chem. **154**, 308, 1926. *17*.

467. LAEMMLEIN, G. G.: Coloured haloes surrounding inclusions of monazite in quartz, Nature **155**, 724, 1945. *228*.
468. LAGEMANN, R.: Overtones in the absorption spectra of color centres in alcali halide crystals, Phys. Rev. **76**, 199, 1949. *71*.
469. LAIMBÖCK, J.: Die Beeinflussung des piezoelektrischen Verhaltens einer Quarzplatte durch Radiumbestrahlung, Wien. Anz. 18. Mai 1928. *204*.
470. LANDAU, L. D. und S. J. PEKAR: Die effektive Masse des Polarons (russ.), Zs. exp. theoret. Phys. **18**, 419, 1948. *60*.
471. LAU, E. und O. REICHENHEIM: Über sichtbare, durch Schumannstrahlen angeregte Phosphoreszenz des Flußspates, Ann. Phys. **12**, 69, 1932. *179, 182*.
472. LAUTOUT, MARGUERITE: Recapture electronique dans le quartz fondu, C. R. **234**, 330, 1952. *204*.
473. LECOQ DE BOISBAUDRAN: Sur la fluorescence des terres rares, C. R. **100**, 1437, 1885. *89, 178*.
474. LEE, O. I.: A new property of matter: reversible photosensitivity in hackmanite from Bancroft, Ontario, Amer. Mineral. **21**, 764, 1936. *222*.
475. — Further study of the reversible photosensitivity in hackmanite from Bancroft, Ontario, J. O. S. A. A, **27**, 224, 1937. *222*.
476. LEITMEIER, H.: Untersuchungen über die Einwirkung von Radiumstrahlen auf Steinsalz, Flußspat und Quarz, Tschermaks Min. Petr. Mitt. **38**, 591, 1925. *202*.
477. LEITNER, IRMBERTA: Über die Quantenausbeute bei der Verfärbung von Steinsalz durch Röntgen-, $\gamma$- und $\beta$-Strahlen, Wien. Ber. IIa **145**, 407, 1936. Berichtigung hiezu: K. PRZIBRAM, Wien. Anz. 10. Juni 1937. *64*.
478. LENARD, P., F. SCHMIDT und R. TOMASCHEK: Phosphoreszenz und Fluoreszenz, Handbuch der Experimentalphys., Bd. 23, Leipzig 1928. *42, 90, 100, 209, 210*.
479. LEONHARDT, J. und R. KÜHN: Violetter schwefelwasserstoffhaltiger Kainit, Zentralbl. f. Min. usw. A, 1935, 193. *214*.
480. LEROUX, P.: Etude de l'absorption d'un échantillon de sel gemme bleu, C. R. **188**, 904, 1929. *121*.
481. LEVY, L. und D. W. WEST: The elimination of afterglow and latent phosphorescence from Fluorazure (zinc sulphide) intensifying screens, Brit. J. o. Radiology **7**, 344, 1934. *98*.
482. LIERMANN, H. und E. REXER: Über die Natur des blauen Steinsalzes, Naturwiss. **20**, 561, 1932. *126*.
483. LIESEGANG, R. E.: Geologische Diffusionen, Leipzig und Dresden 1913. *138, 145, 150*.
484. LIETZ, J.: Über die Verfärbung des Zirkons durch Bestrahlung, Zs. Kristall. A **97**, 337, 1937. *206*.

485. LIND, S. C.: Phosphorescence of American Iceland spar after radium radiation, Science **59**, 238, 1924.

486. — Coloring of diamonds by radium, J. Franklin Inst. **196**, 521, 1923. *226*.

487. — The chemical effects of $\alpha$-partiecles and electrons, 2. Aufl., New York 1928. *2*.

488. LIND, S. C. und D. C. BARDWELL: The colouring and thermoluminescence produced in transparent minerals and gems by radium radiation, J. Franklin Inst. **196**, 375, 1923. *224*.

489. LINGEN, J. S. VAN DER: Über pleochroitische Höfe, Zentralbl. f. Min. usw. A, 1926, 177. *227*.

490. LORENZ, H.: Zur Temperaturabhängigkeit der Absorptionsbanden in Alkalihalogenidphosphoreń, Zs. Phys. **46**, 558, 1928. *34*.

491. — Absorption und Farbe in Alkalihalogenidkristallen, Fortschr. d. Mineral. **20**, 290, 1936. *18*.

492. LORENZ, R. und W. EITEL: Pyrosole, Leipzig 1926. *11*, *111*.

493. LOTZE, F.: Pleochroic haloes and the age of the earth, Nature **121**, 90, 1928. *232*.

494. — Steinsalz und Kalisalze, Geologie der wichtigsten Lagerstätten der Nicht-Erze, Bd. 3, I. Teil, Bornträger 1938. *119*.

495. LUDEWIG, P. und F. REUTHER: Untersuchung der durch Radiumstrahlen hervorgebrachten Farbänderung von Kristallen mit Hilfe des Ostwaldschen Farbmeßverfahrens, Zs. Phys. **18**, 183, 1923. *12*.

496. LUKIRSKY, P. J., N. GUDRIS und L. KULIKOWA: Photoeffekt an Kristallen, Zs. Phys. **37**, 308, 1926. *49*.

497. LÜPKE, A. D. v.: Über Sensibilisierung der photochemischen Wirkung in Alkalihalogenidkristallen, Ann. Phys. **21**, 1, 1934. *36*.

498. LYMAN, TH.: Notes on the luminescence of glass and fluorite, Phys. Rev. **40**, 578, 1932. *179*, *182*.


499. MACKAY, C. A.: Effect of thermoluminescence on electrical conductivity, Trans. Roy. Soc. Canada **15**, 95, 1921. *50*, *105*.

500. MACMAHON, A. M.: Zur Kenntnis der Alkalihalogenidphosphore mit Kupferzusatz, Zs. Phys. **52**, 336, 1928. *34*.

500a. MAECKER, H.: Der elektrische Lichtbogen, Ergebn. d. exakt. Naturwiss. **25**, 293, 1951. *8*.

501. MAERKS, O.: Neue Fluorometer, Zs. Phys. **109**, 685, 1938. *92*.

502. MAHADEVAN, C.: Pleochroic haloes in cordierite, Indian J. Phys. **1**, 445, 1927.

503. MAIER, HILDA: Spektrographie der durch Radiumstrahlen erregten Fluoreszenzstrahlung und Probleme des Wirkungsmechanismus der durchdringenden Strahlen der Radiumtherapie, Radiologia Austriaca **2**, 91, 1949. *103*.

504. — Spektrographische Untersuchungen der Anregung von ultravioletten und sichtbaren Fluoreszenzstrahlen in verschiedenen Substanzen durch Röntgen- und $\alpha$-Strahlen, Radiologia Austriaca **4**, 75, 1951. *103*.

505. MAIER, HILDA und R. MALY: Nachweis der biologischen Wirkung der durch $\gamma$-Strahlen in Wasser erregten ultravioletten und sichtbaren Fluoreszenzstrahlung, Radiologia Austriaca **3**, 1, 1950. *103*.

506. MALLET, L.: Luminescence de l'eau et des substances organiques soummises au rayonnement $\gamma$, C. R. **183**, 274, 1926. *103*.

507. — Etude spectrale de la luminescence de l'eau et du sulfure de carbon soummis au rayonnement $\gamma$, C. R. **187**, 222, 1928. *103*.

508. — Sur le rayonnement ultraviolet des corps soummis aux rayons $\gamma$, C. R. **188**, 445, 1929. *103*.

509. MAPOTHER, D., H. N. CROOKS und R. MAURER: Self diffusion of sodium in sodium chloride and sodium bromide, J. chem. Phys. **18**, 1231, 1950. *138*.

510. MARBLE, J. P.: Report of the committee on the measurement of geological time 1949—1950, National Research Council, Washington 1950. *134*.

511. MARCKWALD, W.: Über Phototropie, Zs. phys. Chem. **30**, 140, 1899. *25, 222*.

511a. MARKHAM, J. J. : Soft and hard F-centers, Phys. Rev. **86**, 433, 1952. *60*.

511b. — An interpretation of the absence of F-centers in KCl and KBr X-rayed at $4^0$ K. Bull. amer. phys. Soc. **27**, Nr. 2, 26, 1952. *66*.

512. MARKHAM, J. J. und F. SEITZ: Binding energy of a self-trapped electron in NaCl, Phys. Rev. **74**, 1014, 1948. *60*.

512a. MARTIENSSEN, W.: Photochemische Prozesse in Alkalihalogeniden, Zs. Phys. **131**, 488, 1952.

513. MASLAKOWEZ, J.: Zur Lichtabsorption in Kristallen bei spurenweiser Anwesenheit von Fremdionen, Zs. Phys. **51**, 696, 1928. *34*.

514. MATTHÄI, R.: Einfluß der Wärmevergangenheit auf die ultramikroskopische Sollbildung in Salzkristallen, Zs. Phys. **68**, 85, 1931. *37*.

515. MAYER, F. X.: Kaliumgehalt des Steinsalzes, persönliche Mitteilung. *132*.

516. MAYER, G. und J. GUÉRON: Cinétique de la décoloration de verres colorés par irradiation dans la pile de Chatillon, J. de chim. phys. **49**, 204, 1952. *73, 204*.

517. MAYERL, MARGARETE: Bestimmung der optischen Konstanten des Kalziums und Anwendung der MIEschen Theorie auf die Verfärbung des Flußspates, Diss. Wien 1949. Wien. Ber. IIa, **160**, 31, 1951. *76, 170*.

518. McCOY, H. N.: An improved methode of purifying europium, J. Amer. Chem. Soc. **57**, 1756, 1935, **58**, 1577, 1936, **59**, 1131, 1937. *165*.

519. MEGGERS, W. F.: Electron configurations of ,,Rare Earth" elements, Science, **105**, 514, 1947. *192*.

520. MERKADER, SOPHIE: Quantitative Bestimmung von Europium und Samarium in Fluoriten, Wien. Ber. IIa **149**, 349, 1940. *195*.

521. METAG, W.: Einfluß von Fremdzusätzen auf die Kohäsionsgrenzen und die ultramikroskopische Solbildung synthetischer Steinsalzkristalle, Zs. Phys. **78**, 363, 1932. *122*.

522. MEYER, E.: Über Lumineszenzerscheinungen an blauem Flußspat, V. d. D. Phys. Ges. 6, 643, 1908. *187*.

523. MEYER, St.: Über das Verhalten von Kunzit unter der Einwirkung von Becquerelstrahlen, Phys. Zs. **10**, 483, 1909. *218*.

524. MEYER, St. und K. PRZIBRAM: Über einige neue Erscheinungen bei der Beeinflussung von Gläsern und Mineralien durch Becquerelstrahlen, Wien. Ber. IIa **121**, 1413, 1912. *49*.

525. — — Über die Verfärbung von Salzen durch Becquerelstrahlen und verwandte Erscheinungen, Wien. Ber. IIa **123**, 653, 1914. *11, 63, 74, 156*.

526. — — Bemerkungen über Verfärbung und Lumineszenz unter der Einwirkung von Becquerelstrahlen, Wien. Ber. IIa **131**, 429, 1922. *73, 220, 221*.

527. MEYER, St. und E. SCHWEIDLER: Radioaktivität, 2. Aufl., Leipzig 1927. *112*.

528. MEYERE, A.: Sur l'influence du radium, des rayons x et des rayons cathodiques sur divers pierres précieuses, C. R. **149**, 994, 1909. *209*.

529. MICHEL, H. und K. PRZIBRAM: Blauer Zirkon von Siam und sein Verhalten gegen Becquerelstrahlen, Wien. Anz. 5. März 1925. *206*.

530. MICHEL, H. und G. RIEDL: Die Auswertung der Absorptions- und Lumineszenzerscheinungen der Edelsteine zu ihrer Unterscheidung, Ann. d. Naturhist. Museums, Wien **38**, 169, 1925. *5*.

531. MIE, G.: Beiträge zur Optik trüber Medien, speziell kolloidaler Metallösungen, Ann. Phys. 25, 377, 1908. *76.*

532. MIESCHER, E.: Zur optischen Mengenbestimmung photochemischer Reaktionsprodukte, Götting. Nachr. Math. Phys. Kl. 1933, 329. *80.*

533. MIETHE: Über die Färbung von Edelsteinen durch Radium, Ann. Phys. 19, 633, 1906. *225, 226.*

534. MITCHELL, J. W.: The properties of silver halides containing traces of silver sulphide, Phil. Mag. 40, 249, 1949. *82.*

534a. — Lattice defects and latent image formation in silver halides, Photographic sensitivity, Symposium Bristol, March 1950, London 1951, 242. *82.*

535. MÖGLICH, F. und R. ROMEP: Über Energiewandlung im Festkörper, Zs. Phys. 115, 707, 1940.

536. MOHLER, NORA M.: The colour of smoky quartz, Phys. Rev. 45, 743, 1934. *203.*

537. MOLLWO, E.: Über die Absorptionsspektra photochemisch verfärbter Alkalihalogenidkristalle, Götting. Nachr. Math. Phys. Kl. 1931, 97. *23, 60.*

538. — Zur additiven Färbung der Alkalihalogenidkristalle, Götting. Nachr. Math. Phys. Kl. 1932, 254. *60, 79, 81.*

539. — Das Absorptionsspektrum photochemisch verfärbter Alkalihalogenidkristalle, Götting. Nachr. Math. Phys. Kl. 1931, 236.

540. — Über die Farbzentren der Alkalihalogenidkristalle, Zs. Phys. 85, 56, 1933. *30.*

541. — Über Elektronenleitung und Farbzentren in Flußspat, Götting. Nachr. Math. Phys. Kl. 1, 79, 1934. *163, 164, 169.*

542. — Die Absorptionsspektra von Natrium und Kalium in der Schmelze ihrer Halogenide, Götting. Nachr. 1935, 203. *75.*

543. — Die Lage der ultravioletten Absorptionskante in geschmolzenen Alkalihalogeniden, Zs.. Phys. 124, 118, 1948. *21.*

544. MOLLWO, E. und W ROOS: Zur Messung der Zahl der Farbzentren in Kristallen, Götting. Nachr. Math. Phys. Kl. 1934, 107. *60.*

545. MOLNAR, J. P.: New absorption bands in coloured alkali halide crystals, Phys. Rev. 59, 944, 1941. *30.*

546. — Dasselbe, Thesis, M.I.T. *30.*

547. MOLNAR, J. P. und C. D. HARTMANN: Induced absorption bands in MgO crystals, Phys. Rev. 79, 1015, 1950. *32.*

548. MORGAN, J. H. und M. L. AUER: Optical, spectrographic and radioactivity studies of zircon, Am. J. o. Science 239, 305, 1941. *208.*

549. MORRISH, A. H. und A. J. DEKKER: The decay of luminescence in KBr and LiF, Phys. Rev. 80, 1030, 1950. *96.*

550. MORSE, H. W.: Spectra of weak luminescences, Astrophys. J. 21, 83, 1905. *179.*

551. — The thermoluminescence spectrum of fluorspar, Astrophys. J. 21, 410, 1905, Proc. Nat. Acad. Sci. 41, 587, 1906. *179.*

552. MORTON, F.: Analyse eines Grünsalzes aus dem Hallstätter Salzberg. Wien. Prähist. Zs. 17, 138, 1934. *116.*

553. MOTT, N. T. und R. W. GURNEY: Electron Processes in Ionic Crystals, Oxford 1940. *4, 53, 56, 57, 59.*

554. MOTT, N. T. und F. R. N. NABARRO: Dislocation theory and transient creep. Report of a conference on strength of solids, Bristol 1947, The Phys. Soc. 1948, 1. *56.*

555. MÜGGE, O.: Über isotrop gewordene Kristalle, Zentralbl. f. Min. usw. 1922, 721, 753. *43.*

556. — Radioaktivität als Ursache der pleochroitischen Höfe, Zentralbl. f. Min. usw. 1907, 397. *226.*

557. Mügge, O.; Radioaktivität und pleochroitische Höfe, Zentralbl. f. Min. usw. 1909, 65, 113, 142. *226*.

558. — Über radioaktive Höfe in Flußspat, Spinell, Granat und Ainigmatit, Götting. Nachr. Math. Phys. Kl. 1923. 1. *226*.

559. — Über das Verhalten einiger Mineralien der Salzlagerstätten gegenüber hohem Druck bei wechselnden Temperaturen, nach Versuchen von A. Geller, Götting. Nachr. 1924, 207. *143*.

560. — Scheinbar deformierte Kristalle und ihre Bedeutung für die Erklärung der Schieferung, Zs. Kristall. 59, 366, 1924. *155*.

561. Mukherjee, B.: Cathodoluminescence spectra of Indian fluorites, Indian J. o. Phys. 22, 220, 1948. *178*.

562. — Colour of beryl, Nature 167, 602, 1951. *225*.

563. Müller, H. G.: Zur Natur der Rekristallisationsvorgänge, Zs. Phys. 96, 279, 307, 321, 1935. *46*.

564. Murata, N. J. und R. L. Schmith: Manganese and lead coactivators of red fluorescence in halite, Amer. Min. 31, 527, 1946. *107*.

565. Muto, T.: On the quantum theory of the phosphorescence of crystal-phosphors, Sc. Pap. Inst. Phys. Chem. Res. Tokyo 28, 171, 1935, 32, 5, 1937. *94*.

566. — On the theory of thermoluminescence in some crystals, Sc. Pap. Inst. Phys. Chem. Res. Tokyo 28, 207, 1935. *94*.

567. — Theory of the F-centers of coloured alkali halide crystals, Progr. theoret. Phys. 4, 181, 1949. *60*.


568. Nabl, A.: Die natürlichen Färbungen der Mineralien, Wien. Ber. I, 108, 48, 1899, Tschermaks Min. Petr. Mitt. 19, 273, 1900. *205*.

568 a Nagamiya, T.: Theory of color Centers. J. phys. Soc. Japan, 7, 354, 358, 1952. *60*.

569. Nagaoka, H. und T. Mishima: Coloration of compounds of different elements by cathode rays, Sc. Pap. Inst. Phys. Chem. Res. Tokyo 28, 77, 1935.

570. Neumann, H. und J. Th. Rosenquist: Über roten fluoreszierenden Kalzit vom Fengebiet in der Nähe von Ullfors, Norsk. geol. Tidskr. 20, 267, 1941. *220*.

571. Nichols, E. L. und H. L. Howes: The luminescence of kunzite, Phys. Rev. 4, 18, 1914. *221*.

572. Nichols, E. L. und E. Merritt: Studies in luminescence III. Phys. Rev. 19 18, 1904. *164*.

573. Nichols, E. L. und Miss M. K. Slattery: Uranium as an activator of luminescence, J.O.S.A. 12, 487, 1926. *181*.

574. Nikitin, S.: Photodichroisme du NaCl coloré, C.R. 213, 32, 1941, 216, 730, 758, 1943. *26*.

575. Nisi, H. und K. Miamoto: On the fluorescence of fluorspars excited by light of different wavelengths, Proc. Imp. Acad. Japan 4, 357, 1928. *179*.

576. Northrup, M. A. und O. J. Lee: On the thermoluminescence of some commoner and rarer minerals, J.O.S.A. 30, 206, 1940.

577. Nothaft, J. und H. Steinmetz: Über die Verteilung von Fremdsubstanzen in Kristallen, Chem. d. Erde 5, 225, 1930. *150*, *151*.

578. Nurnberger, C. E. und R. Livingston: Further studies of the kinetics of the colouring of glass, J. phys. chem. 41, 691, 1937. *73*.


579. Oberly, J. J.: Photoconductivity of trapped electrons in KBr crystals at room temperature, Phys. Rev. 84, 1257, 1951. *30*.

580. — Photoconductivity of trapped electrons in KCl crystals between $24^0$ C and —$190^0$ C, Phys. Rev. 1. Juni 1952. *30*.

581. OCHSENIUS, C.: Blaues Steinsalz aus den Egeln-Staßfurter Kalisalzlagern, N. Jahrb. f. Min. **18**, 177, 1886. *128*.

582. — Verschiedene Grade von Durchsichtigkeit an einzelnen Chlornatrium-kristallen, Zs. Kristall. **28**, 305, 1897. *138*.

583. ODENCRANTS, A.: Luminescence spectra of fluorites, Ark. f. Math. Astr. o. Fys. **6**, Nr. 27, 1911. *179*.

584. OLDENBURG, H.: Thermolumineszenz des Fluorits, Phil. Trans. Abrdg. **3**, 345, 1705, (nach Kaysers Handb. d. Spektroskopie). *4*.

585. ORTNER, G.: Zur Rekristallisation des Steinsalzes, Wien. Ber. IIa **139**, 271, 1930. *44, 118*.

586. OTTMER, R.: Zur Kenntnis der Absorptionsspektren lichtelektrisch leitender Alkalihalogenide, Zs. Phys. **46**, 798, 1928. *22, 30, 48*.

587. PANETH, F. A. und K. PETERS: Heliumuntersuchungen II., Zs. phys. Chem. B **1**, 188, 1928. *132*.

588. PARFIANOVICH, J. A.: Durch Röntgenstrahlen erregte Lumineszenz von NaCl-Ni-Phosphoren (russ.), Zs. exp. theoret. Phys. **19**, 605, 1949.

589. PATER, M.: Über die Verfärbung von Alkalihalogenidkristallen mit Elektronen von 5 bis 15 keV, Diss. Wien 1951. *30, 65, 82*.

590. PATERSON, C. C., J. W. T. WALSH und W. F. HIGGINS: An investigation of radium luminous compounds, Proc. Phys. Soc London **29**, 215, 1917. *102*.

591. PAULI, H.: Über die Verfärbung des Natriumchlorids durch Becquerel- und Kathodenstrahlen, Wien. Ber. IIa, **140**, 321, 1931. *37, 38*.

592. PEARLSTEIN, E. A. und R. B. SUTTON: Mobility of electrons and holes in diamond, Phys. Rev. **79**, 907, 1950. *226*.

593. PEARSALL, TH. J.: On the effects of electricity upon minerals which are phosphorescent by heat, J. Royal Institution **1**, 77, 267, 1830/31, Pogg. Ann. **20**, 252, 1830, **22**, 566, 1831, Ann. d. chim. e. phys. **49**, 337, 1832. *2, 162*.

594. PEKAR, S. J.: Theorie der F-Zentren, Zs. exp. theoret. Phys. (russ). **20**, 510, 1950. *60*.

595. — Zur Theorie der Rekombination von Elektronen in Halbleitern, Abhandl. a. d. Sowjet. Phys. **1**, 47, 1951. *60*.

596. PEKAR, S. J. und J. J. PERLIN: Rekombination der Leitfähigkeitselektronen mit den Farbzentren in Kristallen, Abhandl. a. d. Sowjet. Phys. **1**, 53, 1951. *60*.

597. PERLIN, J J.: Die Polarisierbarkeit der Farbzentren, Abhandl. a. d. Sowjet. Phys. **1**, 57, 1951. *60*.

598. PELZ, ST.: Zur elektrischen Färbung von Alkalihalogenidkristallen, Wien. Anz. 15. Okt. 1931. *11*.

599. — Über den Kristallphotoeffekt an verfärbtem Steinsalz, Wien. Ber. IIa, **142**, 509, 1933. *54*.

600. PERRINE, J. O.: A spectrographic study of ultraviolet fluorescence excited by x-rays, Phys. Rev. **22**, 48, 1923. *103*.

601. PETROFF, ST.: Photochemische Beobachtungen an KCl-Kristallen, Zs. Phys. **127**, 443, 1950. *69, 71*.

602. PETTERSSON, H.: Blue rock salt, Nature **145**, 743, 1940. *128*.

603. PFUND, A. H.: Intensities and reflecting powers in the Lyman region of the spectrum of hydrogen, J.O.S.A. **12**, 467, 1926. *19*.

604. — Metalic reflection from rock salt and sylvine in the far ultraviolet, Phys. Rev. **32**, 39, 1928. *19*.

605. PHIPPS, T. E. und W. R. BRODE: A comparative study of two kinds of colored rock salt, J. phys. Chem. **30**, 507, 1926. *126, 130*.

606. PICCIOTTO, E. E.: Les phénomènes radioactifs en géologie, Bull. Soc. belge d. Géol. **59**, 103, 1950. *114, 233.*

607. — Distribution de la radioactivité dans les roches éruptives, Bull. Soc. belge d. Géol. etc. **59**, 171, 1950. *114, 233.*

608. — Utilisation des emulsions liquides dans l'étude de la radioactivité des roches, Bull. Centre d. Phys. Nucl., Univ. libre d. Bruxelles, Note Nr. 33, Janvier 1952. *114.*

609. PICK, H.: Über den Einfluß der Temperatur auf die Erregung von Farbzentren, Ann. Phys. **31**, 365, 1938. *30, 66.*

610. — Über die Farbzentren in KCl-Kristallen mit kleinen Zusätzen von Erdalkalichlorid, Ann. Phys. **35**, 73, 1939. *72.*

610a. — Der photoelektrische Elementarprozeß in Ionenkristallen, Zs. f. Elektrochem. **56**, 783, 1952. *32, 157.*

611. PIERCE, C. A.: Studies in thermoluminescence, Phys. Rev. **30**, 663, 1910. *91.*

611a. PIPER, H. W. und F. W. WILLIAMS: Electroluminescence of single crystals of Zn S:Cu, Phys. Rev. **87**, 155, 1952. *101.*

612. PIRANI, M. und E. LAX: Herstellung und Messung des Lichtes, Handbuch der Phys., Bd. **19**, 1928. *7.*

613. PISANI, F.: Sur des calcites très phosphorescentes par l'action de la chaleur, C. R. **158**, 1121, 1914. *212.*

614. PLINIUS, der Ältere: Buch 37, § 156. *182.*

615. PODASCHEWSKY, M. N.: Über die photoelektrische Methode zur Bestimmung der Elastizitätsgrenze eines röntgenisierten Steinsalzkristalls, Sowjet. Phys. **7**, 399, 1935. *43.*

616. — Über die Wirkung der photochemischen Verfärbung auf die Streck- und Fließgrenze der Steinsalzkristalle, Sowjet. Phys. **8**, 81, 1935. *43.*

617. PODASCHEWSKY, M. N. und A. M. POLONSKY: Zur Frage der photoelektrischen Elastizitätsgrenze photochemisch verfärbter Steinsalzkristalle, Sowjet. Phys. **10**, 531, 1936. *43.*

618. POHL, R. W.: Lichtelektrische Erscheinungen, Handwörterbuch der Naturwissenschaften, Jena 1931, 247. *50.*

619. — Conduction of electricity in solids, Proc. Phys. Soc. **49**, 3, 1937. *50.*

620. — Zusammenfassender Bericht über Elektronenleitung und photochemische Vorgänge in Alkalihalogenidkristallen, Phys. Zs. **39**, 36, 1938. *4, 50.*

621. — Einführung in die Optik, 2. und 3. Aufl., Berlin 1941. *60.*

622. POHL, R. W. und E. RUPP: Über Alkalihalogenidphosphore, Ann. Phys. **81**, 1161, 1926. *33, 35, 90.*

623. POLAK, W.: Entwicklung einer Anordnung zur Messung sehr kleiner Lichtintensitäten, Diss. Wien. 1949.

624. POOLE, J. H. J.: The action of heat on pleochroic haloes, Phil. Mag. **5**, 132, 1928. *74, 225.*

625. — Radioactivity of samarium and the formation of hibernium haloes, Nature **131**, 654, 1933. *232.*

626. POOLE, J. H. J. und J. W. BREMMER: Investigation of the distribution of radioactive elements in rocks by the photographic method, Nature **163**, 130, 1949. *114.*

627. POOLE, J. H. J., C. F. G. DELANEY und R. C. McCORMICK: The possible existence of the 4n + 1 radioactive series in chloritized Ytterby mica, Phys. Rev. **76**, 1253, 1949. *232.*

627a. PORTER, G.: Flash photolysis and spectroscopy, Proc. Roy. Soc. A. **200**, 284, 1950. *8.*

628. Poser, E.: Farbzentren und plastische Verformung in synthetischen Steinsalzkristallen, Zs. Phys. **91**, 593, 1934. *39*.

629. Pringle, G. E. und A. G. Peace: X-ray extinction in type II. diamond and topaz, Nature **169**, 36, 1952. *226*.

630. Pringsheim, P.: Fluorescence and phosphorescence of thallium-activated potassium halide phosphors, Rev. Mod. Phys. **14**, 132, 1942. *95*.

631. — Über einen auffallenden Unterschied in der Aktivierbarkeit von Kalium- und Natrium-Halogenidphosphoren, Acta Phys. Austriaca 3, 396, 1950. *95*.

632. — Fluorescence and phosphorescence, New York und London 1949. *89, 92, 97, 210*.

633. Pringsheim, P. und H. Vogels: Fluoreszenz von Schwermetallkomplexen in wässerigen Lösungen, Physica **7**, 225, 1940. *34*.

635. Prinz, W.: Observations sur le sel blanc et bleu, Bull. Soc. belge Géol. **22**, 63, 1908. *128*.

636. Przibram, K.: Über die Phosphoreszenz durch Becquerelstrahlen verfärbter Mineralien, Wien. Ber. IIa **130**, 265, 1921. *4, 105, 107, 186*.

637. — Über die Änderung des Pleochroismus des Kunzits durch Becquerelstrahlen, Wien. Anz. 9. Nov. 1922. *220*.

638. — Verfärbung und Lumineszenz durch Becquerelstrahlen, I., Zs. Phys. **20**, 196, 1923, II. **41**, 833, 1927, III. **68**, 403, 1931, IV. **102**, 331, 1936, Nachtrag **107**, 709, 1937, V. **130**, 269, 1951. *29*.

639. — Zur Verfärbung und Lumineszenz durch Becquerelstrahlen, Phys. Zs. **25**, 640, 1924. *4, 22, 104, 106, 210*.

640. — Zur Deutung der Salzverfärbungen, Wien. Ber. IIa **135**, 213, 1926. *22, 48*.

641. — Zur Theorie der Verfärbung des Steinsalzes durch Becquerelstrahlen, Wien. Ber. IIa **135**, 197, 1926, **136**, 679, 1927. *55, 83*.

642. — Die Verfärbung des gepreßten Steinsalzes, Wien. Anz. 19. Jan. 1927, Wien. Ber. IIa, **136**, 43, 1927. *4, 39, 63*.

643. — Weitere Versuche über die Verfärbung gepreßter Salze, Wien. Ber. IIa **136**, 435, 1927. *39, 41, 60*.

644. — Bemerkungen über das natürliche blaue Steinsalz, I. Wien. Ber. IIa, **136**, 685, 1927, II. **138**, 781, 1929, III. **141**, 567, 1932, IV. **143**, 489, 1934. *137, 148*.

645. — Beiträge zur Salzverfärbung, Wien. Ber. IIa **137**, 409, 1928. *73*.

646. — Über Piezochromie (Farbänderung durch Druck), bei natürlichen Mineralien, Wien. Ber. IIa **138**, 263, 1929. *173, 211*.

647. — Rekristallisation und Verfärbung des Steinsalzes, I. Wien. Ber. IIa **138**, 353, 1929, II. **139**, 255, 1930, III. **141**, 639, 1932, IV. **142**, 251, 1933. *44, 47, 105*.

648. — Ein Schema der Verfärbungserscheinungen bei Steinsalz, Wien. Ber. IIa **138**, 483, 1929. *55, 71*.

649. — Über die Färbung des Kunzits, Wien. Ber. IIa **139**, 101, 1930. *219*.

650. — Kinematographische Vorführung der Rekristallisation des Steinsalzes, Zs. Elektrochem. **37**, 535, 1931. *44*.

651. — Radioaktivität, Berlin-Leipzig 1932. *102*.

652. — Radiolumineszenz und Radio-Photo-Lumineszenz, III. Wien. Ber. IIa **141**, 283, 1932.

653. — Zur Plastizität und Härte von Alkalihalogenidkristallen, Wien. Ber. IIa **141**, 645, 1932. *122*.

654. — Zur Fluoreszenz des Fluorits V. Über die Fluoreszenz des Europiumdichlorids und über Alkalihalogenid-Europium-Phosphore, Wien. Ber. IIa **144**, 141, 1935. *189, 199*.

655. Przibram, K.: Die rote Fluoreszenzbande des zweiwertigen Samariums, Wien. Anz. 3. Dez. 1936. *190*.

656. — Über die Fluoreszenz der zweiwertigen Seltenen Erden, Zs. Phys. **107**, 709, 1937. *193*.

657. — Über einen neuen Leuchtstoff mit zweiwertigem Europium, Wien. Anz. 17. Febr. 1938. *199*.

658. — Über die Absorptionsbanden der zweiwertigen Seltenen Erdionen und des Calciums in Fluorit und anderen Substanzen und ihre Wechselwirkung, Wien. Ber. IIa **147**, 261, 1938. *164*, *199*.

659. — Observations sur la fluorescence de quelques minéraux congolais et belges, Bull. Acad. Roy. d. Belgique, Cl. sci. **32**, 363, 1946. *177*, *213*.

659a. — Notiz über die Flammenerregung der blauen Eu-II-Bande, Wien. Anz., 7. Nov. 1946.

660. — Genügen die bekannten Strahlungsquellen zur Erklärung der Färbung des natürlichen blauen Steinsalzes und verwandter Mineralfärbungen? Acta Phys. Austriaca **1**, 131, 1947. *135*.

661. — Remarks on C. Frondel's letter: "Elastic deficiency and color of natural smoky quartz", Phys. Rev. **71**, 315, 1947. *115*.

662. — Zur Lichtemission des Europiums (zum Teil nach Versuchen von F. Weger), Wien. Anz. 2. Dez. 1948. *200*.

663. — Über die Rolle eines optimalen Störungsgrades und der Diffusion bei gewissen Farbverteilungen in Mineralien, Wien. Anz. 11. Jan. 1951. *138*, *146*.

664. — Die Bestrahlungsfarben des Steinsalzes in der Natur, Geochim. et Cosmochim. Acta **1**, 299, 1951. *127*.

665. — Zur Deutung der Fluoritfärbungen, Wien. Anz. 22. Nov. 1951. *127*, *166*.

666. — Über die Färbungen des Fluorits, Tschermaks Min. Petr. Mitt. **3**, 21, 1952. *166*.

667. Przibram, K. und Maria Belar: Die Verfärbung durch Becquerelstrahlen und die Frage des blauen Steinsalzes, Wien. Ber. IIa **132**, 261, 1923. *4*, *28*, *55*, *121*, *127*, *129*, *130*.

668. Przibram, K. und Elisabeth Kara-Michailova: Über Radiolumineszenz und Radio-Photo-Lumineszenz, I. Wien. Ber. IIa, **131**, 511, 1922, II. **132**, 285, 1923. *104*, *106*, *107*, *183*, *185*, *186*, *221*.

669. Przibram, K. und O. Schauberger: Über das gelbe Steinsalz von Hall in Tirol, Wien. Anz. 12. Dez. 1935, Nature **137**, 107, 1936. *117*.

670. Radley, J. A. und J. Grant: Fluorescence analysis in ultraviolet light, 3. Aufl., London 1948. *5*.

671. Raman, C. V.: „Smoky" quartz, Nature **108**, 81, 1921. *204*.

672. Raman, C. V. und A. Jayaraman: The luminescence of diamond and its relation to crystal structure, Proc. Indian Acad. Sci. A **32**, 65, 1950. *226*.

673. Ramdohr, P.: Radioaktive Höfe in Quarz, Yttrofluorit und Zinnstein und neue Feststellungen über das atomare Bremsvermögen der Elemente, N. Jahrb. f. Min. usw. Beil. Bd. **67**, 53, 1933. *227*.

674. Randall, J. T.: The fluorescence of compounds containing Mn, Proc. Roy. Soc. A **170**, 272, 1939. *99*,

675. Randall, J. T. und M. H. F. Wilkins: Phosphorescence and electron traps, Proc. Roy. Soc. A **184**, 366, 390, 1945. *96*, *97*.

676. Rankama, K. und Th. G. Sahama: Geochemistry, Chicago 1950. *194*.

677. Read, J.: Baade and Zwicky's theory of cosmic rays and the helium content of beryls, Nature **144**, 1046, 1939. *112*.

678. REINHARD, M. C. und B. F. SCHREINER: Production of colour in glass and gems by x-rays and radium rays, J. phys. Chem. **32**, 1886, 1928. *73.*

679. RENDALL, G. R.: Geometric patterns of fluorescence in diamond, Proc. Indian Acad. Sci. **24**, 168, 1946. *226.*

680. REVERDETTA, LUDMILLA: Über die Absorption des Lichtes in NaCl-Kristallen, welche einem Elektronenbombardement unterworfen sind, Zs. Phys. **90**, 512, 1934. *39.*

681. REXER, E.: Additive Verfärbung von Alkalihalogenidkristallen I. Makroskopische Diffusionsbefunde, Zs. Phys. **70**, 159, 1931. *11, 83.*

682. — Über die Kohäsion natürlicher Fluoritkristalle, Zs. Kristall. **78**, 251, 1931. *159.*

683. — Diffusion von Natrium in Steinsalz, Phys. Zs. **32**, 215, 1931. *11.*

684. — Lichtelektrische Koagulation in Steinsalz, Phys. Zs. **33**, 202, 1932. *28.*

685. — Über das Tempern von Salzkristallen, Zs. Phys. **75**, 777, 1932. *29, 38.*

686. — Additive Verfärbung von Alkalihalogenidkristallen II. Ultramikroskopische Ergebnisse, Zs. Phys. **76**, 735, 1932. *82, 145.*

687. — Additive Verfärbung von Alkalihalogenidkristallen III. Spektralphotometrische Ergebnisse, Zs. Phys. **86**, 1, 1933. *38.*

688. — Neue Tatsachen zum Problem des blauen Steinsalzes, Naturwiss. **21**, 332, 1933. *136.*

689. — Ultraviolettabsorption und Farbzentrenbildung von Alkalihalogenidkristallen, Phys. Zs. **36**, 602, 1935. *21.*

690. — Untersuchungen am langwelligen Ausläufer der ultravioletten Eigenabsorption von Alkali-Halogenid-Kristallen, Zs. Phys. **106**, 70, 1937. *21.*

691. RICHTER, G. F.: Über eine neue Art Farbverwandlung am pyramidalen Zirkon (Varietät Hyazinth), Pogg. Ann. **24**, 386, 1832. *206.*

692. RIEHL, N.: Untersuchungen an natürlicher lumineszierender Zinkblende von Tsumeb, Fundamenta Radiologica **4**, 3, 1939. *210.*

693. — Physik und technische Anwendungen der Lumineszenz, Berlin 1941. *7, 92, 98.*

694. RIEHL, N. und M. SCHÖN: Der Leuchtmechanismus von Kristallphosphoren, Zs. Phys. **114**, 682, 1939. *94.*

695. RINNE, F.: Bericht über die Tagung der Deutschen Mineralog. Ges. in Duisburg, Naturwiss. **15**, 94, 1926. *48.*

696. ROBERTSON, R., J. J. FOX und A. E. MARTIN: Further work on two types of diamond, Proc. Roy. Soc. A **157**, 579, 1937. *226.*

697. RÖGENER, H.: Über die Entstehung und Beweglichkeit von Farbzentren in Alkalihalogenidkristallen, Ann. Phys. **29**, 386, 1937.

697a. RONA, ELISABETH, siehe (552, 291).

698. RÖNTGEN, W. C. (zum Teil in Gemeinschaft mit A. JOFFÉ): Elektrizitätsleitung in einigen Kristallen und der Einfluß einer Bestrahlung darauf, Ann. Phys. **64**, 1, 1921. *4, 22, 49.*

699. ROOS, W.: Eine einfache Phosphoreszenzemission von Alkalihalogenidkristallen, Ann. Phys. **20**, 783, 1934. *106.*

700. ROSE, H.: Über eine neue Reihe von Metalloxyden, Pogg. Ann. **120**, 1, 1863. *3.*

701. ROSENTHAL, A. H.: A system of large-screen television reception based on certain electron phenomena in crystals, Proc. Inst. Rad. Eng. 1940, 203. *9.*

702. ROTHSCHILD, S.: Über die Phosphoreszenz von Feldspat und Orthoklas, Festschrift V. Goldschmidt, Heidelberg 1928. *225.*

703. — Über Sensibilisierung von Phosphoren, Phys. Zs. **35**, 557, 1934, 37, 757, 1936. *98.*

704. ROYER, L.: La thermoluminescence de certaines roches cristallophylliennes et éruptives d'Algérie, C. R. **204**, 602, 991, 1937.

705. RUTHERFORD, E.: Theory of the luminosity produced in certain substances by α-rays, Proc. Roy. Soc. A **83**, 561, 1910. *102, 210.*

706. RWATSCHEW, W. P.: Über die Lumineszenz von Flußspaten, J. Phys. (Moskau) 6, 142, 1942, Bull. Soc. Roumaine d. Phys. 44, 9, 1943. *186, 191.*

707. SAKAO, T. und M. HIROSE: On the colours of coloured fluorites, Mem. Coll. Sci. Kyoto Univ. 4, 349, 1921. *171.*

708. SAKSEMA, D. D. und L. M. PANT: Cathode luminescence of crystalline quartz, J. chem. Phys. 19, 134, 1951. *202.*

709. SALOMONSEN, C. J. und G. DREYER: Des colorations produites par les rayons Becquerel (applications à la cristallographie; determination colorimetrique de la radioactivité), C. R. 139, 533, 1904. *204.*

710. SAURIN, E.: Sur la thermoluminescence des roches, C. R. Soc. géolog. franc. 1939, *110.*

711. SAVOSTIANOWA, M.: Über die kolloidale Natur der färbenden Substanz im verfärbten Steinsalz, Zs. Phys. 64, 262, 1930. *29, 77, 125.*

712. SCHAITBERGER, G.: Zur Quantenausbeute bei der Bildung von Farbzentren in NaCl- und KCl-Kristallen, Götting. Nachr. Math. Phys. Kl. 1937, 181. *62.*

713. SCHAETTI, N.: Sekundärelektronenvervielfacher; eine Zusammenfassung, Zs. angew. Math. u. Phys. 2, 123, 1951. *91.*

714. SCHALLER, W. T. und E. P. HENDERSON: Mineralogy of drill cores from the potash field of New Mexico and Texas, U. S. Geol. Survey, Bull. Nr. 833, 1932. *120.*

715. SCHAUBERGER, O.: Über das Vorkommen eines lichtempfindlichen gelben Steinsalzes im Haller Salzberg, Berg- und Hüttenmännisches Jahrbuch 83, 115, 1935. *117.*

716. SCHEIN, M. und M. L. KATZ: Ultraviolet luminescence of sodium chloride, Nature 138, 883, 1936. *96.*

716a. SCHENCK, R.: Die Termanalyse bei den Emissionsbanden der Sulfidphosphore, Zs. f. Elektrochem. 56, 132, 1952. *99.*

717. SCHENCK, R., W. KROOS und W. KNEPPER: Untersuchungen über die chemischen Systeme der Lenardphosphore III. Zs. anorg. Chem. 236, 271, 1938. *99.*

718. SCHENCK, R. und H. PARDUN: Untersuchungen über die chemischen Systeme der Lenardphosphore, Zs. anorgan. Chem. 211, 209, 303, 1933. *99.*

719. SCHIKORE, W. und G. REDLICH: Beiträge zur Kenntnis der Luminiszenz von Spinellen, Zs. anorg. Chem. 257, 96, 1948. *5.*

720. SCHILLING, A.: Die radioaktiven Höfe im Fluorit von Wölsendorf, N. Jahrb. f. Min. usw. Beil. Bd. 53, 241, 1926. *115, 170, 230, 232.*

721. SCHINTLMEISTER, J.: Die Elektronenröhre als physikalisches Meßgerät, Wien 1945. *15.*

722. SCHLEEDE, A.: Über das Phosphoreszenzzentrum, Zs. Phys. 18, 109, 1923. *90.*

723. — Über den chemischen Bau der Phosphore, Naturwiss. 14, 586, 1926. *90.*

724. SCHLEEDE, A. und B. BARTELS: Untersuchungen über das An- und Abklingen des Leuchtvorganges bei Phosphoren, Zs. techn. Phys. 19, 364, 1938. *92.*

725. SCHLEEDE, A. und GANTZCKOW, H.: Röntgenographische Untersuchung lumineszenzfähiger Systeme, Zs. phys. Chem. 106, 37, 1923; Zs. Phys. 15, 184, 1923. *90.*

726. SCHLEEDE, A. und A. GRUHL: Über röntgenographische Beobachtungen an lumineszenzfähigem Zinksilikat, Zs. Elektrochem. 29, 411, 1923. *90.*

727. SCHLEICHER-WERTICH, MARGARETE: Über die Verfärbung von Steinsalz mit Elektronen einer Energie von 10 keV, Diss. Wien 1949. *9, 30, 65.*

728. SCHMIDT, R.: Über die Beschaffenheit und Entstehung parallelfaseriger Aggregate von Steinsalz und Gips, Kali, 1914, 161, 197, 218, 239. *154.*

729. SCHNABEL, A.: Chemische Untersuchungen der wichtigsten Roh-, Halb- und Endprodukte des österreichischen Salinenbetriebes, Wien 1904. *131*

730. SCHNEIDER, E. G.: Coloration of LiF by glow discharge and some practical applications, Phys. Rev. **49**, 341, 1936. *9.*

731. — Coloration of LiF by glow discharge and some practical applications, J. O. S. A. **27**, 72, 1937. *21, 30.*

732. — The absorption of alcali halides in the extreme ultraviolet, **60**, 169, 1941. *21.*

732a. SCHNEIDER, E. G. und H. M. O'BRYAN: The absorption of ionic crystals in the ultraviolet, Phys. Rev. **51**, 293, 1937. *21.*

733. SCHNEIDER, E. E. und T-S. ENGLAND: Hyperfinestructure and saturation effects in the paramagnetic resonance of manganese, Nature **166**, 437, 1950. *59.*

734. SCHNEIDER, E. E., M. J. DAY und G. STERN: Effects of x-rays on plastics. Paramagnetic resonance, Nature **168**, 645, 1951. *59.*

735. SCHOBER, H.: Über die Verfärbung von unter Wasser gedehnter und über die normale Zerreißfestigkeit beanspruchter Steinsalzkristalle mittels Radiumstrahlen, Wien. Anz. 4. Juli 1929, *39.*

736. SCHÖN, M.: Über die strahlungslosen Übergänge in Sulfidphosphoren, Zs. f. Naturforsch. **6**, 251, 1951. *95.*

737. — Über die Terme der Aktivatoren der Sulfidphosphore, Zs. f. Naturforsch. **6**, 287, 1951. *95.*

738. SCHOTTKY, W.: Zur Theorie der thermischen Fehlanordnung in Kristallen, Naturwiss. **23**, 656, 1935. *4, 56.*

739. SCHREIBER, H. und W. DEGNER: Sichtbarmachung von Ultrawellen, Naturwiss. **37**, 358, 1950. *93.*

740. SCHRÖDER, H. J.: Zur Strukturempfindlichkeit der Ultraviolettfärbung und -erregung von Salzkristallen, Zs. Phys. **76**, 608, 1932. *24, 27, 37, 38.*

741. SCHROLL, K. M. siehe BERLINER (49).

742. SCHULMAN, J. H., E. BURSTEIN, R. J. GINTHER, M. WHITE und L. W. EVANS: Sensitized luminescence of alcali halide phosphors, Phys. Rev. **76**, 178, 1949. *107.*

743. SCHULMAN, J. H., L. W. EVANS, R. J. GINTHER und K. J. MURATA: Sensitized luminescence of manganese-activated calcite, J. appl. Phys. **18**, 732, 1947. *212.*

744. SCHULMAN, J. H., R. J. GINTHER, C. C. KLICK und L. W. EVANS: Effect of x-rays on the absorption and luminescence of alkali halide phosphors, Bull. Amer. Phys. Soc. **21**, 13, 1943. *35.*

745. SCHULMAN, J. H., R. J. GINTHER und C. C. KLICK: Some optical properties of lead activated sodium chloride phosphors, J.O.S.A. **40**, 854, 1950. *107.*

746. SCHULTZE, K.: Das Ausblühen der Salze, Dresden und Leipzig 1936. *154.*

747. SCHULTZKY, J.: Über die Ursachen der Blaufärbung des natürlichen Steinsalzes, Diss. Halle, 1926. *120, 129.*

748. SCHUMANN, G.: „Optimale" Konzentration der aktiven Fremdstoffe in Kristallphosphoren, Zs. Phys. **98**, 252, 1935. *98.*

749. SCOTT, A. B. und L. P. BUPP: The equilibrium between F-centers and higher aggregates in KCl, Phys. Rev. **79**, 341, 1950. *68.*

750. SCOTT, A. B., H. J. HROSTOWSKI und L. P. BUPP: The paramagnetism of color centers in KCl, Phys. Rev. **79**, 346, 1950. *59.*

751. SEIDL, FRANZISKA: Kristallphotoeffekt an verfärbtem Seignettesalz, Zs. Phys. **99**, 633, 1936. *54.*

752. — Über die Einwirkung von Radium- und Röntgenstrahlen auf Piezoquarze (in Gemeinschaft mit HELENE FRÖHLICH und ELISABETH HOFER), Wien. Ber. IIa, **142**, 467, 1933. *74, 204.*

753. SEIDL FRANZISKA, und E. HUBER: Einwirkung von Röntgen- und $\gamma$-Strahlen auf piezoelektrische Kristalle, Zs. Phys. **97**, 671, 1935. *204*.

754. SEIFERT, H.: Die Bildung „anormaler" Mischkristalle als Ursache geochemischer Tarnung und Lumineszenz, Naturwiss. **21**, 194, 1933. *99*.

755. — Die anormalen Mischkristalle, Fortschr. d. Min. usw. **22**, 185, 1937. *99*.

756. SEITZ, F.: Color centers in alkali halide crystals, Rev. Modern Phys. **18**, 384, 1946. *4, 30, 53, 57, 66, 68, 81*.

757. — On the disordering of solids by action of fast massive particles, Discuss. Farad. Soc. Nr. 5, 271, 1949. *43*.

758. — On the nature of V-centres in the alkali halides, Phys. Rev. **79**, 529, 1950. *70*.

759. — On the formation of vacancies from dislocations, Phys. Rev. **79**, 890, 1950. *56*.

760. — Influence of plastic flow on the electrical and photographic properties of the alkali halide crystals, Phys. Rev. **80**, 239, 1950. *56*.

761. — Color centers in additively colored alkali halide crystals containing alkaline earth ions, Phys. Rev. **83**, 134, 1951. *56*.

761a. — Imperfections in almost perfect crystals; a synthesis, mimeographisch vervielfältigtes Manuskript, Oktober 1952. *56*.

762. SERVIGNE, M.: La photoluminescence des scheelïtes, Bull. Soc. franc. d. Mineral. 1939, 262. *5*.

763. — La photoluminescence des willemites, Bull. Soc. franc. d. Mineral. 1943, 452. *5*.

764. SEWIG, R.: Objektive Photometrie, Berlin 1935. *13*.

765. — Handbuch der Lichttechnik, Berlin 1938. *7*.

766. SHALIMOVA, K. V.: Thermal extinction of photoluminescence of a sublimate phosphore KJ+Tl, J. exp. theor. Phys. USSR **18**, 1045, 1948. *95*.

766a. SHARMA, J.: Thermoluminescence and change of color centers in LiF. Phys. Rev. **87**, 535, 1952. *96*.

767. SIEBEL, J.: Beitrag zum Farbproblem des Fluorits, Diss. Bonn 1941. *177*.

768. SIEDENTOPF, H.: Ultramikroskopische Untersuchungen über Steinsalzfärbungen, Phys. Zs. **6**, 855, 1905. *3, 17, 27, 55, 79, 122, 178*.

769. — Über kolloidale Alkalimetalle, Zs. Elektrochem. **12**, 635, 1906. *28, 129*.

770. SIMON, W. G.: Dispersion und Absorption des Zirkons, Naturwiss. **16**, 1093, 1928. *206*.

771. SINELNIKOW, C., A. WALTHER, J. KURTSCHATOW und S. LITWINENKO: Einfluß der Temperatur auf die Röntgenisierung des Steinsalzes, Sowjet. Phys. **3**, 262, 1933. *24*.

772. SLATER, J. C.: Effects of radiation on materials, J. appl. Phys. **22**, 237, 1951. *10*.

773. SLATTERY, Miss M. K.: Uranium as an activator, J.O.S.A. **19**, 175, 1929. *181*.

774. SMAKULA, A.: Einige Absorptionsspektra von Alkalihalogenidphosphoren mit Silber und Kupfer als wirksames Metall, Zs. Phys. **45**, 1, 1927. *34*.

775. — Über den Einfluß von Fremddionen auf die photochemischen Vorgänge in Alkalihalogeniden, Götting. Nachr. Math. Phys. Kl. 1929, 110. *34, 37*.

776. — Über Erregung und Entfärbung lichtelektrisch leitender Alkalihalogenide, Zs. Phys. **59**, 603, 1930. *48, 62*.

777. — Über die Verfärbung der Alkalihalogenidkristalle durch ultraviolettes Licht, Zs. Phys. **63**, 762, 1930. *60, 62*.

778. — Zur Wanderungsgeschwindigkeit der Elektronen in Alkalihalogenidkristallen, Götting. Nachr. Math. Phys. Kl. 1934, 55. *53*.

779. — Color centers in calcium fluoride and barium fluoride crystals, Phys. Rev. **77**, 408, 1950. *32, 168*.

780. SMEKAL. A.: Über die Verfärbung gebogener Steinsalzkristalle durch Radiumstrahlen, Wien. Anz. 27. Jänner 1927. *4, 39*.

781. SMEKAL, A ; Weitere Untersuchungen an verformten Steinsalzkristallen, Wien. Anz. 17. März 1927. *4, 39, 131.*
782. — Über den Aufbau der Realkristalle, Atti del Congr. Internat. dei Fisici, Como 1928. *4, 33.*
783. — Zur Photochemie der Kristallbaufehler, Phys. Zs. **33**, 204, 1932. *33.*
784. — Zur Theorie der Absorptionsspektren von Ionenkristallen, Phys. Zs. **37**, 554, 1936. *33, 58, 60.*
785. — Absorptionsbanden und Energiebänder von Alkalihalogenidkristallen, Zs. Phys. **101**, 661, 1936. *33, 58, 60.*
786. — Strukturempfindliche Eigenschaften der Kristalle, Handb. d. Phys. 2. Aufl., Bd. 24/2, Berlin 1933. *4, 33, 105, 138.*
787. SMITS, F. und W. GENTNER: Argonbestimmungen an Kaliummineralien I., Bestimmung an tertiären Kalisalzen, Geochim. et Cosmochim. Acta **1**, 22, 1950. *134.*
788. SOJKA, O.: Die Verfärbung der Alkaliborate durch Radiumstrahlen, Diss. Wien 1940. *14, 75.*
789. SOKOLOW, A.: Über die Energieniveaus des Elektrons in einem endlichen Kristallgitter, Zs. Phys. **90**, 520, 1934. *58.*
790. — Über die Energieniveaus des Elektrons in einem eindimensionalen Kristallgitter mit Lockerstellen, Zs. Phys. **99**, 503, 1936. *58.*
791. SOMMER, A.: Photoelectric cells, London 1946. *13.*
792. SOMMERFELD, A. und H. BETHE: Elektronentheorie der Metalle, Handb. d. Physik, 2. Aufl., Bd. **24/2**. Berlin 1933. *57.*
793. SPEDDING, F. H.: The nature of the energy states in solids, Phys. Rev. **50**, 574, 1936. *100.*
794. — Further relationships between absorption spectra of Rare Earth solids and crystal structure, J. chem. Phys. **5**, 160, 1937. *100.*
795. SPEZIA, G.: Sul colore dei zirconi, Atti Torino **12**, 37, 1876. *206.*
796. — Über das metallische Natrium als die angebliche Ursache der natürlichen blauen Farbe des Steinsalzes, Zentralbl. f. Min. usw. 1909, 398. *129.*
797. STARK, M.: Pleochroitische (radioaktive) Höfe, ihre Verbreitung in den Gesteinen und ihre Veränderlichkeit, Chem. d. Erde **10**, 566, 1936. *227.*
798. STASIW, O.: Die Farbzentren des latenten Bildes im elektrischen Feld. Götting. Nachr. Math. Phys. Kl. 1932, 261. *3, 11, 53, 60.*
799. — Zur elektrischen Wanderungsgeschwindigkeit der Farbzentren in Alkalihalogeniden, Götting. Nachr. Math. Phys. Kl. 1933, 387. *3, 11. 53.*
800. — Thermoelektrische Spannungen in Salzkristallen mit Farbzentren, Götting. Nachr. Math. Phys. Kl. 1935. 199. *54.*
801. — Zur Bindung von überschüssigem Kalium in Kaliumhalogenidkristallen, Götting. Nachr. Math. Phys. Kl. 1936, 1. *36.*
802. — Die thermische Diffusion der Farbzentren in KCl-Kristallen bei verschiedenen Konzentrationen. Götting. Nachr. Math. Phys. Kl. 1936, 131. *54, 60.*
803. — Optischer Nachweis SCHOTTKYscher Fehlordnung in Silberbromid, Zs. Phys. **127**, 522, 1950. *56.*
804. STASIW, O. und J. TELTOW: Zur Photochemie des Silberchlorids mit Fremdionenzusätzen, Götting. Nachr. Math. Phys. Kl. 1941, 93, 100, 110. *82.*
805. STECH, B.: Strukturänderungen an Kristallen durch Beschuß mit α-Teilchen, Zs. f. Naturforsch. **7**a, 175, 1952. *43.*
806. STEINMETZ, H.: Orientierte Einschlüsse in Fluorit, Zs. Krist., **58**, 330, 1923. *159, 176.*
807. — Über Fluoritfärbungen, Zs. Kristall. **61**, 380, 1925. *139, 159, 176.*
808. — Blaufärbung von Steinsalz als Begleiterscheinung von Funkendurchschlägen durch Steinsalzkristalle, N. Jahrb. f. Min. usw. Beil. Bd. **65**, 119, 1932. *11.*

809. STEINMETZ, H.: Funkendurchschläge durch einige Alkalihalogenide, Zentralbl. f. Min. usw. A, 1932, 139. *11*.
810. — Die Messung der Thermolumineszenz, Zentralbl. f. Min. usw. A, 1934, 209. *91*.
811. — Über Thermolumineszenz, Fortschr. d. Min. **20**, 58, 1936. *186*.
812. — Farblose Höfe in Fluorit, briefliche Mitteilung. *162*.
813. STEINMETZ, H. und M. ALT: Thermolumineszenz und Chemilumineszenz, Zs. Kristall, A, **92**, 363, 1935. *186*.
814. STEINMETZ, H. und A. GISSER: Das Spektrum der Thermolumineszenz von Fluorit, Naturwiss. **24**, 172, 1936. *186*.
815. STERBA, J.: Über chemische Einwirkung der Kathodenstrahlen, Wien. Ber. IIb, **116**, 295, 1907. Monatshefte d. Chem. **28**, 397, 1907. *129*.
816. STEWART, F. H.: The petrology of the evaporites of the Esrdale Nr. 2 boring, East Yorkshire I. The lower evaporite bed. Mineral. Mag. **28**, 621, 1949. *119*.
817. STOCKBARGER, D. C.: Artificial Fluorite, J. O. S. A. **39**, 731, 1949. *19, 168*.
818. — The production of large artificial fluorite crystals, Discuss. Farad. Soc. Nr. 5. Crystal growth 1949, 294. *19, 168*.
819. STÖCKMANN, F.: Strahlungslose Elektronenübergänge in Kristallen, Zs. Phys. **130**, 477, 1951.
820. — Zur Physik der Kristallphosphore, Naturwiss. **39**, 226, 246, 1952. *92*.
821. STOKES, G. G.: On the long spectrum of electric light, Phil. Trans. **152**, 599, 1862. *91, 179, 180*.
822. STRANSKI, J. N.: Über die Energieschwellen beim Kristallwachstum, Naturwiss. **37**, 289, 1950.
823. STRANSKI, J. N. und K. MOLIÈRE: Über die Strukturabweichungen in der Oberfläche von Ionenkristallen, Zs. Phys. **124**, 421, 429, 1948, **127**, 168, 178, 1950. *56*.
824. STRAUMANIS, M. und A. JEVINS: Die Gitterkonstante des NaCl und des Steinsalzes, Zs. Phys. **102**, 353, 1936. *131*.
825. STRECK, E.: Zerstörung des ZnS durch α-Strahlen und Licht, Ann. Phys. **34**, 96, 1939, **35**, 58, 1939. *209*.
826. STRUTT, R.: Note on the colour of zircons, and its radiative origin, Proc. Roy. Soc. A, **89**, 405, 1914. *206*.
827. STUHLMAN, O. jr.: The thermophosphorescent radiation of hiddenite and kunzite, J. O. S. A. **18**, 365, 1929. *220*.
828. STUHLMAN, O. jr. und A. F. DANIEL: The x-ray phosphorescent and thermophosphorescent radiations of kunzite, J. O. S. A. **17**, 289, 1928. *220*.
829. STURMFELS, E.: Das Kalilager von Buggingen (Südbaden), N. Jahrb. f. Min. usw. A, 1943, 78, 131. *134*.
830. SÜE, P. und R. CAILLAT: Valance du radiophosphore en cristaux de NaCl irradiés par neutrons avant et après la decoloration, C. R. **230**, 1864, 1950. *10*.
831. SVEDBERG, TH.: Die Methoden zur Herstellung kolloidaler Lösungen, Dresden 1909. *74*.
832. SWEET, Miss J. M.: Notes on British barytes, Mineral. Mag. **22**, 257, 1930. *171, 216, 224*.

833. TAMM, J.: Über eine mögliche Art der Elektronenbindung an Kristalloberflächen, Sowjet Phys. **1**, 733, 1932, Zs. Phys. **76**, 849, 1932. *60*.
834. TAMMANN, G.: Die Löslichkeit von Metallen in den Kristallen der Halogenide Zs anorg. u. allgem. Chem. **226**, 92, 1935. *80*.
835. TARTAKOWSKY, P.: Einige Bemerkungen zum Energieschema der Elektronen in Kristallen, Zs. Phys. **96**, 191, 1935.

836. Taylor,W. H.: Structure and properties of diamond, Nature **159**, 729, 1947. *226*.

837. Thomas, L. A.: Quartz oscillator plates, frequency adjustement by x-ray irradiation, Electr. Times **109**, 336, 1946, Wireless Engineer **23**, A, 168, 1946. *204*.

838. Tiede, E. und A. Schleede: Röntgenographische Strukturuntersuchungen an lumineszenzfähigem Kalziumwolframat, Zs. Elektrochem. 29, 304, 1923. *90*.

839. Tiede, E. und H. Tomaschek: Röntgenanalyse lumineszierenden, besonders flammenerregbaren Borstickstoffes, Zs. Elektrochem. **29**, 303, 1923. *98*.

840. Tiede, E. und E. Weiss: Feinbau von Phosphoren und seine Beziehung zu atomchemischen Fragen, Ber. d. D. chem. Ges. **65**, 364, 1932. *98*.

841. Tinkham, A. und A. F. Kip: Paramagnetic resonance absorption in crystals containing color centers, Phys. Rev. **83**, 657, 1951. *59*.

842. Tomaschek, R.: Über Phosphoreszenz, Ges. z. Beförd. d. ges. Naturwiss., Marburg, **63**, 127, 1929. *94*.

843. — Gesetzmäßigkeiten der Linienspektren in festen Körpern, Phys. Zs. **33**, 878, 1932. *100*, *190*.

844. — Strukturerforschung fester und flüssiger Körper mit Hilfe der Linienfluoreszenzspektren, Ergebn. d. exakt. Naturwiss. **20**, 268, 1942. *110*, *179*.

845. Tomaschek, R. und O. Deutschbein: Über den Zusammenhang der Emissions- und Absorptionsspektren der Salze der Seltenen Erden im festen Zustand, I., Fremdstoffphosphore, Zs. Phys. **82**, 309, 1933. *190*.

846. — — Über die Erschließung der Glasstruktur aus Fluoreszenzbeobachtungen, Glastechn. Ber. **16**, 155, 1938. *100*.

847. Trapesnikow, A.: Über die Färbung des Bariumplatinzyanürs unter der Wirkung der Röntgenstrahlen und beim Erwärmen, Zs. Phys. **37**, 844, 1926. *74*.

848. — Zur Frage nach der Dehydratation des Bariumplatinzyanürs unter der Wirkung von Röntgenstrahlen, Zs. Phys. **47**, 732, 1928. *74*.

849. Travnicek, M., F. A. Kröger, Th. P. J. Bodten und P. Zalm: The luminescence of basic magnesium arsenate activated by manganese, Physica **18**, 33, 1952. *191*.

850. Trenkle, W.: Über Lumineszenzerscheinungen, Ber. naturwiss. Verein zu Regensburg 1903/4, 98. *4*, *184*.

851. Trinks, J.: Die Tribolumineszenz des mit Radium bestrahlten Steinsalzes, Wien. Ber. IIa, **147**, 217, 1938. *109*, *118*.

852. Uchida, Y., M. Ueta und Y. Nakai: Studies on the K-Absorption band in the coloured rock salt crystal, J. Japan Phys. Soc. **6**, 107, 1951. *71*.

853. Urbach, F.: Über Lumineszenz und Absorption, insbesondere des mit Becquerelstrahlen behandelten Sylvins, Wien. Ber. IIa, **135**, 149, 1926. *27*, *88*, *108*, *109*.

854. — Zur Lumineszenz der Alkalihalogenide, I., Wien. Ber. IIa, **139**, 353, II., 363, 1930. *97*, *105*, *109*.

855. — Bandenbreite und Temperaturabhängigkeit der Emissionsbanden von Alkalihalogenidphosphoren, Wien. Ber. IIa, **139**, 349, 1930. *96*.

856. — Zur Erklärung der Stokesschen Regel, Wien. Ber. IIa, **139**, 473, 1930.

857. — Über Sole in Kristallen, Wien. Ber. IIa, **137**, 147, 1928. *80*.

857a. — Photographic sensitivity and related properties in ionic crystals, Vortrag, gehalten vor d. N. Y. State section d. Amer. Phys. Soc., 1. Oktober 1951. *69*.

858. Urbach, F., D. Pearlman und H. Hemmendinger: On infrared sensitive phosphors, J.O.S.A. **36**, 372, 1946. *98*.

270                 Literaturverzeichnis

859. URBACH, F. und G. SCHWARZ: Zur Lumineszenz der Alkalihalogenide, III., Wien. Ber. IIa, **139**, 483, 1930. *107*.

860. URBAIN, G.: La phosphorescence cathodique des terres rares, Ann. de chim. et phys. **18**, 222, 1909. *178, 182, 188, 201*.

861. URBANEK, J.: Lichtelektrische Untersuchungen an natürlichen farbigen Steinsalzen, an strahlungsverfärbtem Fluorit und an glasigem Borax, Acta Phys. Austriaca **5**, 69, 1951. *75, 118, 168*.

862. VAWILOW, S. J.: Über die Abklingungsgesetze der umkehrbaren Lumineszenzerscheinungen, Sowjet. Phys. **5**, 369, 1934. *97*.

864. VEDENEJEVA, N. E.: Lumineszenz- und Farbzentren des Rauchquarzes (russ.), Dokl. Akad. Nauk USSR **60**, 865, 1948.

865. VEDENEJEVA, N. E. und L. G. CHENTZOVA: Thermische Entfärbung von Rauchquarz, C. R. USSR **55**, 437, 1947. *202*.

866. VERMA, A. R.: Growth spirals on carborundum crystals, Nature **168**, 430, 783, 1951. *56*.

867. VERNEUIL, A.: Sur les causes determinantes de la phosphorescence du sulfure de calcium, C. R. **104**, 501, 1887. *89*.

868. VERWEY, E. J. W.: Lattice structure of the free surface of alkali halide crystals, Rec. Trav. Chim. Pays-Bas **65**, 521, 1946. *56*.

869. VIOL, C. H., G. D. KRAMMER und A. L. MILLER: Decay and regeneration of radioluminescence, Nature **115**, 805, 1925.

869a. VOIGT, E.: Elektronen in der Rolle von Ionen in Kristallen und Lösungen, Naturwiss. **35**, 298, 1948. *75*.

870. VOROBJEV, A.: Über die elektrische Durchbruchsfestigkeit des röntgenisierten Steinsalzes, Zs. Phys. **93**, 269, 1935. *43*.

871. WALKER, A. C. und E. BUCHLER: Growing large quartz crystals, Industr. engin. Chem. U. S. A. **42**, 1369, 1950. *19*.

872. WALLERIUS, J. G. siehe Berliner (49).

873. WALSH, J. W. T.: The theory of decay in radioactive luminous compounds, Proc. Roy. Soc. A **93**, 550, 1917. *102, 209*.

874. — The theory of decay in radioactive luminous compounds, Proc. Phys. Soc. London **39**, 318, 1927. *102, 104, 209*.

875. WETZEL, W.: Lumineszenzanalyse und Sedimentpetrographie, Zentralbl. f. Min. usw. A, 1939, 225. *5*.

876. WASSER, E.: A propos de la décroissance de la phosphorescence du "phoshore" constitué par un mélange des chlorures de potassium et de thallium en poudre, Ann. Guébhard-Séverin, Suisse, **20**, 347, 1944. *95*.

877. WATSON, J. H. L. und L. E. PREUSS: Motion picture studies of electron bombardment of colloidal crystals, J. appl. Phys. **21**, 904, 1950. *43*.

878. WEBER, H.: Additive Verfärbung von MgO-Kristallen, Naturwiss. **38**, 140, 1951. *32*.

879. WEBER, M.: Zur Umkehrung der pleochroitischen Höfe, Zentralbl. f. Min. usw., 1923, 388. *227*.

880. WEIGEL, O.: Über die Farbänderung von Korund und Spinell mit der Temperatur, N. Jahrb. f. Min. usw., Beil. Bd. **48**, 274, 1921. *209*.

881. — Zirkon von Mogok und Ceylon, Marburg-Leipzig 1938. *208*.

882. WEILL, ADRIENNE R.: Figures de croissance des cristaux de carbure de silicium, C. R. **234**, 1068, 1952. *56*.

883. WESCH, L.: Verfärbung und Nachleuchten der Karbonat- und Oxydphosphore, Ann. Phys. **12**, 730, 1932. *37*.

884. WESTERVELT, D.: Radiation damages in sodium chloride, Bull. Am. Phys. Soc. **27**, Nr. 2, 10, 1952. *9, 43.*

885. WEYL, W.: Ein Beitrag zur Fluoreszenz der Gläser, Sprechsaal f. Keramik usw. **70**, 578, 1937. *100.*

886. WICK, FRANCIS G.: The effect of x-rays in producing and modifying thermoluminescence, Phys. Rev. **25**, 588, 1925. *105.*

887. — The effect of x-rays on thermoluminescence, J. O. S. A. **14**, 33, 1927. *105.*

888. — Versuche über Radiothermolumineszenz, Wien. Ber. IIa **139**, 497, 1930. *105, 185.*

889. — Thermoluminescence exited by exposure to radium, J. O. S. A. **21**, 223, 1931. *105.*

890. — Über Tribolumineszenz, Wien. Ber. IIa **145**, 689, 1936. *108.*

891. — An experimental study of some effects of temperature and exposure to x-rays and cathode rays upon triboluminescence. J. O. S. A. **29**, 141, 1939. *108.*

892. WICK, FRANCIS G. und EDNA CARTER: Thermoluminescence excited by high voltage cathode rays, J. O. S. A. **18**, 383, 1929. *210.*

893. WICK, FRANCIS G. und MABEL S. VINCENT: Luminescence excited by exposure to neutrons, Phys. Rev. **58**, 578, 1940. *10.*

894. WIEDEMANN, E.: Über Lumineszenz, Festschrift d. Univ. Erlangen, 1901. *101.*

895. — Deutung der Thermolumineszenz des Fluorits als Folge einer radioaktiven Einwirkung: siehe TRENKLE (850).

896. WIEDEMANN E. und G. C. SCHMIDT: Über Lumineszenz, Wied. Ann. **54**, 618, 1895. *55.*

897. WIENINGER, L.: Über die Reichweite von Po-$\alpha$-Strahlen in einigen Alkaliholigenidkristallen, Wien. Anz. 10. Nov. 1949. *65.*

898. — Über die Bestrahlung natürlicher gefärbter Steinsalzkristalle mit $\alpha$-Teilchen von RaF, Wien. Anz. 23. März 1950. *136.*

899. — Über die Verfärbung von gepreßten Steinsalzkristallen durch Bestrahlung mit $\alpha$-Teilchen des RaF, Wien. Ber. IIa **159**, 381, 1950. *40, 66, 69.*

900. — Ein Beitrag zur Klärung der Frage nach Wesen und Ursprung der Violett- bzw. Blaufärbung natürlicher Steinsalzkristalle, Wien. Anz. 18. Juni 1950, Wien. Ber. IIa **160**, 147, 1951. *117, 118, 123.*

901. — Die F-Bande des KCl bei hohen Zentrenkonzentrationen, Wien. Anz. 12. April 1951. *69.*

902. WIENINGER L. und N. ADLER: Über die Bildung von Mikrokristallen auf Kristallflächen bei der Bestrahlung mit Po-$\alpha$-Strahlen, Wien. Anz. 2. Dez. 1948, Acta Phys. Austriaca **4**, 81, 1950. *10.*

903. — — Über die Verfärbung von natürlichen Steinsalzkristallen durch Bestrahlung mit $\alpha$-Teilchen von RaF, Wien. Anz. 10. Nov. 1949. *30, 65.*

904. — — Über den Einfluß der Erwärmung auf das Absorptionsspektrum des mit RaF-$\alpha$-Strahlen verfärbten Steinsalzes, Wien. Anz. 10. Nov. 1949, Wien. Ber. IIa **159**, 365, 1950. *29, 66.*

905. WIESTHAL, JOHANNA: Über die Beeinflussung verschiedener Glassorten durch die Bestrahlung mit Radon, Wien. Ber. IIa, **145**, 239, 1936. *76.*

906. WILD, GERTRUD: Spektralanalytische Untersuchungen von Fluoriten, Wien. Ber. IIa **146**, 479, 1937. *195.*

907. WILD, G. O.: Mitteilungen über spektroskopische Untersuchungen an Edelsteinen, Zirkon. Zentralbl. f. Min. usw. A, 1933, 75. *208.*

908. WILD, G. O. und R. KLEMM: Mitteilungen über spektroskopische Untersuchungen an Mineralien V. Spodumen, Zentralbl. f. Min. usw. A, 1925, 324. *218, 220.*

909. WILD, G. O. und R. E. LIESEGANG: Die Färbung einiger Quarze und ihre Veränderlichkeit, Zentralbl. f. Min. usw. 1922, 481. *206*.

910. WILHELM, G. T.: Unterhaltungen aus der Naturgeschichte des Mineralreiches, 1828. *119*.

911. WILLIAMS, F. E.: An absolute theory of solid-state luminescence, J. chem. Phys. **19**, 457, 1951. *94*.

912. WILLIAMS, F. E. und M. H. HEBB: Theoretical spectra of luminescent solids, Phys. Rev. **84**, 1181, 1951. *94*.

913. WILSON, A. H.: The internal photoelectric effect in crystals, Nature **130**, 913, 1932. *4*.

914. — The optical properties of solids, Proc. Roy. Soc. A. **151**, 274, 1935. *4*.

915. WISE, M. E.: Free electrons, traps and glow in crystal phosphors, Physica **17**, 1011, 1951.

915a. WITT, H.: Über die Verminderung der Kristalldichte durch Farbzentren, Götting. Nachr. Math. Phys. Kl. 1952, 17. *43*.

916. WITTJEN, B. und H. PRECHT: Zur Kenntnis des blaugefärbten Steinsalzes, Berl. chem. Ber. 1883, 1454. *128*.

917. WÖHLER, L.: Beitrag zur diluten Färbung der Alkali- und Erdalkalihalogenide, Zs. anorg. Chem. **47**, 364, 1905. *163*.

918. WÖHLER, L. und H. KASARNOWSKI: Beiträge zur diluten Färbung der Alkali- und Erdalkalihalogenide, Zs. angew. Chem. **47**, 353, 1905. *126*.

918a. WOLFF, G., G. GROSS und I. N. STRANSKI: Neuere Untersuchungen über Tribolumineszenz, Angew. Chem. **64**, 297, 1952. *108*.

919. WOLF, P. M. und N. RIEHL: Zerstörung von Zinksulfidphosphoren durch α-Strahlen, Ann. Phys. **11**, 103, 1931, **17**, 581, 1933. *209*.

920. WOLFF, H.: Über die Natur der „erregten" Zentren, Phys. Zs. **37**, 552, 1936; Zs. Phys. **110**, 512, 1938. *37*.

921. YAGODA, H.: The localisation of uranium and thorium minerals in polished sections, Amer. Mineral. **31**, 87, 1946. *154*.

922. — Luminescent phenomena as aides in the localisation of minerals in polished sections, Economic Geology **41**, 813, 1946. *5*.

922a. YOKATA, R.: Color centers in fured Quartz, J. phys. Soc. Japan, **7**, 222, 316. 1952. *73*.

923. YOSHIMURA, J.: The absorption spectra of naturally coloured fluorites, Sci. Pap. Inst. Phys. Chem. Res. Tokyo **20**, 170, 1933. *164*.

924. — On the cathode luminescence spectra of fluorites, calcites and certain synthetized phosphors containing samarium, Sc. Pap. Inst. Phys. Chem. Res. Tokyo **23**, 224, 1934. *178*.

925. ZAVADOVSKAJA, E.: Ultraviolet radiation of crystals under the action of γ-rays, Sowjet. Phys. **13**, 244, 1938.

926. ZEKERT, BERTA: Zur Verfärbung des Steinsalzes und des Kunzits durch Becquerelstrahlen, Wien. Ber. IIa **136**, 337, 1927. *25, 29, 105, 135, 219*.

927. ZILBERMAN, G. E.: Studie über die angeregten Zustände des Farbzentrums (russ.), Zs. exp. theoret. Phys. USSR **19**, 135, 1949. *60*.

928. ZSIGMONDY, R.: Kolloidchemie, Leipzig 1912. *77*.

929. ZUK, W.: Phosphorescence des cristaux de chlorure de potassium activés avec du thallium, Ann. Univ. M. CURIE-SKLODOWSKA **1**, 63, 1946. *95*.

# Sachverzeichnis